职业教育数字化设计与制造技术专业系列教材

NX数字化产品设计与制造案例精解

钟平福 编著

机械工业出版社

本书从数字化设计与制造应用出发，做到理论与实践相结合。全书共分为 15 章，前 12 章介绍数字化设计，内容涵盖机械件与塑料件设计与工程出图、装配与动画仿真、NX 三维分型、逆向设计等；后 3 章介绍数字化制造，内容涵盖减材制造技术（数控加工）、增材制造技术等。

本书内容精炼简要，条理清晰，层次分明，实例有代表性，实用性非常强，可作为各级培训教材及大、中专院校或技工、技师院校机电类各专业学生实践教学用书，也可供企业技术人员参考和自学之用。

本书中嵌入了 20 个二维码资源，用手机扫一扫便可观看所链接的内容。凡选用本书作为授课教材的教师，均可登录 www.cmpedu.com 以教师身份注册下载本书配套资源。

图书在版编目（CIP）数据

NX 数字化产品设计与制造案例精解 / 钟平福编著 . —北京：机械工业出版社，2024.6

职业教育数字化设计与制造技术专业系列教材

ISBN 978-7-111-75516-6

Ⅰ . ① N…　Ⅱ . ①钟…　Ⅲ . ①工业产品 – 产品设计 – 计算机辅助设计 – 应用软件 – 职业教育 – 教材　Ⅳ . ① TB472–39

中国国家版本馆 CIP 数据核字（2024）第 067450 号

机械工业出版社（北京市百万庄大街 22 号　邮政编码 100037）

策划编辑：汪光灿　　责任编辑：汪光灿　章承林

责任校对：郑　婕　张亚楠　　封面设计：张　静

责任印制：郜　敏

北京富资园科技发展有限公司印刷

2024 年 6 月第 1 版第 1 次印刷

184mm×260mm · 18 印张 · 456 千字

标准书号：ISBN 978-7-111-75516-6

定价：55.00 元

电话服务　　网络服务

客服电话：010-88361066　机　工　官　网：www.cmpbook.com

010-88379833　机　工　官　博：weibo.com/cmp1952

010-68326294　金　书　网：www.golden-book.com

机工教育服务网：www.cmpedu.com

前　言

制造业是国民经济的主体，是立国之本、兴国之器、强国之基。随着现代产品需求的个性化和多样化，以及产品更新换代周期的加快，对产品的设计和制造过程提出了巨大的挑战。所谓数字化设计，是指使用工业软件作为设计工具开展的设计工作，包括模型建立、优化设计、仿真分析、制造准备等内容。数字化设计可在产品投产前进行产品分析、优化、验证等工作，具有降低产品研发成本、缩短产品开发周期的作用。数字化制造是指借助工业软件开展的产品制造工作，包括工艺规划、程序编制、数据采集、数据处理与反馈、生产管理等内容。数字化制造具有提高生产率、提升产品质量的作用。

数字化设计与数字化制造已不再是独立的环节，两者是相互融合的过程，在数字化设计阶段，将传统的三维数字化设计即数字样机技术与基于大数据、云计算的智能化设计技术相结合，并与仿真分析技术一起以全新的方式开展设计工作。

本书在编写过程中，紧扣市场需要，遵循实用、够用的原则，减少理论性的内容，更多地从实际操作出发，尽量做到技术理论与实际操作相结合，更好地方便读者提升操作技能。全书共分为 15 章，前 12 章介绍数字化设计，内容涵盖机械件与塑料件设计与工程出图、装配与动画仿真、NX 三维分型、逆向设计等；后 3 章介绍数字化制造，内容涵盖减材制造技术（数控加工）、增材制造技术等。

在编写数字化设计与制造时，采用了当前主流工程软件 NX1980，而在打印数据切片处理过程时，则采用了 CHITUBOX、3DX pert 两个切片软件，在快速成型制作过程中引入了中优科技有限公司 RP300 及美国 3D Systems 有限公司的 ProX300 设备，RP300 采用目前应用最广的 SLA 技术，ProX300 是 3D Systems 公司目前最大、技术最新的设备。不管是光固化成型还是金属成型，本书都对其操作流程、后期处理做了详细介绍，方便读者全面、快捷地掌握增材制造技术。

为了读者方便学习和对知识的巩固，我们将相关范例的操作方法录制成 MP4 演示动画，同时配上语音讲解，方便读者理解和掌握，起到举一反三的学习效果。

本书在编写过程中，得到了深圳鹏城技师学院校领导和同事的大力支持和帮助，同时也得到了机械工业出版社的鼎力支持和帮助，在此一并表示衷心的感谢。最后，特别感谢唐英女士一直以来的默默付出与帮助。

数字化设计与制造技术的发展日新月异，限于编著者理论水平、学识与实践经验，书中难免存在错误和不妥之处，竭诚希望使用本书的读者提出宝贵意见，以利于本书质量的改进和提高，编著者不胜感谢。

编著者

二维码索引

序号与名称	二维码	页码	序号与名称	二维码	页码
2-2　连接件数字建模		7	7-2　耳机数字化设计		67
2-3　连接件数字出图		13	8-2　小铲斗数字化设计录像		77
3-2　拨叉数字化建模录像		21	9-2　玩具飞机上盖数字化设计		89
4-2　阀盖数字化设计视频		30	10-2　打蛋机之主体外壳体设计（步骤 1～9）		112
5-3　导轮支架数字设计		41	10-2　打蛋机之主体外壳体设计（步骤 10）		123
6-2　阀体装配数字化设计		49	10-3　打蛋机之底盖设计		129
6-3　阀体装配动画仿真		61	10-4、5　打蛋机之顶面外壳及装配		141

（续）

目录

第 1 章　数字化设计与数字化制造

在计算机技术出现之前，机械产品的设计与加工的方式一直都是纸质图样设计和手工加工的方式，这种传统的产品设计与制造方式，使得产品在质量上完全依赖于产品设计人员与加工人员的专业技术水平，在数量上完全依赖于产品加工人员的熟练程度，而随着工业的不断发展，人们对机械产品的质量提出了更高要求，同时数量上的需求也不断增加。为了满足人们对机械产品在质量与数量上的需求，同时也为了能进一步降低机械产品的生产成本，人们在努力寻求一种全新的机械产品设计与加工方式，而 20 世纪 40 年代以来计算机技术的出现及其发展，特别是计算机图形学的出现，让人们看到了变革传统机械产品设计与生产方式的曙光。于是，数字化设计与数字化制造应运而生，人们逐步将机械产品的设计与加工任务交给计算机来做，这一方面使得机械产品的设计周期大大缩短，另一方面也使得产品的质量与数量基本摆脱了对设计与加工人员的依赖，从而大大提升了产品的质量，降低了产品的生产成本，同时也使得产品更加适合批量化生产。

1.1　制造业的发展与变革

1.1.1　科技革命与产业变革

人类文明和社会进步的基础是科学的发展与技术的革新。回顾历次工业革命的进程，其发生发展的触发点都在科学技术得到突破并产生深刻变革的节点上。

1. 第一次工业革命

17—18 世纪，纺织业的发展促进了蒸汽机的发明、改进及其工程应用，引发了第一次工业革命。以瓦特改良的蒸汽机、哈格里夫斯发明的珍妮纺纱机为代表，以机械化生产为标志，这场革命从英格兰中部地区开始。第一次工业革命不仅是一场生产技术上的变革，也是一次深刻的社会变革，引起了生产关系的重大变革。

2. 第二次工业革命

1870 年前后，科学技术发展迅速，新技术、新发明层出不穷并迅速应用到工业生产中，发电机、电动机、电话、电报相继出现，以零部件标准化和流水作业为特征的大规模生产方式极大地提升了生产力水平，人类由“蒸汽时代”进入“电气化时代”。

3. 第三次工业革命

20 世纪中叶，人类在原子能、计算机、微电子、航天以及生物工程等领域相继取得突破，以计算机、集成电路、可编程控制器等为主要标志，引发第三次工业革命，人类开始进入“信息化时代”。第三次工业革命不仅极大地推动了人类社会经济、政治、文化领域的变革，而且使人类社会的现代化向更高境界发展。

4. 第四次工业革命

21 世纪以来，大数据、人工智能、工业机器人、智能制造风起云涌，美国政府发布国家制造业战略——《国家先进制造业战略》，德国政府在《德国 2020 高技术战略》中提出“工业 4.0”，中国政府提出制造强国战略第一个十年行动纲领——《中国制造 2025》，日本政府通过《第五期科学技术基本计划（2016—2020）》，以智能制造为主要特征的第四次工业革命轮廓初现，人类开始进入“智能化时代”。

四次工业革命的发展历程与特征如图 1-1 所示。

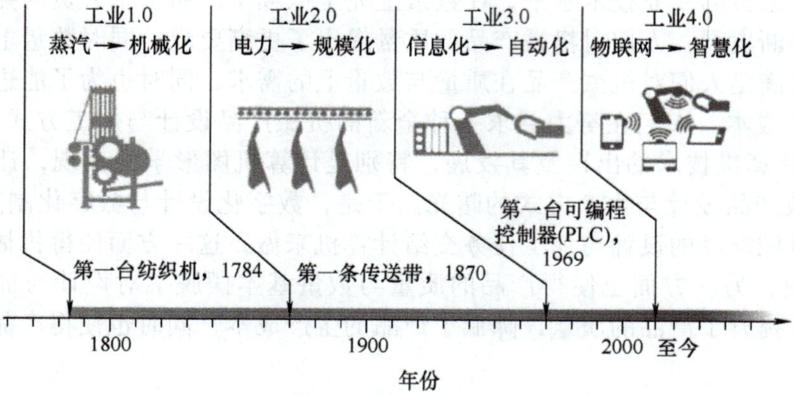

图 1-1　四次工业革命的发展历程与特征

1.1.2　制造业变革

制造业是国民经济的主体，是立国之本、兴国之器、强国之基。据统计，2022 年我国制造业增加值达到 33.5 万亿元，占国内生产总值的 27.7%。

当前，各类高新信息技术、新能源、新材料等重要领域和前沿方向的革命性突破和交叉融合引发了新一轮产业变革，并逐渐改变全球制造业的发展格局。

在智能制造背景下，制造业正面临需求日趋个性化，研发、制造手段日趋复杂化、多样化和网络化，产品日趋智能互联等一系列变革。这就对制造业研发与制造方式提出了新的要求，也就是要求应当以信息技术、新能源、新材料等重要领域和前沿方向的革命性突破和交叉融合为基础实现未来制造的新发展。具体来说，就是在设计方面需要充分融合云计算、大数据、仿真分析与人工智能的产品数字研发技术。在制造方面则充分融合先进制造、增材制造与数字孪生的数字制造技术等。

1.2　数字化设计与数字化制造概述

1.2.1　数字化设计与数字化制造的概念

数字化设计与数字化制造技术是实现制造业信息化与智能制造的基础。下面介绍两者的基本概念。

1. 数字化设计

所谓数字化设计，是指使用工业软件作为设计工具开展的设计工作，包括模型建立、优化设计、仿真分析、制造准备等内容。数字化设计可在产品投产前进行产品分析、优化、验证等工作，具有降低产品研发成本、缩短产品开发周期的作用。

2. 数字化制造

数字化制造是指借助工业软件开展的产品制造工作，包括工艺规划、程序编制、数据采集、数据处理与反馈、生产管理等内容。数字化制造具有提高生产率、提升产品质量的作用。

1.2.2　数字化设计与数字化制造的特征

在智能制造中，数字化设计与数字化制造已不再是独立的环节，两者是相互融合的过程，在数字化设计阶段，将传统的三维数字化设计即数字样机技术与基于大数据、云计算的智能化设计技术相结合，并与仿真分析技术一起以全新的方式开展设计工作。在数字化制造阶段，在融合先进制造、增材制造与数字孪生技术，拓展制造范围的同时，通过数字世界与物理世界的联系使生产过程更加工自动化、智能化。而通过信息化手段和工业软件的应用，则可将设计、制造阶段的数据做到统一、协同，打通设计与制造的壁垒，实现设计与制造环节的融合。

图 1-2 所示为智能制造的数字化设计与数字化制造平台。

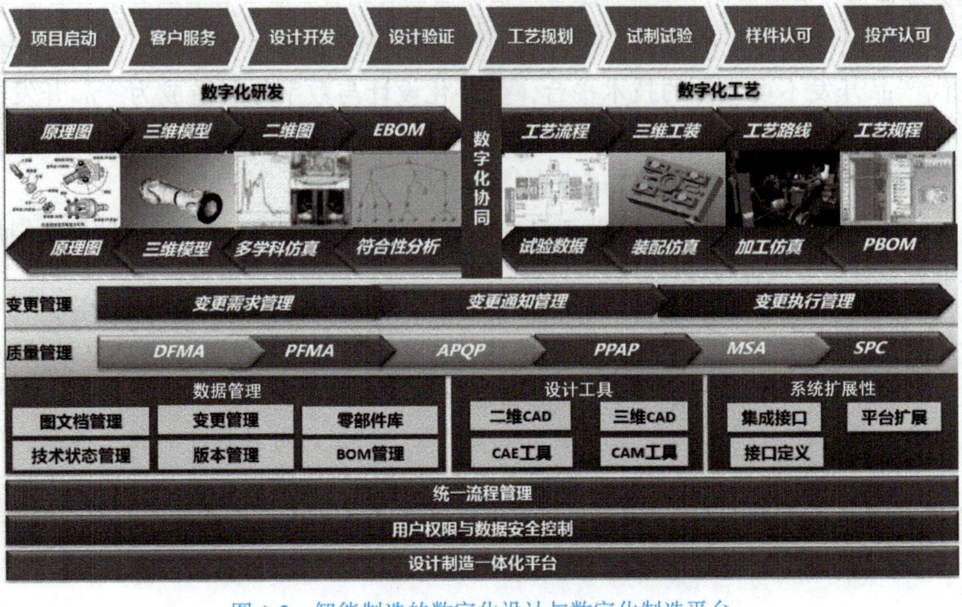

图 1-2　智能制造的数字化设计与数字化制造平台

1. 数字化设计初级阶段

使用以数字样机为主的数字化设计技术，进行三维模型的设计与分析验证，得到产品数字化模型。

2. 数字化设计优化阶段

使用基于大数据、云计算的智能化设计技术，从需求出发由系统（工业软件）开展设计工作，从多种可行方案中选取最优方案，并进一步通过仿真分析技术进行设计验证。

3. 数字化制造阶段

为数字化设计的结果添加加工工艺信息，由生产线的各制造单元完成零部件加工、装配、质检等制造工作。这一阶段中，数字化制造平台与数字化设计平台相对接，而生产线的各制造单元则通过工业互联网与数字化设计、制造平台相对接，实现“虚实结合、自动生产”。

1.2.3 数字化设计与数字化制造的特点

数字化设计与数字化制造是以计算机、软件、网络、数控和 PLC 等软硬件系统为基础，以产品数字化信息为载体，以提高产品开发质量和效率为目标，用于支持机电产品开发的相关技术。与传统的产品开发手段相比，数字化设计与数字化制造充分利用计算机、数字化信息、网络技术和智能算法所具有的计算速度快、求解精度高、劳动强度低、具有寻优和智能决策功能等优势，并将其应用于产品开发中。总体上，数字化设计与数字化制造技术具有以下特点。

1. 数字化信息是产品开发的基础和主线

与传统的产品开发手段相比，数字化设计与数字化制造建立在计算机和网络技术的基础上，数字化是基础与主线。它充分利用了计算机的特点与优势，包括强大的信息存储能力、逻辑推理能力、重复工作能力、快速准确的计算能力、高效的信息处理功能、强大的推理决策能力、运筹优化能力、科学理解和忠实执行程序的能力等，极大地提高了产品开发的效率和质量。

随着网络和信息技术的成熟，以计算机网络为支撑的异地、异构、协同、并行开发成为现代产品开发不可或缺的技术平台，数字化设计与数字化制造成为产品开发的主流形式。

2. 计算机成为产品设计与制造的重要辅助工具

尽管计算机具有诸多优点，有助于提高产品开发的质量和效率，但它只是人们从事产品开发的辅助工具。主要原因如下：

1）计算机的计算、逻辑推理和智能决策等能力是人们通过编写程序赋予的。

2）新产品开发是一种具有创造性的活动，目前计算机尚不具备创造性思维，但是人，特别是经过科学训练的专业技术人员具有创造性思维，能够针对所开发的产品进行深入的分析与综合，再将其转换成适合于计算机处理的数学模型、解算程序和优化算法，同时人还可以控制计算机和程序的运行，并对计算结果进行分析、评价和修改，选择优化方案。

3）人的直觉、经验和综合判断是产品开发中不可缺少的，也是计算机难以代替的。

人和计算机的特点比较见表 1-1。

表 1-1　人和计算机的特点比较

比较内容	人	计算机
数值计算能力	弱	强
推理及逻辑判断能力	以经验、想象和直觉进行推理	模拟的、系统的逻辑推理
信息存储能力	差，与时间有关	强，与时间无关
重复工作能力	差	强
分析能力	直觉分析能力强，数值分析能力差	无直觉分析能力，数值分析能力强
智能决策能力	较强，但是信息处理能力受限	较弱，但是发展速度很快
错误率	高	低

3. 有助于提高产品质量、缩短开发周期、降低生产成本

计算机强大的信息存储和计算能力可以充分挖掘产品开发过程中所需的数据信息，为产品设计提供科学依据。人机交互的产品开发，有利于发挥人机各自的特长，使产品设计与制造的方案更加合理。通过计算机仿真和优化算法可以优化产品设计，尽早发现设计缺陷，改进产品拓扑结构、尺寸和性能参数，克服传统产品开发中被动、静态、过于依赖人的经验等缺点。数控自动编程、刀具轨迹仿真和数控加工有利于保证产品的加工质量，大幅度减少产品开发中的废品和降低次品率。

此外，基于计算机和网络，数字化设计与数字化制造技术将传统的产品串行开发转变为并行开发，可以有效地提高产品的开发质量、缩短产品的开发周期、降低产品的制造成本、加快产品更新换代速度，从而提升产品及生产企业的市场竞争力。

4. 数字化设计与数字化制造只涵盖产品全生命周期的某些环节

随着相关软硬件技术的成熟，数字化设计与数字化制造技术越来越多地渗透到产品开发过程中，成为产品开发不可或缺的手段。但是，数字化设计与数字化制造只是产品全生命周期中的两大环节。除此之外，产品全生命周期还包括产品需求分析、市场营销、售后服务、产品报废、回收与再利用等环节，目前计算机在上述领域中的应用还比较薄弱。

第 2 章　连接件数字设计

2.1　设计任务及设计思路分析

2.1.1　设计任务

本章要完成的任务是连接件数字设计，连接件图样如图 2-1 所示。

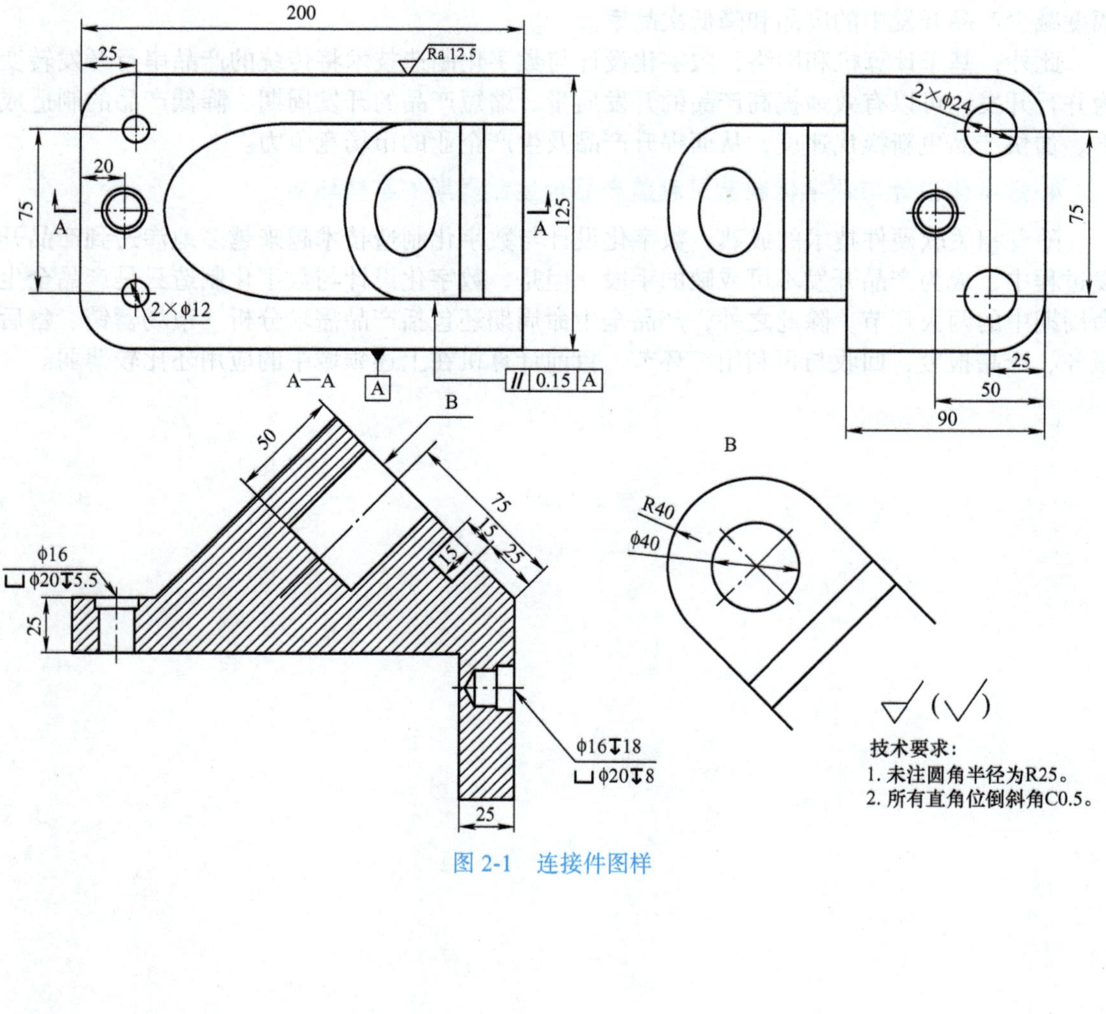

图 2-1　连接件图样

2.1.2　设计思路分析

由图 2-1 可以看出，连接件主要由两个主体构成，一个是 L 形的外形板件，然后在 L 形的板件上叠加一个三角形的特征件，最后经过边倒圆、孔特征完成细节对象设计，整体来说比较简单，易于完成。连接件设计流程简表见表 2-1。

表 2-1　连接件设计流程简表

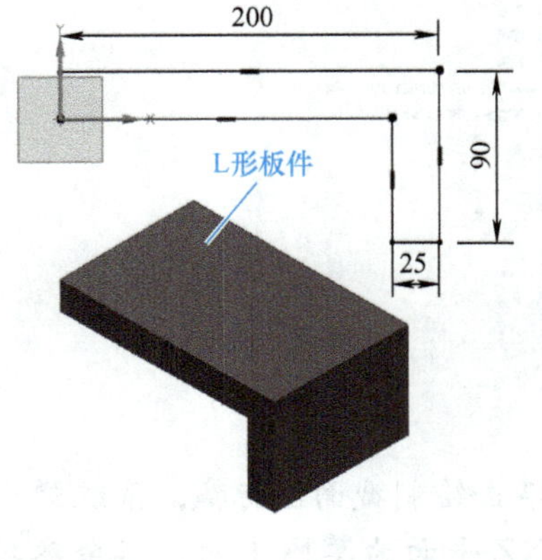	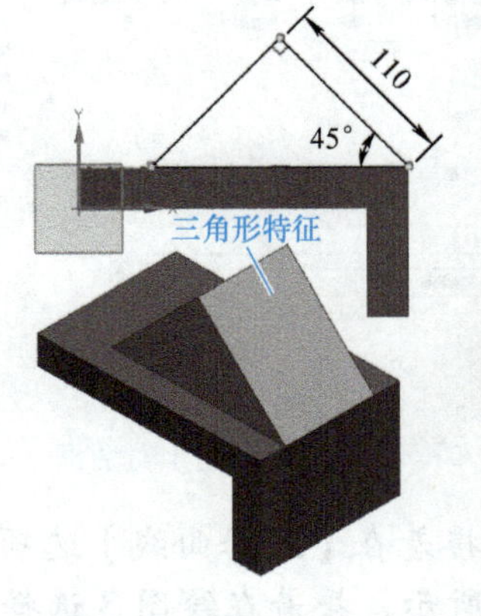	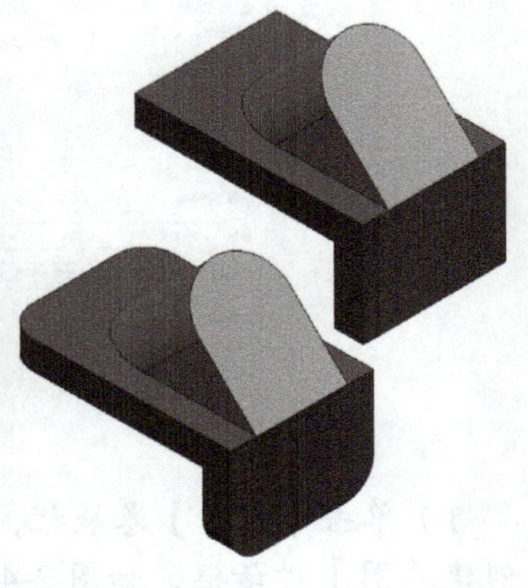
1. 创建 L 形外形板件（前视图）	2. 创建三角形特征件	3. 边倒圆
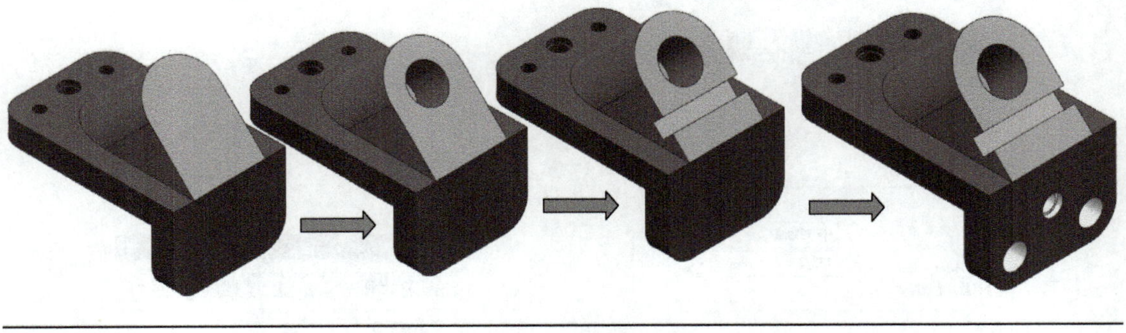		
4. 孔、槽特征创建		

2.2　设计步骤

步骤 1：进入 NX 软件环境

在主菜单工具栏中选择【文件】→【新建】命令或在【标准】工具条中单击新建图标，系统弹出【新建】对话框，如图 2-2 所示；在【名称】文本框中输入“连接件”，其余参数按系统默认，单击按钮进入软件建模环境。

步骤 2：创建连接件 L 形板

在主菜单工具栏中选择【插入】→【设计特征】→【拉伸】命令或在【基本】工具条中单击拉伸图标，系统弹出【拉伸】对话框，如图 2-3 所示。

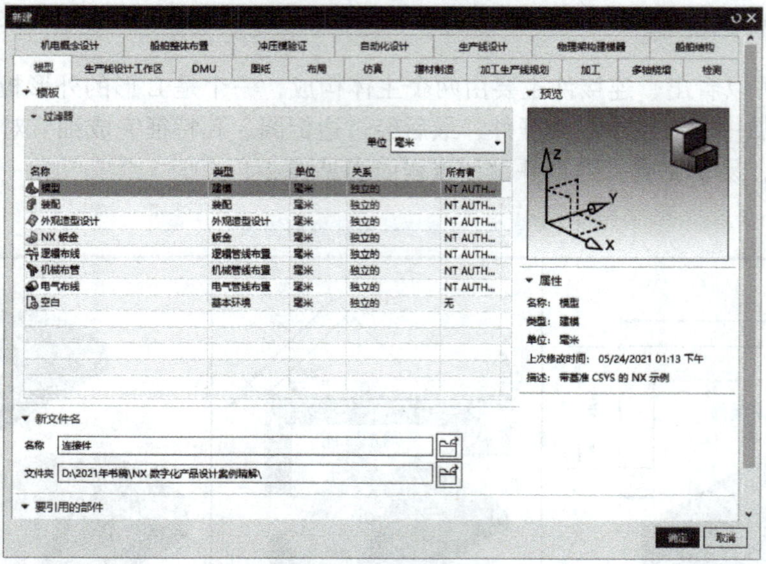

图 2-2 【新建】对话框

1）单击【截面】卷展栏，接着在【选择曲线】选项单击绘制截面图标，系统弹出【创建草图】对话框，如图 2-4 所示，接着在绘图区选择 XZ 平面为草图平面，其余参数按系统默认，单击确定按钮进入草图环境。

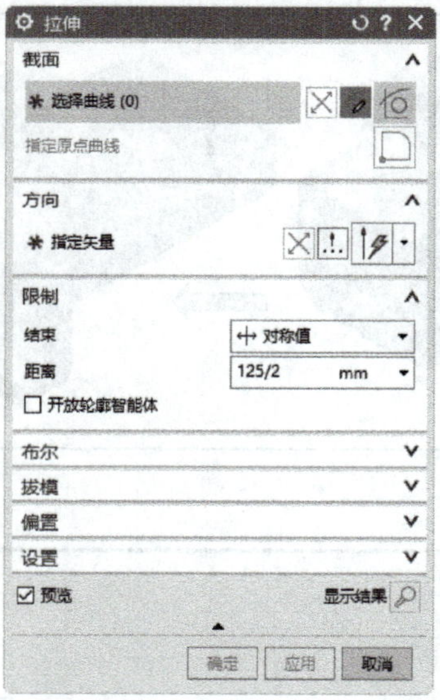

图 2-3 【拉伸】对话框

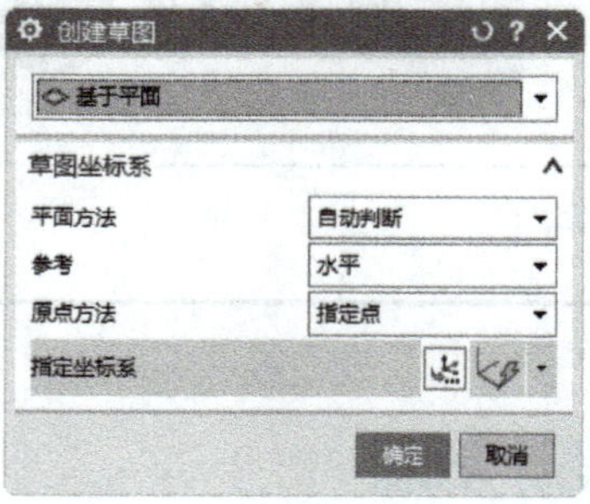

图 2-4 【创建草图】对话框

2）在【曲线】工具条中单击轮廓图标，系统弹出【轮廓】对话框，如图 2-5 所示。接着在绘图区绘制如图 2-6 所示的图例及标注尺寸值和相关约束，然后在【草图】工具条中单击完成图标，系统返回【拉伸】对话框。

3）在【结束】下拉选项选择对称值选项，在【距离】文本框中输入“125/2”，其余参数按系统默认，单击确定按钮完成拉伸操作，结果如图 2-7 所示。

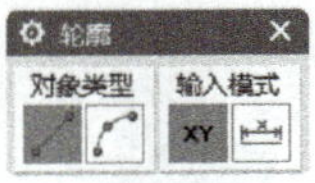

图 2-5 【轮廓】对话框

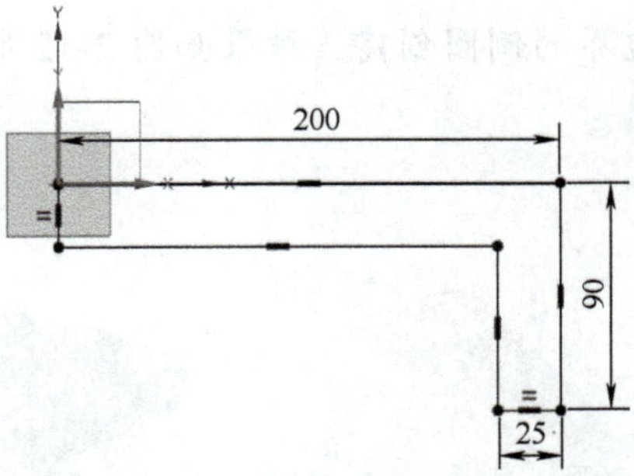

图 2-6　草图绘制结果

图 2-7　拉伸结果

步骤 3：创建三角形特征

在主菜单工具栏中选择【插入】→【设计特征】→【拉伸】命令或在【基本】工具条中单击拉伸图标，系统弹出【拉伸】对话框，如图 2-3 所示。

1）单击【截面】卷展栏，接着在【选择曲线】选项单击绘制截面图标，系统弹出【创建草图】对话框，如图 2-4 所示，接着在绘图区选择 XZ 平面为草图平面，单击确定按钮进入草图环境。

2）在【曲线】工具条中单击轮廓图标，系统弹出【轮廓】对话框，如图 2-5 所示。接着在绘图区绘制如图 2-8 所示的图例及标注尺寸值和相关约束，然后在【草图】工具条中单击完成图标，系统返回【拉伸】对话框。

3）在【结束】下拉选项中选择对称值选项，在【距离】文本框中输入“40”，接着单击【布尔】下拉菜单选项并选择合并选项，其余参数按系统默认，单击确定按钮完成拉伸操作，结果如图 2-9 所示。

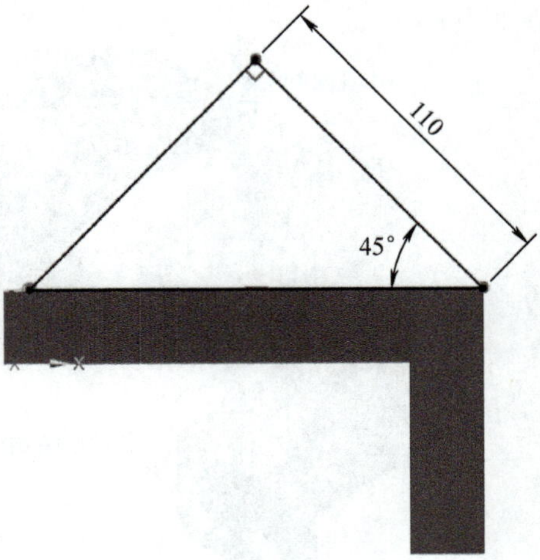

图 2-8　草图绘制结果

图 2-9　三角形特征创建结果

步骤 4：创建边倒圆

在主菜单工具栏中选择【插入】→【细节特征】→【边倒圆】命令或在【基本】工具条中单击边倒圆图标，系统弹出【边倒圆】对话框，如图 2-10 所示。

1）在绘图区选择三角边两侧边界，在【半径 1】文本框中输入“40”，其余参数按系统默认，单击<确定>按钮完成倒圆操作，结果如图 2-11 所示。

2）利用相同的方法，完成其他边界的倒圆创建，结果如图 2-12 所示。

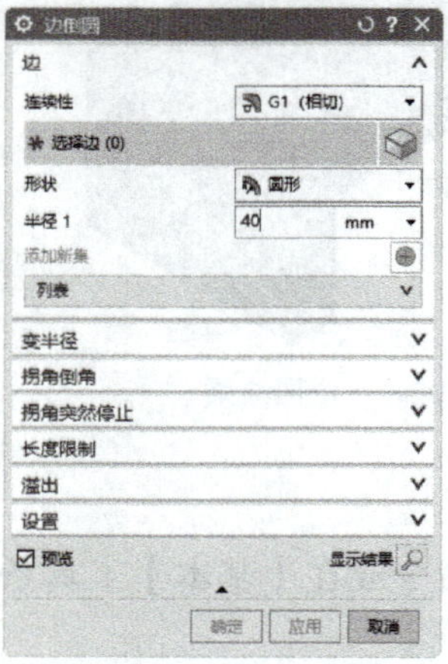

图 2-10 【边倒圆】对话框

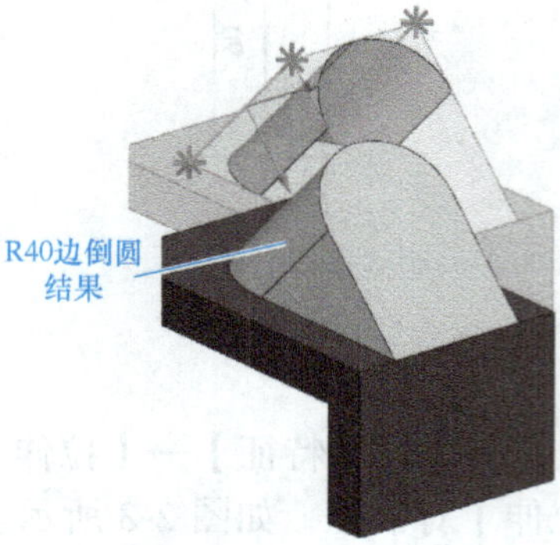

图 2-11 R40 边倒圆结果

图 2-12 R25 边倒圆结果

步骤 5：创建 ϕ12、ϕ24、ϕ40 孔特征

在主菜单工具栏中选择【插入】→【设计特征】→【孔】命令或在【基本】工具条中单击孔图标，系统弹出【孔】对话框，如图 2-13 所示。

1）在绘图区选择 R25 的圆心为孔的放置点，在【孔径】文本框中输入“12”，在【深度限制】下拉选项选择贯通体选项，其余参数按系统默认，单击<确定>按钮完成孔创建，结果如图 2-14 所示。

2）利用相同的方法，完成 ϕ40 孔深 50 的孔创建和 ϕ24 通孔的创建，结果如图 2-15 所示。

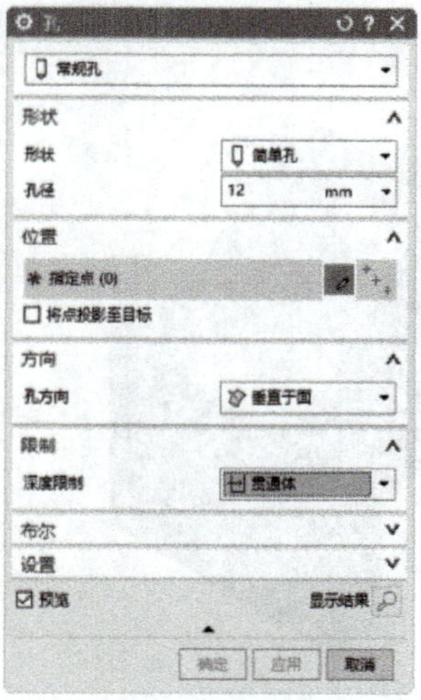

图 2-13 【孔】对话框

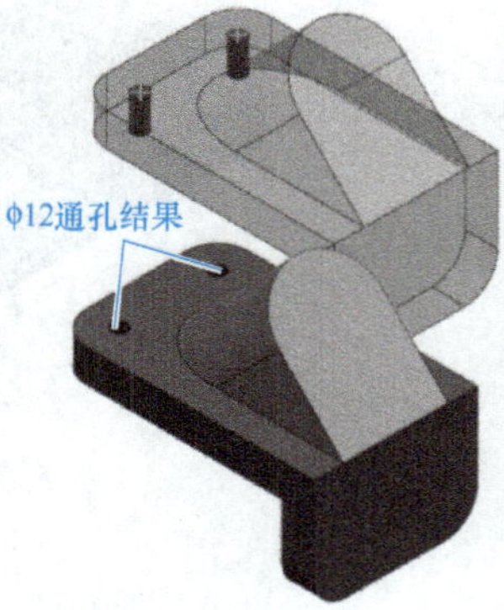

图 2-14 ϕ12 孔特征结果

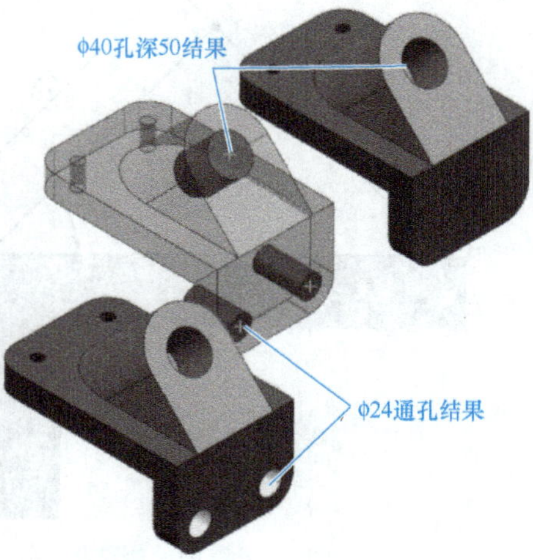

图 2-15 ϕ40、ϕ24 孔特征结果

步骤 6：创建 ϕ20 沉头孔

在主菜单工具栏中选择【插入】→【设计特征】→【孔】命令或在【基本】工具条中单击孔图标，系统弹出【孔】对话框，如图 2-13 所示。

1）在绘图区选择 L 形表面为孔的放置面，同时系统进入草图环境，接着在绘图区绘制如图 2-16 所示的图例及标注尺寸值和相关约束，然后在【草图】工具条中单击完成图标，系统返回【孔】对话框。

2）在形状下拉选项选择沉头选项，接着在沉头直径文本框中输入“20”，在沉头深度文本框中输入“5”，直径文本框中输入“16”；在深度限制下拉选项选择贯通体选项，其余参数按系统默认，单击确定按钮完成孔创建，结果如图 2-17 所示。

3）根据图样要求和沉头孔创建相同的方法，完成别一侧沉头孔，结果如图 2-18 所示。

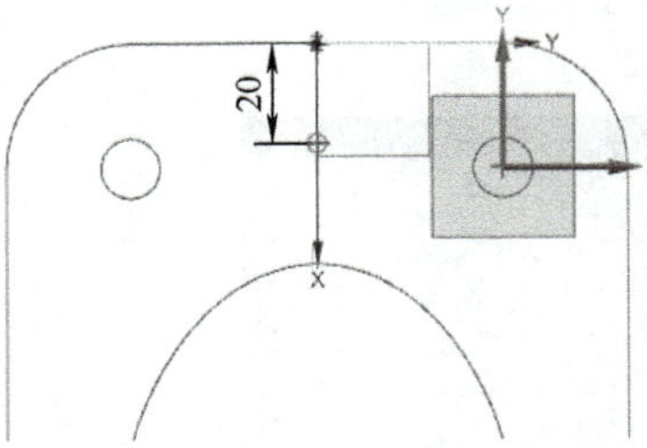

图 2-16　绘制草图结果

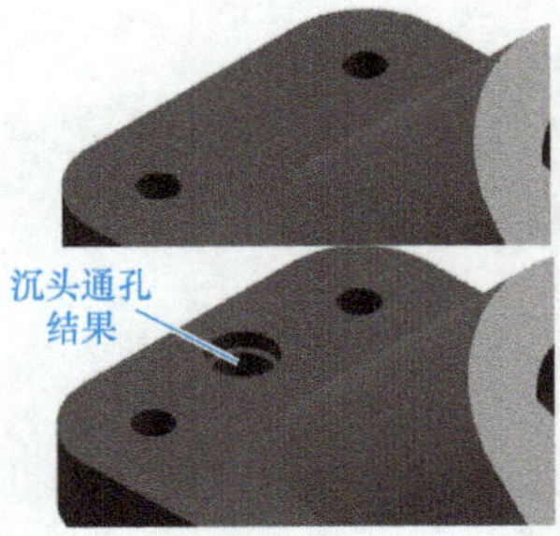

图 2-17　沉头通孔结果

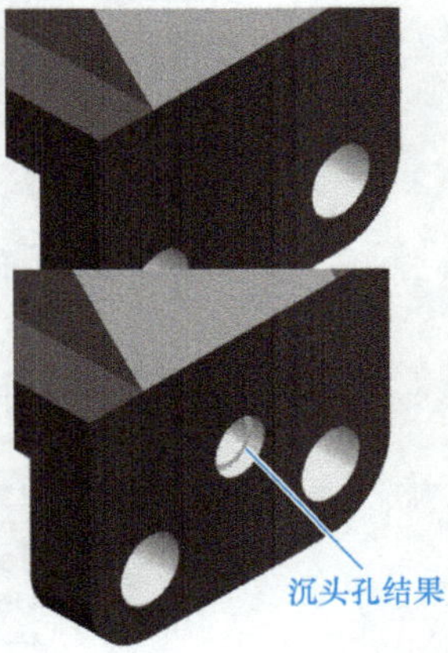

图 2-18　沉头孔结果

步骤 7：创建 15 × 15 槽特征

方法一：利用拉伸完成

在主菜单工具栏中选择【插入】→【设计特征】→【拉伸】命令或在【基本】工具条中单击拉伸图标，系统弹出【拉伸】对话框，如图 2-3 所示。

1）在绘图区选择右侧边界为拉伸截面图形，在方向卷展栏选项中单击指定矢量，然后在绘图区选择图 2-19 所示的边为矢量方向。

2）在起始【距离】文本框中输入“25”，在结束【距离】文本框中输入“40”，接着在布尔下拉选项选择减去选项。

3）单击偏置卷展栏选项，然后在偏置下拉选项选择两侧，最后在结束文本框中输入“15”，其余参数按系统默认，单击单击确定按钮完成拉伸操作，结果如图 2-20 所示。

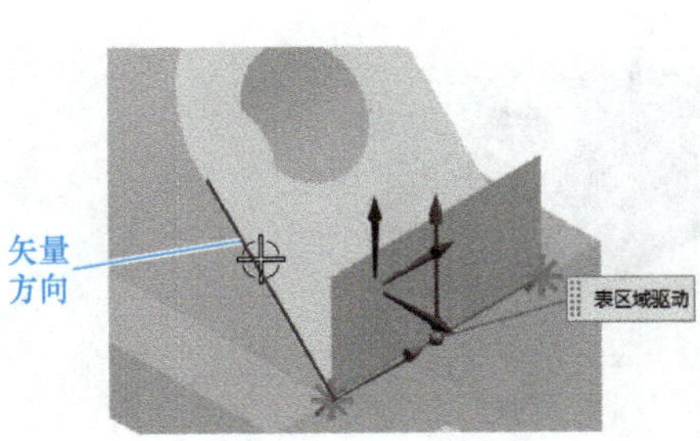

图 2-19　矢量方向选择

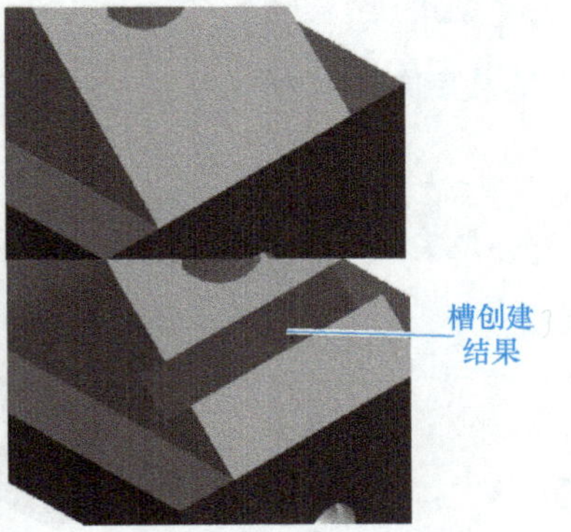

图 2-20　15 × 15 的槽特征结果

方法二：利用腔体完成

在主菜单工具栏中选择【插入】→【设计特征】→【腔（原有)】命令或在【基本】工具条中单击腔图标，系统弹出【腔】对话框，如图 2-21 所示。

1）单击选项，系统弹出【矩形腔】对话框，如图 2-22 所示；接着在绘图区选择斜面为矩形腔的放置面，系统弹出【水平参考】对话框，如图 2-23 所示；然后在绘图区选择斜面的底边为水平参考方向，系统弹出【矩形腔】对话框，如图 2-24 所示。

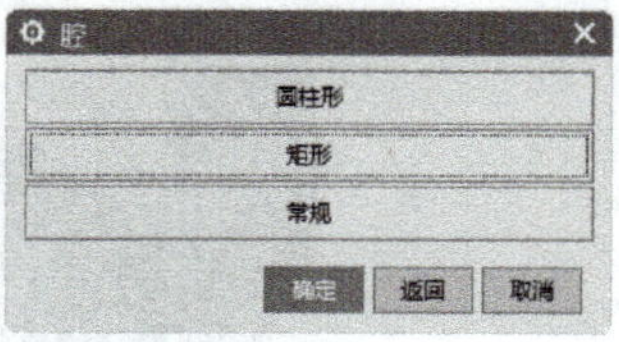

图 2-21 【腔】对话框

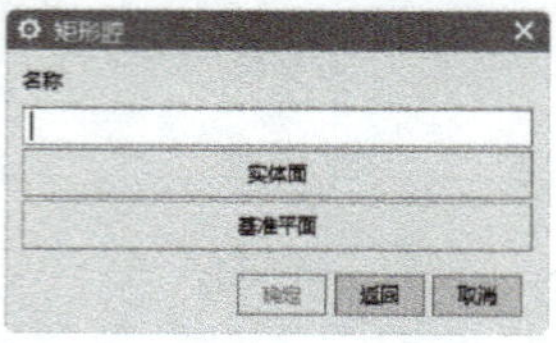

图 2-22 【矩形腔】对话框 1

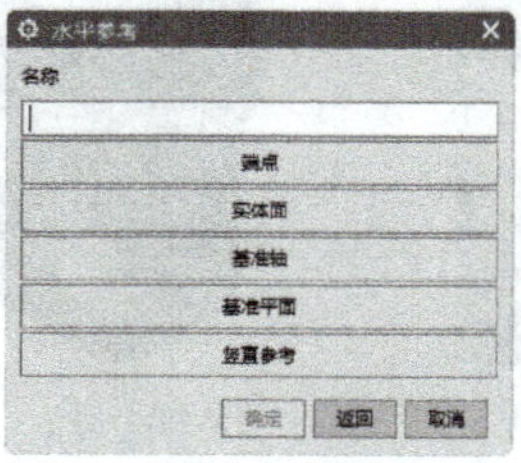

图 2-23 【水平参考】对话框

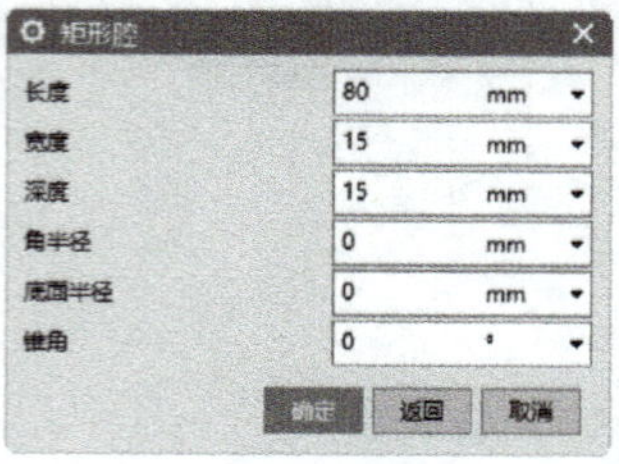

图 2-24 【矩形腔】对话框 2

2）在【长度】文本框中输入“80”，在【宽度】文本框中输入“15”，在【深度】文本框中输入“15”，其余参数按系统默认，单击按钮，系统弹出【定位】对话框，如图 2-25 所示。

3）单击水平图标，系统弹出【水平】对话框，如图 2-26 所示；接着在绘图区选择基准点为目标对象，然后选择与 X 轴平行的线段为刀具边，系统弹出【创建表达式】对话框，如图 2-27 所示，最后在文本框中输入“0”。

4）利用相同的方法，完成竖直方向的定位操作，最终结果如图 2-28 所示。

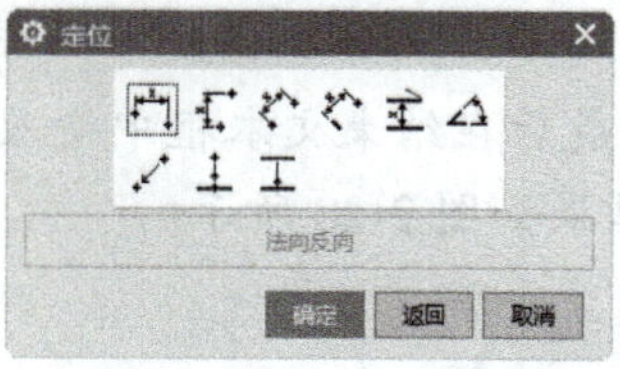

图 2-25 【定位】对话框

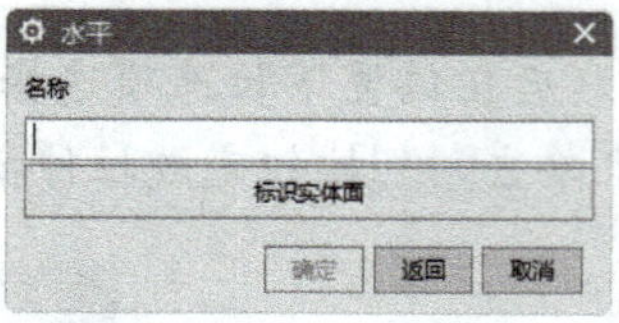

图 2-26 【水平】对话框

图 2-27 【创建表达式】对话框

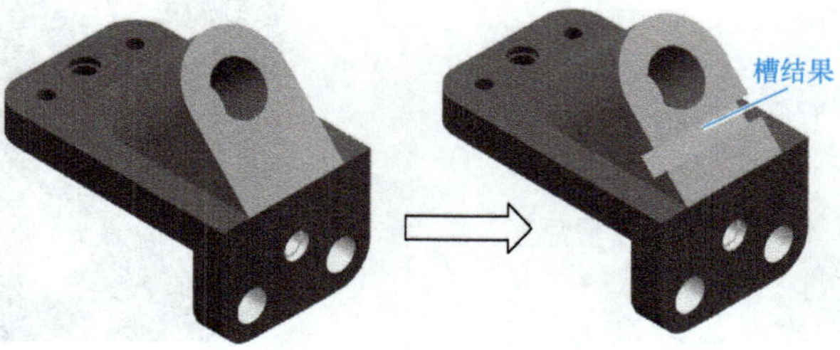

图 2-28 连接件结果

步骤 8：保存文件

在软件左上角单击保存图标完成文件保存，或在选项卡中选择【文件】→【保存】→【保存】命令，完成文件保存。

2.3　数字出图

步骤 1：启用制图模块

在【选项卡】工具条中单击【应用模块】，接着在【文档】工具条中单击制图图标，系统进入制图环境并激活制图工具栏。在【片体】工具条中单击新建图纸页图标，系统弹出【图纸页】对话框，如图 2-29 所示。

1）在【大小】卷展栏选项中选中◉标准尺寸单选按钮，接着在【大小】下拉选项选择 A2 - 420 x 594 选项。

2）单击【设置】卷展栏，在【投影法】选项中选择第三角投影选项，其余参数按系统默认，单击 确定 按钮完成图纸页设置。

步骤 2：创建俯视图和右视图

在【视图】工具栏中单击基本视图图标，系统弹出【基本视图】对话框，如图 2-30 所示。接着在绘图区选择一个合适位置为俯视图放置位置，创建结果如图 2-31 所示，同时系统弹出【投影视图】对话框，如图 2-32 所示。然后按机械制图“长对正、高平齐、宽相等”的原则，指定位置往右边放置，从而完成右视图的创建，结果如图 2-33 所示。

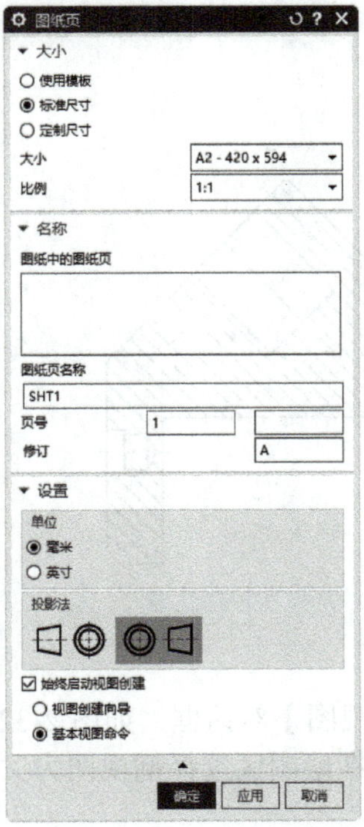

图 2-29 【图纸页】对话框

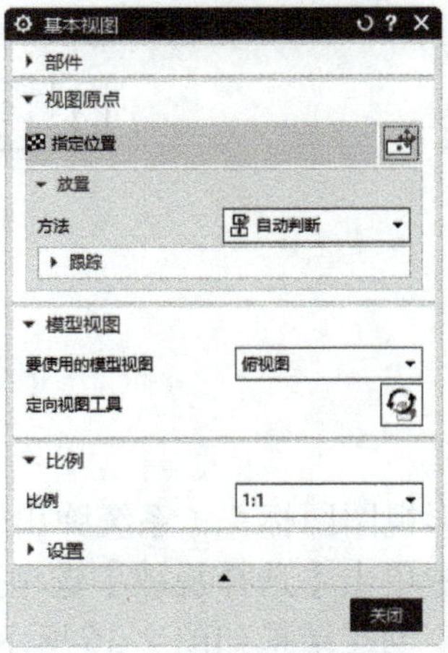

图 2-30 【基本视图】对话框

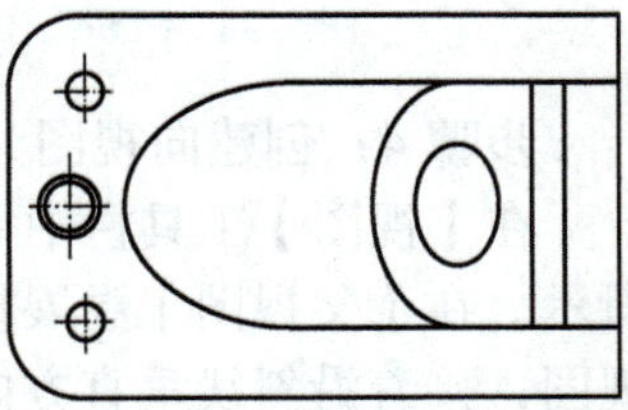

图 2-31　俯视图创建结果

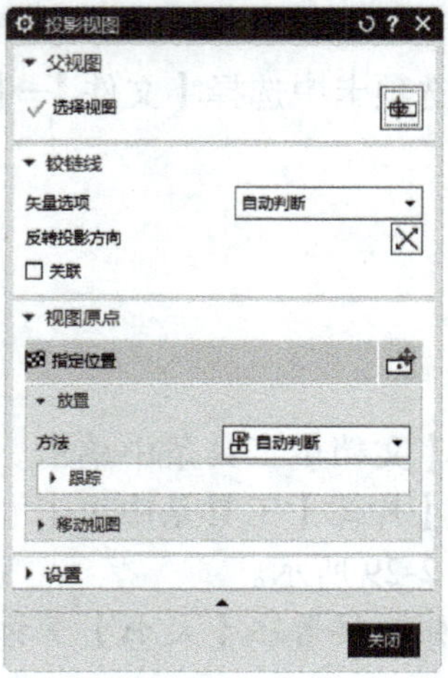

图 2-32 【投影视图】对话框

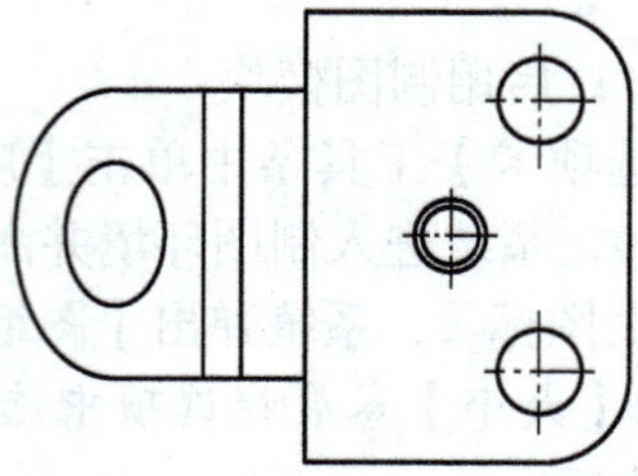

图 2-33 右视图创建结果

步骤 3：创建简单剖视图

在【视图】工具栏中单击剖视图图标，系统弹出【剖视图】对话框，如图 2-34 所示。接着在俯视图中选择左侧的沉头孔心为剖切点，然后将视图往下拖动，完成简单剖视图创建，结果如图 2-35 所示。

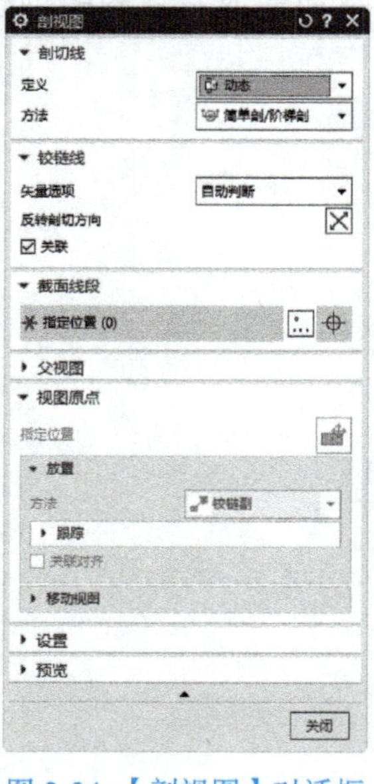

图 2-34 【剖视图】对话框

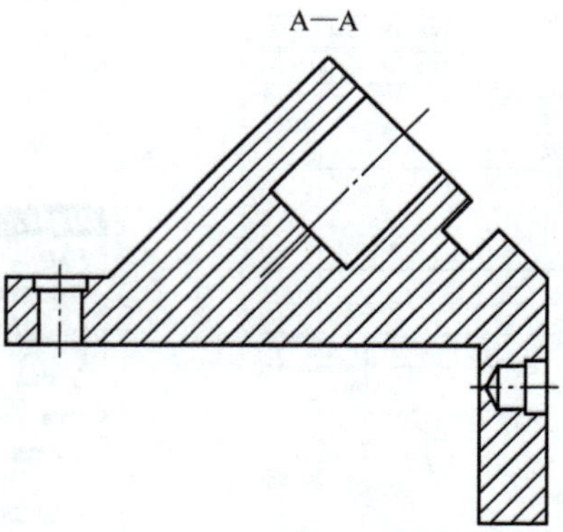

图 2-35 简单剖视图创建结果

步骤 4：创建向视图

在【视图】工具栏中单击投影视图图标，系统弹出【投影视图】对话框，如图 2-32 所示。在【父视图】卷展栏选项中单击【选择视图】选项，然后在绘图区选择剖视图为父视图，接着沿斜线垂直方向拖动，创建结果如图 2-36 所示。

由于向视图主要想表达半圆和孔的对象，所以在向视图中只要显示这两个对象即可，具体可按如下操作：

1）选择菜单工具栏中的【编辑】→【视图】→【视图相关编辑】命令或在【视图】工具条中单击视图相关编辑图标，系统将弹出【视图相关编辑】对话框，如图 2-37 所示。

2）在绘图区选择向视图为要编辑的视图，接着在【视图相关编辑】对话框中单击擦除对象图标，然后在向视图中擦除不需要的对象，结果如图 2-38 所示。

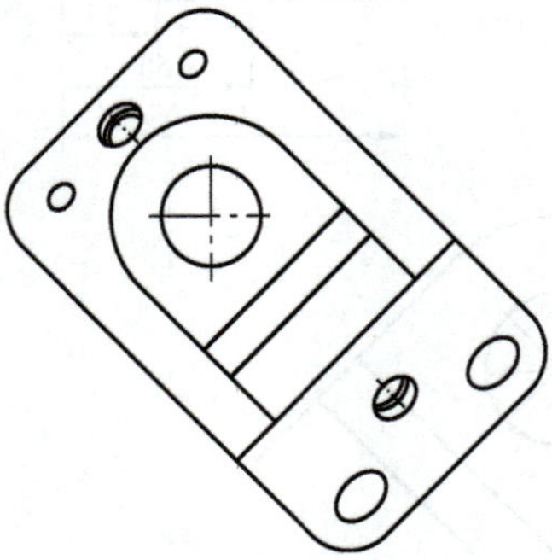

图 2-36　向视图创建结果

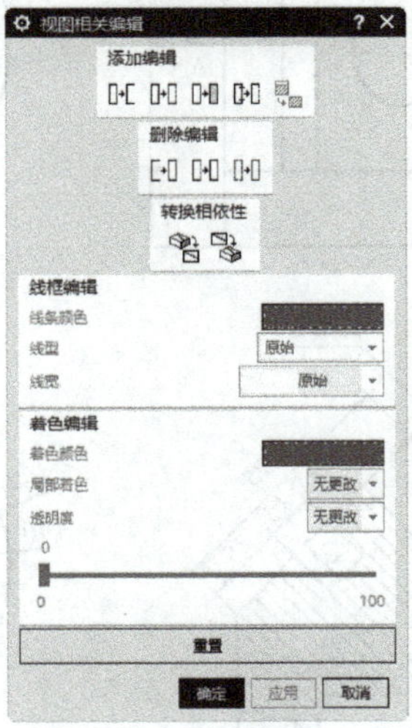

图 2-37 【视图相关编辑】对话框

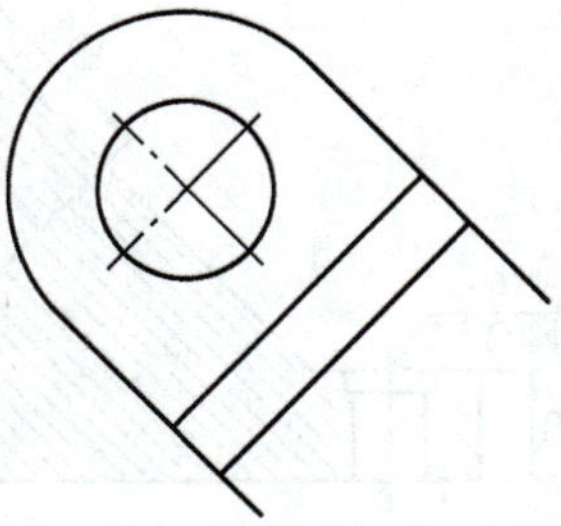

图 2-38　编辑后的向视图结果

步骤 5：尺寸标注

在【尺寸】工具栏中单击快速尺寸图标，系统弹出【快速尺寸】对话框，如图 2-39 所示。接着在俯视图标注相关尺寸，结果如图 2-40 所示；利用相同的方法，完成其他视图的创建，结果如图 2-41 所示。

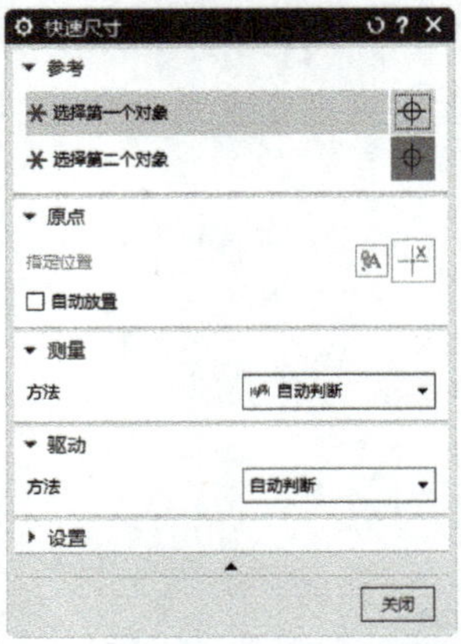

图 2-39 【快速尺寸】对话框

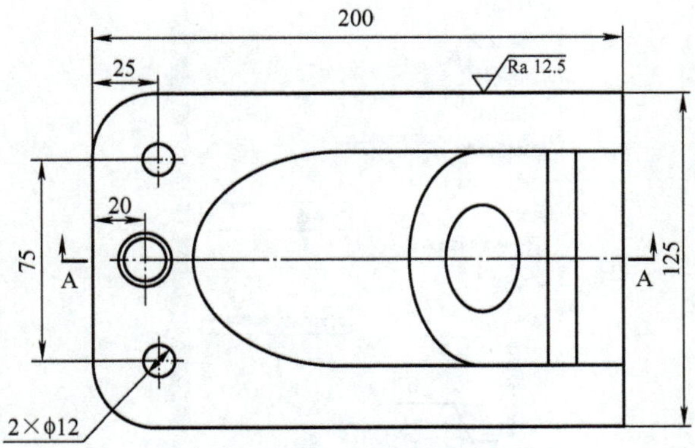

图 2-40　俯视图尺寸标注结果

步骤 6：创建表面粗糙度和几何公差

1. 表面粗糙度创建

在菜单栏中选择【插入】→【注释】→【表面粗糙度符号】命令或在【注释】工具条中单击表面粗糙度符号图标，系统弹出【表面粗糙度】对话框，如图 2-42 所示。

在【除料】下拉选项选择"修饰符，需要除"选项，接着在【波纹】文本框中输入"12.5"，然后在俯视图的顶部边界处单击，结果如图 2-43 所示。

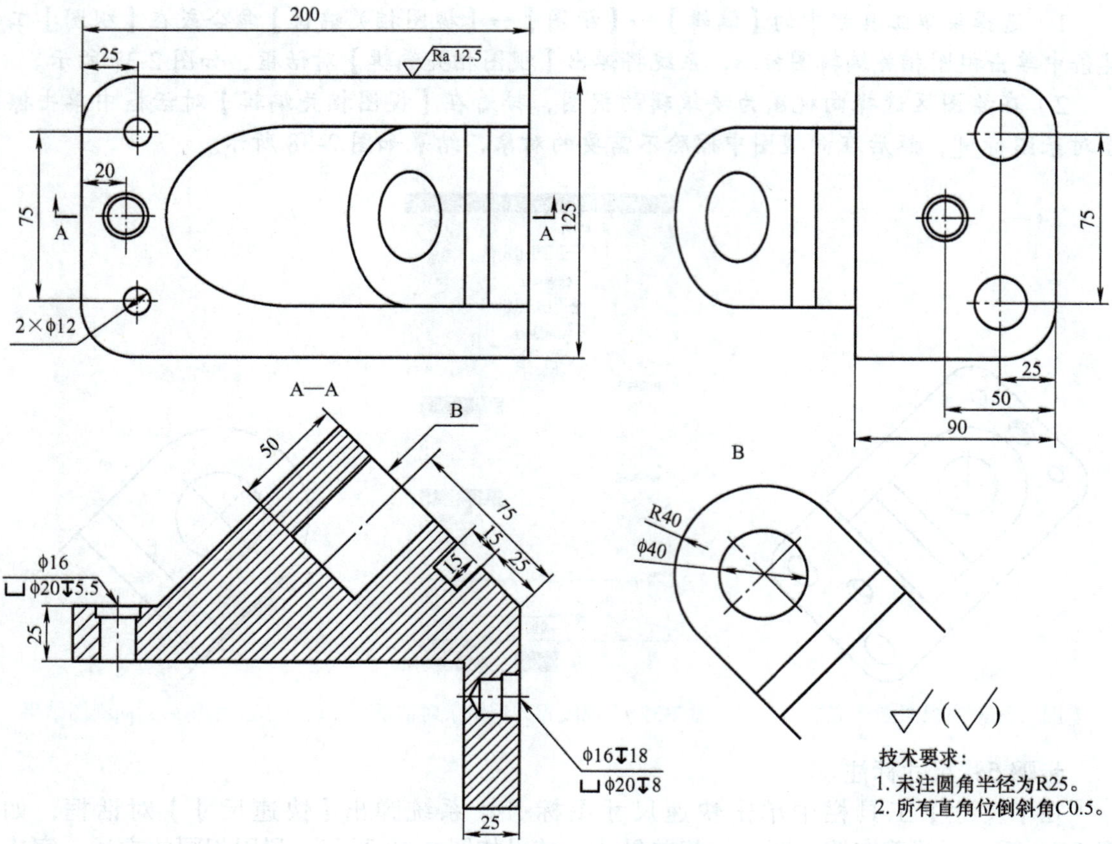

图 2-41　各个视图尺寸标注结果

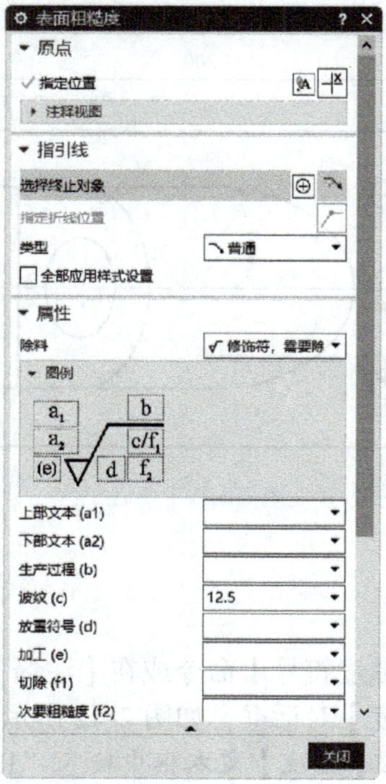

图 2-42　【表面粗糙度】对话框

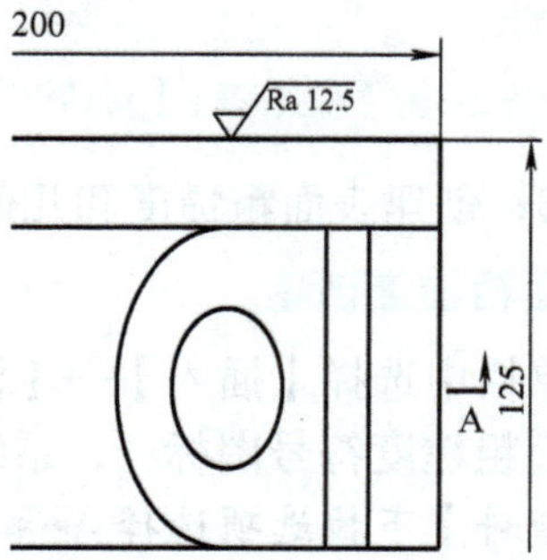

图 2-43　表面粗糙度创建结果

2. 几何公差创建

在菜单栏中选择【插入】→【注释】→【特征控制框】命令或在【注释】工具条中单击特征控制框图标，系统弹出【特征控制框】对话框，如图 2-44 所示。

1）在【特性】下拉选项选择选项，在【公差】文本框中输入“0.15”；接着在【第一基准参考】下拉选项选择选项，其余参数按系统默认。

2）在绘图区选择主视图的内侧边为几何公差引线边界，然后拖拉至一合适放置位置，创建结果如图 2-45 所示。

3. 创建基准特征符号

在菜单栏中选择【插入】→【注释】→【基准特征符号】命令或在【注释】工具条中单击基准特征符号图标，系统弹出【基准特征符号】对话框，如图 2-46 所示。

在绘图区选择主视图的最底边为几何公差的参数基准边，接着拖至适当位置，创建结果如图 2-47 所示。

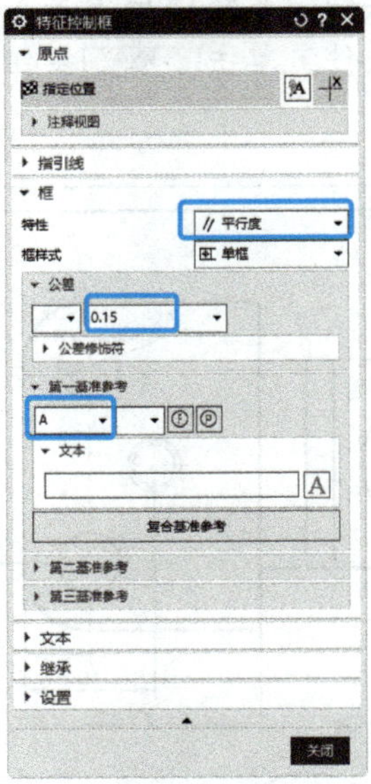

图 2-44 【特征控制框】对话框

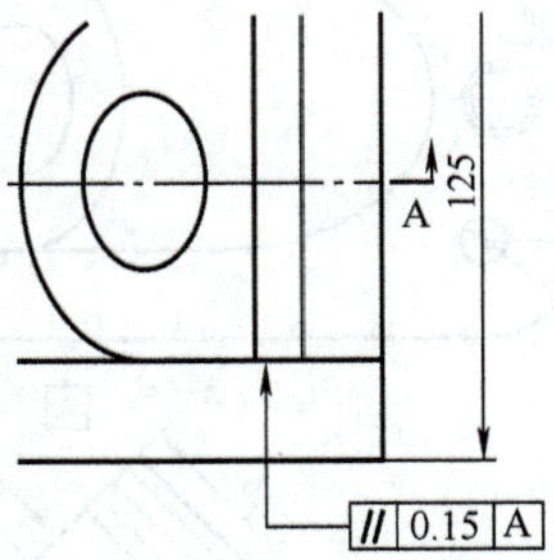

图 2-45 几何公差创建结果

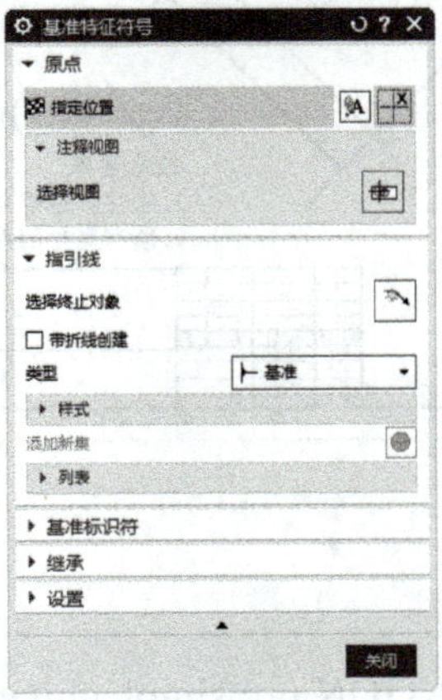

图 2-46 【基准特征符号】对话框

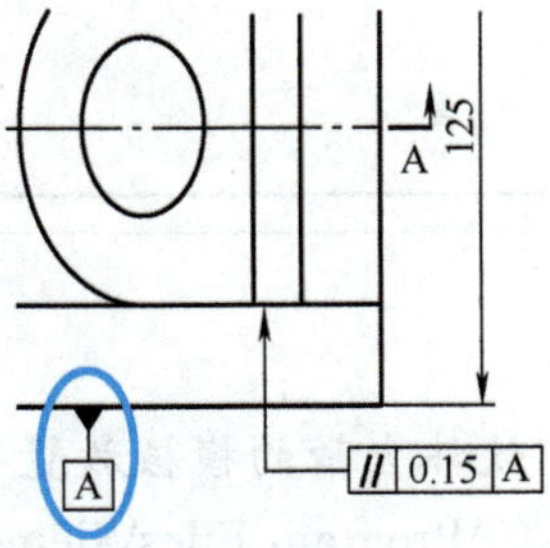

图 2-47 基准特征符号创建结果

步骤 7：利用注释命令完成技术要求编写，结果如图 2-48 所示。

步骤 8：导入模板标题栏

在菜单栏中选择【文件】→【导入】→【部件】命令，系统弹出【导入部件】对话框，如图 2-49 所示。

技术要求：
1. 未注圆角半径为R25。
2. 所有直角位倒斜角C0.5。

图 2-48　技术要求结果

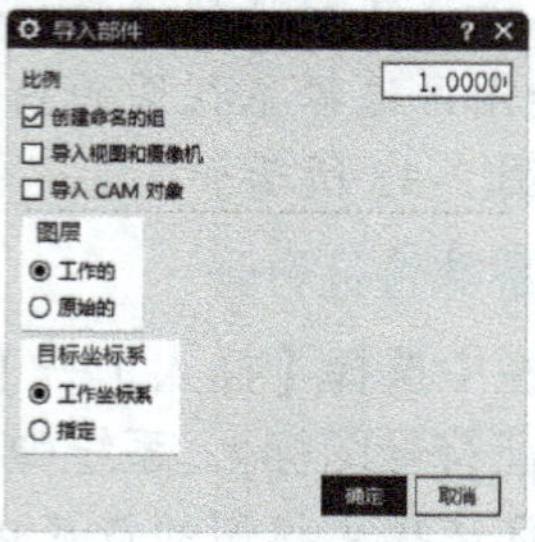

图 2-49　【导入部件】对话框

在【导入部件】对话框中不做任何更改，单击 确定 按钮，系统弹出【导入部件】对话框，在此找到模板的放置位置并选择 A2-noviews-template 文件，单击 确定 按钮完成标题栏模板的导入，结果如图 2-50 所示。

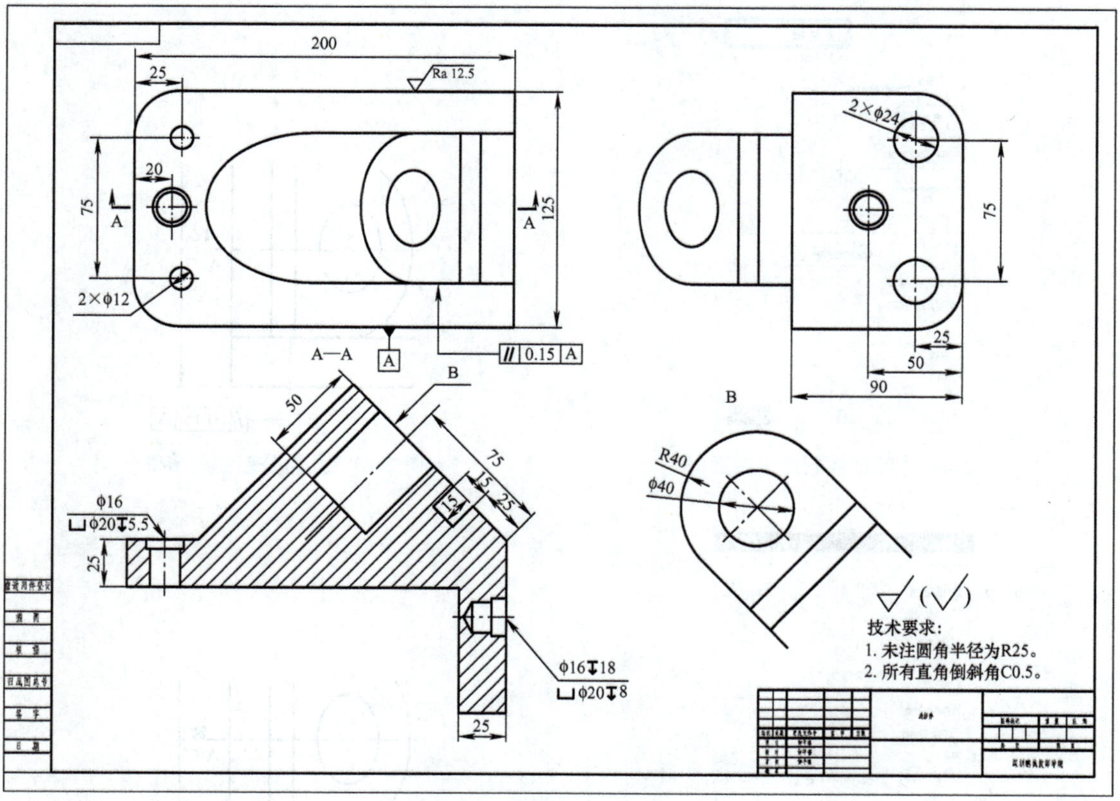

图 2-50　连接件数字出图结果

> 提示：软件自带的模板放置目录如下：
>
> C:\Program Files\Siemens\NX 1980\LOCALIZATION\prc\simpl_chinese\startup，其中 C 为软件的安装盘，这个要根据读者自己的安装目录来进行查找。

拓展练习

完成图 2-51 和图 2-52 所示零件的数字设计。

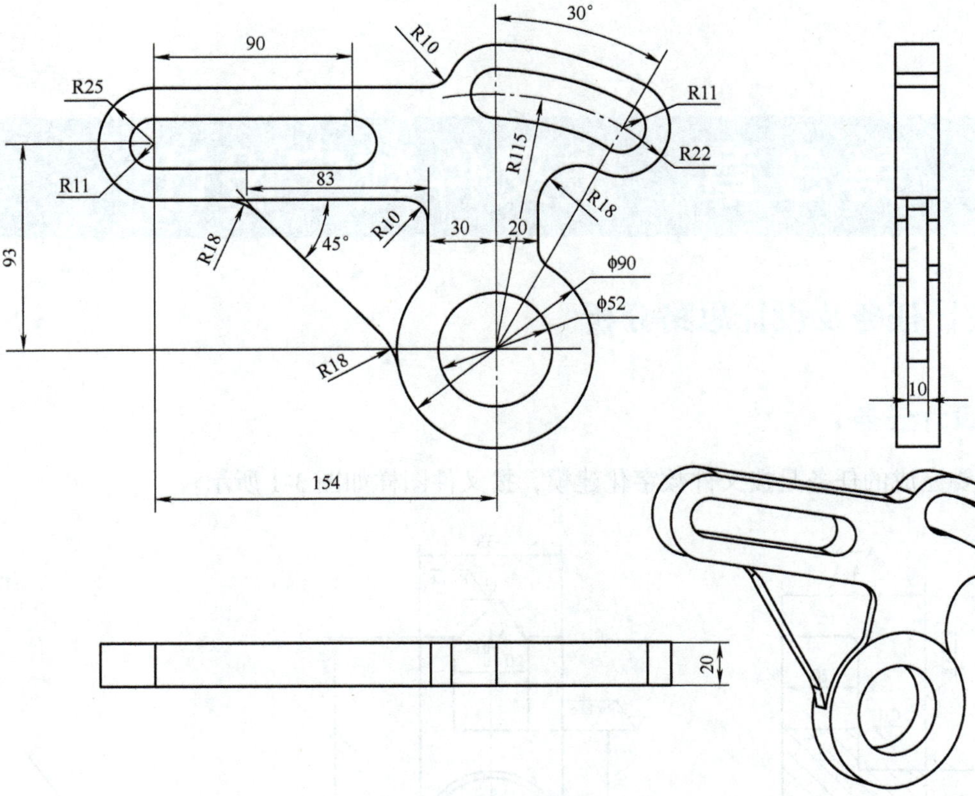

图 2-51　支架

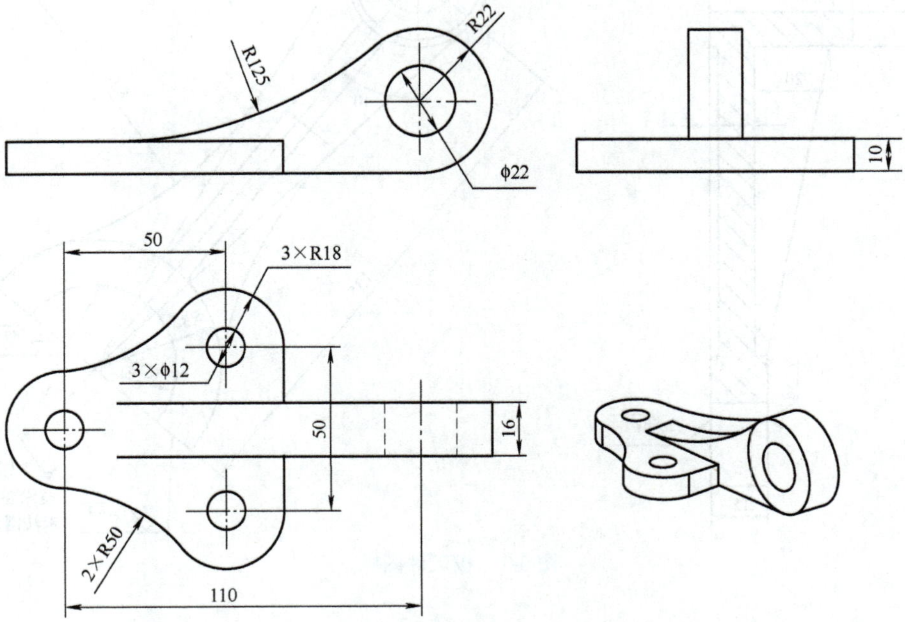

图 2-52　连接件

第 3 章　拨叉件数字设计

3.1　设计任务及设计思路分析

3.1.1　设计任务

本章要完成的任务是拨叉件数字化建模，拨叉件图样如图 3-1 所示。

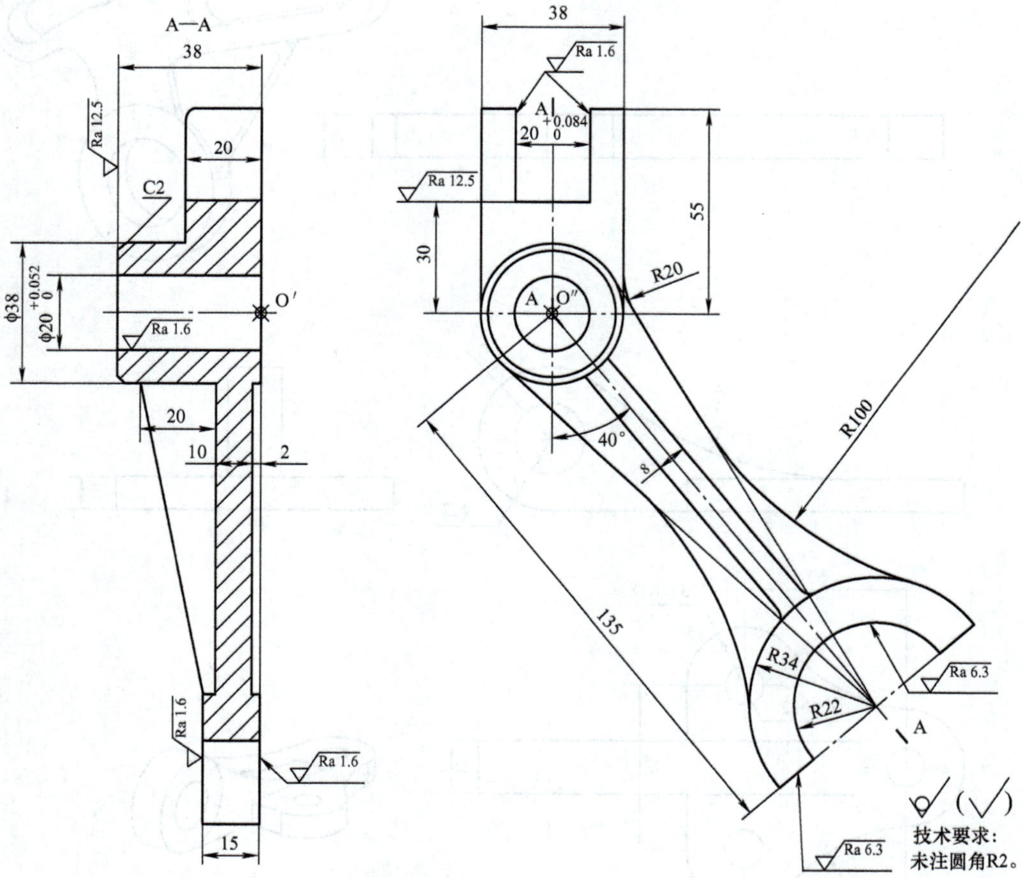

图 3-1　拨叉件图样

3.1.2　设计思路分析

由图 3-1 可以看出，拨叉主要由 ϕ38、高 38 的圆柱体和长 38、宽 55、高 20 的方块进行叠加，然后由长 135，叉口 R24 的拨叉以 40° 方向进行叠加而成，接着在拨叉处加一宽为 8 的筋板，最后根据图样完成细节特征设计就行了。因此，在数字化建模时，利用基本的实体建模方法就可以完成。拨叉件设计流程简表见表 3-1。

表 3-1　拨叉件设计流程简表

<table>
<tr><td></td><td>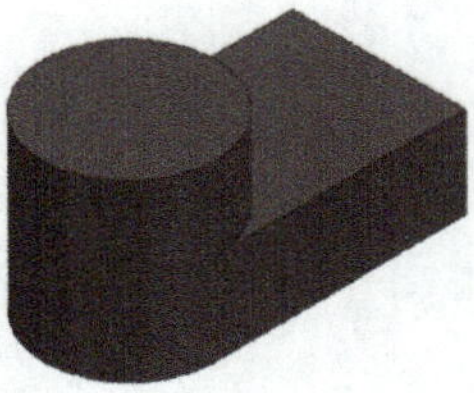</td><td>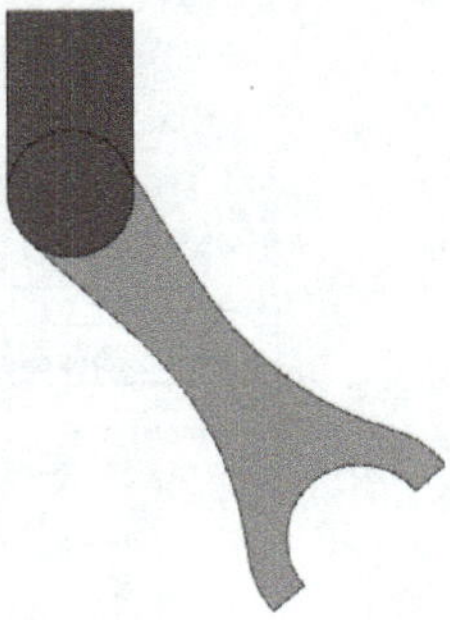</td></tr>
<tr><td>1. 创建 ϕ38、高 38 的圆柱体</td><td>2. 创建长 38、宽 55、高 20 的方块</td><td>3. 创建长 135、叉口 R24 的拨叉</td></tr>
<tr><td colspan="3">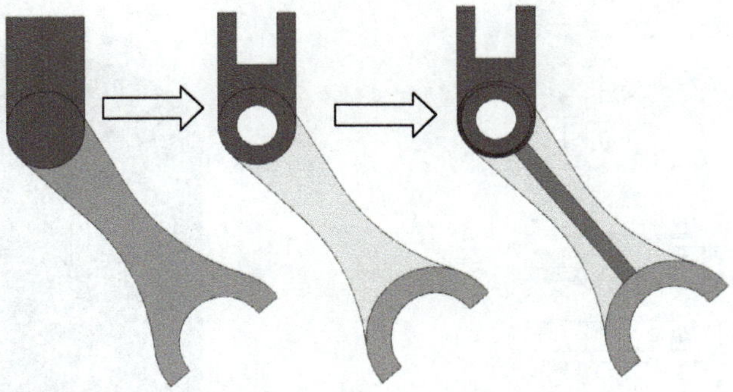</td></tr>
<tr><td colspan="3">4. 细节特征创建</td></tr>
</table>

3.2　设计步骤

步骤 1：进入 NX 软件环境

在主菜单工具栏中选择【文件】→【新建】命令或在【标准】工具条中单击新建图标，系统弹出【新建】对话框，如图 3-2 所示；在【名称】文本框中输入“拨叉件”，其余参数按系统默认，单击确定按钮进入软件建模环境。

步骤 2：创建 ϕ38、高 38 的圆柱体

在主菜单工具栏中选择【插入】→【设计特征】→【圆柱】命令或在【基本】工具条中单击圆柱图标，系统弹出【圆柱】对话框，如图 3-3 所示。

在【直径】文本框中输入“38”，在【高度】文本框中输入“38”，其余参数按系统默认，单击确定按钮完成圆柱创建，结果如图 3-4 所示。

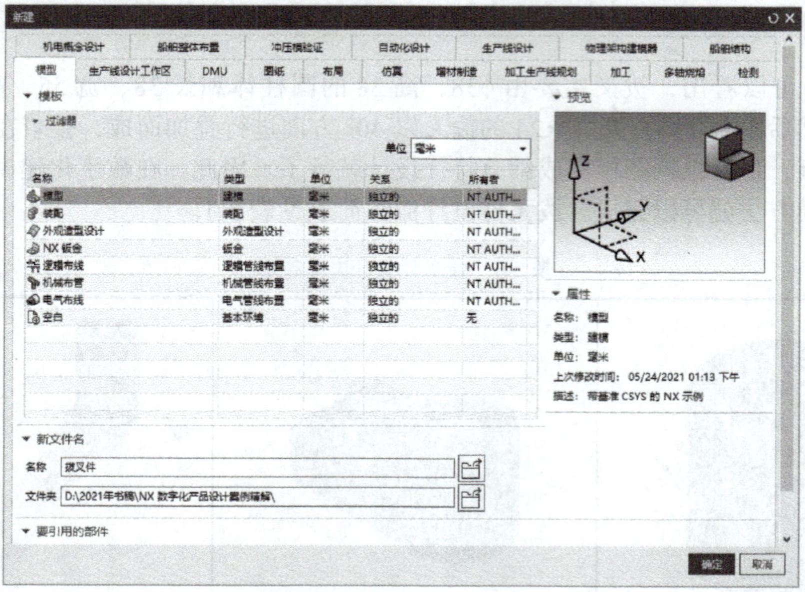

图 3-2 【新建】对话框

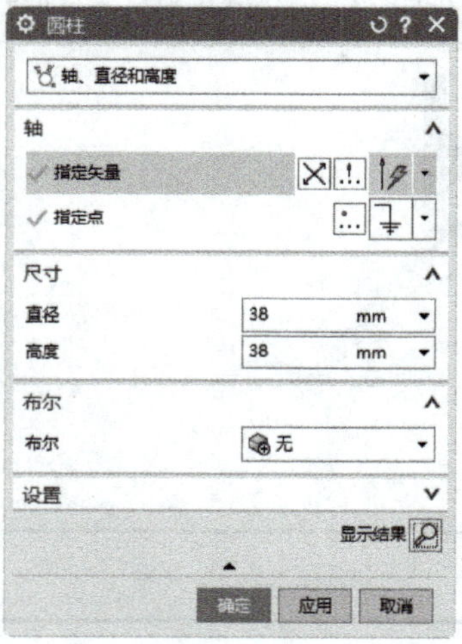

图 3-3 【圆柱】对话框

图 3-4 圆柱创建结果

步骤 3：创建长 38、宽 55、高 20 的方块

在主菜单工具栏中选择【插入】→【设计特征】→【块】命令或在【基本】工具条中单击块图标，系统弹出【块】对话框，如图 3-5 所示。

1）在【原点】卷展栏指定点处单击点对话框图标，系统弹出【点】对话框，如图 3-6 所示。接着在【X】文本框中输入“-19”，其余参数按系统默认，单击确定按钮返回【块】对话框。

2）在【长度（XC）】文本框中输入“38”，在【宽度（YC）】文本框中输入“55”，在【高度（ZC）】文本框中输入“20”，接着在【布尔】卷展栏的布尔下拉选项选择合并选项，其余参数按系统默认，单击确定按钮完成块的创建，结果如图 3-7 所示。

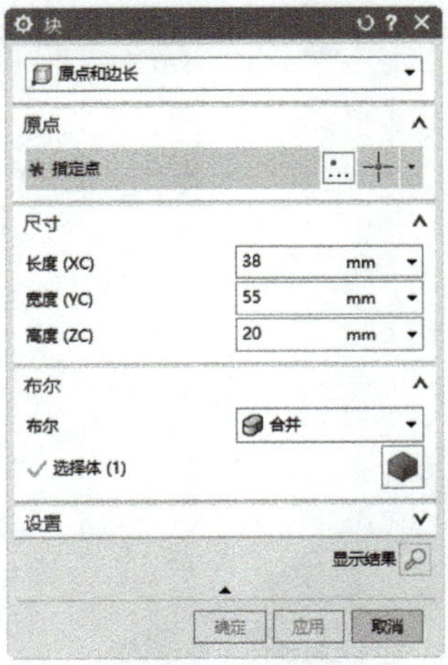

图 3-5 【块】对话框

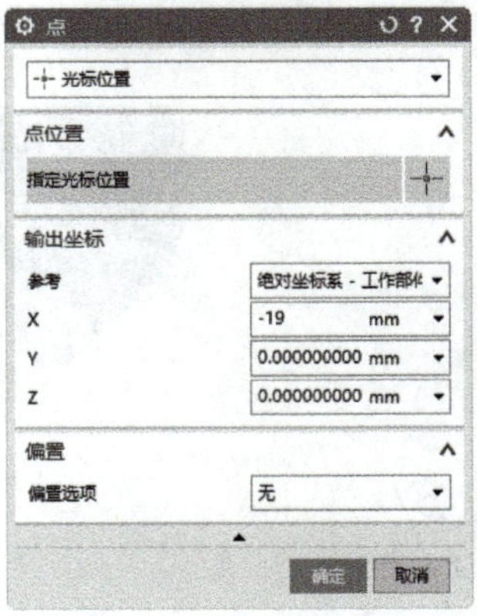

图 3-6 【点】对话框

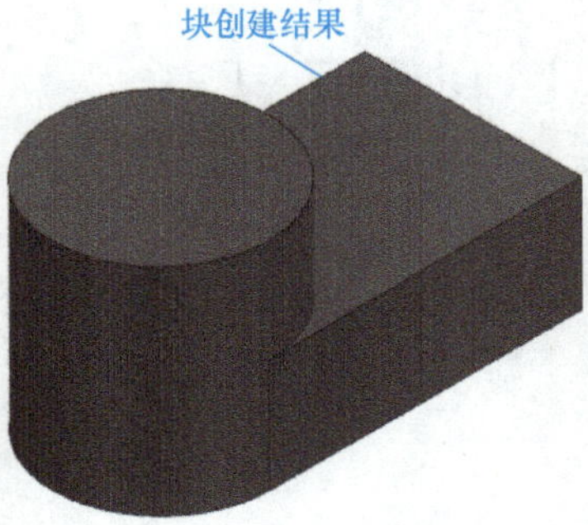

图 3-7 块创建结果

提示：此处方块的创建也可以直接利用拉伸方法完成，只是为了读者能多使用软件中的基本命令功能，才采用块的方法。

步骤 4：创建长 135、叉口 R24 的拨叉

在主菜单工具栏中选择【插入】→【设计特征】→【拉伸】命令或在【基本】工具条中单击拉伸图标，系统弹出【拉伸】对话框，如图 3-8 所示。

1）单击【截面】卷展栏，接着在【选择曲线】选项单击绘制截面图标，系统弹出【创建草图】对话框，如图 3-9 所示，在此不做任何更改，单击确定按钮进入草图环境。

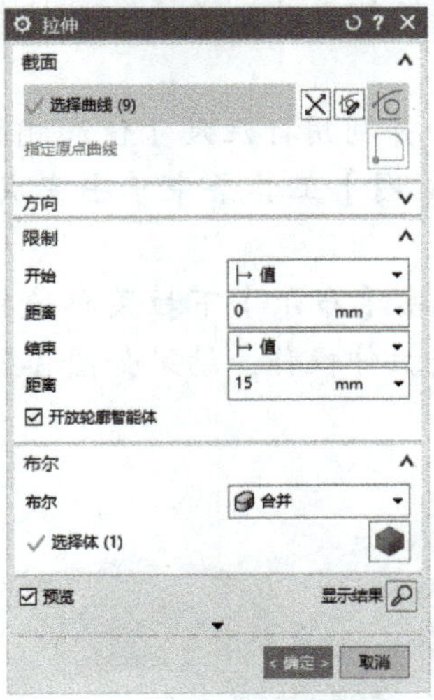

图 3-8 【拉伸】对话框

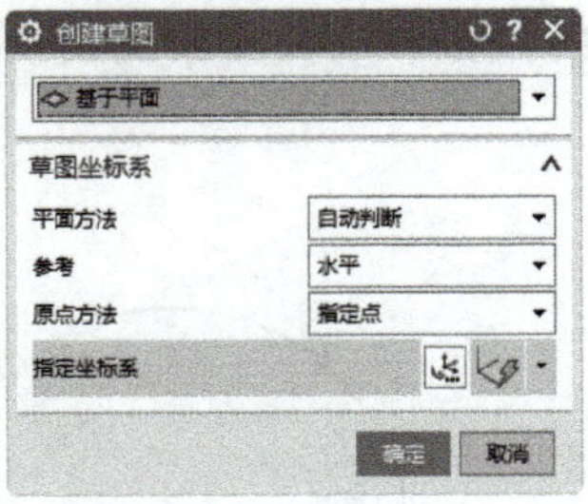

图 3-9 【创建草图】对话框

2）在草图环境中利用曲线命令完成线段的绘制，并利用标注尺寸值和相关约束功能完成草图的约束，结果如图 3-10 所示，然后在【草图】工具条中单击完成图标，系统返回【拉伸】对话框。

3）在开始【距离】文本框中输入“2”，在结束【距离】文本框中输入“12”，接着

单击【布尔】下拉菜单选项并选择[合并]选项，其余参数按系统默认，单击<确定>按钮完成拉伸操作，结果如图 3-11 所示。

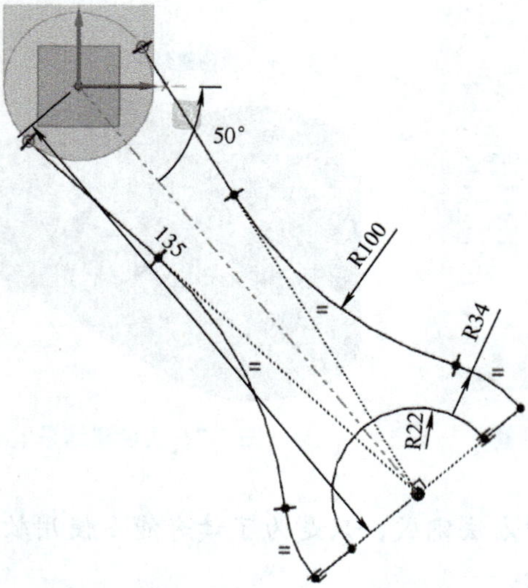

图 3-10　草图结果（一）

图 3-11　叉口拉伸结果（一）

提示：由于拨叉前端的头部总高是 15，因此还需要再次拉伸一次拨叉的头部，具体操作如下：

在主菜单工具栏中选择【插入】→【设计特征】→【拉伸】命令或在【基本】工具条中单击拉伸图标，系统弹出【拉伸】对话框，如图 3-8 所示。

1）单击【截面】卷展栏，接着在【选择曲线】选项单击绘制截面图标，系统弹出【创建草图】对话框，如图 3-9 所示，在此不做任何更改，单击确定按钮进入草图环境。

2）在草图环境中利用曲线命令完成线段的绘制，并利用标注尺寸值和相关约束功能完成草图的约束，结果如图 3-12 所示，然后在【草图】工具条中单击完成图标，系统返回【拉伸】对话框。

3）在结束【距离】文本框中输入“15”，接着单击【布尔】下拉菜单选项并选择[合并]选项，其余参数按系统默认，单击<确定>按钮完成拉伸操作，结果如图 3-13 所示。

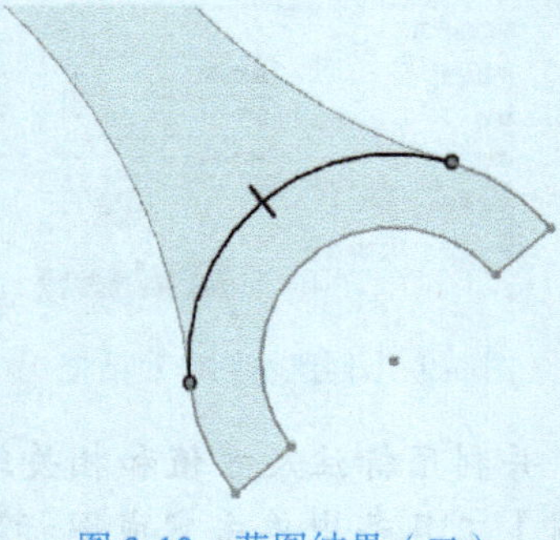

图 3-12　草图结果（二）

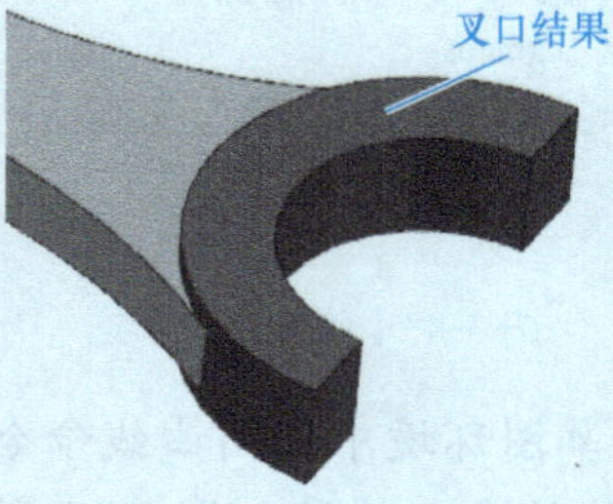

图 3-13　叉口拉伸结果（二）

步骤 5：创建筋板

> 提示：由于筋板有夹角 40° 方向，要想在此方向进行绘制，则需要进行基准面的创建，具体操作如下：

1. 图层设置

在主菜单工具栏中选择【格式】→【图层设置】，系统弹出【图层设置】对话框，如图 3-14 所示，接着在【工作层】文本框中输入“62”按回车键，其余参数按系统默认，单击关闭按钮完成图层设置或在【层】工具条的【工作层】文本框中输入“62”按回车键。

2. 创建基准平面

在主菜单工具栏中选择【插入】→【基准 / 点】→【基准平面】命令或在【构造】工具条中单击基准平面图标，系统弹出【基准平面】对话框，如图 3-15 所示。

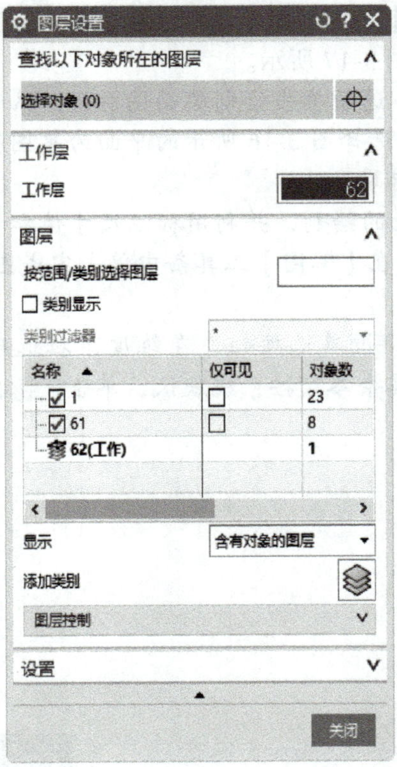

图 3-14 【图层设置】对话框

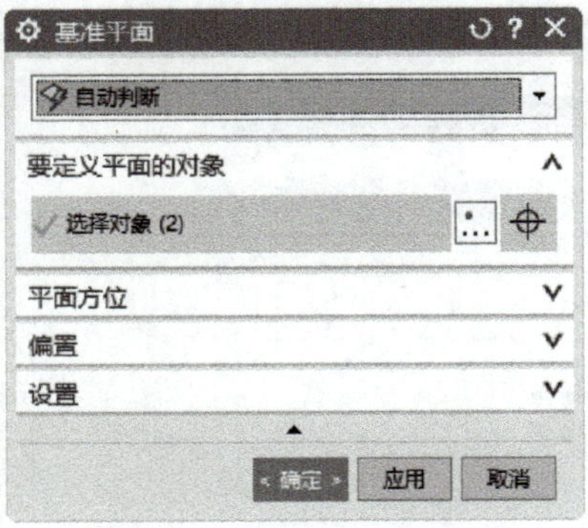

图 3-15 【基准平面】对话框

在绘图区选择叉口的一圆心为要定义的对象，接着选择基准轴 Z 轴为另一要定义的对象，其余参数按系统默认，单击确定按钮完成基准平面的创建，结果如图 3-16 所示。

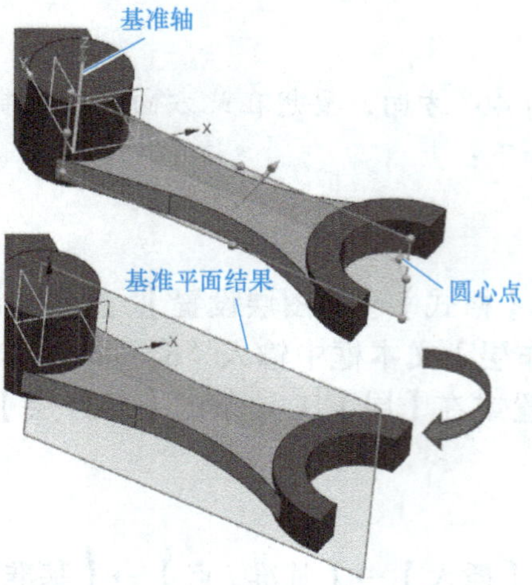

图 3-16　基准平面创建结果

3. 创建筋板

在主菜单工具栏中选择【插入】→【设计特征】→【筋板】命令或在【基本】工具条中单击筋板图标，系统弹出【筋板】对话框，如图 3-17 所示。

1）单击【截面】卷展栏，接着在【选择曲线】选项单击绘制截面图标，系统弹出【创建草图】对话框，如图 3-9 所示。接着在绘图区选择图 3-16 所示的平面为草图基准平面，其余参数按系统默认，单击确定按钮进入草图环境。

2）在草图环境中利用曲线、包含命令完成线段的绘制，并利用标注尺寸值和相关约束功能完成草图的约束，结果如图 3-18 所示，然后在【草图】工具条中单击完成图标，系统返回【筋板】对话框。

3）单击【壁】卷展栏，接着选中◉平行于剖切平面单选按钮，在维度下拉选项选择对称选项，然后在【厚度】文本框中输入“8”，其余参数按系统默认，单击确定按钮完成筋板创建，结果如图 3-19 所示。

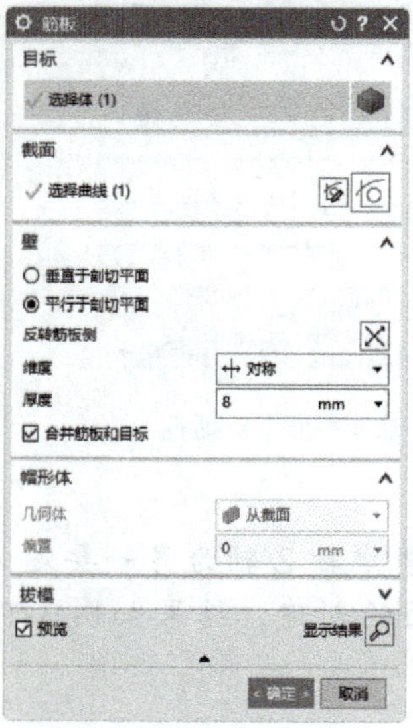

图 3-17 【筋板】对话框

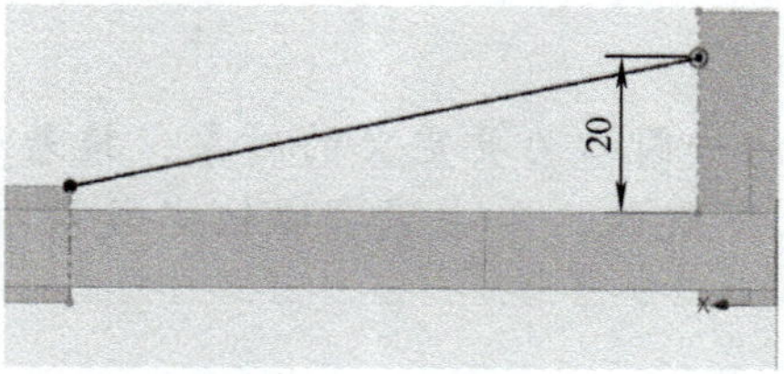

图 3-18　草图结果

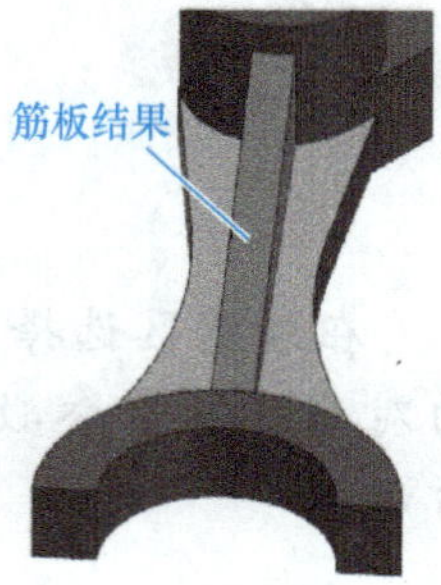

图 3-19　筋板创建结果

步骤 6：细节创建

利用前面章节所学知识，完成孔特征、倒角特征等操作，结果如图 3-20 所示。

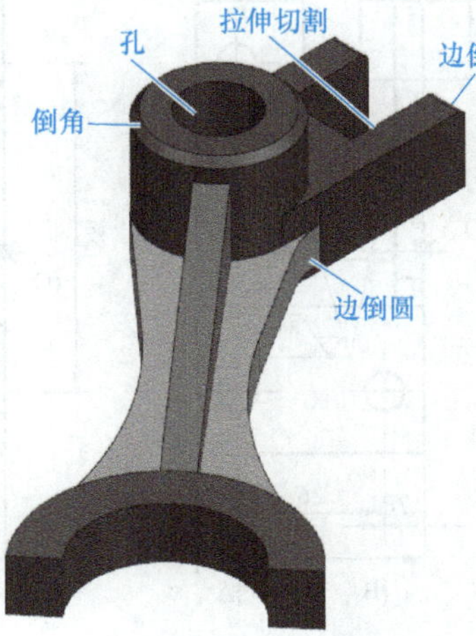

图 3-20　细节创建结果

拓展练习

完成图 3-21 和图 3-22 所示零件的数字设计。

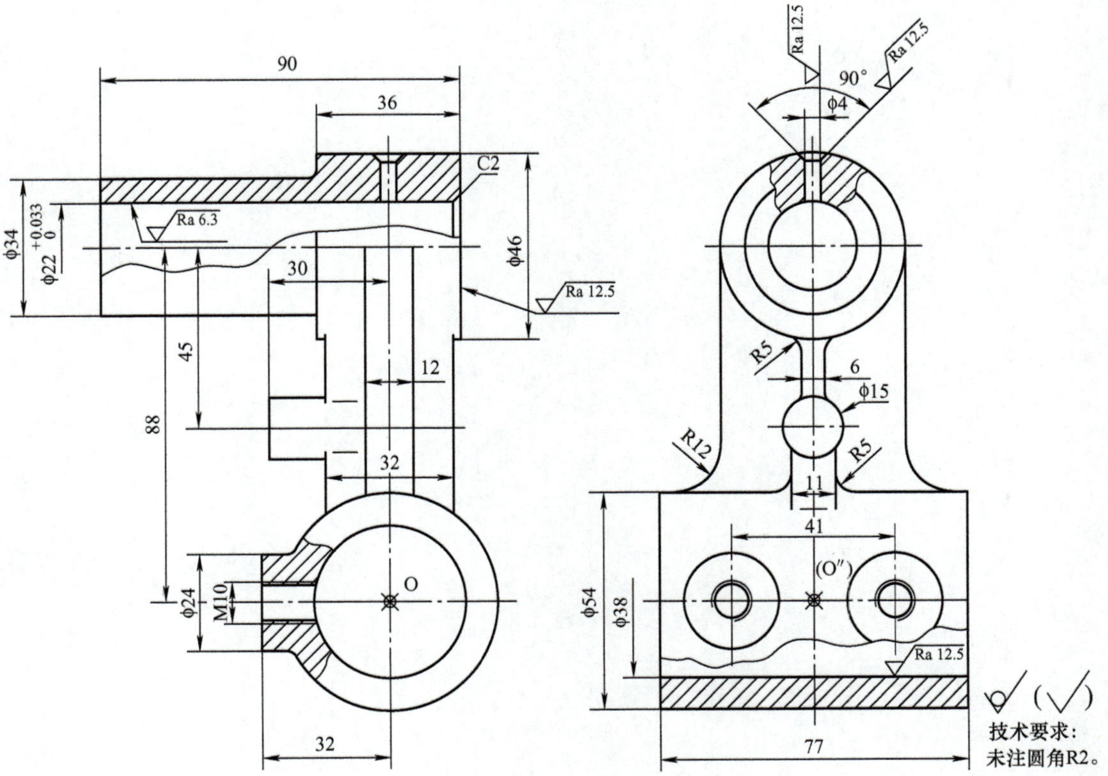

图 3-21　十字接头

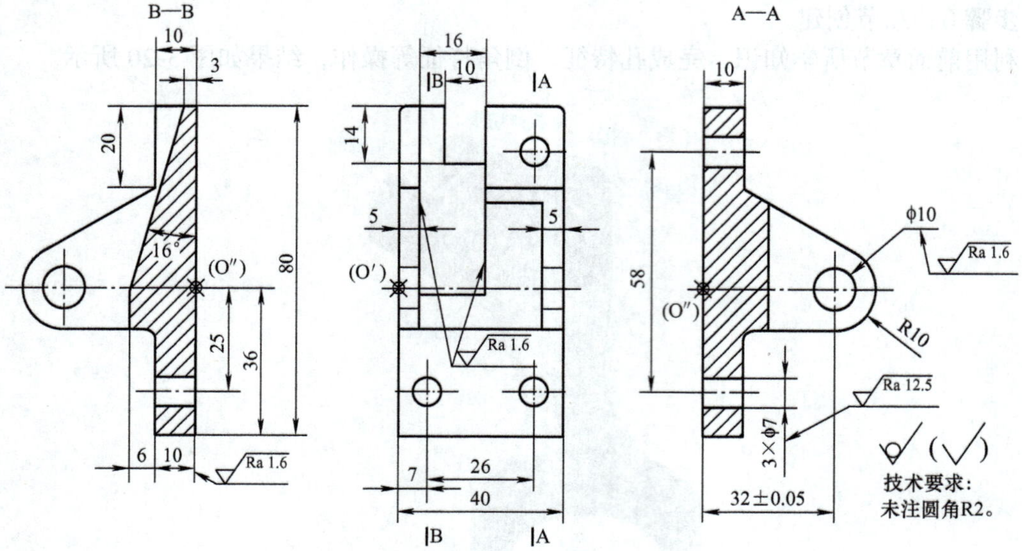

图 3-22　支架

第 4 章　阀盖数字设计

4.1　设计任务及设计思路分析

4.1.1　设计任务

本章要完成的任务是某型号节流阀阀盖数字设计，如图 4-1 所示。

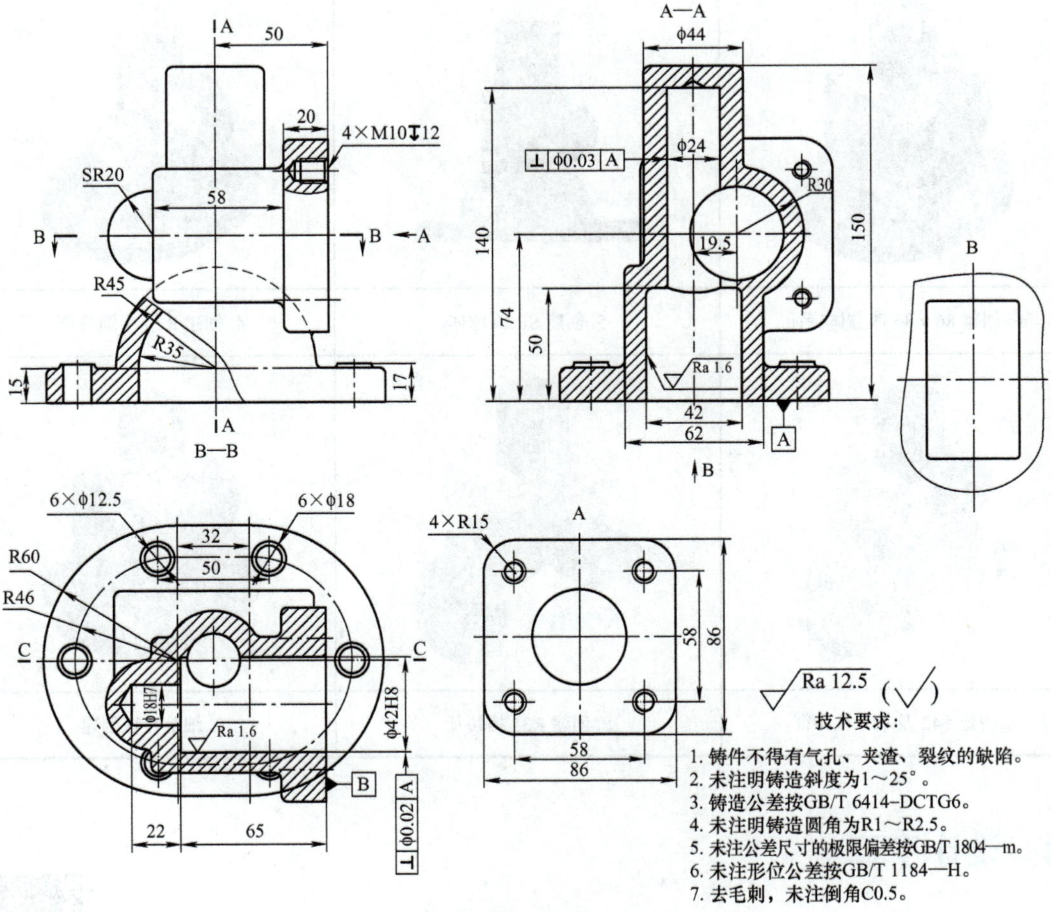

图 4-1　阀盖图样

4.1.2 设计思路分析

由节流阀的工作原理可知，阀盖应该与阀体相配合，在数字化设计时应注意阀面底面与阀体之间的尺寸配合，为了保证密封，同时需要加工垫片。在阀盖设计时，应遵循先大后小、先粗后细原则。阀盖设计流程简表见表 4-1。

表 4-1 阀盖设计流程简表

		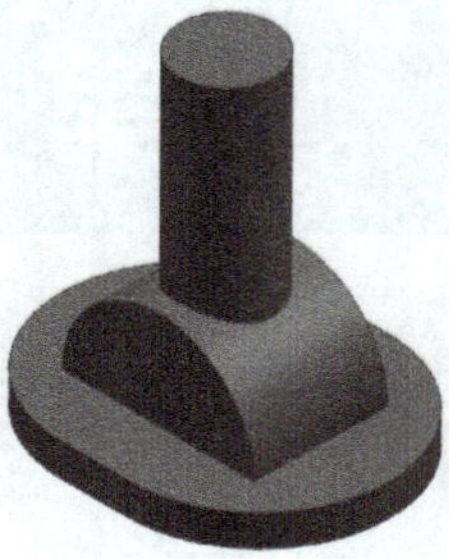
1. 拉伸底面轮廓 15mm	2. 创建 R45 半圆特征	3. 创建 ϕ44 圆柱体
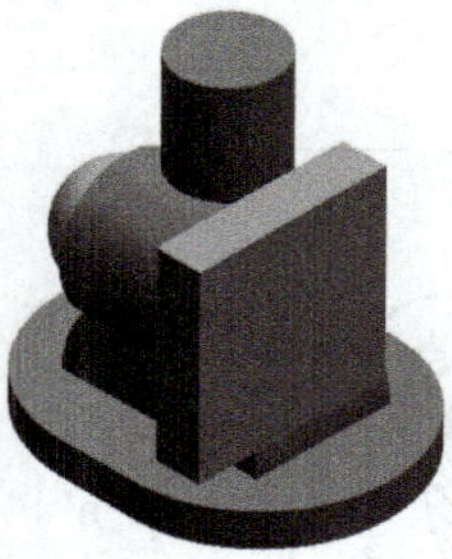		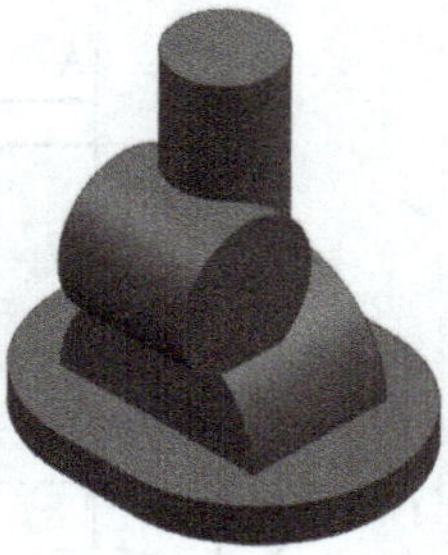
6. 创建 86×86 四方体特征	5. 创建 SR20 球体	4. 创建 R30 半圆特征
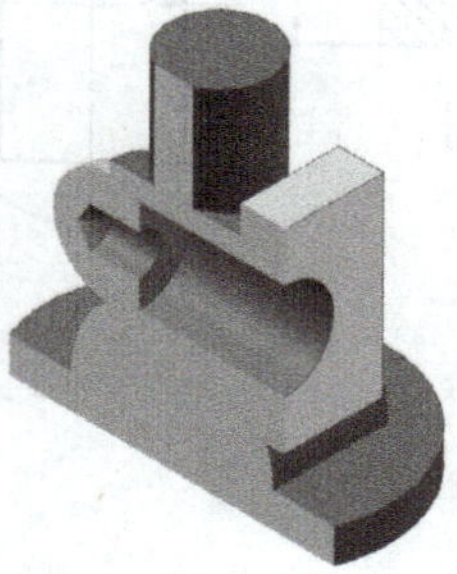		
7. 创建 ϕ42 及 ϕ18 孔特征	8. 创建 R35 槽特征	9. 细节特征创建

4.2 设计步骤

经过 4.1 节的介绍，读者对阀盖的设计流程有一个大体的了解，下面将向读者详细介绍其设计操作过程。

步骤 1：进入 NX 软件环境

在主菜单工具栏中选择【文件】→【新建】命令或在【标准】工具条中单击新建图标，系统弹出【新建】对话框，如图 4-2 所示；在【名称】文本框中输入“阀盖”，其余参数按系统默认，单击确定按钮进入软件建模环境。

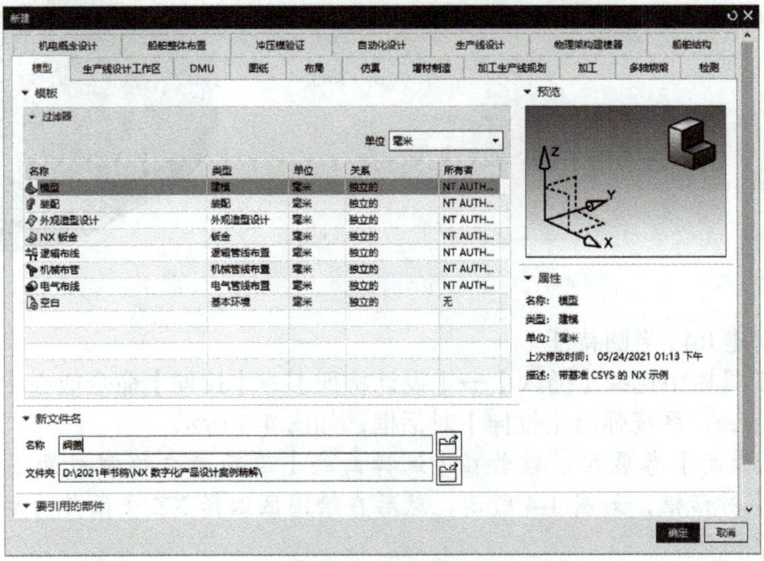

图 4-2 【新建】对话框

步骤 2：创建阀盖底部实体

在主菜单工具栏中选择【插入】→【设计特征】→【拉伸】命令或在【基本】工具条中单击拉伸图标，系统弹出【拉伸】对话框，如图 4-3 所示。

1）单击【截面】卷展栏，接着在【选择曲线】选项单击绘制截面图标，系统弹出【创建草图】对话框，如图 4-4 所示，在此不做任何更改，单击确定按钮进入草图环境。

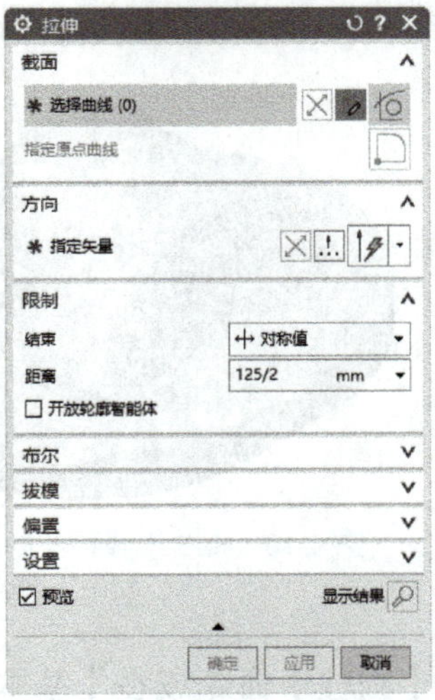

图 4-3 【拉伸】对话框

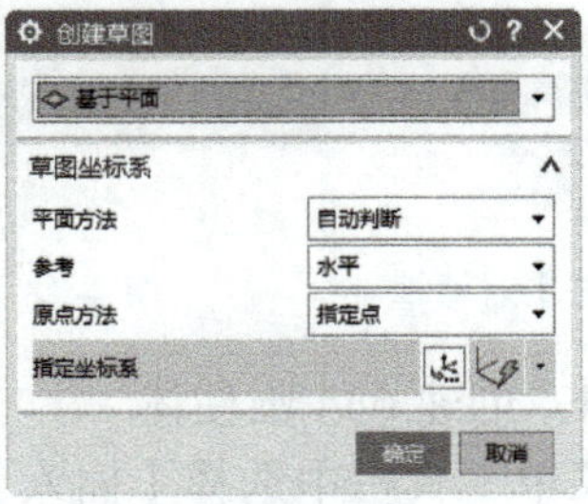

图 4-4 【创建草图】对话框

2）在【曲线】工具条中单击轮廓图标，系统弹出【轮廓】对话框，如图 4-5 所示。接着在绘图区绘制如图 4-6 所示的图例及标注尺寸值和相关约束，然后在【草图】工具条中单击完成图标，系统返回【拉伸】对话框。

3）在结束【距离】文本框中输入“15”，其余参数按系统默认，单击确定按钮完成拉伸操作，结果如图 4-7 所示。

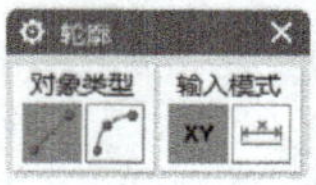

图 4-5 【轮廓】对话框

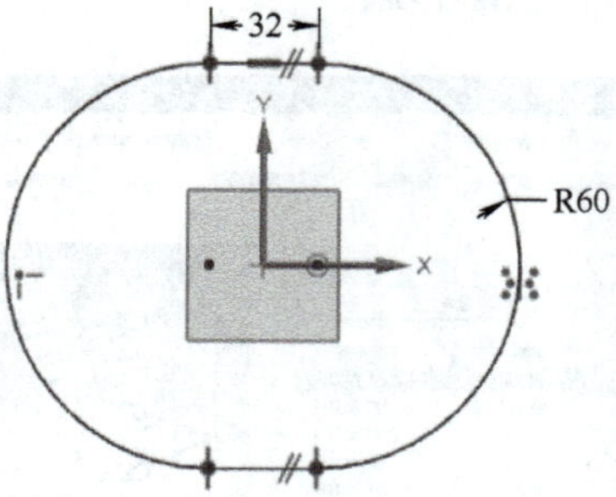

图 4-6 草图绘制结果

图 4-7 阀盖底部实体创建结果

步骤 3：创建 R45 半圆特征

在主菜单工具栏中选择【插入】→【设计特征】→【拉伸】命令或在【基本】工具条中单击拉伸图标，系统弹出【拉伸】对话框，如图 4-3 所示。

1）单击【截面】卷展栏，接着在【选择曲线】选项单击绘制截面图标，系统弹出【创建草图】对话框，如图 4-4 所示，然后在绘图区选择 XZ 平面作为草图平面，单击确定按钮进入草图环境。

2）在【曲线】工具条中单击圆弧图标按钮，系统弹出【圆弧】对话框，如图 4-8 所示。接着在“圆弧方法”命令单击中心和端点定圆弧按钮，然后在绘图区绘制如图 4-9 所示的图例及标注尺寸值和相关约束，然后在【草图】工具条中单击完成图标，系统返回【拉伸】对话框。

3）在【结束】下拉选项中选择对称值选项，在【距离】文本框中输入“31”，同时选中☑开放轮廓智能体复选按钮。

4）单击【布尔】下拉菜单选项并选择合并选项，其余参数按系统默认，单击确定按钮完成拉伸操作，结果如图 4-10 所示。

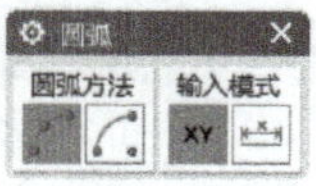

图 4-8 【圆弧】对话框

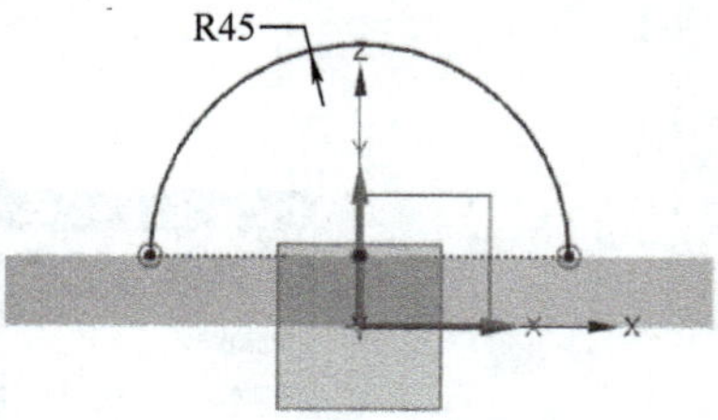

图 4-9 圆弧绘制结果

图 4-10 R45 半圆特征创建结果

步骤 4：创建 ϕ44 圆柱体

在主菜单工具栏中选择【插入】→【设计特征】→【圆柱】命令或在【基本】工具条中单击圆柱图标，系统弹出【圆柱】对话框，如图 4-11 所示。

在【直径】文本框中输入“44”，在【高度】文本框中输入“150”，同时单击【布尔】下拉菜单选项并选择合并选项，接着在绘图区选择原点，其余参数按系统默认，单击确定按钮完成圆柱创建操作，结果如图 4-12 所示。

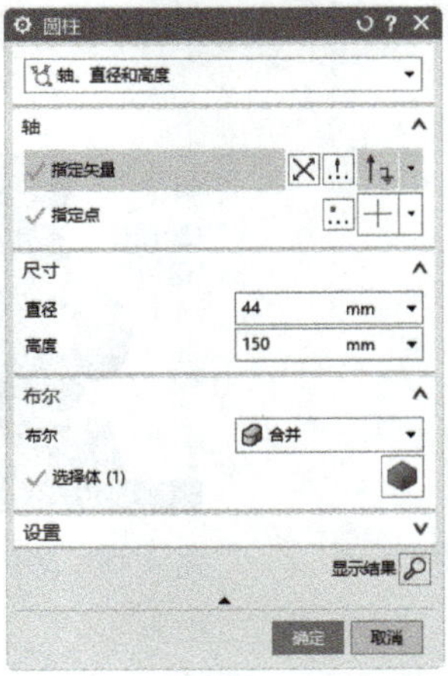

图 4-11 【圆柱】对话框

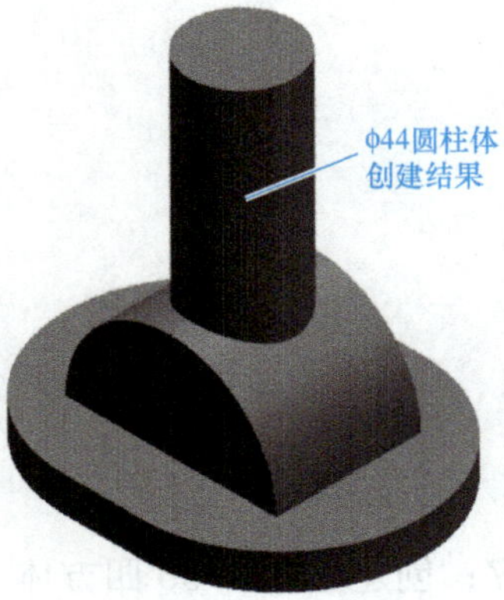

图 4-12　ϕ44 圆柱体创建结果

步骤 5：创建 R30 圆柱体

在主菜单工具栏中选择【插入】→【设计特征】→【拉伸】命令或在【基本】工具条中单击拉伸图标，系统弹出【拉伸】对话框，如图 4-3 所示。

1）单击【截面】卷展栏，接着在【选择曲线】选项单击绘制截面图标，系统弹出【创建草图】对话框，然后在绘图区选择 YZ 平面作为草图平面，单击确定按钮进入草图环境。

2）在【曲线】工具条中单击圆图标，系统弹出【圆】对话框，如图 4-13 所示。接着在绘图区绘制如图 4-14 所示的图例及标注尺寸值和相关约束，然后在【草图】工具条中单击完成图标，系统返回【拉伸】对话框。

3）在开始【距离】文本框中输入 –28，在结束【距离】文本框中输入 30；单击【布尔】下拉菜单选项并选择合并选项，其余参数按系统默认，单击确定按钮完成拉伸操作，结果如图 4-15 所示。

图 4-13 【圆】对话框

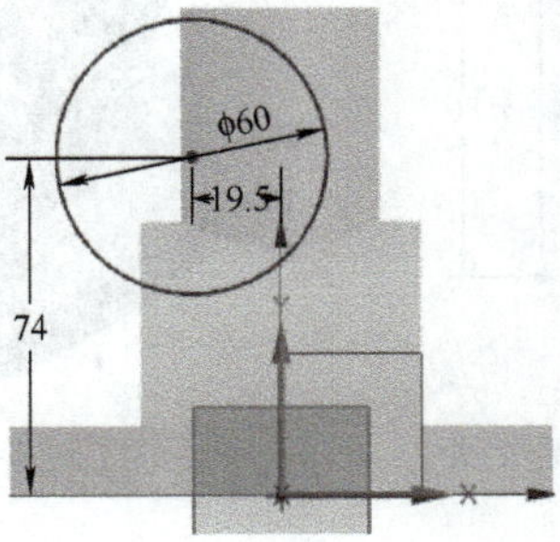

图 4-14　圆绘制结果

图 4-15　圆柱创建结果

步骤 6：创建 SR20 球体

在主菜单工具栏中选择【插入】→【设计特征】→【球】命令或在【基本】工具条中单击球图标，系统弹出【球】对话框，如图 4-16 所示。

在绘图区选择图 4-17 所示的圆心点球的中心点，在【直径】文本框中输入“40”，接着单击【布尔】下拉菜单选项并选择合并选项，其余参数按系统默认，单击确定按钮完成球体创建，结果如图 4-18 所示。

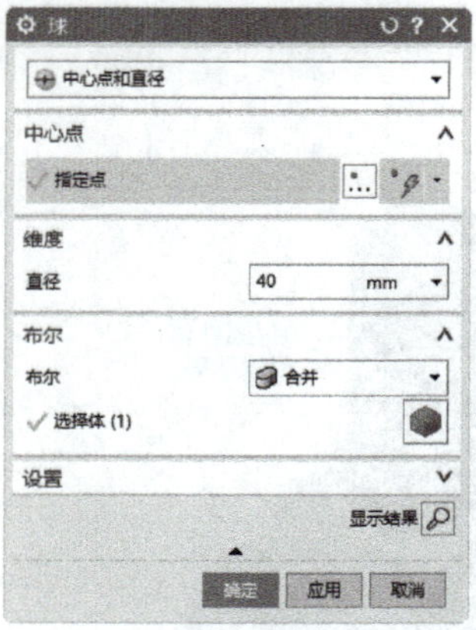

图 4-16 【球】对话框

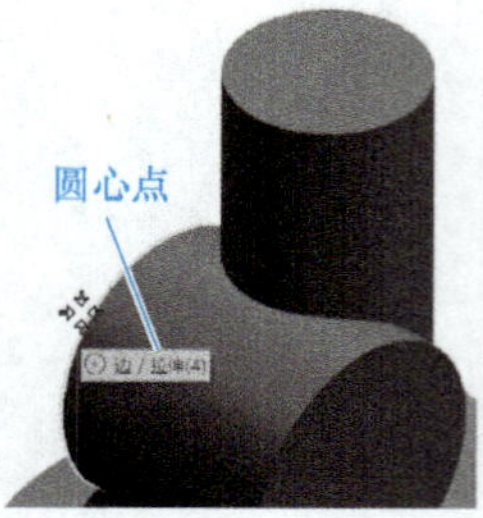

图 4-17 中心点选择结果

图 4-18 球体创建结果

步骤 7：创建□ 86 × 86 四方体

在主菜单工具栏中选择【插入】→【设计特征】→【拉伸】命令或在【基本】工具条中单击拉伸图标，系统弹出【拉伸】对话框，如图 4-3 所示。

1）单击【截面】卷展栏，接着在【选择曲线】选项单击绘制截面图标，系统弹出【创建草图】对话框，然后在绘图区选择右侧圆柱面为草图平面，单击确定按钮进入草图环境。

2）在【曲线】工具条中单击矩形图标，系统弹出【矩形】对话框，如图 4-19 所示。接着在绘图区绘制如图 4-20 所示的图例及标注尺寸值和相关约束，然后在【草图】工具条中单击完成图标，系统返回【拉伸】对话框。

3）在结束【距离】文本框中输入“20”；单击【布尔】下拉菜单选项并选择合并选项，其余参数按系统默认，单击确定按钮完成拉伸操作，结果如图 4-21 所示。

图 4-19 【矩形】对话框

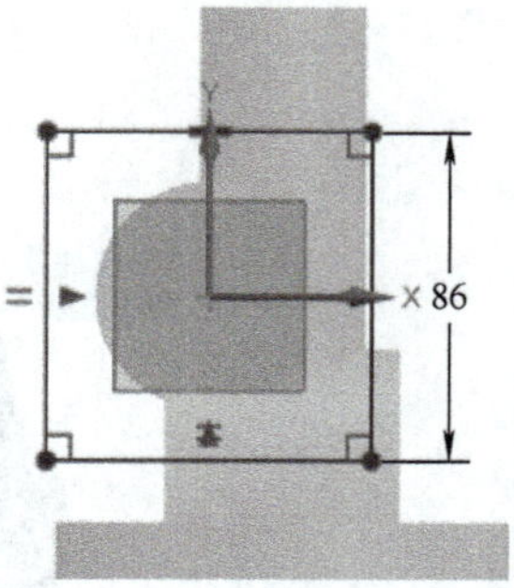

图 4-20 矩形创建结果

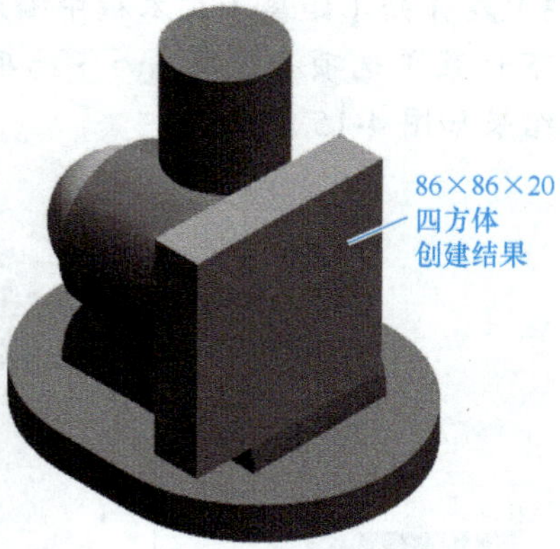

图 4-21 四方体创建结果

步骤 8：创建 ϕ42H8 的孔

在主菜单工具栏中选择【插入】→【设计特征】→【孔】命令或在【基本】工具条中单击孔图标，系统弹出【孔】对话框，如图 4-22 所示。

1）在【选择组】工具条中单击点对话框图标，系统弹出【点】对话框，如图 4-23 所示。接着在【类型】下拉选项选择两点之间选项，然后在绘图区选择矩形其中一个角上的端点为指定点 1，选择另一对角的端点为指定点 2，点的选择如图 4-24 所示，其余参数按系统默认，单击确定按钮返回【孔】对话框。

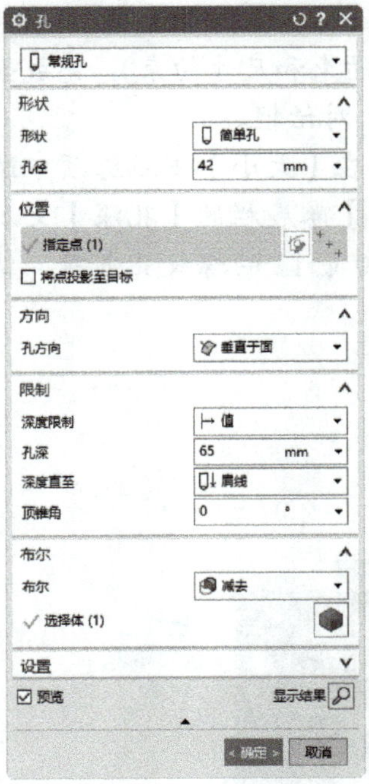

图 4-22 【孔】对话框

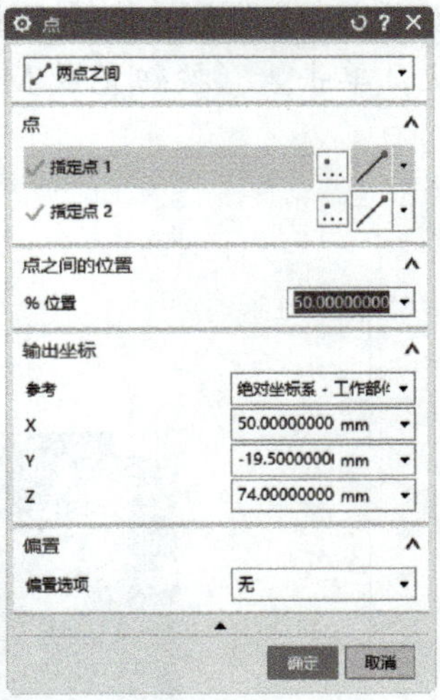

图 4-23 【点】对话框

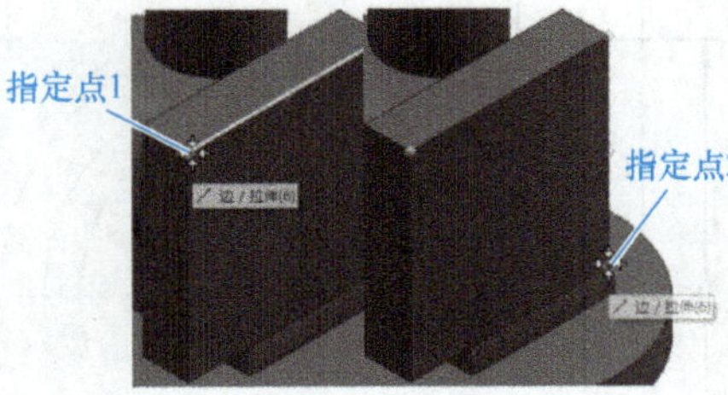

图 4-24　对象点选择

2）在【直径】文本框中输入“42”，在【孔深】文本框中输入“65”，在【顶锥角】文本框中输入“0”，其余参数按系统默认，单击确定按钮完成孔创建，结果如图 4-25 所示。

步骤 9：创建 ϕ24 及 ϕ18H7 的孔

利用孔的创建方法，完成 ϕ24 及 ϕ18H7 的孔创建，结果如图 4-26 所示。

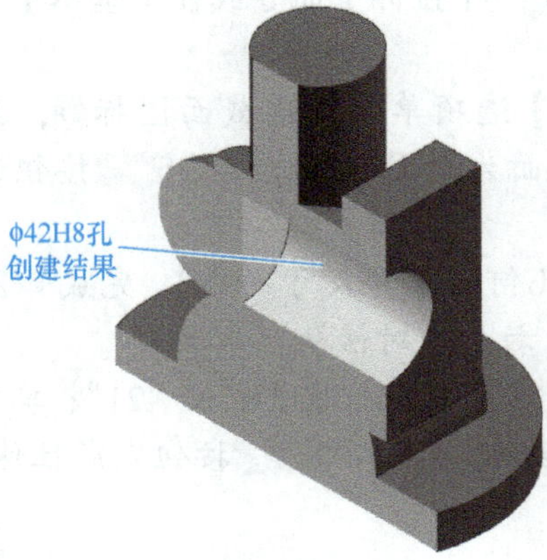

图 4-25　ϕ42H8 孔创建结果

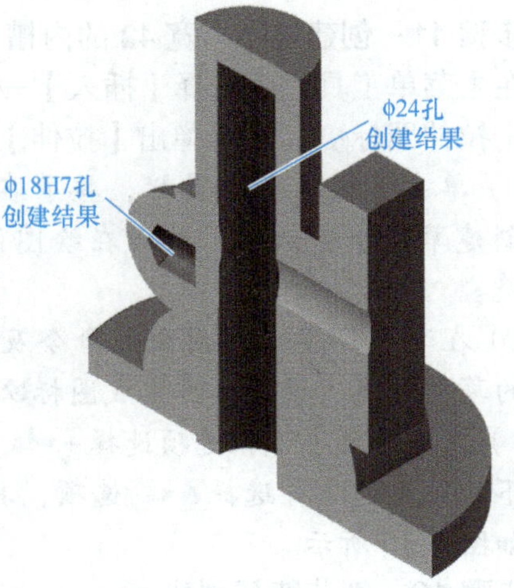

图 4-26　ϕ24 与 ϕ18H7 孔创建结果

步骤 10：创建 M10 ↧ 12 的螺纹孔

在主菜单工具栏中选择【插入】→【设计特征】→【孔】命令或在【基本】工具条中单击孔图标，系统弹出【孔】对话框，如图 4-22 所示。

1）在【类型】下拉选项选择螺纹孔选项，在【位置】卷展栏中单击绘制截面图标，系统弹出【创建草图】对话框，接着在绘图区选择右侧矩形表面为草图平面，其余参数按系统默认，单击确定按钮进入草图环境。

2）在草图环境中利用曲线工具的点命令及约束命令（几何约束和尺寸约束），完成如图 4-27 所示的草图创建，接着单击完成图标，系统返回【孔】对话框。

3）单击【形状】卷展栏，在【标准】下拉选项选择 GB193，在【大小】下拉选项中选择 M10 X 1.5 选项，在【螺纹深度】文本框中输入“12”，在【限制】卷展栏的【孔深】文本框中输入“15”；其余参数按系统默认，单击确定按钮完成 M10 ↧ 12 的螺纹孔创建，结果如图 4-28 所示。

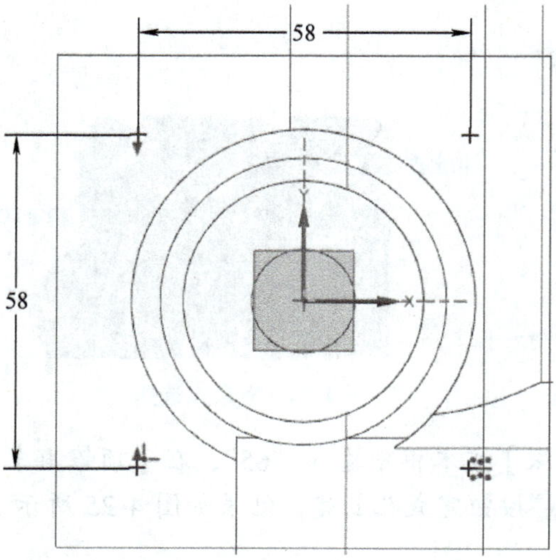

图 4-27　草图创建结果

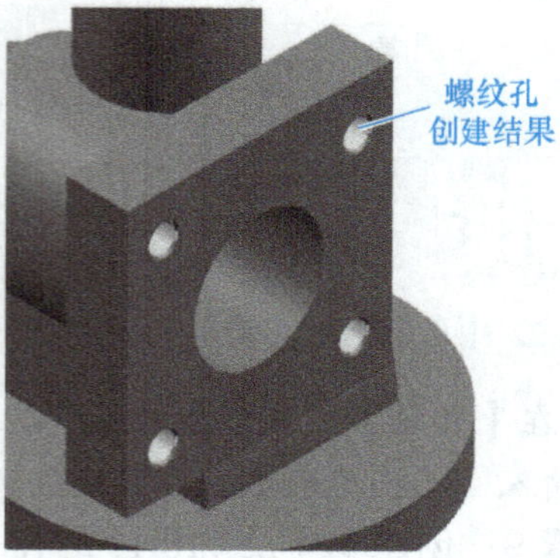

图 4-28　螺纹孔创建结果

步骤 11：创建 R35、宽 42 的内槽

在主菜单工具栏中选择【插入】→【设计特征】→【拉伸】命令或在【基本】工具条中单击拉伸图标，系统弹出【拉伸】对话框。

1）单击【截面】卷展栏，接着在【选择曲线】选项单击绘制截面图标，系统弹出【创建草图】对话框，然后在绘图区选择 XZ 平面为草图平面，单击确定按钮进入草图环境。

2）在草图环境中利用曲线命令及约束命令（几何约束和尺寸约束），完成如图 4-29 所示的草图创建，接着单击完成图标，系统返回【拉伸】对话框。

3）在【结束】下拉选项选择对称值选项，在【距离】文本框中输入“21”；单击【布尔】下拉菜单选项并选择减去选项，其余参数按系统默认，单击确定按钮完成拉伸操作，结果如图 4-30 所示。

步骤 12：细节特征创建

1. 6 × ϕ18 圆柱体创建

在主菜单工具栏中选择【插入】→【设计特征】→【拉伸】命令或在【基本】工具条中单击拉伸图标，系统弹出【拉伸】对话框。

1）单击【截面】卷展栏，接着在【选择曲线】选项单击绘制截面图标，系统弹出【创建草图】对话框，在此不做任何更改单击确定按钮进入草图环境。

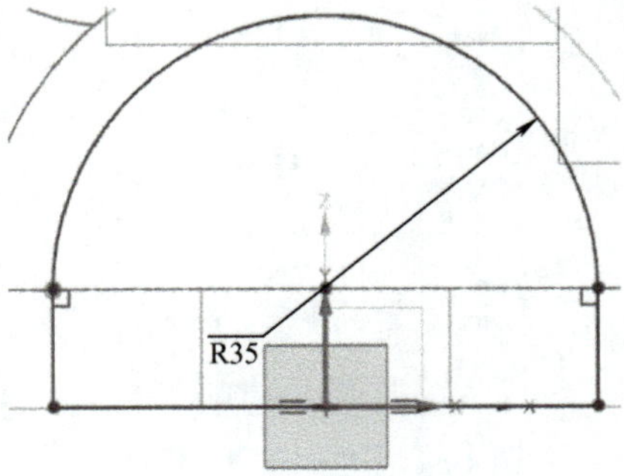

图 4-29　草图绘制结果

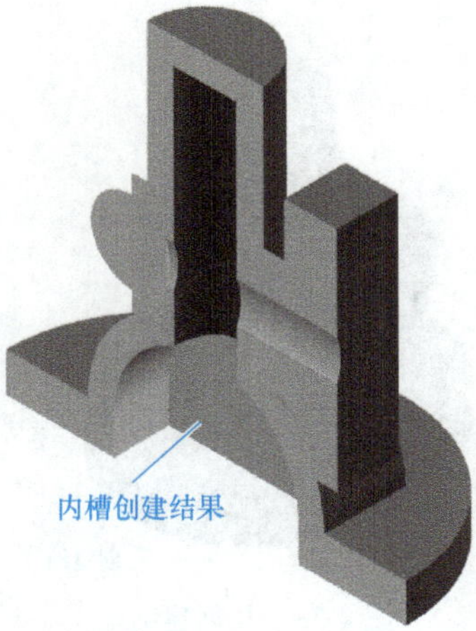

图 4-30　内槽创建结果

2）在草图环境中利用曲线命令及约束命令（几何约束和尺寸约束），完成如图 4-31 所示的草图创建，接着单击完成图标，系统返回【拉伸】对话框；然后在【结束】距离文本框中输入“17”，在【布尔】下拉选项选择合并选项，其余参数按系统默认，单击确定按钮完成拉伸操作，结果如图 4-32 所示。

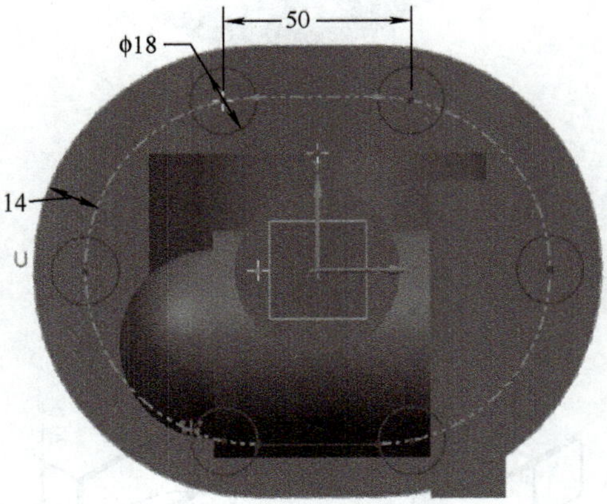

图 4-31　草图绘制结果

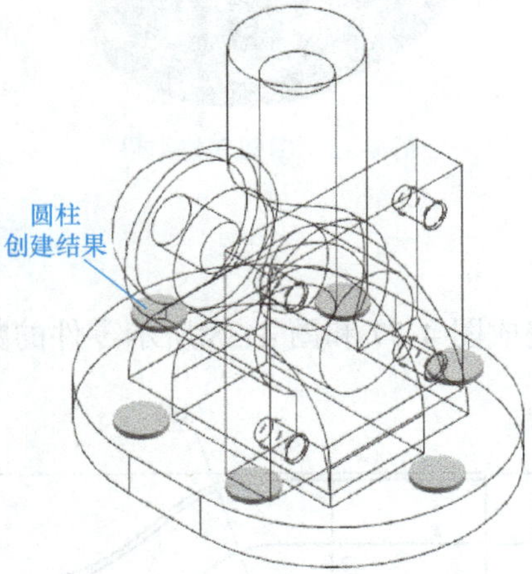

图 4-32　圆柱体创建结果

2. 6×ϕ12.5 孔创建

利用孔的创建方法，完成 6×ϕ12.5 的孔创建，结果如图 4-33 所示。

3. 倒圆细节创建

在主菜单工具栏中选择【插入】→【细节特征】→【边倒圆】命令或在【基本】工具条中单击边倒圆图标，系统弹出【边倒圆】对话框，如图 4-34 所示。

1）在绘图区选择□ 86×86 四个边为倒圆边界，在【半径 1】文本框中输入“15”，其余参数按系统默认，单击确定按钮完成倒圆操作，结果如图 4-35 所示。

2）利用相同的方法，完成其他边界倒圆的操作，最终结果如图 4-36 所示。

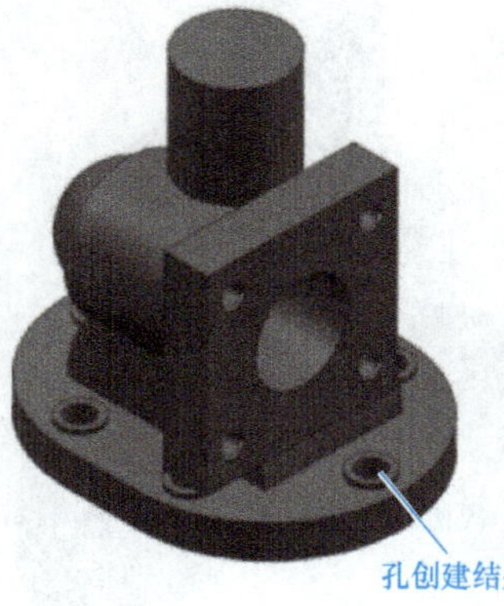

图 4-33　孔创建结果

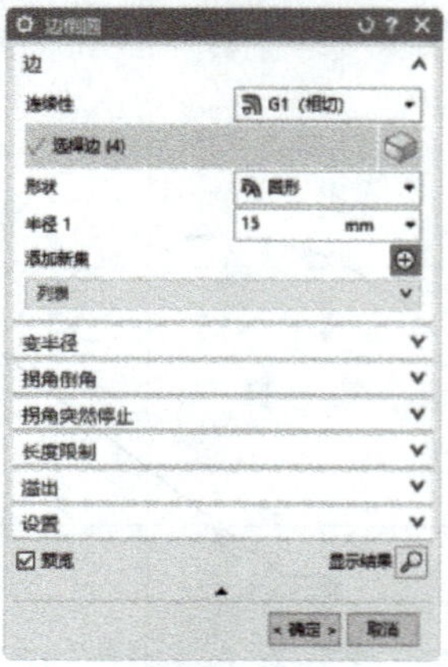

图 4-34 【边倒圆】对话框

图 4-35　倒圆创建结果

图 4-36　阀盖创建结果

拓展练习

完成图 4-37 和图 4-38 所示零件的数字设计。

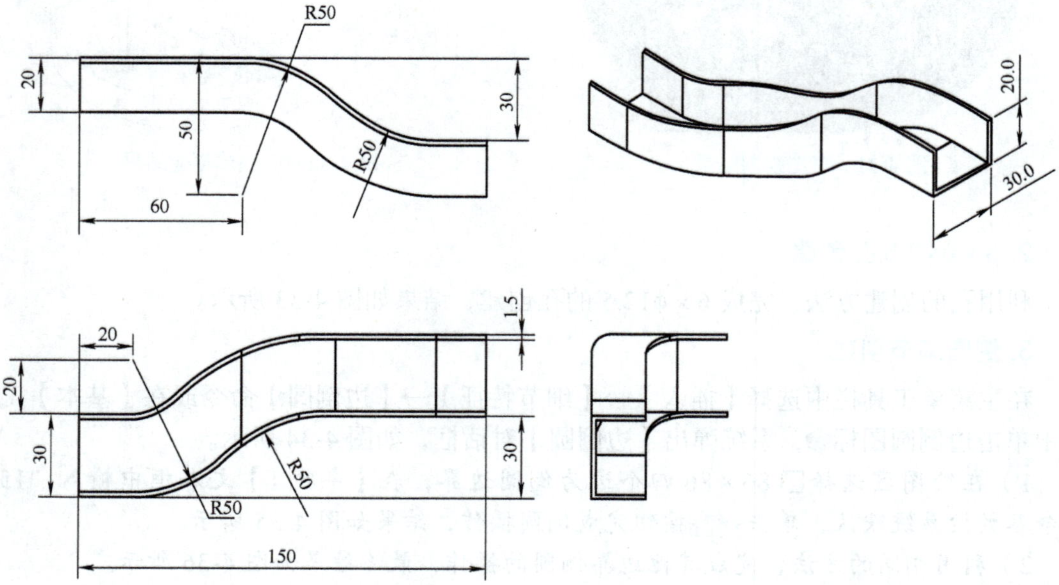

图 4-37　弯槽

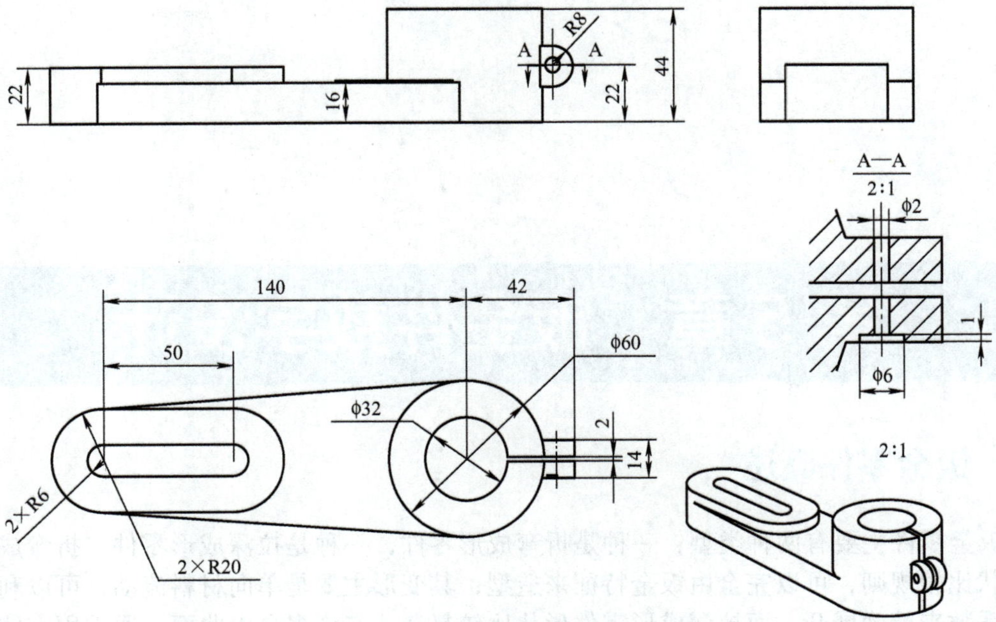

图 4-38　连接件

第 5 章　钣金件数字设计

5.1　钣金零件概述

钣金零件主要有两种类型，一种是折弯成形零件，一种是拉深成形零件。折弯成形零件形状比较规则，可以完全由钣金特征来造型，其变形主要是单向材料流动，可以利用中性层系数来精确展开。而拉深成形零件形状比较复杂，有许多自由曲面，通常用实体与曲面相结合的方法来造型，然后通过抽壳来生成最后零件；由于零件以塑性变形为主，需考虑材料的力学性能，因此须用有限元的方法才能精确展开。

5.2　设计任务及设计思路分析

本章以导轮支架为例，介绍钣金零件的设计过程，使读者能按图样要求完成钣金零件首选项设置及导轮支架的创建，导轮支架图样如图 5-1 所示。由图 5-1 可以看出，导轮支架整体结构简单，主体可以采用突出块完成，前后和左侧可以采用弯边完成，细节可利用倒角或倒斜角完成。

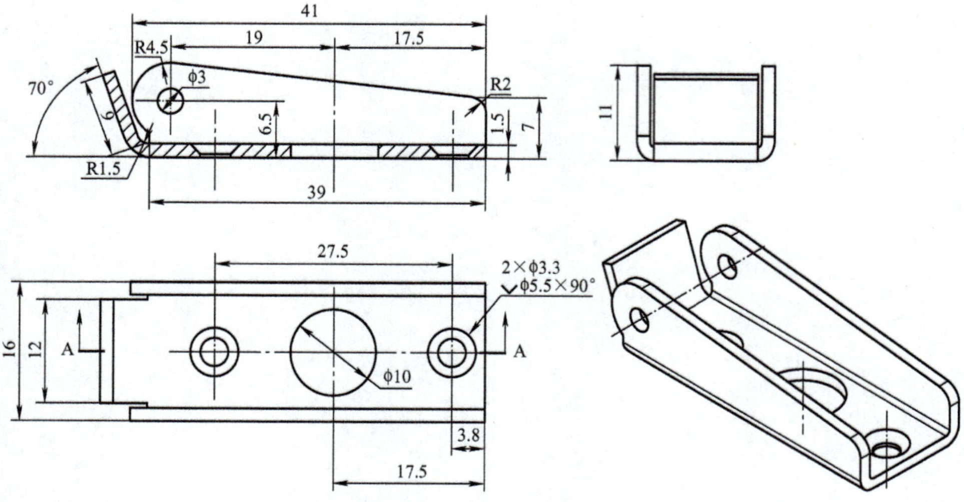

图 5-1　导轮支架图样

5.3　导轮支架数字设计

步骤 1：进入 NX 软件环境

在主菜单工具栏中选择【文件】→【新建】命令或在【标准】工具条中单击新建图标，系统弹出【新建】对话框，如图 5-2 所示；接着在模型【模板】处选择 NX 钣金模板，然后在【名称】文本框中输入“导轮支架”，其余参数按系统默认，单击确定按钮进入软件钣金环境。

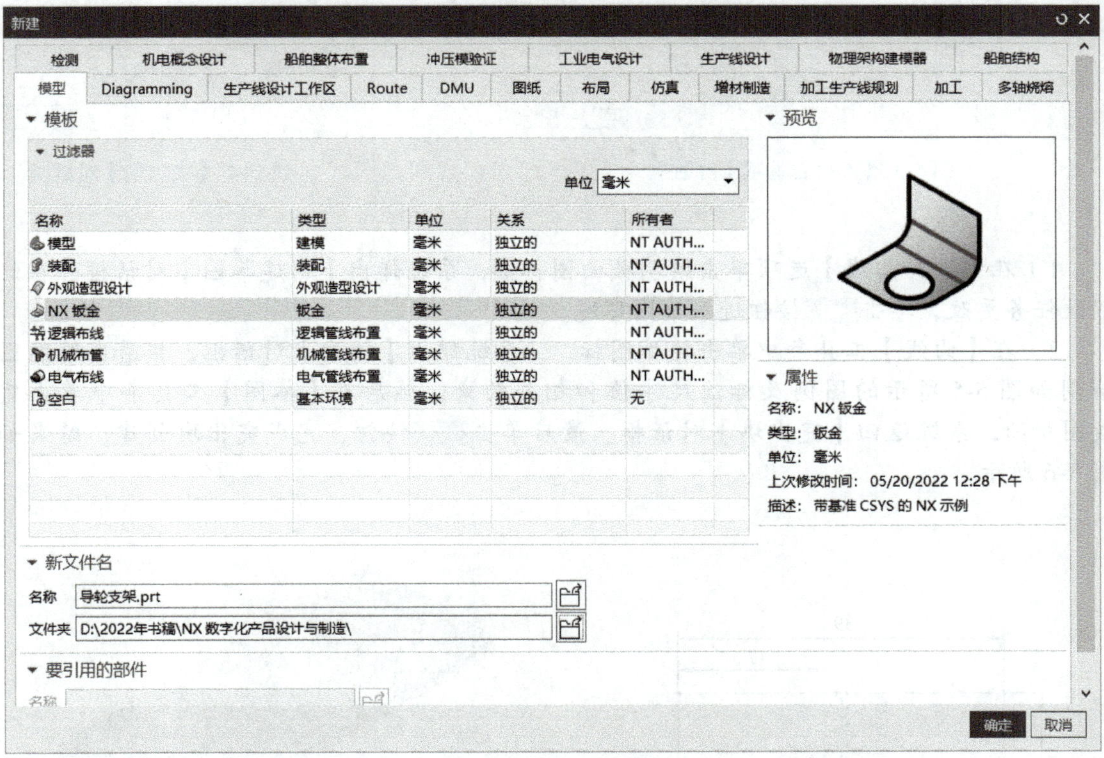

图 5-2 【新建】对话框

步骤 2：钣金首选项设置

选择【文件】→【首选项】→【钣金】命令，系统弹出【钣金首选项】对话框，如图 5-3 所示。接着在【材料厚度】和【折弯半径】文本框中均输入“1.5”，在【让位槽深度】和【让位槽宽度】文本框中均输入“0.5”，其余参数按系统默认，单击确定按钮完成钣金首选项设置。

步骤 3：创建突出块

在主菜单工具栏中选择【插入】→【突出块】命令或在【基本】工具条中单击突出块图标，系统弹出【突出块】对话框，如图 5-4 所示。

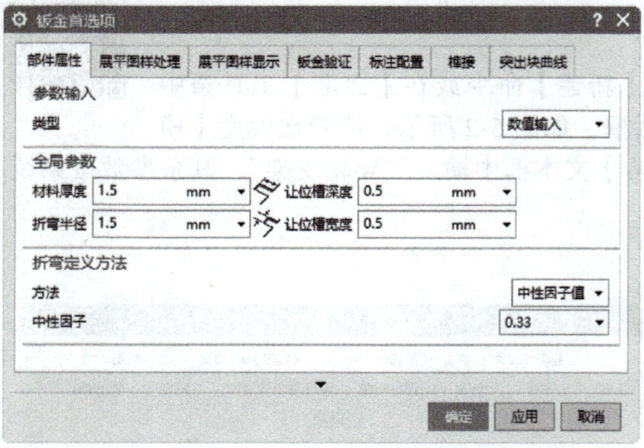

图 5-3 【钣金首选项】对话框

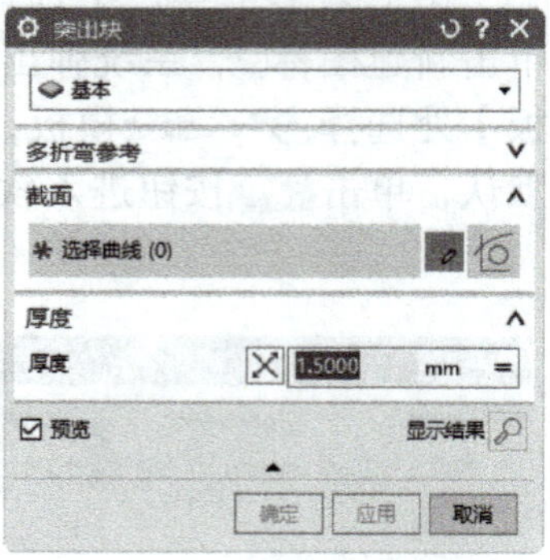

图 5-4 【突出块】对话框

1）在【选择曲线】选项单击绘制截面图标，系统弹出【创建草图】对话框，在此不做任务更改，单击确定按钮进入草图环境。

2）在【曲线】工具条中单击轮廓图标，系统弹出【轮廓】对话框，接着在绘图区绘制如图 5-5 所示的图例及标注尺寸值和相关约束，然后在【草图】工具条中单击完成图标，系统返回【突出块】对话框。最后单击确定按钮，完成突出块创建，结果如图 5-6 所示。

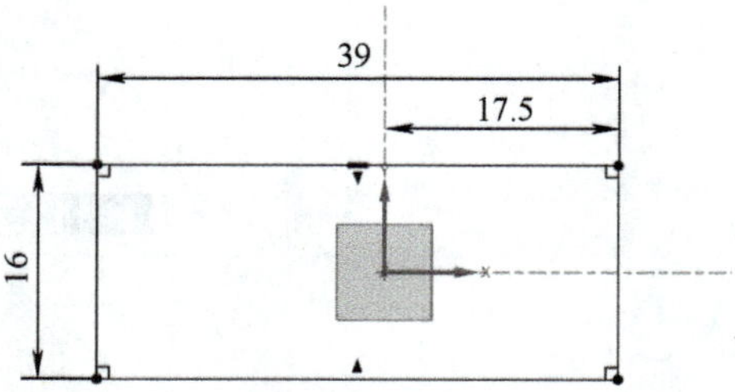

图 5-5 草图绘制结果

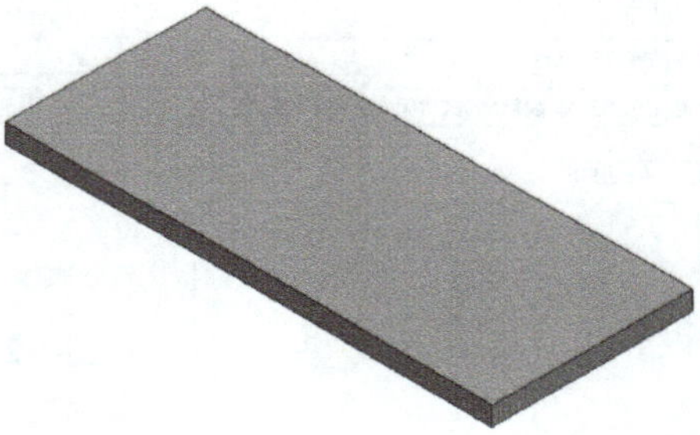

图 5-6 突出块创建结果

步骤 4：创建弯边

在主菜单工具栏中选择【插入】→【折弯】→【弯边】命令或在【基本】工具条中单击弯边图标，系统弹出【弯边】对话框，如图 5-7 所示。

1）在绘图区选择图 5-8 所示的边为弯边属性，接着在【宽度选项】下拉选项选择完整选项，在【长度】文本框中输入“15”（如果方向错了，可单击反向图标按钮进行切换）；在【角度】文本框中输入“90”，在【参考长度】下拉选项选择外侧选项。

2）在【折弯参数】卷展栏中将【折弯半径】更改为“0.5”，其余参数按系统默认，单击确定按钮完成弯边操作，结果如图 5-9 所示。

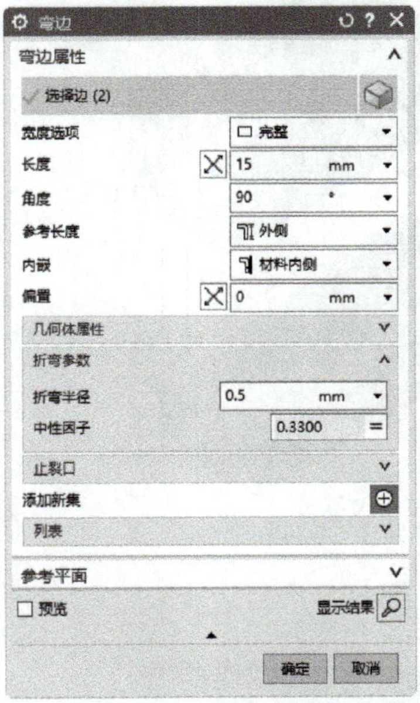

图 5-7　【弯边】对话框

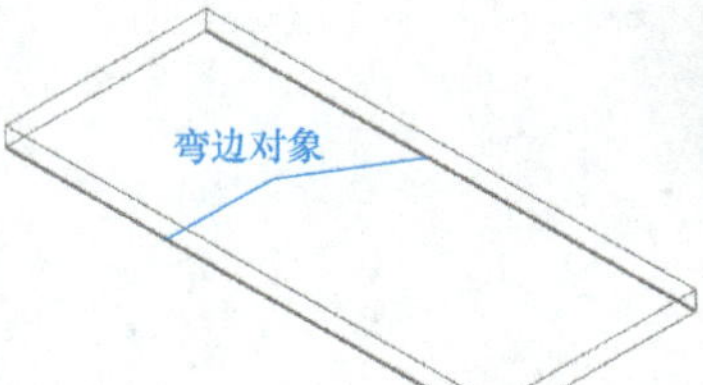

图 5-8　弯边对象选择

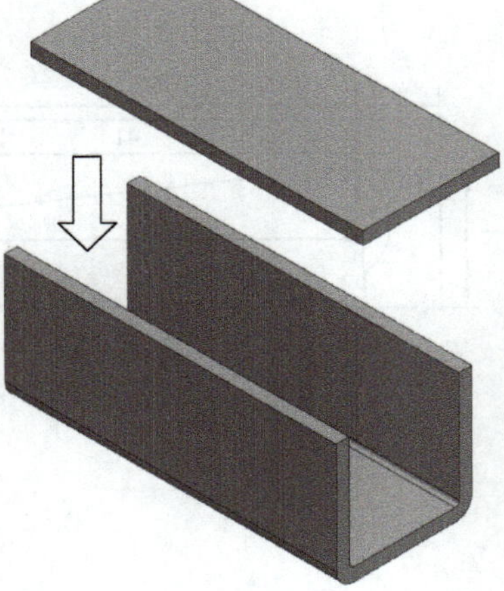

图 5-9　弯边创建结果

步骤 5：切割弯边

在主菜单工具栏中选择【插入】→【切割】→【拉伸】命令或在【基本】工具条中单击拉伸图标，系统弹出【拉伸】对话框。

1）单击【截面】卷展栏，接着在【选择曲线】选项单击绘制截面图标，系统弹出【创建草图】对话框，接着在绘图区选择 XZ 平面作为草图平面，单击确定按钮进入草图环境。

2）在草图环境中利用曲线与约束功能，完成如图 5-10 所示的图例及标注尺寸值和相关约束，然后在【草图】工具条中单击完成图标，系统返回【拉伸】对话框。

3）在【结束】下拉选项中选择对称值选项，在【距离】文本框中输入“15”，接着单击【布尔】下拉菜单选项并选择减去选项，其余参数按系统默认，单击<确定>按钮完成拉伸操作，结果如图 5-11 所示。

步骤 6：创建左侧 70° 弯边

在主菜单工具栏中选择【插入】→【折弯】→【弯边】命令或在【基本】工具条中单击弯边图标，系统弹出【弯边】对话框，如图 5-7 所示。

1）在绘图区选择图 5-12 所示的边为弯边属性，接着在【宽度选项】下拉选项选择在中心选项，在【宽度】文本框中输入“12”，在【长度】文本框中输入“9”（如果方向错了，可单击反向图标按钮进行切换），在【角度】文本框中输入“70”。

2）在【参考长度】下拉选项选择内侧选项，在【内嵌】下拉选项选择折弯外侧选项。

3）在【折弯参数】卷展栏中将【折弯半径】更改为“1.5”，其余参数按系统默认，单击确定按钮完成弯边操作，结果如图 5-13 所示。

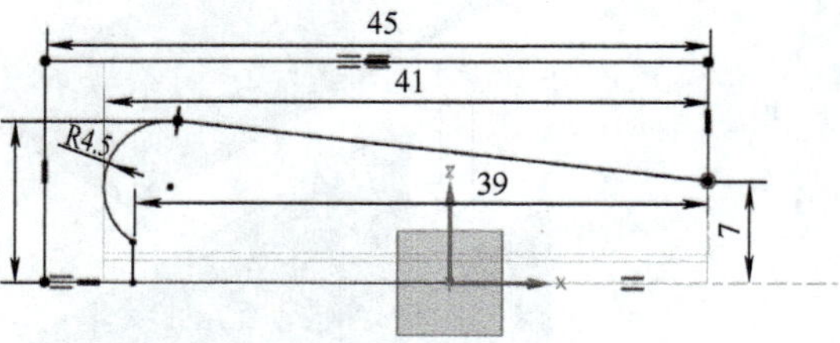

图 5-10　草图绘制结果

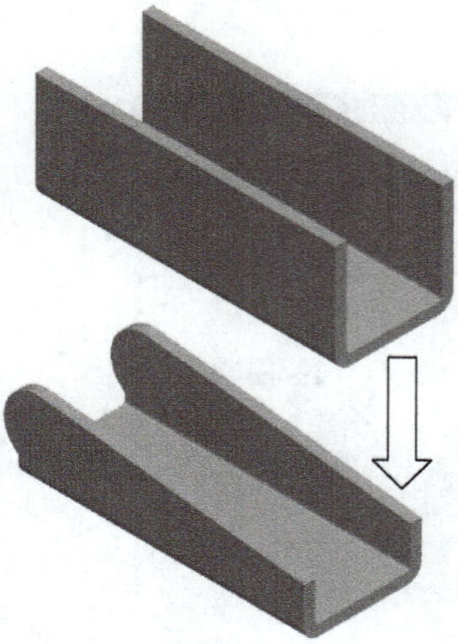

图 5-11　拉伸结果

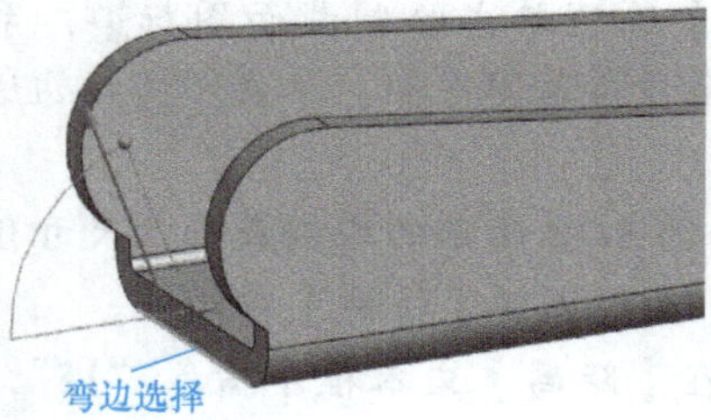

图 5-12　弯边选择

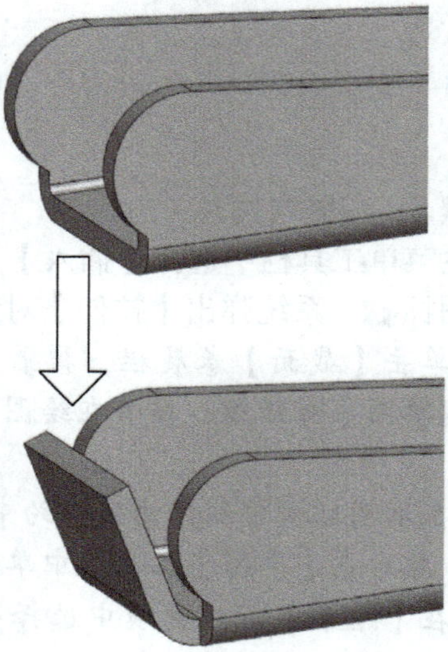

图 5-13　弯边创建结果

步骤 7：创建法向开孔

在主菜单工具栏中选择【插入】→【切割】→【法向开孔】命令或在【基本】工具条中单击法向开孔图标，系统弹出【法向开孔】对话框，如图 5-14 所示。

1）在【选择曲线】选项单击绘制截面图标，系统弹出【创建草图】对话框，接着在绘图区选择 XZ 平面作为草图平面，单击确定按钮进入草图环境。

2）在草图环境中利用曲线与约束功能，完成如图 5-15 所示的图例及标注尺寸值和相关约束，然后在【草图】工具条中单击完成图标，系统返回【法向开孔】对话框。

3）在【开孔属性】卷展栏中选中☑对称深度复选按钮，在【深度】文本框中输入“10”，其余参数按系统默认，单击<确定>按钮完成法向开孔操作，结果如图 5-16 所示。

4）利用相同的方法，按图 5-1 所示的尺寸，完成底面的开孔操作。

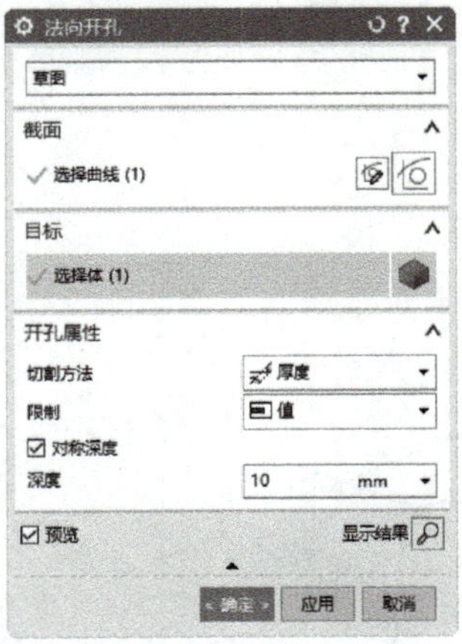

图 5-14 【法向开孔】对话框

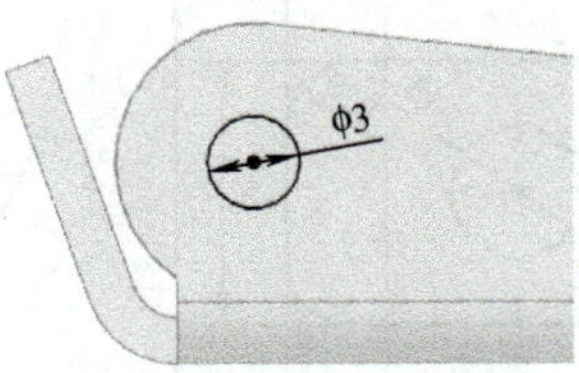

图 5-15　草图绘制结果

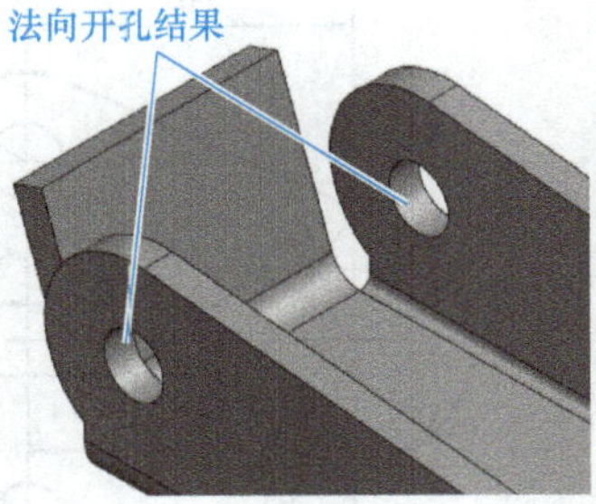

图 5-16　法向开孔结果

步骤 8：创建细节

1. 创建倒斜角

在主菜单工具栏中选择【插入】→【拐角】→【倒斜角】命令或在【拐角】工具条中单击倒斜角图标，系统弹出【倒斜角】对话框。接着在绘图区选择表面 φ3.3 的两通孔的边为选择边，然后在【距离】文本框中输入“1.1”，其余参数按系统默认，单击确定按钮完成倒斜角操作，结果如图 5-17 所示。

2. 创建边倒圆

在主菜单工具栏中选择【插入】→【拐角】→【倒角】命令或在【拐角】工具条中单击倒角图标，系统弹出【倒角】对话框。接着在绘图区选择两侧壁边为要倒角的边，然后在【半径】文本框中输入“2”，其余参数按系统默认，单击确定按钮完成倒角操作，结果如图 5-18 所示。

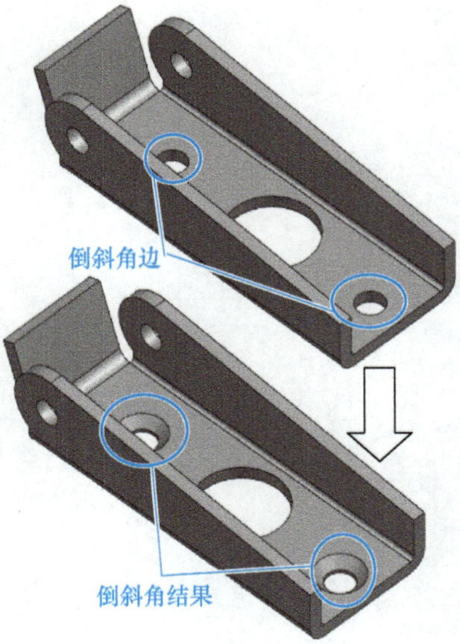

图 5-17　倒斜角结果

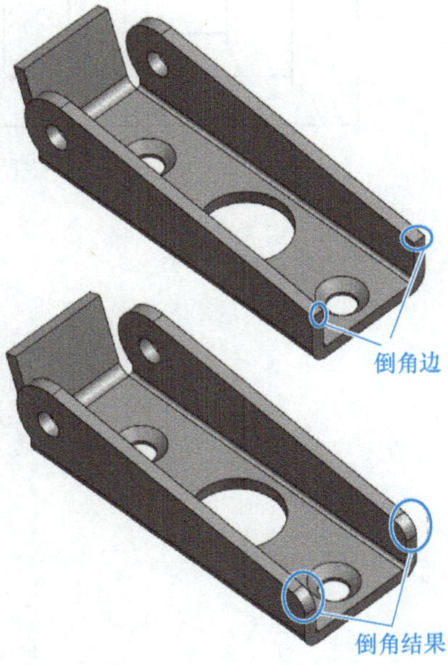

图 5-18　倒角结果

拓展练习

完成图 5-19 和图 5-20 所示零件的数字设计。

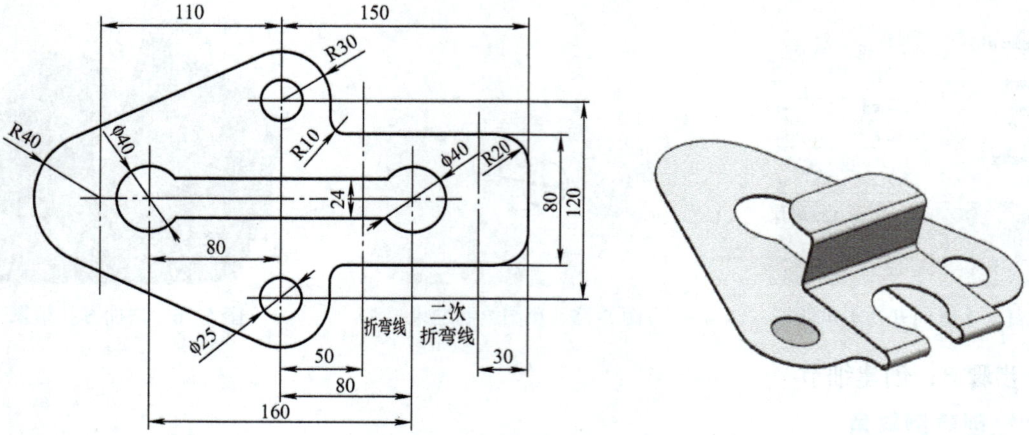

图 5-19　折弯件（一）

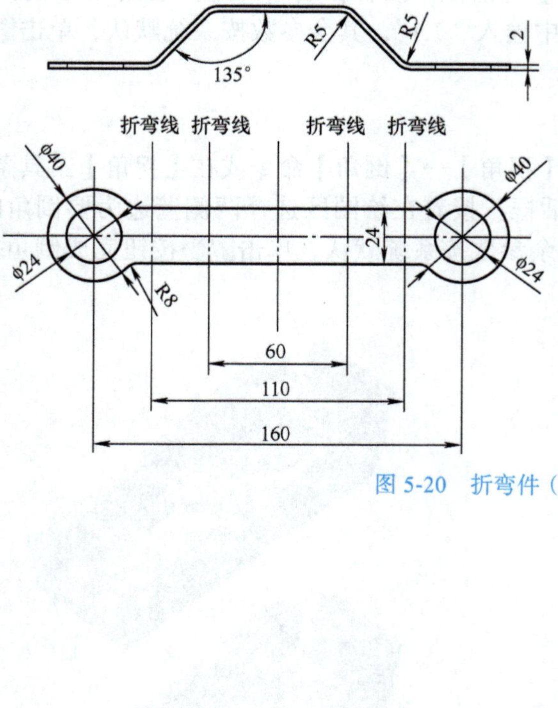

图 5-20　折弯件（二）

第 6 章　阀体装配数字设计

6.1　设计任务及设计思路分析

6.1.1　设计任务

自顶向下建模便于实现并行工程。图 6-1 所示为阀体，共有三个零件需要进行设计，同时从阀体主体与阀芯的图中可以看到有锥度 1∶7，因此在设计之前可以利用表达式进行全局设置锥度，以便后面使用。

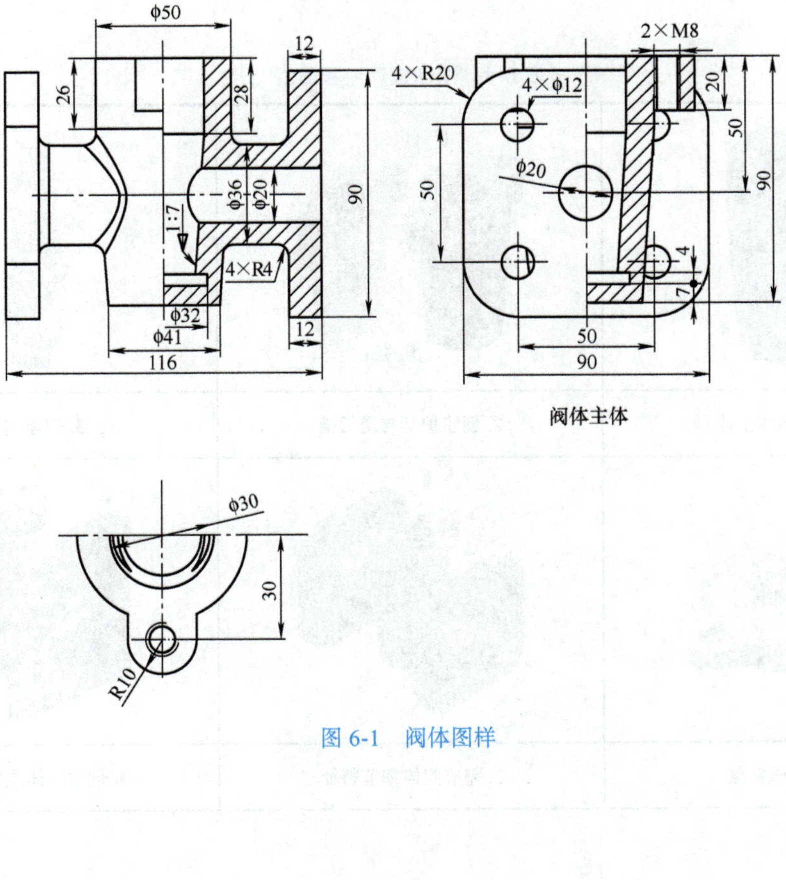

图 6-1　阀体图样

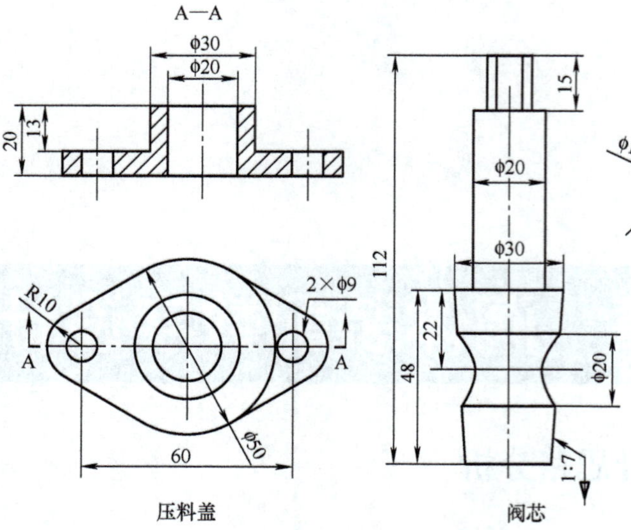

图 6-1　阀体图样（续）

6.1.2　设计思路分析

由图 6-1 可知，该阀体由三个零件构成，但从工作过程进行分析，应该还包括密封填料和 M8 螺钉，因此在设计时，创建顺序可先设计阀体主体、阀体护耳及退刀槽，接着完成阀芯设计，然后再设计阀体两端的连接对象，最后完成压料盖设计。阀体设计流程简表见表 6-1。

表 6-1　阀体设计流程简表

1. 创建阀体主体	2. 创建护耳与退刀槽	3. 创建阀芯
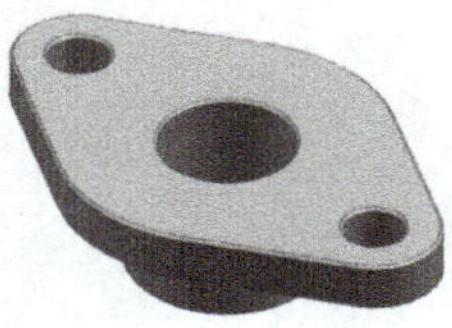		
6. 创建压料盖	5. 完成阀体细节特征	4. 创建阀体连接对象

（续）

7. 创建结果

6.2　设计步骤

WAVE 技术是一种能实现相关部件间进行建模的技术，它可以基于一个部件的几何体及位置去设置另一个部件，也就是说可以在不同的部件之间进行参数化建模。使用 WAVE 技术可对产品的设计与修改带来方便，产品的数据可以反复使用。

6.2.1　启动 WAVE 模式及创建组件

步骤 1：进入 NX 软件环境

选择主菜单栏中的【文件】→【新建】命令，或单击标准工具栏的新建模图标，系统将弹出【新建】对话框，接着在【名称】文本框中输入“阀体装配”，其余参数按系统默认，单击确定按钮进入 NX 建模环境。

步骤 2：装配导航器应用及启用 WAVE 模式

在【资源条选项】工具栏中单击装配导航器图标，系统显示【装配导航器】窗口，同时在其目录下显示“阀体装配”，如图 6-2 所示。接着在【装配导航器】窗口空白处右击系统弹出快捷菜单，如图 6-3 所示。然后选择 **WAVE 模式**选项。

步骤 3：创建组件

将光标移至【装配导航器】窗口中的“阀体装配”处，然后右击系统弹出快捷菜单，如图 6-4 所示。接着选择【WAVE】→【新建层】，系统弹出【新建层】对话框，如图 6-5 所示。

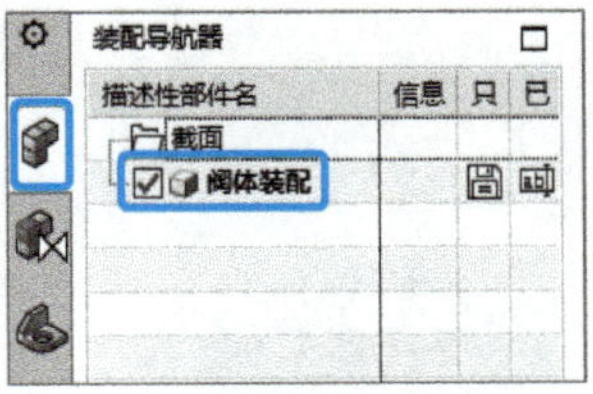

图 6-2 【装配导航器】窗口

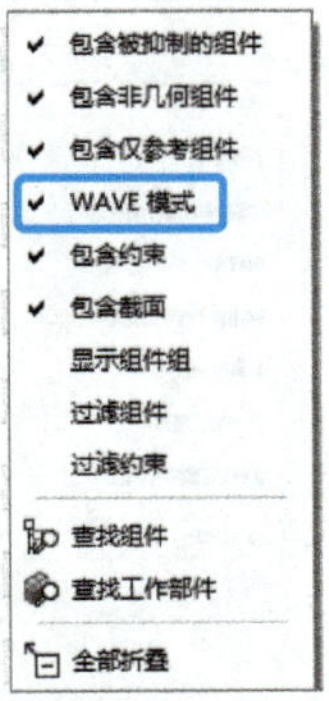

图 6-3　启动 WAVE 模式快捷菜单栏

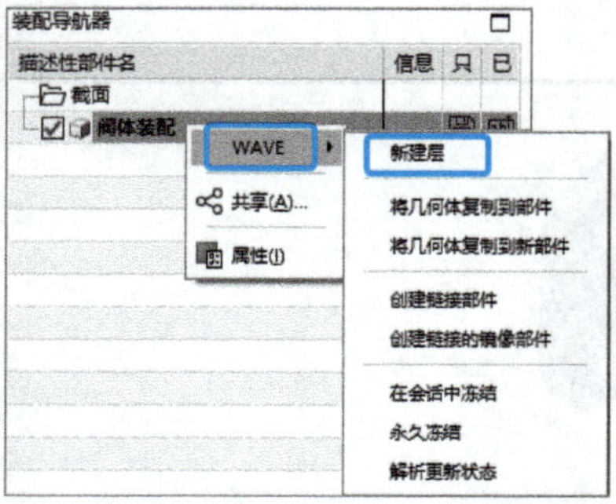

图 6-4　WAVE 模式快捷菜单栏

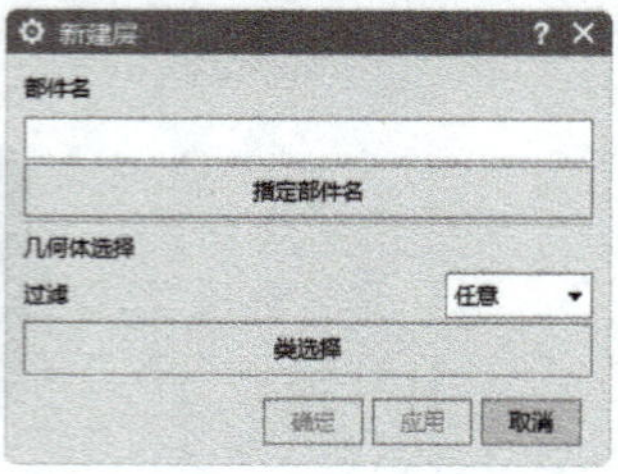

图 6-5　【新建层】对话框

在【部件名】文本框中输入“阀体”并按回车键，接着单击应用按钮，完成“阀体”部件创建；利用相同的方法完成阀芯、压料盖部件的创建，结果在装配导航器中显示如图 6-6 所示。

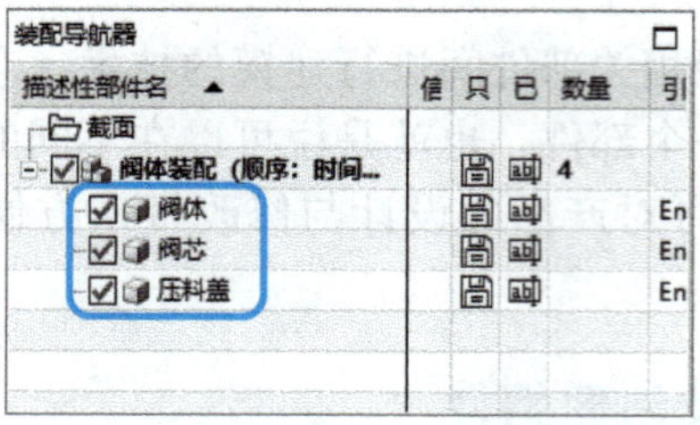

图 6-6　组件创建结果

6.2.2　创建表达式

选择主菜单栏中的【工具】→【表达式】命令，或单击实用工具栏的表达式图标或按快捷键〈Ctrl+E〉，系统将弹出【表达式】对话框，如图 6-7 所示。

接着在【名称】文本框中输入“alpha”；在公式文本框中输入“tan（1/7/2）*180/pi()”；在量纲下拉选项选择角度，接着在单位下拉选项选择rad，参数按系统默认，单击确定按钮完成表达式创建，结果如图 6-8 所示。

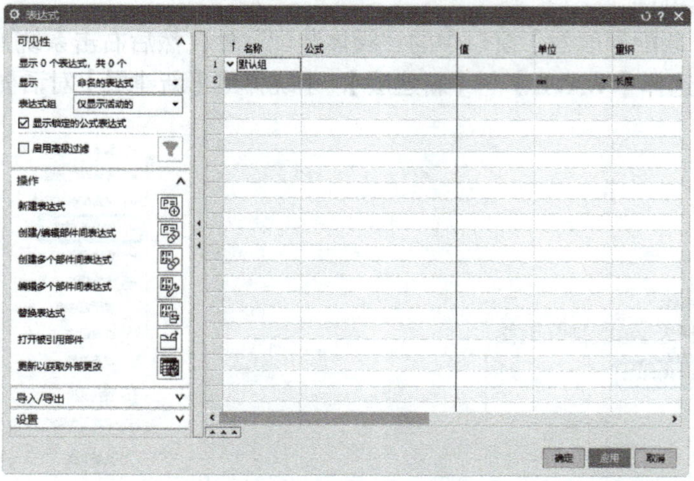

图 6-7　【表达式】对话框

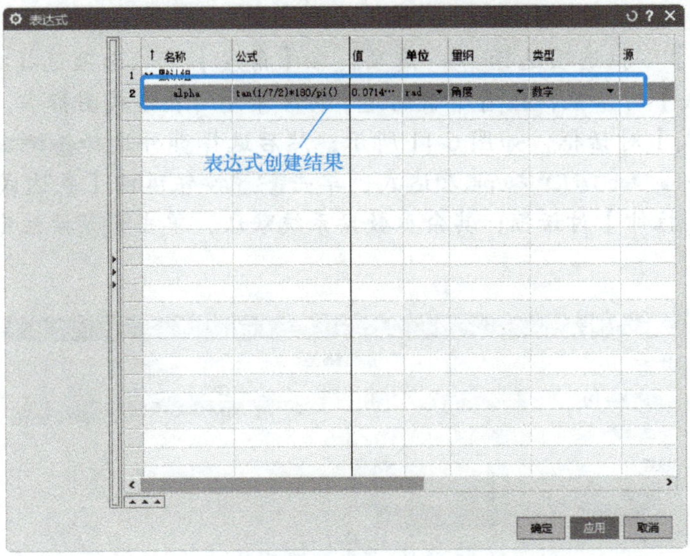

图 6-8　表达式创建结果

6.2.3　阀体创建

1. 创建圆柱体

在【装配导航器】窗口中双击☑阀体部件为工作部件，在主菜单工具栏中选择【插入】→【设计特征】→【圆柱】命令或在【基本】工具条中单击圆柱图标，系统弹出【圆柱】对话框，如图 6-9 所示。

在【直径】文本框中输入“50”，在【高度】文本框中输入“26”，其余参数按系统默认，单击确定按钮完成圆柱创建，结果如图 6-10 所示。

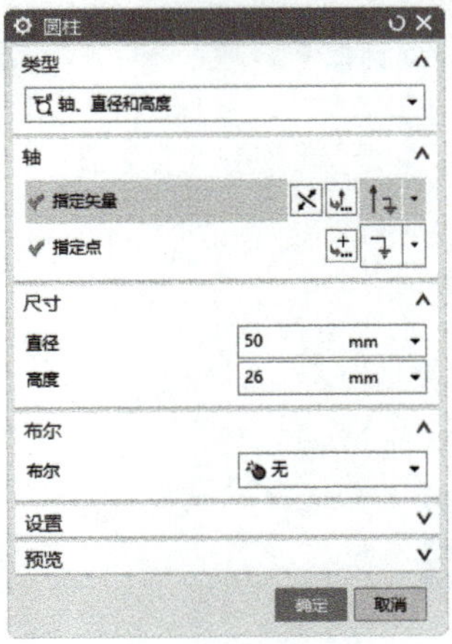

图 6-9　【圆柱】对话框

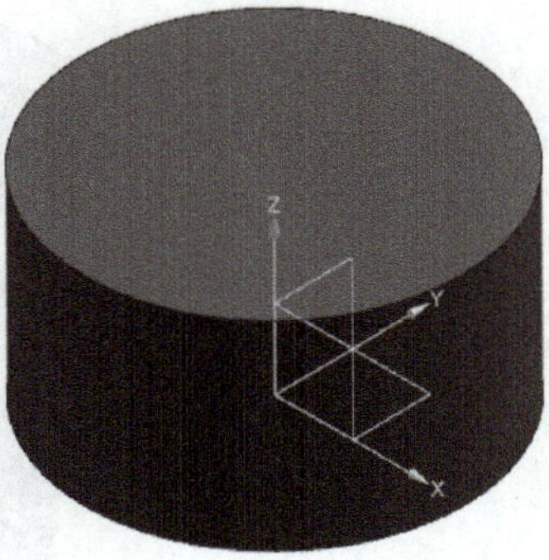

图 6-10　圆柱创建结果

2. 创建锥体对象

在主菜单工具栏中选择【插入】→【设计特征】→【拉伸】命令或在【基本】工具条中单击拉伸图标，系统弹出【拉伸】对话框。

1）在绘图区选择圆柱底面边界为拉伸截面，接着在结束【距离】文本框中输入

“64”；在【布尔】下拉选项选择 合并 选项。

2）在【拔模】下拉选项选择 从截面 选项，在【角度】下拉选项选择 = 公式(F)... 选项，系统弹出【表达式】对话框，接着单击创建/编辑部件间表达式图标，系统弹出【创建单个部件间表达式】对话框，如图 6-11 所示；然后选择部件选择 阀体装配.prt，最后在源表达式中选择 alpha tan(1/7/2)*180/pi() 表达式，单击 确定 按钮返回【表达式】对话框，再单击 确定 按钮返回【拉伸】对话框；其余参数按系统默认，单击 确定 按钮完成拉伸创建，结果如图 6-12 所示。

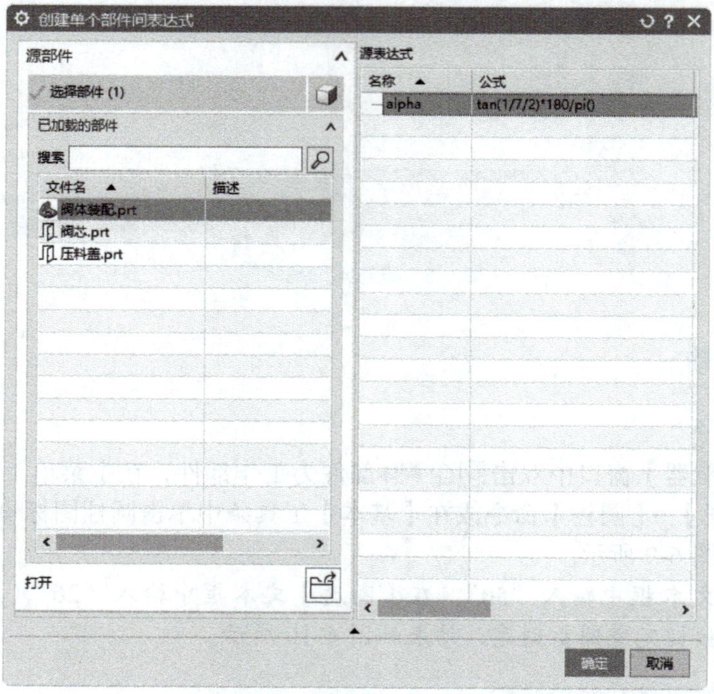

图 6-11 【创建单个部件间表达式】对话框

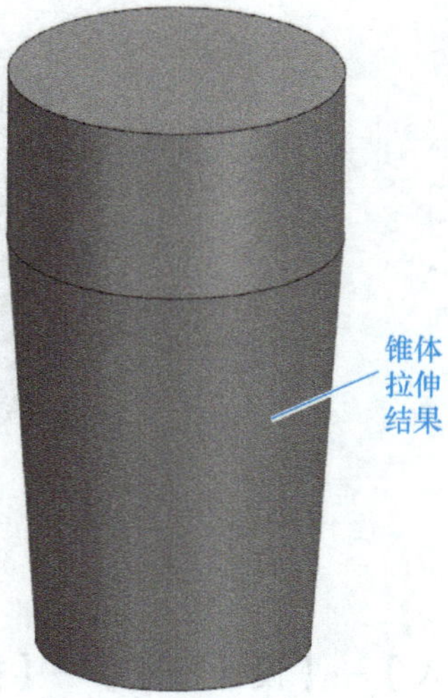

图 6-12 锥体创建结果

3. 孔特征设计

在主菜单工具栏中选择【插入】→【设计特征】→【孔】命令或在【基本】工具条中单击孔图标，系统弹出【孔】对话框，如图 6-13 所示。

在绘图区选择圆柱顶面的圆心为孔的放置点，接着在【孔径】文本框中输入“30”，在【孔深】文本框中输入“28”，在【顶锥角】文本框中输入“0”，其余参数按系统默认，单击确定按钮完成孔创建，结果如图 6-14 所示。

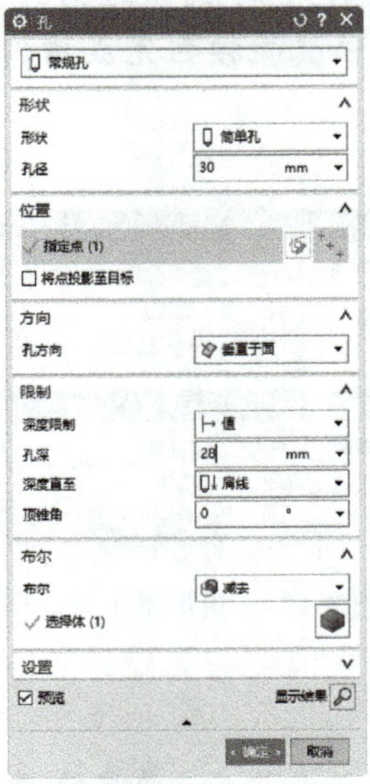

图 6-13 【孔】对话框

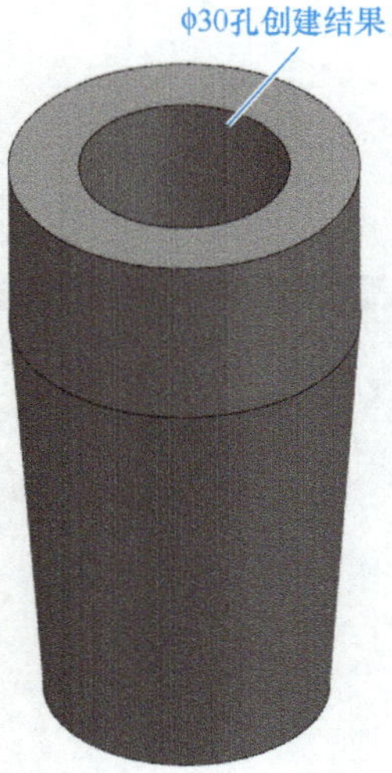

图 6-14 孔创建结果

4. 内锥孔创建

在主菜单工具栏中选择【插入】→【设计特征】→【拉伸】命令或在【基本】工具条中单击拉伸图标，系统弹出【拉伸】对话框。

在绘图区选择孔底面边界为拉伸截面，接着在结束【距离】文本框中输入“55”；在【布尔】下拉选项选择减去选项；在【拔模】下拉选项选择从截面选项，在【角度】下拉选项选择**= 公式(F)...**选项，系统弹出【表达式】对话框，接着选择【P69】表达式，单击确定按钮返回【拉伸】对话框；其余参数按系统默认，单击确定按钮完成内锥孔创建，结果如图 6-15 所示。

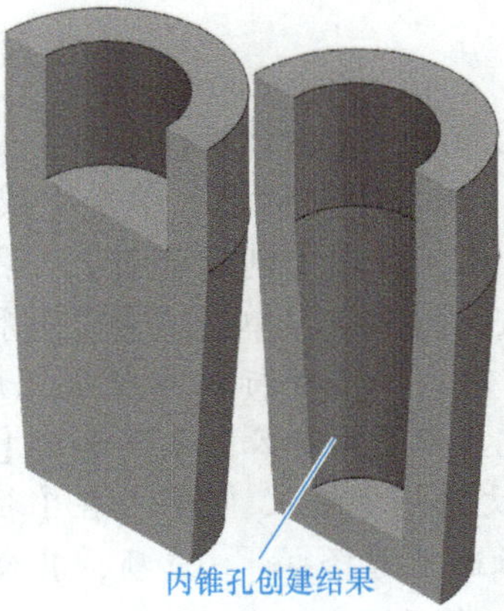

图 6-15 内锥孔创建结果

5. 创建退刀槽

在主菜单中选择【插入】→【设计特征】→【槽】命令或在【基本】工具条中单击槽图标，系统弹出【槽】对话框，如图 6-16 所示。

1）在【槽】对话框单击矩形选项，系统弹出【矩形槽】对话框，如图 6-17 所示；接着在绘图区选择内锥孔面为槽的放置，然后在【槽直径】文本框中输入“32”，在【宽度】文本框中输入“6”，单击确定按钮系统弹出【定位槽】对话框，如图 6-18 所示。

2）在绘图区选择底部的边为定位目标边，接着选择槽的底部边为终止边，然后在【 p71】文本框中输入“7”，其余参数按系统默认，单击确定按钮完成槽创建，结果如图 6-19 所示。

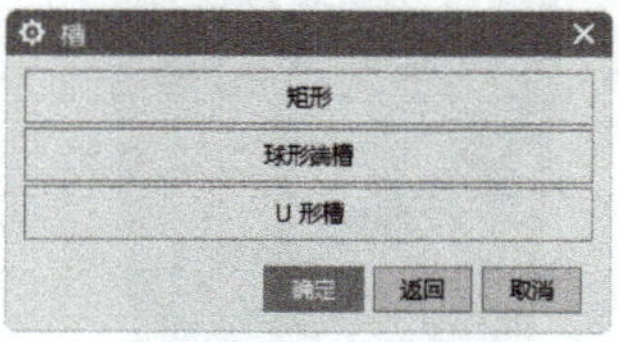

图 6-16 【槽】对话框

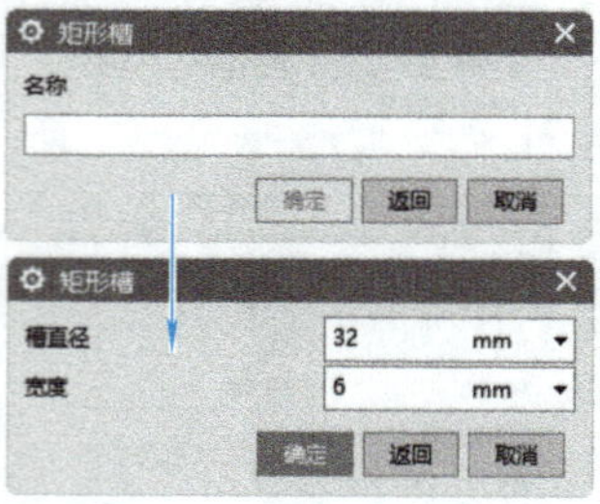

图 6-17 【矩形槽】对话框

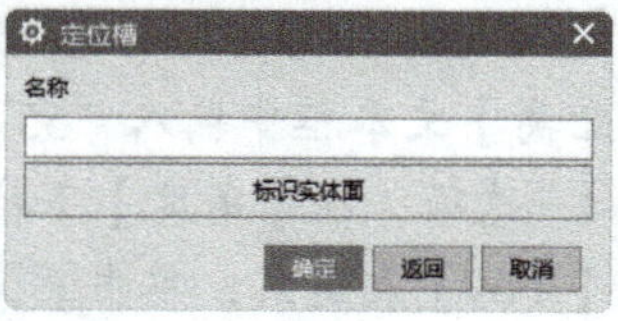

图 6-18 【定位槽】对话框

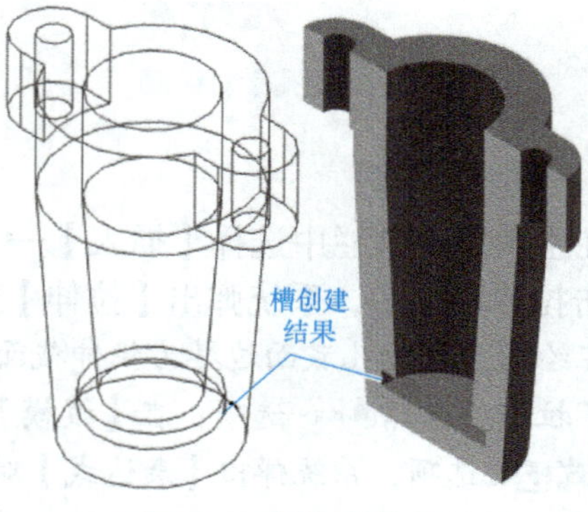

图 6-19 槽创建结果

6. 护耳特征创建

在主菜单工具栏中选择【插入】→【设计特征】→【拉伸】命令或在【基本】工具条中单击拉伸图标，系统弹出【拉伸】对话框。单击【截面】卷展栏，接着在【选择曲线】选项单击绘制截面图标，系统弹出【创建草图】对话框，接着在绘图区选择圆柱的顶面为草图放置面，其余参数按系统默认，单击确定按钮系统进入草图环境。

1）利用草图的曲线、几何约束和尺寸标注等命令完成草图创建，结果如图 6-20 所示。在【草图】工具条中单击完成草图图标，系统返回【拉伸】对话框。

2）在【结束】的【距离】文本框中输入“20”；在【拉伸】对话框中单击【布尔】卷展栏选项，接着在【布尔】下拉选项选择合并选项，其余参数按系统默认，单击确定按钮完成护耳创建，结果如图 6-21 所示。

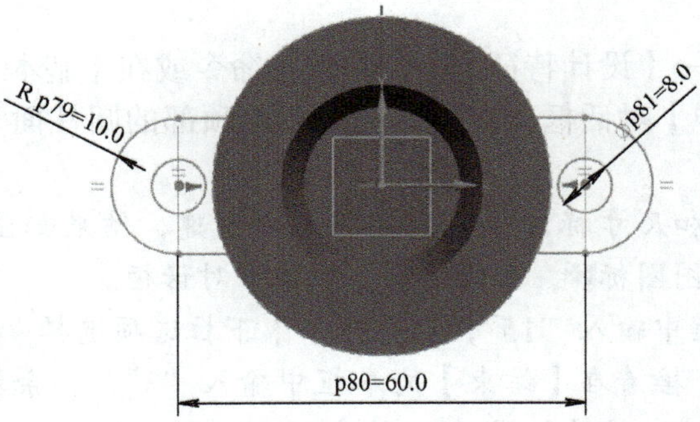

图 6-20　草图创建结果

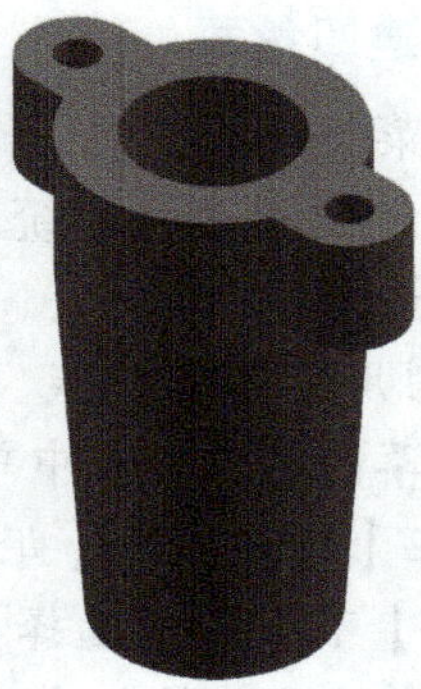

图 6-21　护耳创建结果

6.2.4　阀芯创建

1. 阀芯锥体创建

在【装配导航器】窗口中双击☑阀芯部件为工作部件，在主菜单工具栏中选择【插入】→【设计特征】→【拉伸】命令或在【基本】工具条中单击拉伸图标，系统弹出【拉伸】对话框。

在绘图区选择阀体组件的内孔边界为拉伸截面，接着在结束【距离】文本框中输入“48”，拔模方式按阀体的创建方法选择，创建结果如图 6-22 所示。

2. 创建圆柱特征

在主菜单工具栏中选择【插入】→【设计特征】→【圆柱】命令或在【基本】工具条中单击圆柱图标，系统弹出【圆柱】对话框。

1）在【直径】文本框中输入“20”，在【高度】文本框中输入“49”，接着在绘图区选择阀芯顶部圆心为轴的放置点，然后在【布尔】下拉选项选择合并选项，其余参数按系统默认，单击确定按钮完成圆柱创建，结果如图 6-23 所示。

2）利用相同的方法，完成直径为 14、高度为 15 的最顶部凸台创建，结果如图 6-24 所示。

图 6-22　阀芯锥体创建结果

图 6-23　圆柱创建结果

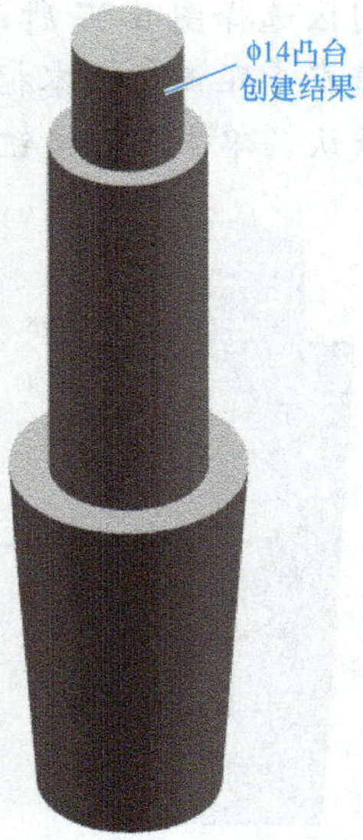

图 6-24　凸台创建结果

3. 创建四角面

在主菜单工具栏中选择【插入】→【设计特征】→【拉伸】命令或在【基本】工具条中单击拉伸图标，系统弹出【拉伸】对话框。在绘图区选择最顶部的圆柱面为草图平面，系统进入草图环境。

1）利用草图的曲线、几何约束和尺寸标注等命令完成草图创建，结果如图 6-25 所示。在【草图】工具条中单击完成草图图标，系统返回【拉伸】对话框。

2）在【结束】的【距离】文本框中输入“15”，在【布尔】下拉选项选择减去选项，在【偏置】下拉选项选择两侧选项，接着在【结束】文本框中输入“3”，其余参数按系统默认，单击确定按钮完成四角面创建，结果如图 6-26 所示。

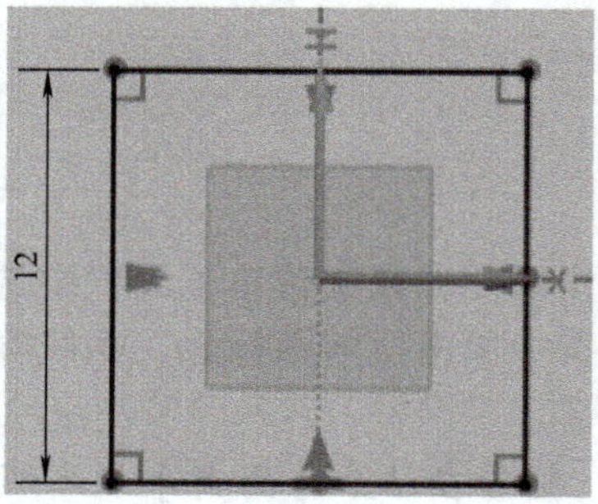

图 6-25　草图创建结果

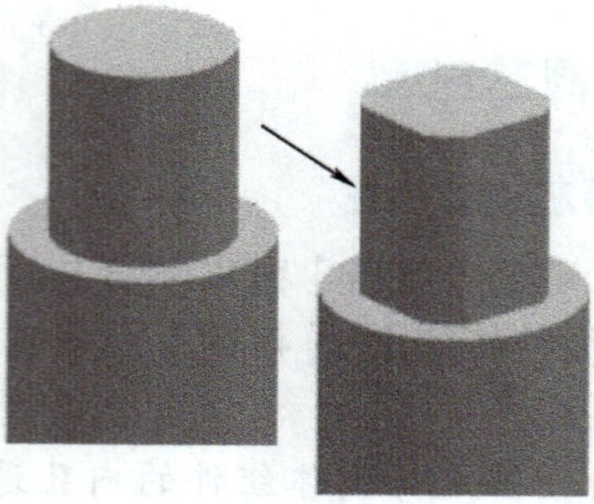
图 6-26　四角面创建结果

4. 创建通孔

在主菜单栏中选择【插入】→【草图】命令，系统弹出【创建草图】对话框，接着在绘图区选择 XZ 平面为草图平面，单击确定按钮进入草图环境。

在草图环境，利用曲线、几何约束和尺寸标注等命令完成草图创建，结果如图 6-27 所示。在【草图】工具条中单击完成草图图标，完成草图创建。

在主菜单工具栏中选择【插入】→【设计特征】→【拉伸】命令或在【基本】工具条中单击拉伸图标，系统弹出【拉伸】对话框。

在绘图区选择图 6-27 所示的草图为拉伸截面，接着在【结束】下拉选项选择对称值选项，接着在【距离】文本框中输入“30”，在【布尔】下拉选项选择减去选项，其余参数按系统默认，单击确定按钮完成拉伸创建，结果如图 6-28 所示。

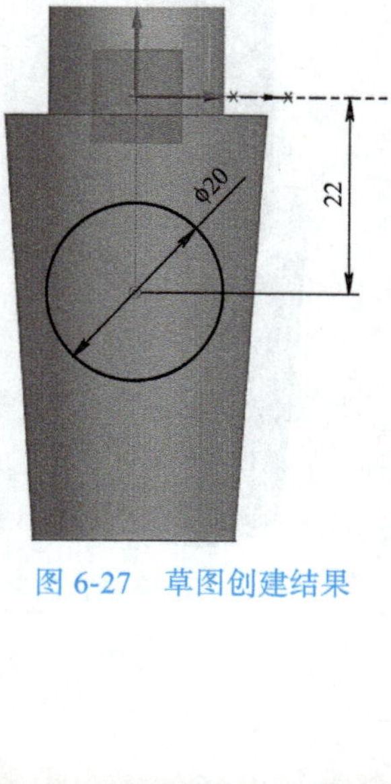

图 6-27　草图创建结果

图 6-28　通孔创建结果

6.2.5　阀体连接对象创建

1. 创建复合曲线

在【装配导航器】窗口中双击☑阀体部件为工作部件，在主菜单中选择【插入】→【关联复制】→【WAVE 几何链接器】或在【装配】界面的【部件间链接】工具条中单击 WAVE 几何链接图标，系统弹出【WAVE 几何链接器】对话框，如图 6-29 所示。接着在绘图区选择图 6-27 所示的草图对象为复合曲线，其余参数按系统默认，单击确定按钮完成复合曲线创建，结果如图 6-30 所示。

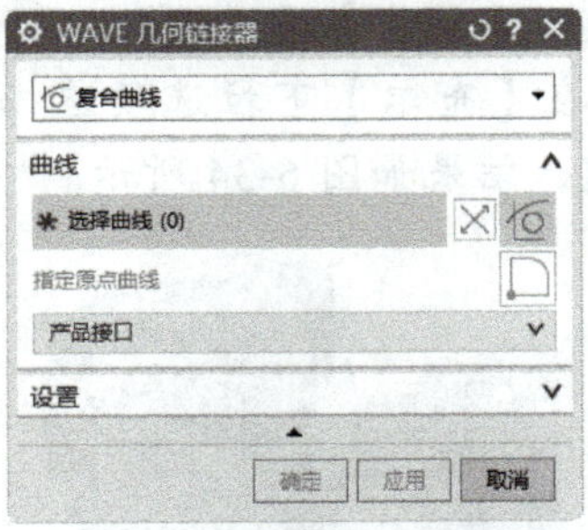

图 6-29　【WAVE 几何链接器】对话框

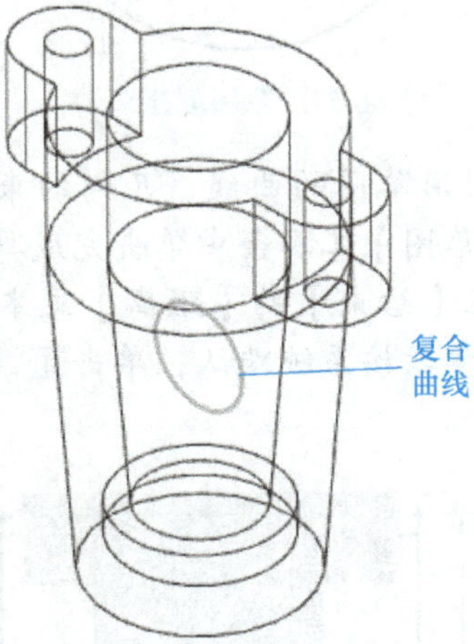

图 6-30　复合曲线创建结果

提示：利用【WAVE 几何链接器】功能，可以使用某个组件中的线段、曲线、体等对象进行关联复制，起到联动作用。

2. 阀体连接对象创建

在主菜单工具栏中选择【插入】→【设计特征】→【拉伸】命令或在【基本】工具条中单击拉伸图标，系统弹出【拉伸】对话框。单击【截面】卷展栏，接着在【选择曲线】选项单击绘制截面图标，系统弹出【创建草图】对话框，接着在绘图区选择 XZ 为草图放置面，其余参数按系统默认，单击确定按钮系统进入草图环境。

1）利用草图的曲线、几何约束和尺寸标注等命令完成草图创建，结果如图 6-31 所示。在【草图】工具条中单击完成草图图标，系统返回【拉伸】对话框。

2）在【开始】下拉选项选择直至选定选项，接着选择外锥形面为选定的对象；在【结束】的【距离】文本框中输入“46”，在【布尔】下拉选项选择合并选项，其余参数按系统默认，单击确定按钮完成阀体连接对象创建，结果如图 6-32 所示。

3. 创建□ 90×90

在主菜单工具栏中选择【插入】→【设计特征】→【拉伸】命令或在【基本】工具条中单击拉伸图标，系统弹出【拉伸】对话框。然后在绘图区选择图 6-32 所示的圆柱面表面为草图放置面。

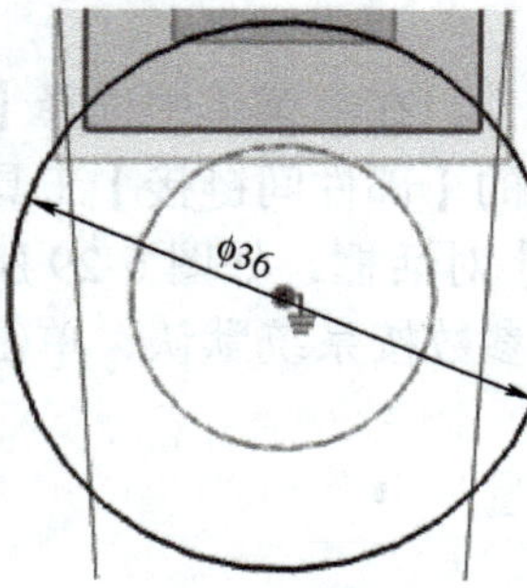

图 6-31　草图创建结果

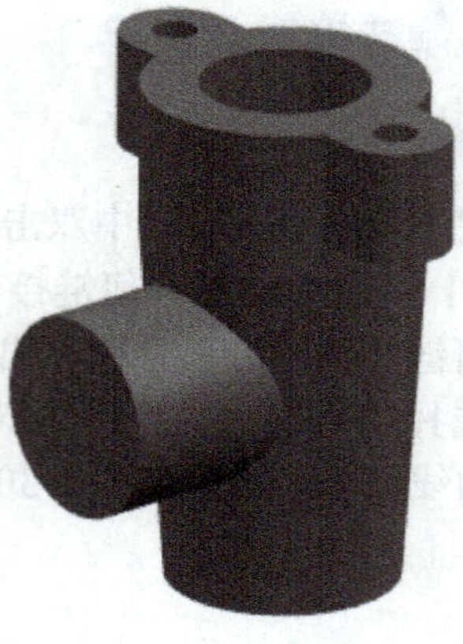

图 6-32　阀体连接对象结果

1）利用草图的曲线、几何约束和尺寸标注等命令完成草图创建，结果如图 6-33 所示。在【草图】工具条中单击完成草图图标，系统返回【拉伸】对话框。

2）在【结束】的【距离】文本框中输入“12”，在【布尔】下拉选项选择 合并 选项，其余参数按系统默认，单击 确定 按钮完成拉伸创建，结果如图 6-34 所示。

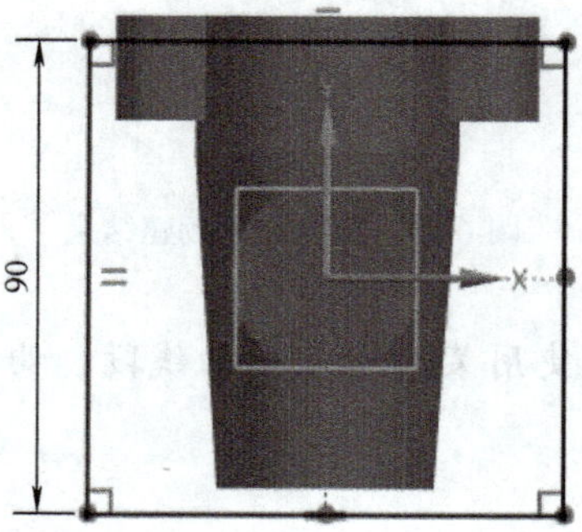

图 6-33　草图创建结果

图 6-34　□ 90 × 90 创建结果

4. 创建细节特征

在主菜单工具栏中选择【插入】→【细节特征】→【边倒圆】命令或在【基本】工具条中单击边倒圆图标，系统弹出【边倒圆】对话框。接着在绘图区选择四个边为要倒圆的边，然后在【半径 1】文本框中输入“15”，其余参数按系统默认，单击 确定 按钮完成边倒圆创建，结果如图 6-35 所示。

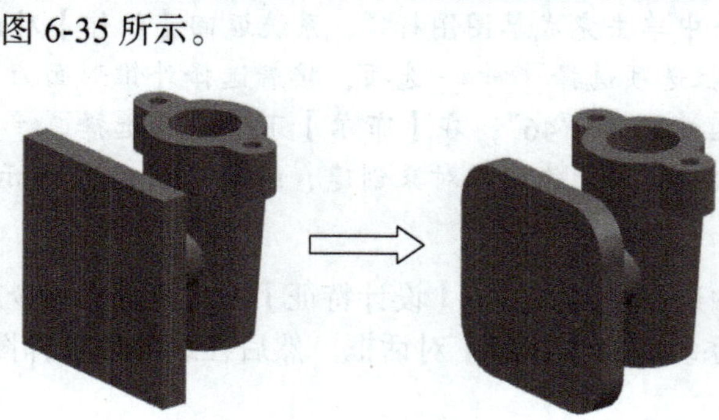

图 6-35　边倒圆创建结果

在主菜单工具栏中选择【插入】→【设计特征】→【孔】命令或在【基本】工具条中单击孔图标，系统弹出【孔】对话框。

在绘图区选择四个边倒圆的圆心为孔的放置点，接着在【孔径】文本框中输入“12”，在【孔深】文本框中输入“20”，其余参数按系统默认，单击<确定>按钮完成孔创建，结果如图 6-36 所示。

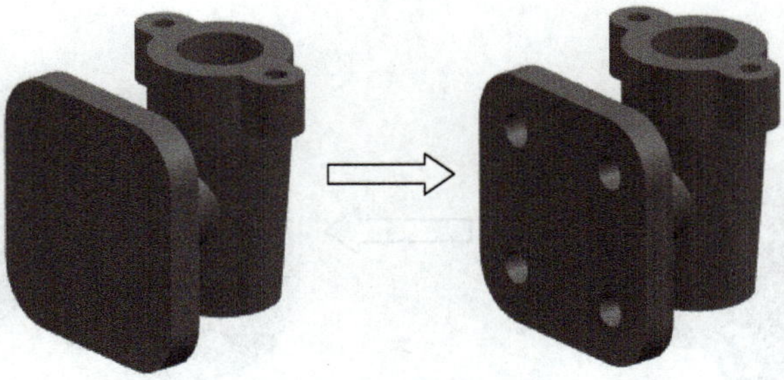

图 6-36　孔特征创建结果

5. 镜像连接件

在主菜单栏中选择【插入】→【关联复制】→【镜像特征】命令或在【基本】工具条中单击镜像特征图标，系统弹出【镜像特征】对话框，如图 6-37 所示。

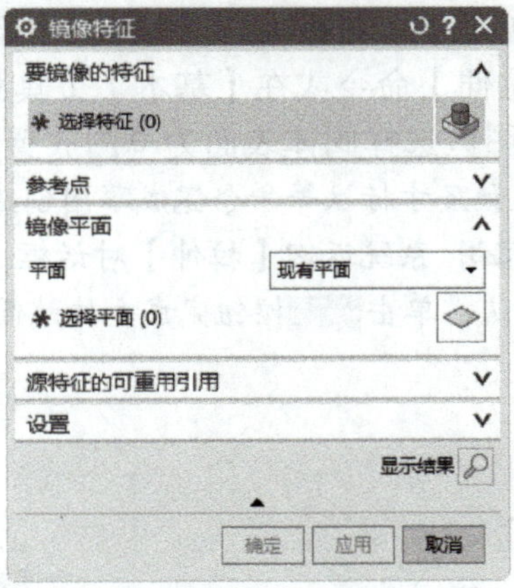

图 6-37 【镜像特征】对话框

在绘图区选择连接件、矩形 90×90 及细节特征为要镜像的对象，接着在绘图区选择 XZ 平面为镜像平面，其余参数按系统默认，单击确定按钮完成镜像特征创建，结果如图 6-38 所示。

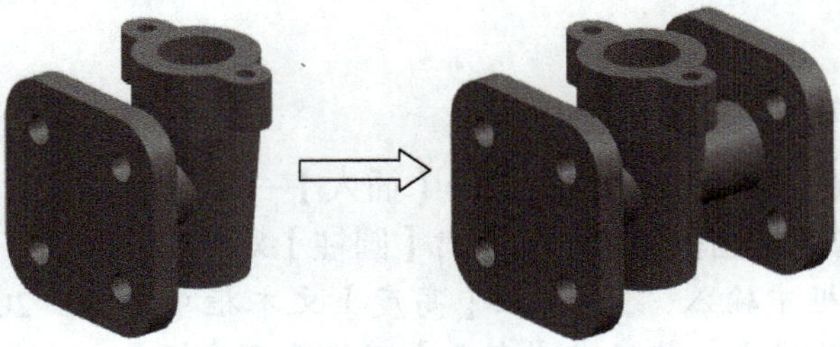

图 6-38　镜像连接件结果

6. 创建通孔

在主菜单工具栏中选择【插入】→【设计特征】→【拉伸】命令或在【基本】工具条中单击拉伸图标，系统弹出【拉伸】对话框。接着在绘图区选择图 6-30 所示的圆为截面线，在【开始】和【结束】下拉选项选择贯通选项，在【布尔】下拉选项选择减去选项，其余参数按系统默认，单击确定按钮完成通孔创建，结果如图 6-39 所示。

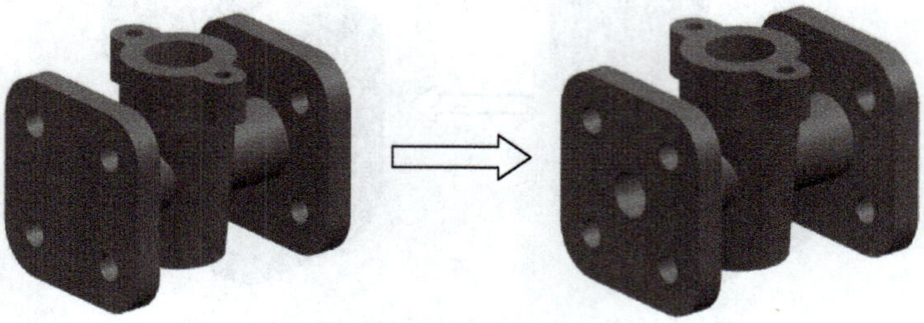

图 6-39　通孔创建结果

6.2.6　压料盖创建

1. 创建主体端面

在【装配导航器】窗口中双击 压料盖部件为工作部件，在主菜单工具栏中选择【插入】→【设计特征】→【拉伸】命令或在【基本】工具条中单击拉伸图标，系统弹出【拉伸】对话框，然后在绘图区选择阀体表面为草图放置面。

利用草图的曲线、几何约束和尺寸标注等命令完成草图创建，结果如图 6-40 所示。在【草图】工具条中单击完成草图图标，系统返回【拉伸】对话框；在【结束】的【距离】文本框中输入“7”，其余参数按系统默认，单击确定按钮完成主体端面创建，结果如图 6-41 所示。

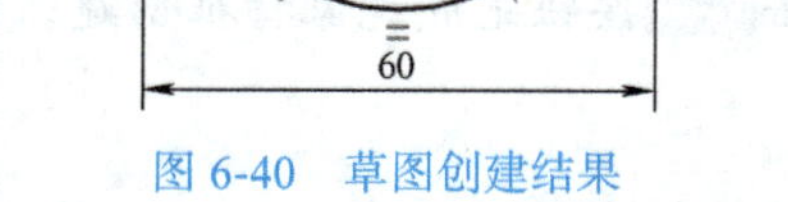

图 6-40　草图创建结果

图 6-41　主体端面创建结果

2. 创建凸台与通孔

(1) 创建凸台　在主菜单工具栏中选择【插入】→【设计特征】→【圆柱】命令或在【基本】工具条中单击圆柱图标，系统弹出【圆柱】对话框。

在【直径】文本框中输入“30”，在【高度】文本框中输入“20”，接着在绘图区选择端面的圆心为轴的放置点，然后在【布尔】下拉选项选择合并选项，其余参数按系统默认，单击确定按钮完成凸台创建，结果如图 6-42 所示。

（2）创建通孔　在主菜单工具栏中选择【插入】→【设计特征】→【孔】命令或在【基本】工具条中单击孔图标，系统弹出【孔】对话框。

在绘图区选择图 6-42 所示的凸台面的圆心为孔的放置点，接着在【孔径】文本框中输入“20”，在【深度限制】下拉选项选择贯通选项，其余参数按系统默认，单击确定按钮完成孔创建，结果如图 6-43 所示。

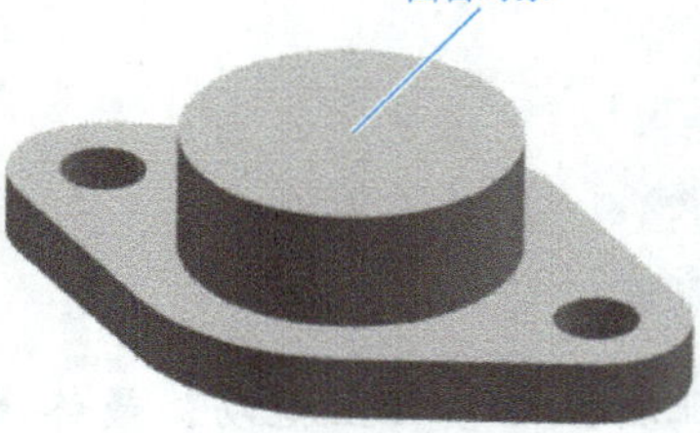

图 6-42　凸台创建结果

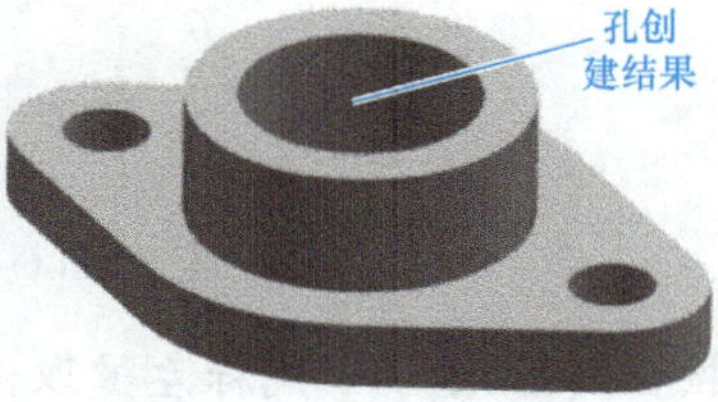

图 6-43　孔创建结果

6.3　阀体装配图显示与爆炸图创建

6.3.1　阀体装配图显示

在【装配导航器】窗口中双击阀体装配部件，同时在阀体装配组件下将阀体、阀芯及压料盖选中，总装配结果如图 6-44 所示。

6.3.2　显示爆炸对象

在主菜单栏中选择【装配】→【爆炸图】→【新建爆炸】命令或在【爆炸图】工具条中单击新建爆炸图标，系统弹出【新建爆炸】对话框，如图 6-45 所示。接着在【名称】文本框中输入“阀体爆炸图”，单击确定按钮完成爆炸图操作，同时将【爆炸视图】工具条中的其他选项激活。

图 6-44　总装配结果

图 6-45 【新建爆炸】对话框

1）在【爆炸视图】工具条中单击编辑爆炸图标，系统弹出【编辑爆炸】对话框，如图 6-46 所示。接着在绘图区选择阀芯、压料盖为要爆炸的组件，然后在【编辑爆炸】对话框单击◉移动对象单选按钮，最后沿着 Z 轴正方向移动一定距离。

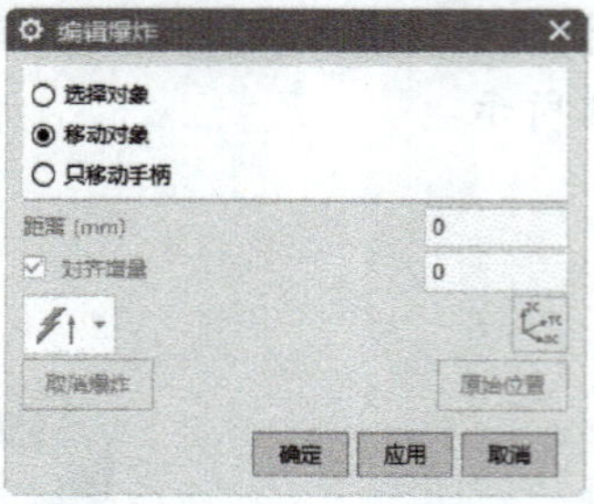

图 6-46 【编辑爆炸】对话框

2）按住〈Shift〉+鼠标左键取消阀芯组件，将压料盖继续往上拖动，最终爆炸结果如图 6-47 所示。

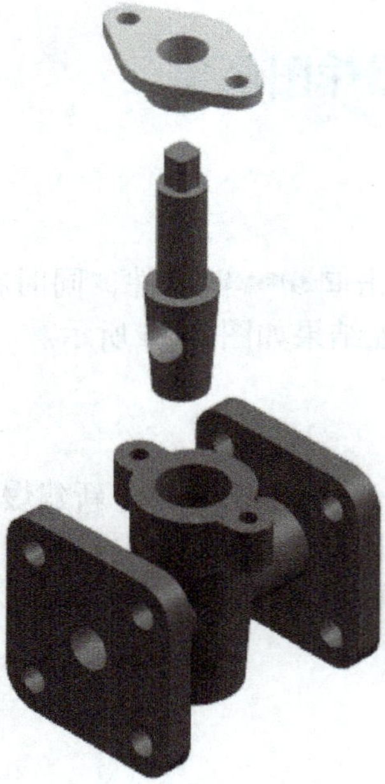

图 6-47　最终爆炸结果

6.4　爆炸与阀芯运动动画创建

通过前面各节的学习，已了解组件装配与爆炸图的创建，下面将介绍一下装配模块中的序列功能应用。序列可对显示装配的组件进行装配和拆卸的仿真，同时每个序列均与装配布置相关联。

6.4.1　启动序列任务环境

在主菜单栏中选择【装配】→【序列】命令或在装配【序列】工具条中单击序列图标，

系统进入序列任务环境。

6.4.2　阀体拆装动画与阀芯运动动画创建

1. 阀体拆卸动画

在主菜单栏中选择【任务】→【新建序列】命令或在【装配序列】工具条中单击新建图标，系统激活序列环境。

1）在【序列步骤】工具条中单击插入运动图标，系统弹出【录制组件运动】工具条，如图 6-48 所示。在绘图区选择阀芯、压料盖两个组件，然后在【录制组件运动】工具条单击【移动对象】图标，接着在绘图区单击 Z 轴方向，系统弹出距离和对齐文本框，如图 6-49 所示，最后在【距离】文本框中输入“130”，结果如图 6-50 所示。同时在【录制组件运动】工具条中单击摄像机图标，完成第一次运动动画创建。

2）在【录制组件运动】工具条中单击选择对象图标，然后在绘图区选择压料盖为选择对象，接着在【录制组件运动】工具条中单击移动对象图标，然后在绘图区单击 Z 轴方向，系统弹出距离和对齐文本框，在【距离】文本框中输入“70”；最后在【录制组件运动】工具条中单击【摄像机】图标，完成第二次运动动画创建，结果如图 6-47 所示，最后单击【确定】图标，完成阀体拆卸动画。

图 6-48 【录制组件运动】工具条

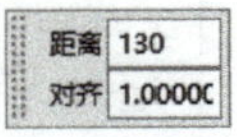

图 6-49　文本框

图 6-50　第一次运动结果

2. 阀体组装动画

利用上述阀体拆卸动画的操作方法，依序对阀芯、压料盖进行组装，其中阀芯往 Z 轴 -130 后进行摄像机拍照，压料盖往 Z 轴 -200 后进行摄像机拍照，至此完成阀体拆装动画创建。

3. 阀体工作动画创建

阀芯中间有一通孔，阀体中间也有一通孔，当两者位于同一轴线时，阀体的流通量最大，当随着阀芯的转动，阀体的流通量会逐渐减少直至关闭。为了表示这一工作原理，可以利用序列环境去表达它，具体操作如下：

在【录制组件运动】工具条中单击【选择对象】图标，然后在绘图区选择阀芯为选择对象，接着在【录制组件运动】工具条中单击【移动对象】图标，然后在绘图区选择X、Y 两轴间的小球进行旋转操作（可从 0° ～ 90°），最后在【录制组件运动】工具条中单击【摄像机】图标，完成阀体工作动画创建。

4. 导出动画视频

当完成阀体组装与拆卸、阀芯工作原理动画创建后，可以将完成的过程利用视频的方式进行播放，具体操作如下：

在【回放】工具条中单击导出至电影图标，系统弹出【录制电影】对话框，如图 6-51 所示。在【文件名】文本框中输入“阀体动画”，单击OK按钮系统返回 NX 动画显示界面，所有操作完成后显示导出的路径，如图 6-52 所示，单击确定(O)按钮完成动画导出。

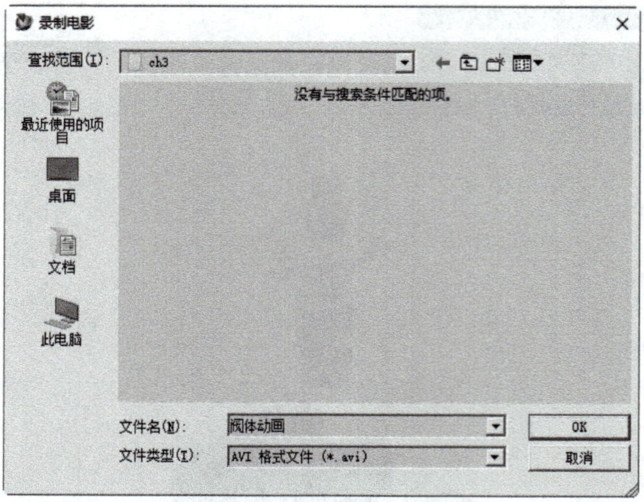

图 6-51 【录制电影】对话框

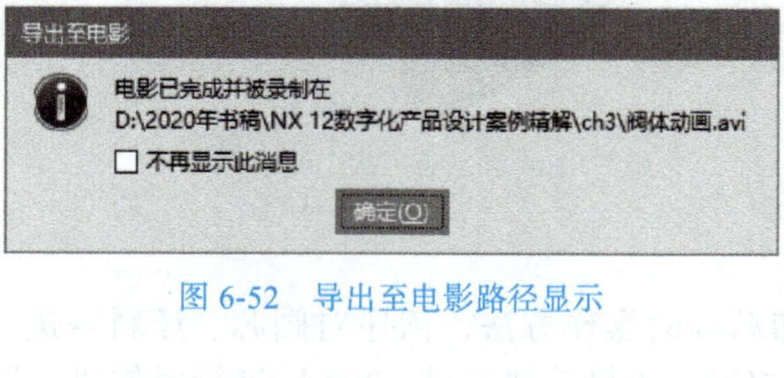

图 6-52 导出至电影路径显示

拓展练习

完成图 6-53 所示装配体数字设计。

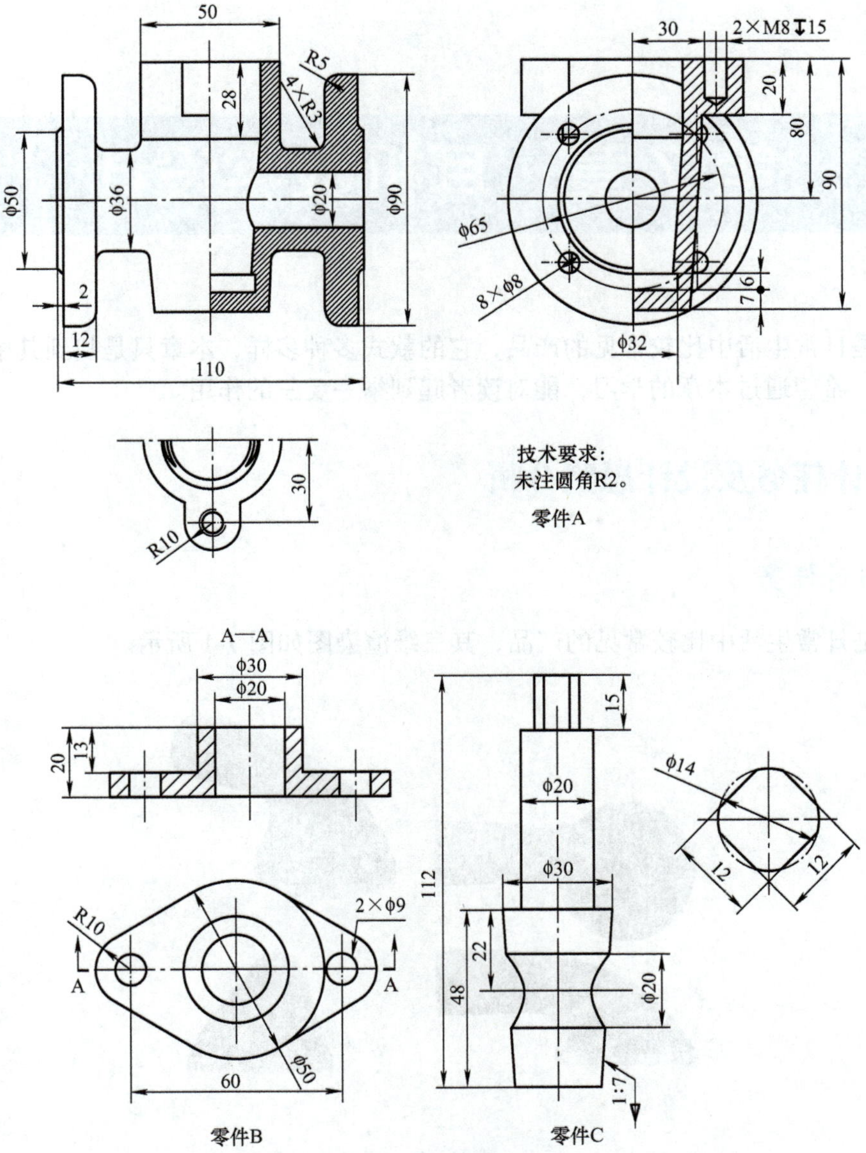

图 6-53　装配体图样

第 7 章　耳机数字设计

耳机是日常生活中比较常见的产品，它的款式多种多样，本章只是找到其中一款作为学习对象。希望通过本章的学习，能对读者起到举一反三的作用。

7.1　设计任务及设计思路分析

7.1.1　设计任务

耳机是日常生活中比较常见的产品，其三维渲染图如图 7-1 所示。

图 7-1　耳机的三维渲染图

7.1.2　设计思路分析

由图 7-1 可见，耳机的流线比较规律，且多数为三维空间曲线，因此在设计时需要考虑空间轮廓线的创建方法（如投影曲线、组合投影曲线、桥接曲线等）。同时，为了方便日后对产品进行修改，建议采用草图功能来创建基本线段（因为草图是一个全参数操作）。具体设计思路如下：

1）根据外形要求，先在俯视图绘制圆，反映耳机的耳塞部分，然后在前视图绘制耳机的其他外形线段，利用“直线、艺术样条、桥接曲线”命令创建出耳机的三维空间线，结果如图 7-2 所示。

2）利用“通过曲线网格”命令创建出耳机主体外形，最后利用拉伸、抽壳等命令进行细节的设计。

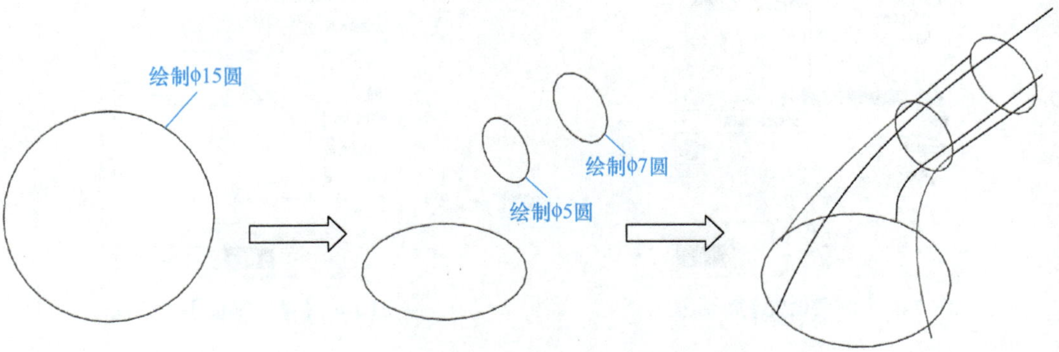

图 7-2　耳机主体外形轮廓线段

7.2　设计步骤

步骤 1：进入 NX 软件环境

在主菜单工具栏中选择【文件】→【新建】命令或在【标准】工具条中单击新建图标，系统弹出【新建】对话框；在【名称】文本框中输入“耳机”，其余参数按系统默认，单击 确定 按钮进入软件建模环境。

步骤 2：创建基准

1）在主菜单工具栏中选择【格式】→【图层设置】命令或在【层工具】工具条中单击图层设置（或按〈Ctrl+L〉键），系统弹出【图层设置】对话框，如图 7-3 所示。

在【工作层】文本框中输入“62”，按回车键，61 为可选层；其余为不可见的层，单击 关闭 按钮完成工作图层设置。

2）或在【层工具】工具条的【工作层】文本框中输入“62”，按回车键完成工作图层设置。

3）在主菜单工具栏中选择【插入】→【基准】→【基准平面】命令或在【构造】工具条中单击基准平面图标，系统弹出【基准平面】对话框，如图 7-4 所示。在绘图区选择 XZ 基准面为定义平面，在【距离】文本框中输入“10”；在【平面的数量】文本框中输入“2”，单击【应用】按钮完成 XZ 基准平面的偏置，结果如图 7-5 所示。

4）利用同样的方法，完成 YZ 基准平面偏置，距离为 –2；完成 XY 基准平面偏置，距离为 7.5，最终结果如图 7-6 所示。

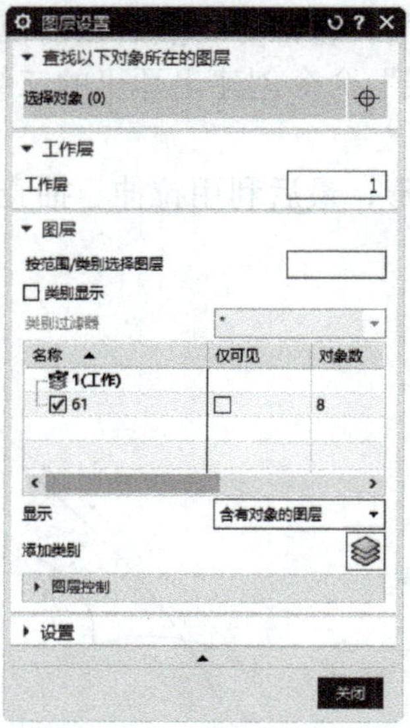

图 7-3 【图层设置】对话框

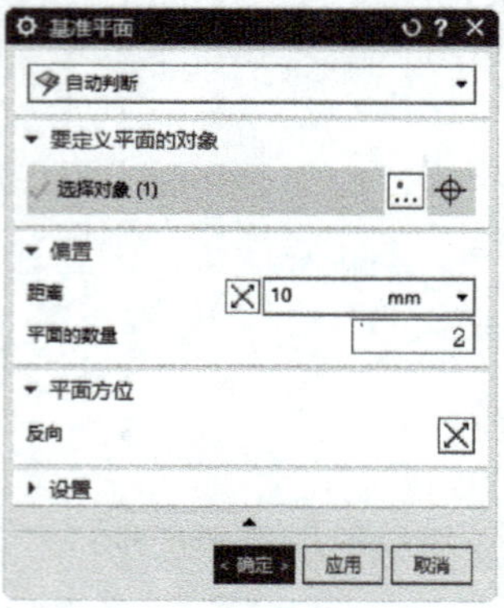

图 7-4 【基准平面】对话框

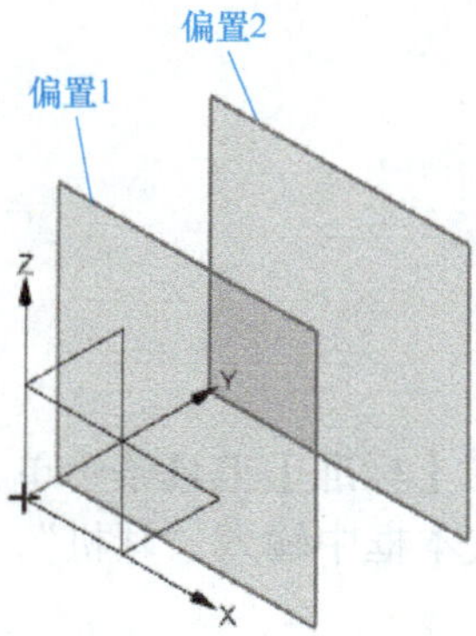

图 7-5 XZ 基准平面创建结果

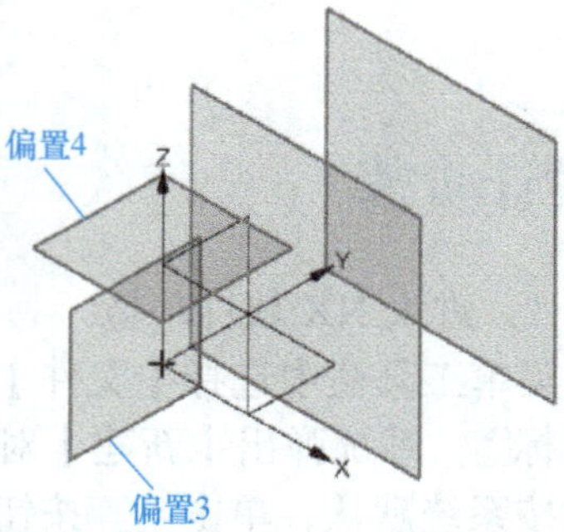

图 7-6 基准平面创建结果

提示：偏置 3 和偏置 4 的基准平面主要用于后续的几何约束，如果不创建也可以利用标注约束代替。

步骤 3：创建草图截面线 1

1）在主菜单工具栏中选择【格式】→【图层设置】命令或在【层工具】工具条中单击图层设置（或按〈Ctrl+L〉键），系统弹出【图层设置】对话框，如图 7-3 所示。

在【工作层】文本框中输入“21”，按回车键，61、62 为可选层；其余为不可见的层，单击关闭按钮完成工作图层设置。

2）在主菜单工具栏中选择【插入】→【草图】命令或在【构建】工具条中单击草图图标，系统弹出【创建草图】对话框，在此不做任何更改，单击确定按钮系统进入草图环境。

在【曲线】工具条中单击圆图标，系统弹出【圆】对话框，如图 7-7 所示。在绘图区选择原点为圆心，并标注圆直径，结果如图 7-8 所示，然后在【草图】工具条中单击完成图标，完成草图创建。

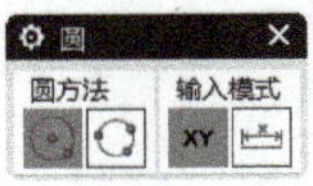

图 7-7 【圆】对话框

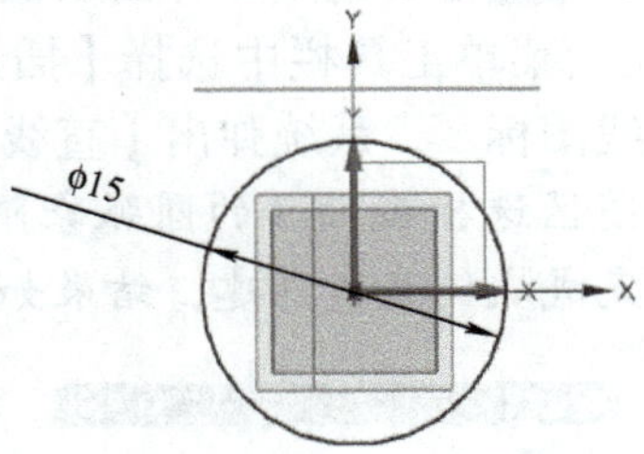

图 7-8 草图截面线 1 创建结果

步骤 4：创建草图截面线 2 和截面线 3

1）在主菜单工具栏中选择【格式】→【图层设置】命令或在【层工具】工具条中单击图层设置（或按〈Ctrl+L〉键），系统弹出【图层设置】对话框，如图 7-3 所示。

在【工作层】文本框中输入“22”，按回车键，61、62 为可选层；其余为不可见的层，单击关闭按钮完成工作图层设置。

2）在主菜单工具栏中选择【插入】→【草图】命令或在【构建】工具条中单击草图图标，系统弹出【创建草图】对话框，在绘图区选择偏置 1 的基准平面为草图面，单击确定按钮系统进入草图环境（如果草图面相反，则可单击反向平面法向图标按钮进行切换）。

在【曲线】工具条中单击圆图标，系统弹出【圆】对话框，如图 7-7 所示。在绘图区选择任意一点为圆心，并标注圆直径；利用几何约束功能约束圆心在偏置 3 和偏置 4 的基准平面上，结果如图 7-9 所示，然后在【草图】工具条中单击完成图标，完成草图创建。

3）利用相同的方法，完成截面线 3 创建，结果如图 7-10 所示（注：草图面为偏置 2）。

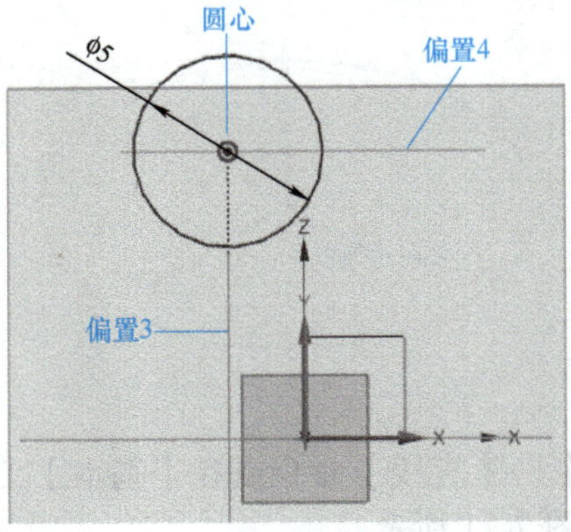

图 7-9 草图截面线 2 创建结果

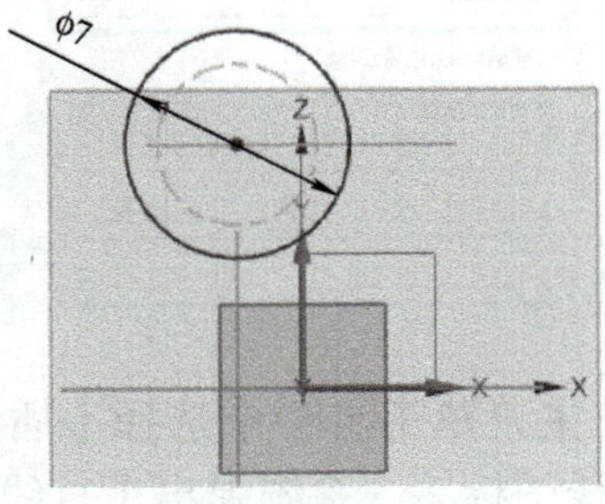

图 7-10 草图截面线 3 创建结果

步骤 5：创建空间截面线 1

1. 创建相切辅助线

1）在主菜单工具栏中选择【格式】→【图层设置】命令或在【层工具】工具条中单击图层设置（或按〈Ctrl+L〉键），系统弹出【图层设置】对话框，如图 7-3 所示。

在【工作层】文本框中输入“41”，按回车键，21、22、23为可选层；其余为不可见的层，单击关闭按钮完成工作图层设置。

2）在主菜单工具栏中选择【插入】→【曲线】→【直线】命令或在【基本】工具条中单击直线图标／，系统弹出【直线】对话框，如图7-11所示。

在绘图区选择截面3的圆弧象限点为直线起点，并向Y轴方向拖至一定距离；用同样方法，完成底侧直线创建，结果如图7-12所示。

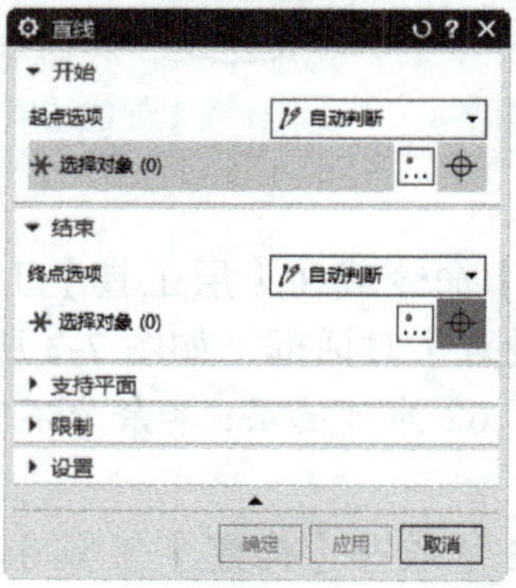

图7-11 【直线】对话框

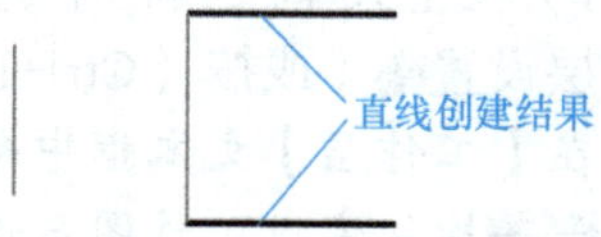

图7-12 直线创建结果

3）在主菜单工具栏中选择【格式】→【WCS】→【定向】命令，系统弹出【坐标系】对话框，如图7-13所示。

在下拉选项中选择【自动判断】选项，并将图层61作为可选层，然后在绘图区选择YZ平面为定义坐标系的对象，单击确定按钮完成坐标系定向操作，结果如图7-14所示。

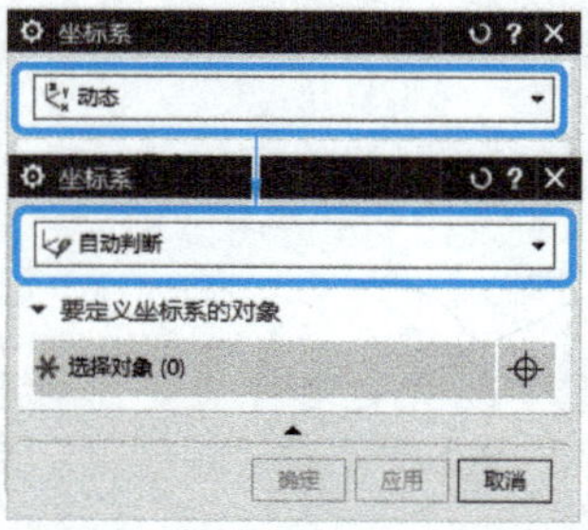

图7-13 【坐标系】对话框

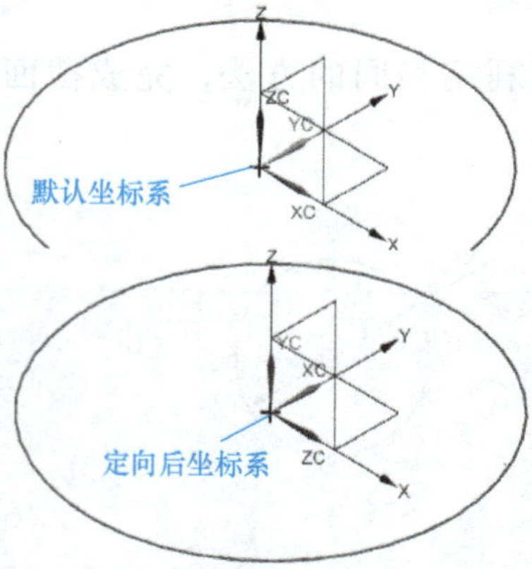

图7-14 坐标系定向结果

4）在主菜单工具栏中选择【插入】→【曲线】→【直线】命令或在【基本】工具条中单击直线图标／，系统弹出【直线】对话框，如图7-11所示。

① 在绘图区选择草图截面1的象限点为直线起点，在【结束】卷展栏中的【终点选项】下拉选项栏中选择成一角度选项，然后在绘图区选择Z轴为参考对象，接着在【角度】文本框中输入“-2”。

② 单击【限制】卷展栏，接着在【终止限制】的【距离】文本框中输入“2”，其余参数按系统默认，单击确定按钮完成直线创建，结果如图7-15所示。

2. 创建艺术样条

1）在主菜单工具栏中选择【格式】→【图层设置】命令或在【层工具】工具条中单击图层设置（或按〈Ctrl+L〉键），系统弹出【图层设置】对话框，如图 7-3 所示。

在【工作层】文本框中输入“42”，按回车键，21、22、23、41 为可选层；其余为不可见的层，单击关闭按钮完成工作图层设置。

2）在主菜单工具栏中选择【插入】→【曲线】→【艺术样条】命令或在曲线【基本】工具条中单击艺术样条图标，系统弹出【艺术样条】对话框，如图 7-16 所示。

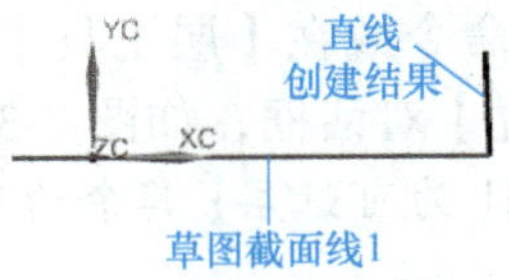

图 7-15　直线创建结果

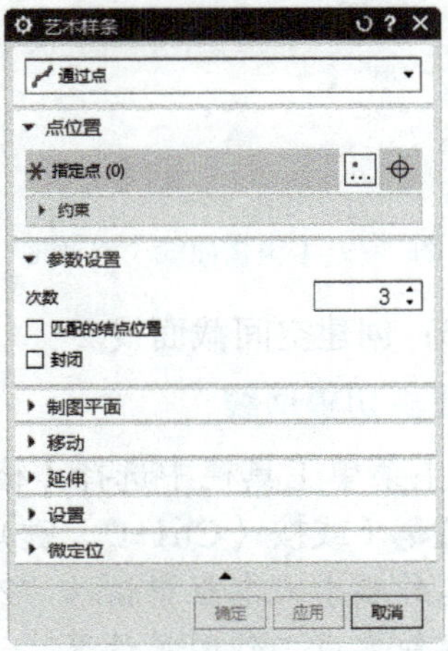

图 7-16 【艺术样条】对话框

在【次数】文本框中输入“3”，接着在绘图区选择截面线 1 和截面线 2 中的象限点及图 7-12 中的直线起点为样条通过点，单击应用按钮完成艺术样条创建，结果如图 7-17 所示（其中直线处为相切）。

3）利用相同的方法，完成另一侧艺术样条的创建，结果如图 7-18 所示。

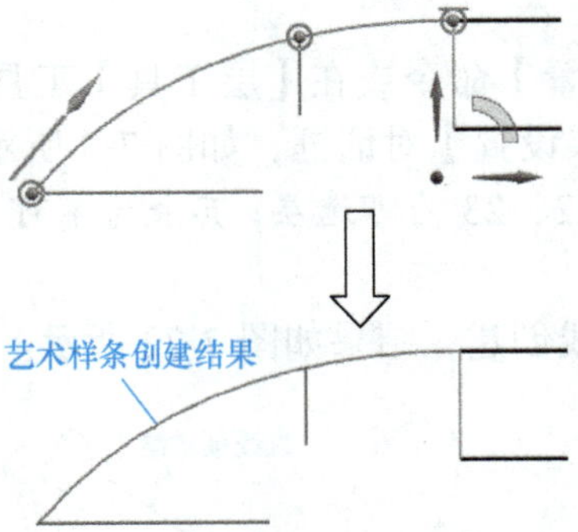

图 7-17　艺术样条 1 创建结果

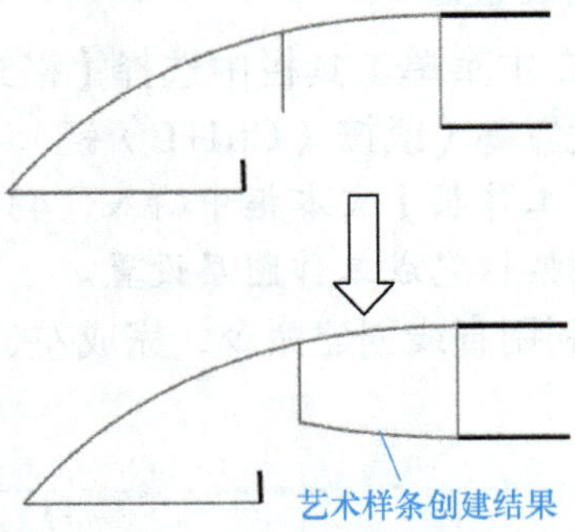

图 7-18　艺术样条 2 创建结果

3. 创建桥接曲线

在主菜单工具栏中选择【插入】→【派生曲线】→【桥接】命令或在【派生】工具条中单击桥接曲线图标，系统弹出【桥接曲线】对话框，如图 7-19 所示。

在绘图区选择图 7-15 所示的直线终点为艺术样条为起始对象，接着选择图 7-18 所示的艺术样条的起点为终止对象，其余参数按系统默认，单击确定按钮完成桥接曲线操作，结果如图 7-20 所示。

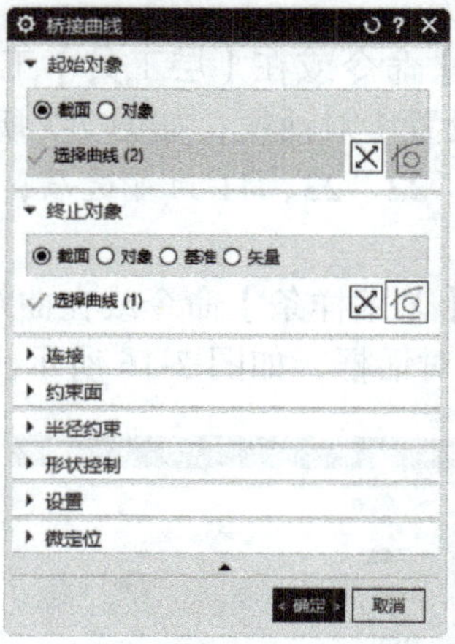

图 7-19 【桥接曲线】对话框

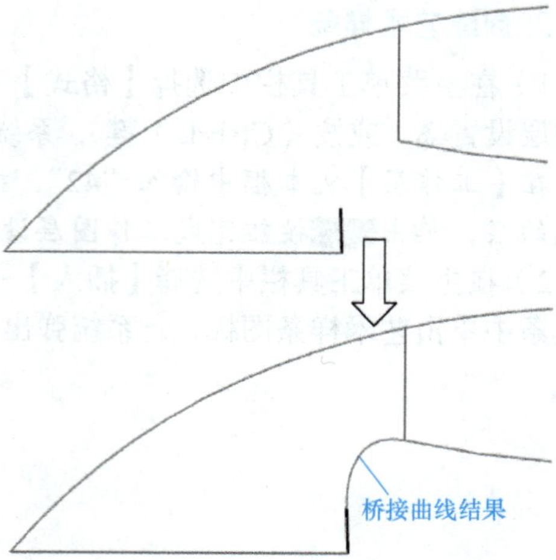

图 7-20 桥接曲线结果

步骤 6：创建空间截面线 2

1. 创建相切辅助线

1）在主菜单工具栏中选择【格式】→【图层设置】命令或在【层工具】工具条中单击图层设置（或按〈Ctrl+L〉键），系统弹出【图层设置】对话框，如图 7-3 所示。

在【工作层】文本框中输入“24”，按回车键，21、61 为可选层；其余为不可见的层，单击关闭按钮完成工作图层设置。

2）在主菜单工具栏中选择【插入】→【草图】命令或在【构建】工具条中单击草图图标，系统弹出【创建草图】对话框，在绘图区选择 XZ 平面为草图平面，其余参数按系统默认，单击确定按钮系统进入草图环境。

利用草图环境中的相关功能，完成草图的绘制和约束操作，结果如图 7-21 所示，然后在【草图】工具条中单击完成图标，完成草图创建。

2. 创建直线

1）在主菜单工具栏中选择【格式】→【图层设置】命令或在【层工具】工具条中单击图层设置（或按〈Ctrl+L〉键），系统弹出【图层设置】对话框，如图 7-3 所示。

在【工作层】文本框中输入“43”，按回车键，22、23 为可选层；其余为不可见的层，单击关闭按钮完成工作图层设置。

2）利用直线创建命令，完成左、右两侧圆的直线创建，结果如图 7-22 所示。

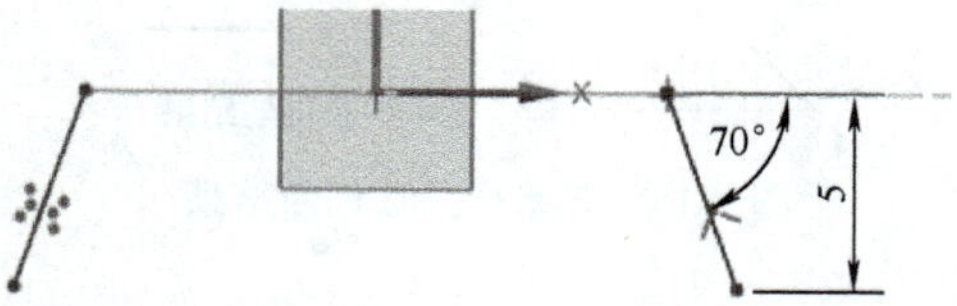

图 7-21 草图创建结果

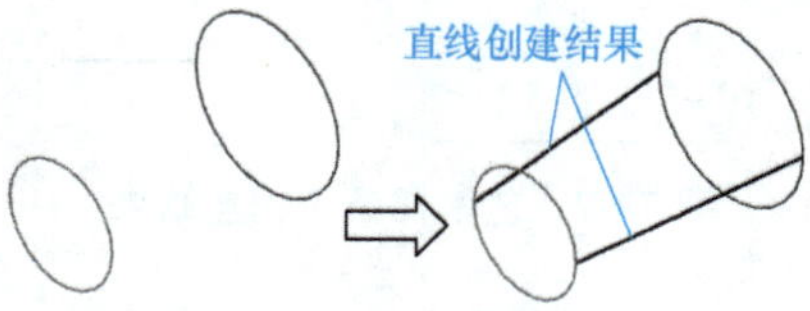

图 7-22 直线创建结果

3. 创建桥接曲线

1）在主菜单工具栏中选择【格式】→【图层设置】命令或在【层工具】工具条中单击图层设置（或按〈Ctrl+L〉键），系统弹出【图层设置】对话框，如图 7-3 所示。

在【工作层】文本框中输入“43”，按回车键，24 为可选层；其余为不可见的层，单

击 关闭 按钮完成工作图层设置。

2）在主菜单工具栏中选择【插入】→【派生曲线】→【桥接】命令或在【派生】工具条中单击桥接曲线图标，系统弹出【桥接曲线】对话框，如图 7-19 所示。

在绘图区选择右侧上方的直线为起始对象，选择右侧下方的直线为终止对象，其余参数按系统默认，单击 确定 按钮完成桥接曲线操作。

利用相同的方法完成另一侧桥接操作，最终结果如图 7-23 所示。

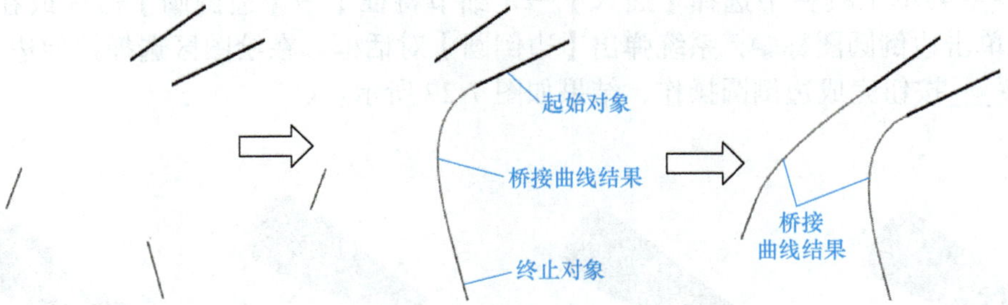

图 7-23　桥接曲线结果

步骤 7：创建主体

1. 创建曲线网格

1）在主菜单工具栏中选择【格式】→【图层设置】命令或在【层工具】工具条中单击图层设置（或按〈Ctrl+L〉键），系统弹出【图层设置】对话框，如图 7-3 所示。

在【工作层】文本框中输入“1”，按回车键，21、22、23、42、43 为可选层；其余为不可见的层，单击 关闭 按钮完成工作图层设置。

2）在主菜单工具栏中选择【插入】→【网格曲面】→【通过曲线网格】命令或在【曲面】工具条中单击通过曲线网格图标，系统弹出【通过曲线网格】对话框，如图 7-24 所示。

在绘图区选择草图截面 1 为主曲线 1，草图截面 2 为主曲线 2，草图截面 3 为主曲线 3。

在绘图区选择右侧曲线段为交叉曲线 1 起始对象，接着依序选择截面线段，直至交叉曲线选择完毕，其余参数按系统默认，单击 确定 按钮完成通过曲线网格操作，结果如图 7-25 所示。

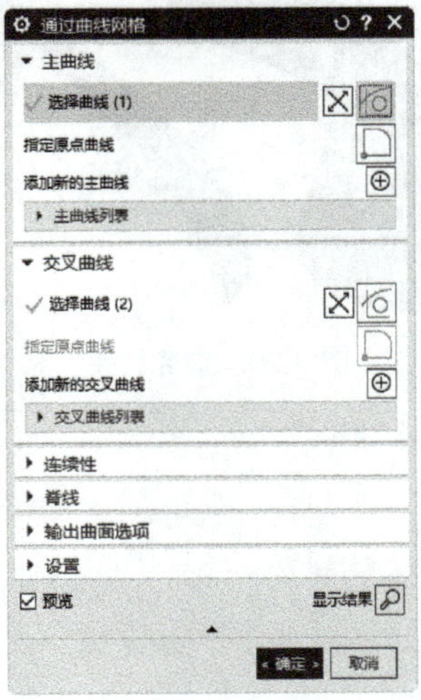

图 7-24 【通过曲线网格】对话框

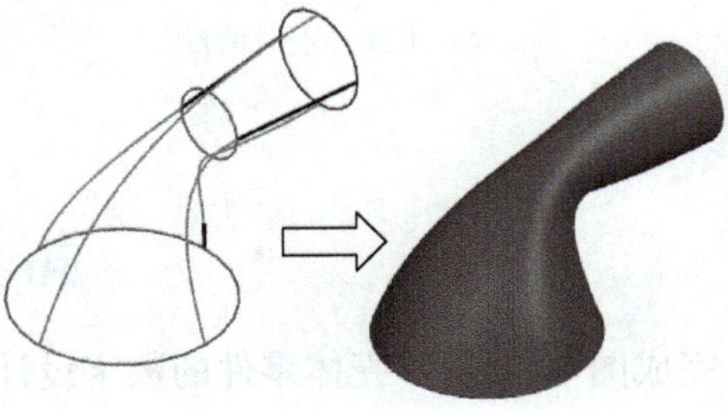

图 7-25　通过曲线网格创建结果

2. 创建细节对象

1）在主菜单工具栏中选择【插入】→【设计特征】→【拉伸】命令或在【基本】工具条中单击拉伸图标，系统弹出【拉伸】对话框。

在绘图区选择耳机底面截面为拉伸对象，在结束【距离】文本框中输入“1”，矢量方向为 Z 轴负方向，其余参数按系统默认，单击确定按钮完成拉伸操作，结果如图 7-26 所示。

2）在主菜单工具栏中选择【插入】→【细节特征】→【边倒圆】命令或在【基本】工具条中单击边倒圆图标，系统弹出【边倒圆】对话框。在绘图区选择拉伸边为倒圆边界，单击确定按钮完成边倒圆操作，结果如图 7-27 所示。

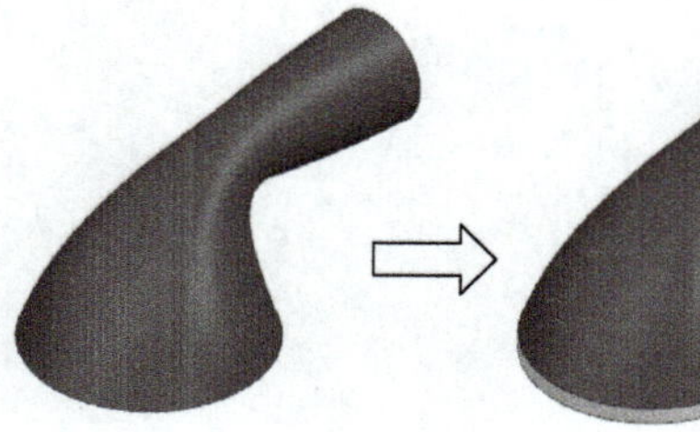

图 7-26　拉伸结果

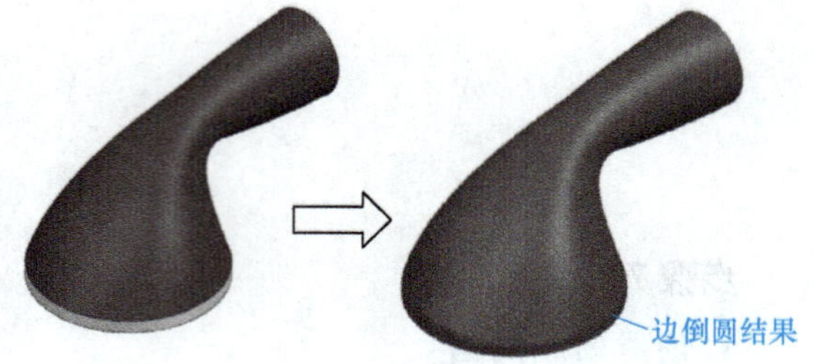

图 7-27　边倒圆结果

3）在主菜单工具栏中选择【插入】→【偏置 / 缩放】→【抽壳】命令或在【基本】工具条中单击抽壳图标，系统弹出【抽壳】对话框，如图 7-28 所示。

在绘图区选择底面与后视图的面为要抽壳的面；在【厚度】文本框中输入“0.5”，其余参数按系统默认，单击确定按钮完成抽壳操作，结果如图 7-29 所示。

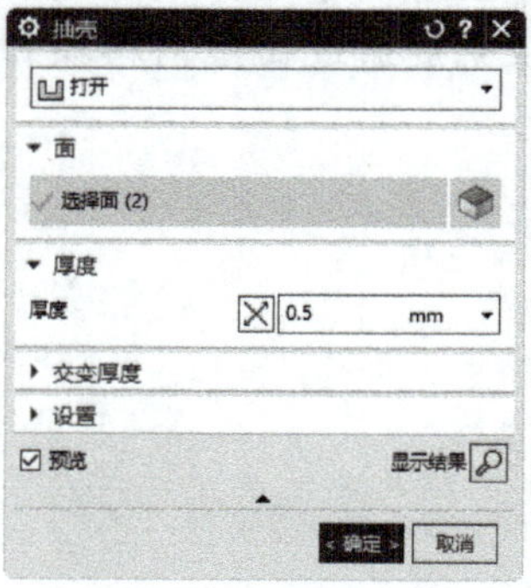

图 7-28　【抽壳】对话框

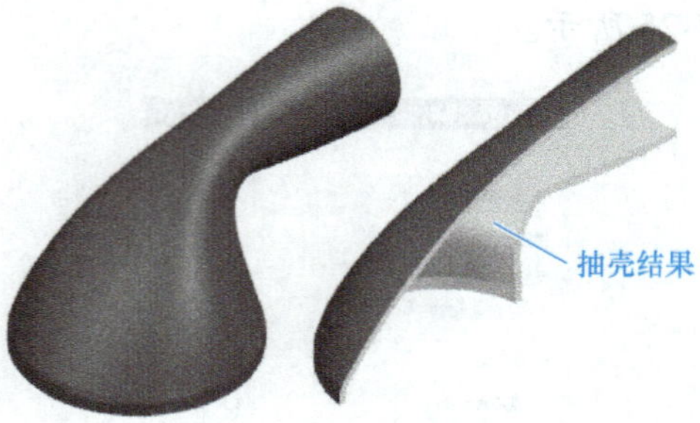

图 7-29　抽壳结果

拓展练习

完成图 7-30 所示壳体零件的数字设计。

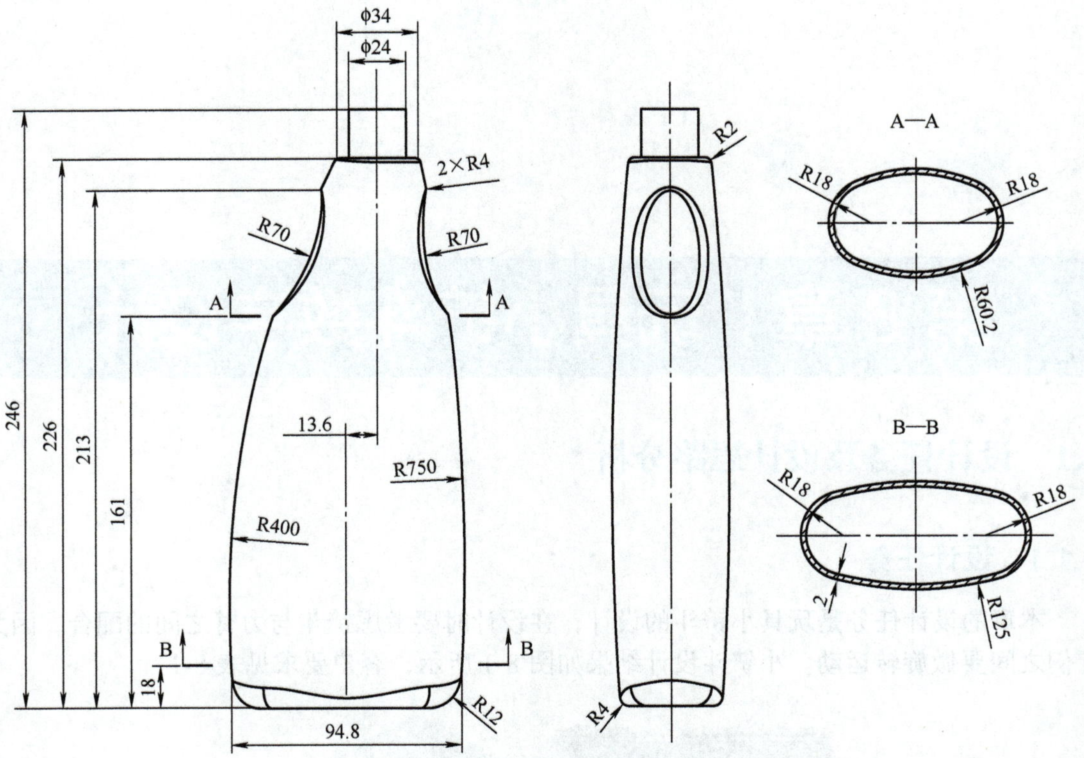
ϕ34
ϕ24
2×R4
R70
R70
A
A
13.6
R750
R400
246
226
213
161
18
B
B
94.8
R12
R2
R4
A—A
R18
R18
R60.2
B—B
R18
R18
2
R125

图 7-30　壳体零件图样

第 8 章　玩具小铲斗数字设计

8.1　设计任务及设计思路分析

8.1.1　设计任务

本章的设计任务是玩具小铲斗的设计，在设计时要考虑铲斗与力臂之间的配合，因为它们之间要做旋转运动。小铲斗设计结果如图 8-1 所示，客户要求见表 8-1。

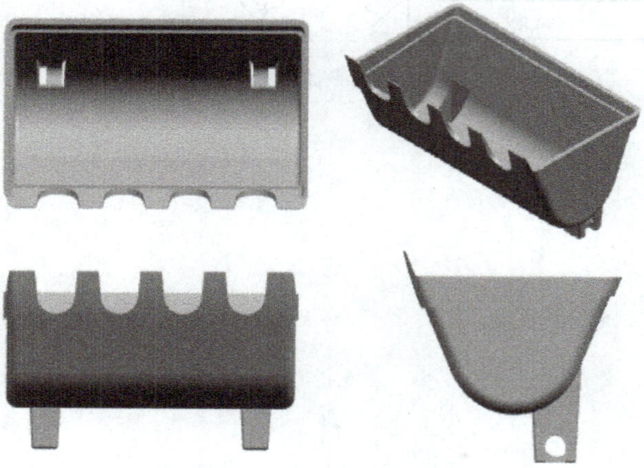

图 8-1　小铲斗设计结果

表 8-1　客户要求

材料	用途	产品外观要求	收缩率	模腔排位及数量	产量	备注
ABS+ PC	玩具产品	外表无毛刺；产品成型后不得有披锋，以免划伤手	0.5%	一模二腔	20 万	产品要求装配，且能顺畅运动

8.1.2　设计思路分析

由于客户没有提供 2D 产品图，只提供了手板模型，同时给出了设计尺寸参考范围，因此要参考现有的手板模型进行产品设计。玩具小铲斗设计流程简表见表 8-2。

表 8-2　玩具小铲斗设计流程简表

1. 创建拉伸主体	2. 创建加强面	3. 创建转位柱

6. 镜像体及挖齿设计结果	5. 创建铲斗齿和倒圆设计	4. 抽壳结果

8.2　设计步骤

步骤 1：进入 NX 软件环境

在主菜单工具栏中选择【文件】→【新建】命令或在【标准】工具条中单击新建图标，系统弹出【新建】对话框；在【名称】文本框中输入“玩具小铲斗”，其余参数按系统默认，单击确定按钮进入软件建模环境。

步骤 2：创建主体

在主菜单工具栏中选择【插入】→【设计特征】→【拉伸】命令或在【基本】工具条中单击拉伸图标，系统弹出【拉伸】对话框。

1）单击【截面】卷展栏，接着在【选择曲线】选项单击绘制截面图标，系统弹出【创建草图】对话框，接着在绘图区选择 YZ 平面为草图平面，其余参数按系统默认，单击确定按钮进入草图环境。

2）在【曲线】工具条中单击轮廓图标，系统弹出【轮廓】对话框。接着在绘图区绘制如图 8-2 所示的图例及标注尺寸值和相关约束，然后在【草图】工具条中单击完成图标，系统返回【拉伸】对话框。

3）在【结束】文本框中输入“25”，其余参数按系统默认，单击确定按钮完成主体创建，结果如图 8-3 所示。

步骤 3：创建台阶面

1）在主菜单工具栏中选择【格式】→【图层设置】命令或在【层工具】工具条中单击图层设置（或按〈Ctrl+L〉键），系统弹出【图层设置】对话框。

在【工作层】文本框中输入“41”，按回车键，1 为可选层；其余为不可见的层，单击关闭按钮完成工作图层设置。

2）或在【层工具】工具条的【工作层】文本框中输入“41”，按回车键完成工作图层设置。

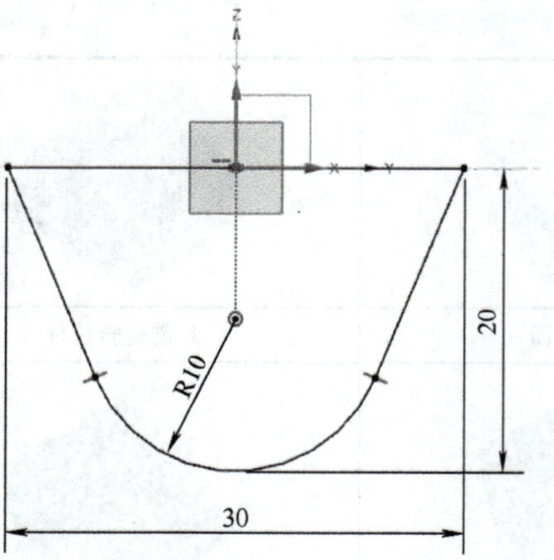

图 8-2　草图创建结果

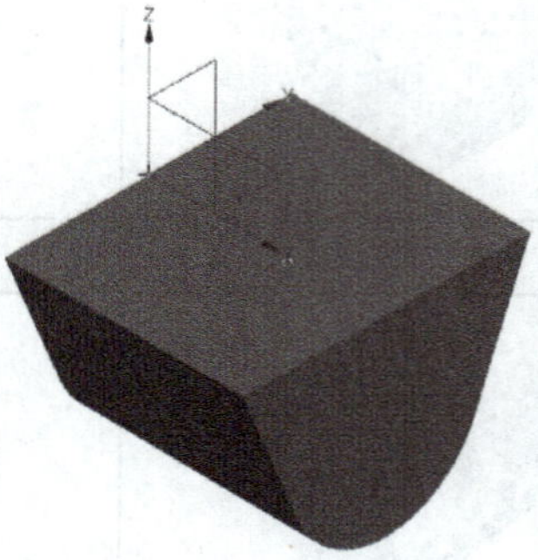
图 8-3　主体创建结果

3）在菜单工具栏中选择【插入】→【派生曲线】→【在面上偏置】命令或在【曲线】工具条中单击在面上偏置曲线图标，系统弹出【在面上偏置曲线】对话框，如图 8-4 所示。

在绘图区选择图 8-5 所示的边界为要偏置的曲线，在【截面线 1：偏置 1】文本框中输入“5”；接着选择图 8-6 所示的面为偏置选择面，其余参数按系统默认，单击 确定 按钮完成曲线偏置操作，结果如图 8-7 所示。

利用相同的方法，完成另一侧曲线偏置操作，结果如图 8-8 所示。

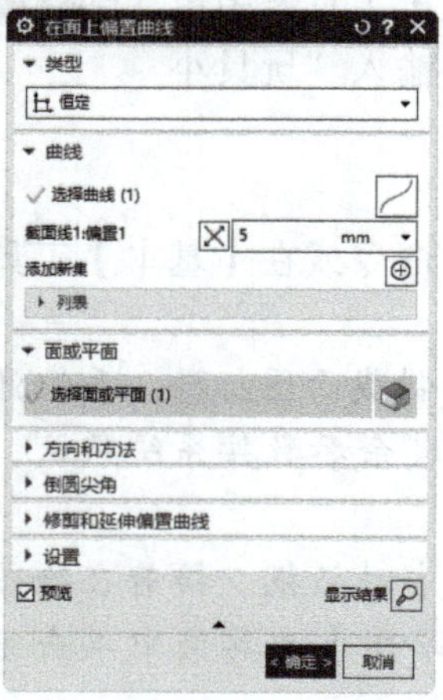

图 8-4 【在面上偏置曲线】对话框

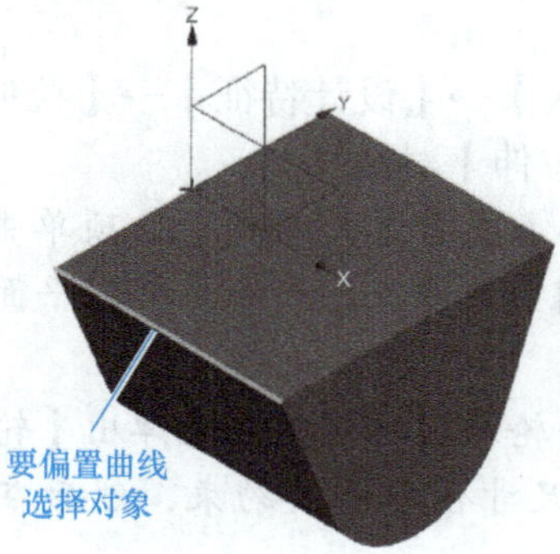

图 8-5　偏置曲线选择结果

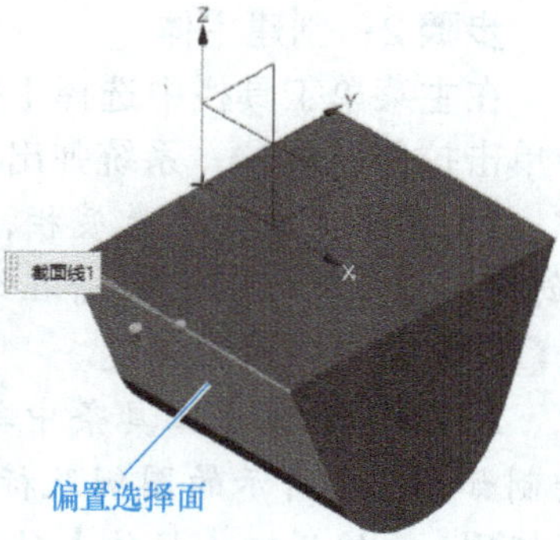

图 8-6　选择偏置面结果

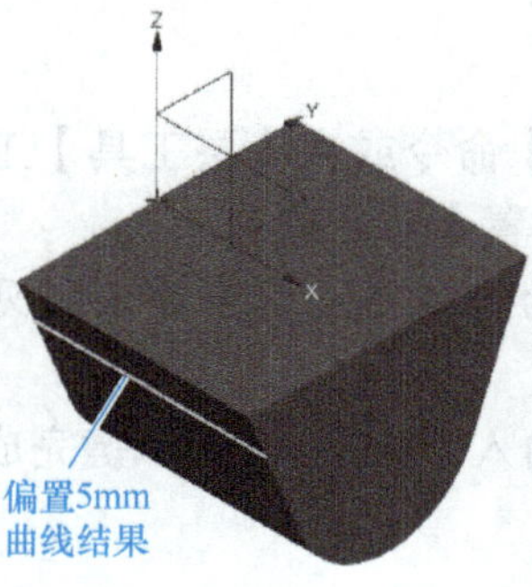

图 8-7　曲线偏置结果

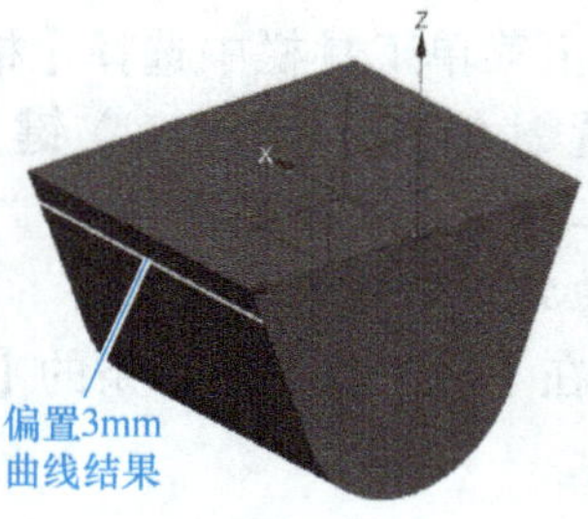

图 8-8　另一侧曲线偏置结果

4）连接曲线创建。在菜单工具栏中选择【插入】→【曲线】→【直线】命令或在曲线【基本】工具条中单击直线图标⁄，系统弹出【直线】对话框。

在绘图区选择左侧偏置曲线端点为直线起点，选择右侧的偏置曲线端点为直线终点，创建结果如图 8-9 所示。

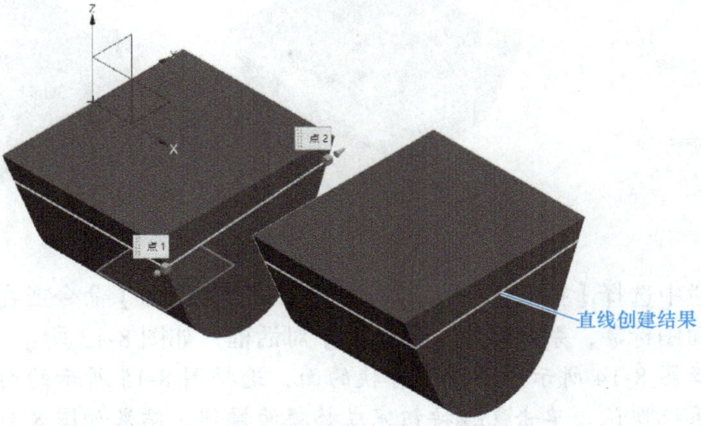

图 8-9 直线创建结果

5）修剪外侧面。在主菜单工具栏中选择【插入】→【修剪】→【分割面】命令或在【基本】工具条中单击分割面图标，系统弹出【分割面】对话框。

在绘图区选择有线段的三个面为要分割的面，单击鼠标中键，系统跳至【分割对象】卷展栏选项，然后在绘图区选择三段直线为分割对象。

在【投影方向】下拉选项选择[垂直于面]选项，其余参数按系统默认，单击[确定]按钮完成分割面创建，结果如图 8-10 所示。

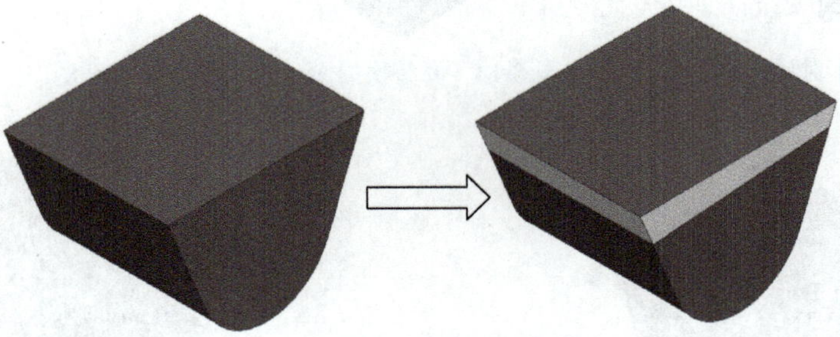

图 8-10 分割面创建结果

6）加厚曲面。在菜单工具栏中选择【插入】→【偏置 / 缩放】→【加厚】命令或在曲面【基本】工具条中单击加厚图标，系统弹出【加厚】对话框，如图 8-11 所示。

在绘图区选择分割后上半部分的面为要加厚的面，在【偏置 1】文本框中输入“0.5”，单击【布尔】卷展栏选项，在【布尔】下拉选项选择[合并]选项，其余参数按系统默认，单击[确定]按钮完成加厚操作，结果如图 8-12 所示。

7）替换面。由于加厚的方向是按面法向的，因此会出现图 8-12 所示的台阶面，所以必须将台阶面进行平整操作。

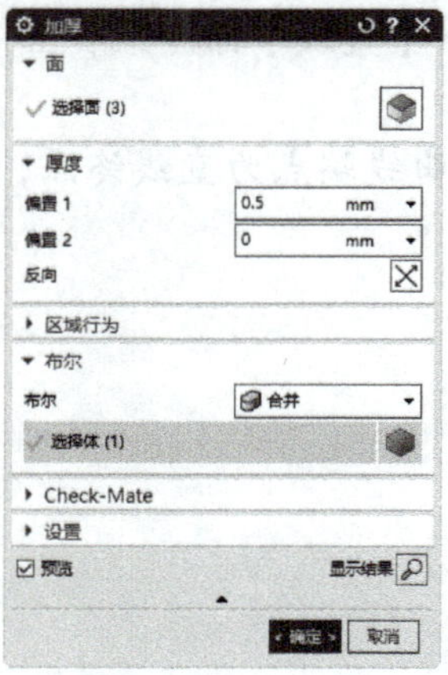

图 8-11 【加厚】对话框

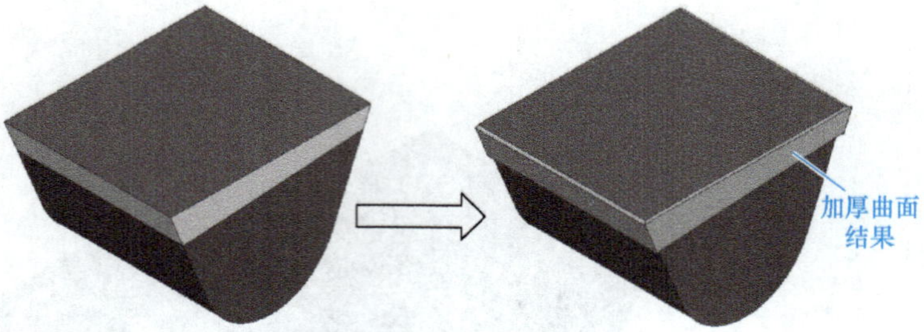

图 8-12 加厚曲面结果

在菜单工具栏中选择【插入】→【同步建模】→【替换面】命令或在【同步建模】工具条中单击替换面图标，系统弹出【替换面】对话框，如图 8-13 所示。

在绘图区选择图 8-14 所示的面为要替换的面，选择图 8-15 所示的面为要替换的目标面，其余参数按系统默认，单击确定按钮完成替换面操作，结果如图 8-16 所示。

利用相同方法，完成剩余面的替换操作，结果如图 8-17 所示。

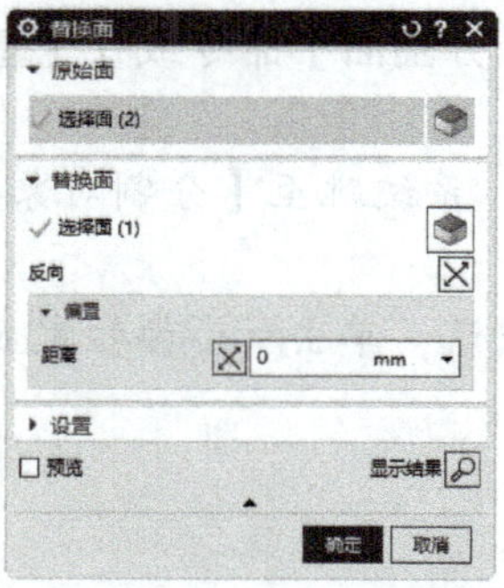

图 8-13 【替换面】对话框

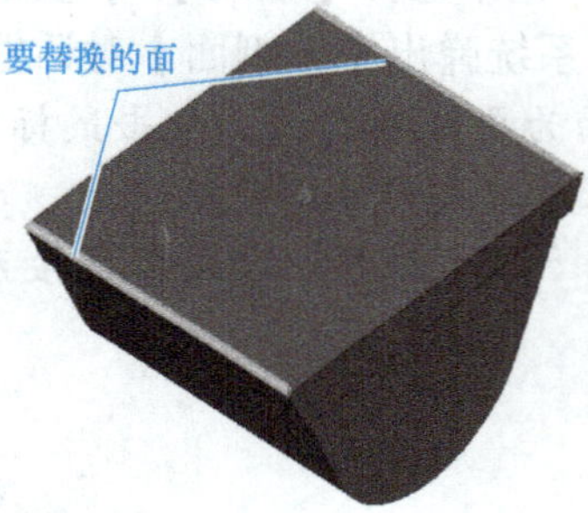

图 8-14 要替换的面

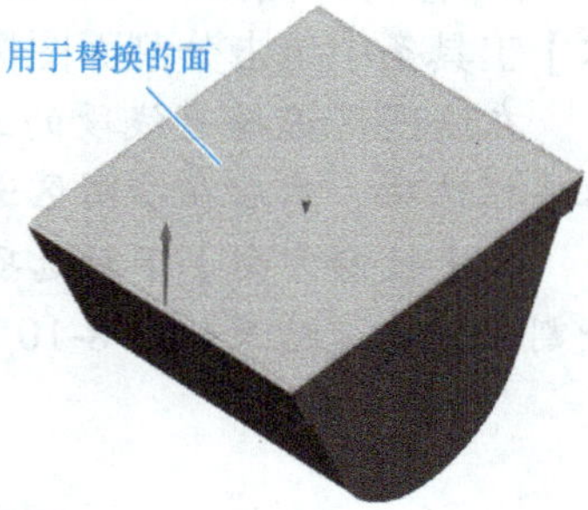

图 8-15 用于替换的面

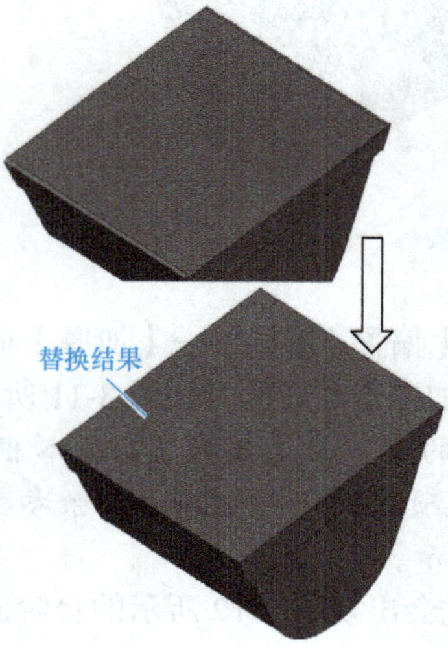

图 8-16 正面替换面结果

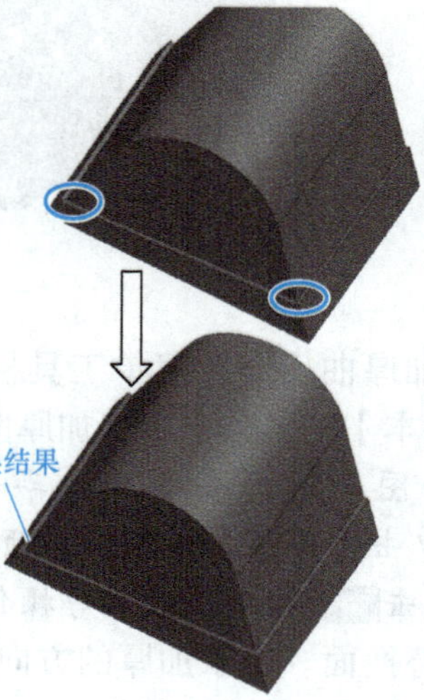

图 8-17 反面替换面结果

步骤 4：创建衔接件

在主菜单工具栏中选择【插入】→【设计特征】→【拉伸】命令或在【基本】工具条中单击拉伸图标，系统弹出【拉伸】对话框。

1）单击【截面】卷展栏，接着在【选择曲线】选项单击绘制截面图标，系统弹出【创建草图】对话框，接着在绘图区选择 XY 平面为草图平面，其余参数按系统默认，单击确定按钮进入草图环境。

2）在草图环境中利用曲线命令完成线段的绘制，并利用标注尺寸值和相关约束功能完成草图的约束，结果如图 8-18 所示，然后在【草图】工具条中单击完成图标，系统返回【拉伸】对话框。

3）在绘图区选择 Z 轴负方向为指定矢量，在【开始】下拉选项选择直至选定选项，在【结束】文本框中输入“27”。接着单击【布尔】下拉菜单选项并选择合并选项，其余参数按系统默认，单击确定按钮完成拉伸操作，结果如图 8-19 所示。

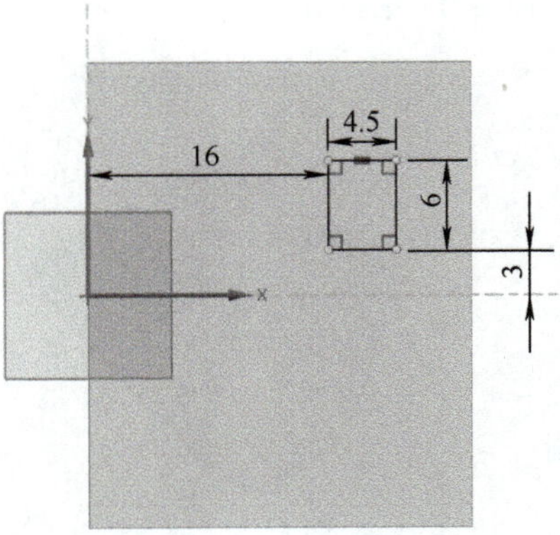

图 8-18　草图截面创建结果

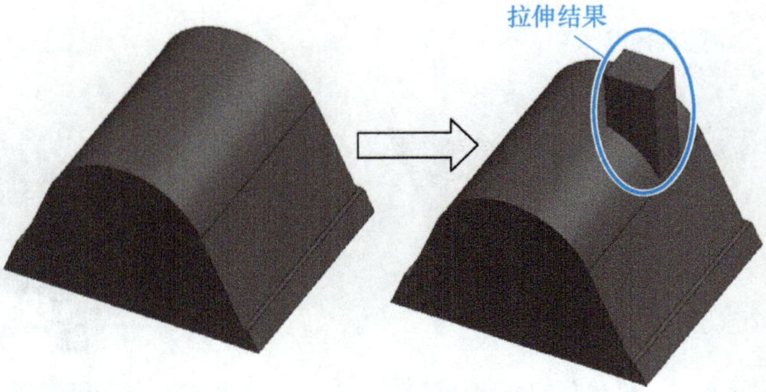

图 8-19　拉伸结果

步骤 5：拔模创建

在菜单工具栏中选择【插入】→【细节特征】→【拔模】命令或在【基本】工具条中单击拔模图标，系统弹出【拔模】对话框，如图 8-20 所示。

在绘图区选择 Z 轴负方向为脱模方向，接着选择拉伸的底平面为拔模固定面，然后在【角度 1】文本框中输入“3”，其余参数按系统默认，单击确定按钮完成拔模操作，结果如图 8-21 所示。

步骤 6：抽壳创建

在菜单工具栏中选择【插入】→【偏置 / 缩放】→【抽壳】命令或在【基本】工具条中单击抽壳图标，系统弹出【抽壳】对话框。

在绘图区选择图 8-22 所示的面为要移除的面，在【厚度】文本框中输入“1”；单击【交换厚度】卷展栏选项，接着在绘图区选择图 8-23 所示的面为交换厚度面，然后在【厚度 1】文本框中输入“1.5”，其余参数按系统默认，单击确定按钮完成抽壳操作，结果如图 8-24 所示。

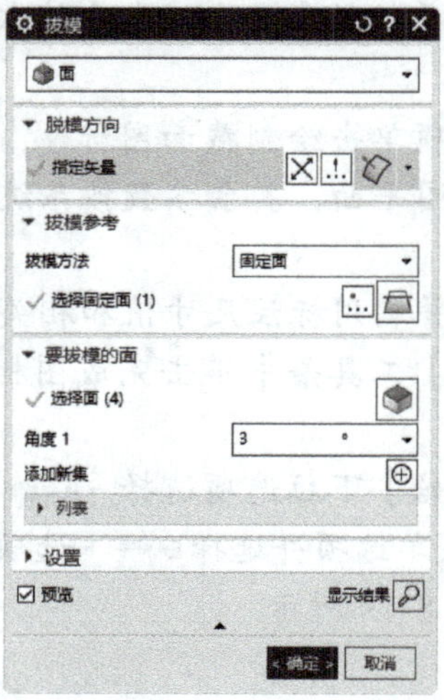

图 8-20 【拔模】对话框

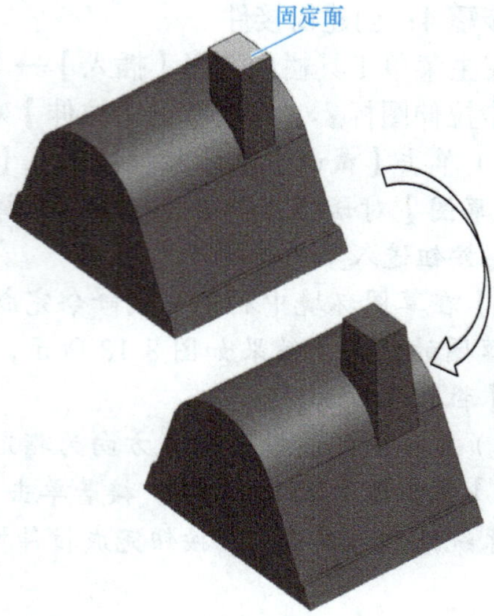

图 8-21 拔模结果

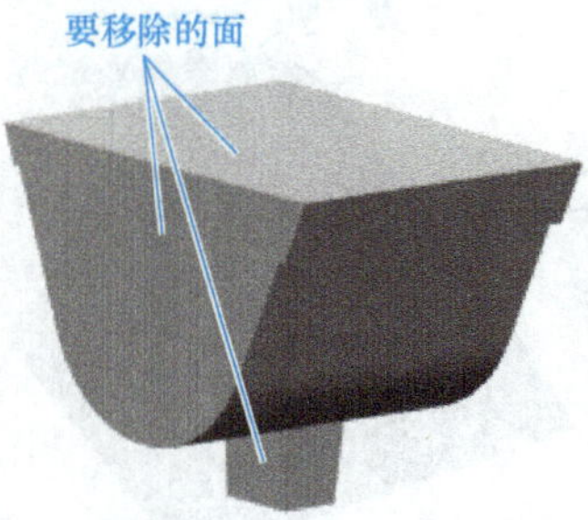

图 8-22 要移除的面选择结果

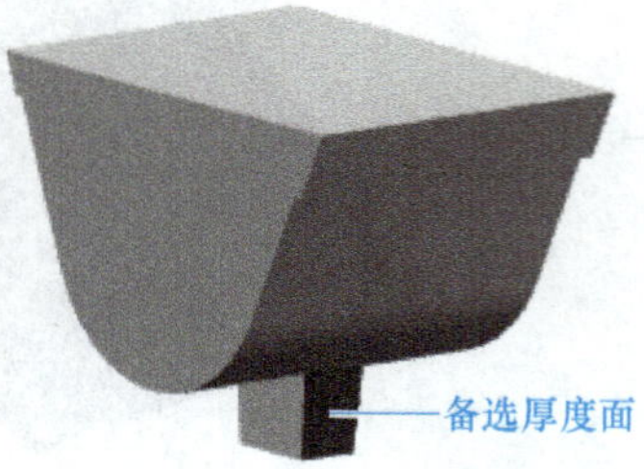

图 8-23 备选厚度面选择结果

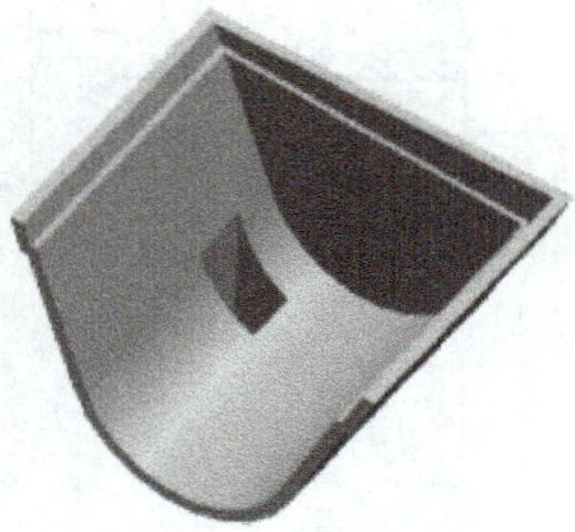

图 8-24 抽壳结果

步骤 7：边倒圆与切割衔接件

1. 边倒圆创建

在主菜单工具栏中选择【插入】→【细节特征】→【边倒圆】命令或在【基本】工具条中单击边倒圆图标，系统弹出【边倒圆】对话框。

在绘图区选择图 8-25 所示的边界为要倒圆的边，在【半径 1】文本框中输入“1.8”，其余参数按系统默认，单击按钮完成倒圆操作，结果如图 8-26 所示。

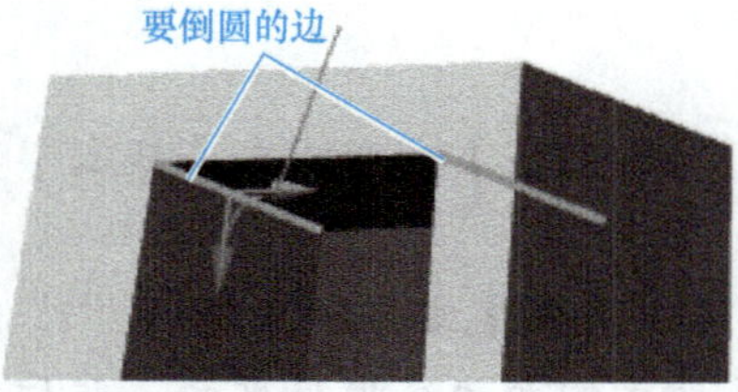

图 8-25 倒圆边界选择结果

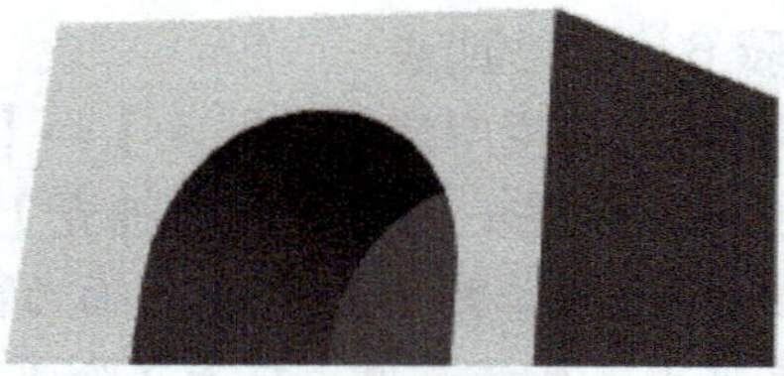

图 8-26 边倒圆结果

2. 切割衔接件

在主菜单工具栏中选择【插入】→【设计特征】→【拉伸】命令或在【基本】工具条中单击拉伸图标，系统弹出【拉伸】对话框。

1）单击【截面】卷展栏，接着在【选择曲线】选项单击绘制截面图标，系统弹出【创建草图】对话框，在绘图区选择图 8-27 所示的面为草图平面，其余参数按系统默认，单击确定按钮进入草图环境。

2）在草图环境中利用曲线命令完成线段的绘制，并利用标注尺寸值和相关约束功能完成草图的约束，结果如图 8-28 所示，然后在【草图】工具条中单击完成图标，系统返回【拉伸】对话框。

3）在【开始】文本框中输入“0”，在【结束】文本框中输入“4”；在【布尔】卷展栏选项的【布尔】下拉选项选择减去选项，其余参数按系统默认，单击确定按钮完成拉伸操作，结果如图 8-29 所示。

3. 边倒圆创建

利用边倒圆功能，完成拉伸后的倒全圆操作，结果如图 8-30 所示。

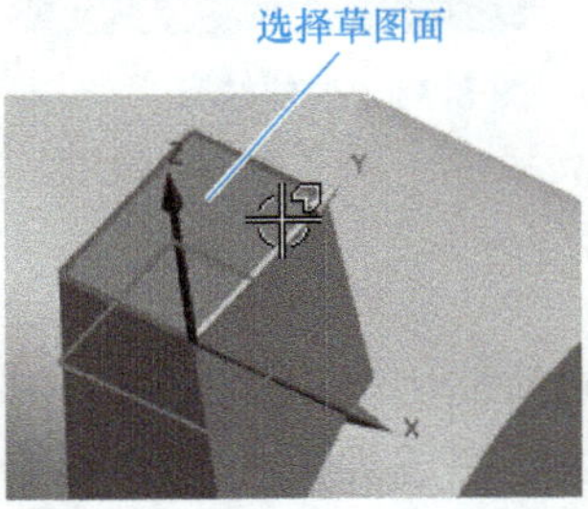

图 8-27　草图面选择结果

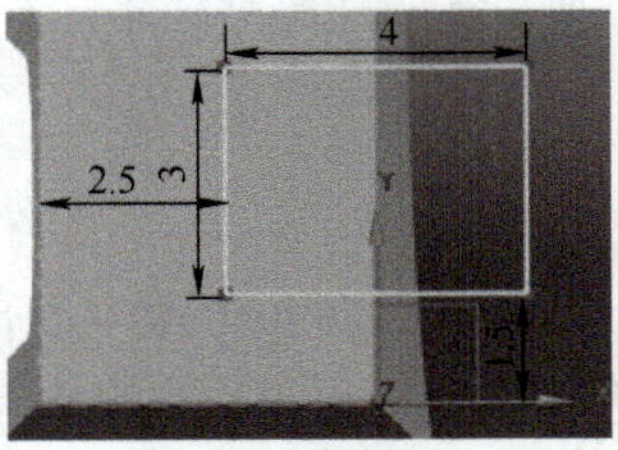

图 8-28　草图创建结果

图 8-29　拉伸结果

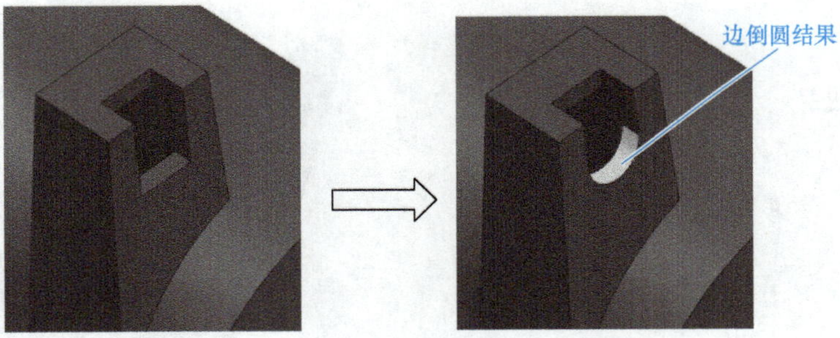

图 8-30　边倒圆结果

步骤 8：创建铲斗齿耙

1. 创建齿耙主体

在主菜单工具栏中选择【插入】→【设计特征】→【拉伸】命令或在【基本】工具条中单击拉伸图标，系统弹出【拉伸】对话框。

1）单击【截面】卷展栏，接着在【选择曲线】选项单击绘制截面图标，系统弹出【创建草图】对话框，在绘图区选择图 8-31 所示的面为草图平面，其余参数按系统默认，单击确定按钮进入草图环境。

2）在草图环境中利用曲线命令完成线段的绘制，并利用标注尺寸值和相关约束功能完成草图的约束，结果如图 8-32 所示，然后在【草图】工具条中单击完成图标，系统返回【拉伸】对话框。

3）在【开始】文本框中输入“0”，在【结束】下拉选项选择直至延伸部分选项，接着在绘图区选择另一侧平行的面为结束延伸面。

4）在【布尔】卷展栏选项的【布尔】下拉选项选择合并选项，其余参数按系统默认，单击确定按钮完成拉伸操作，结果如图 8-33 所示。

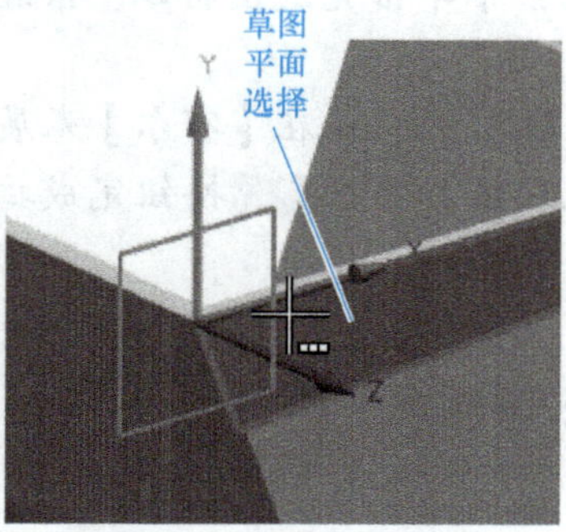

图 8-31　草图平面选择结果

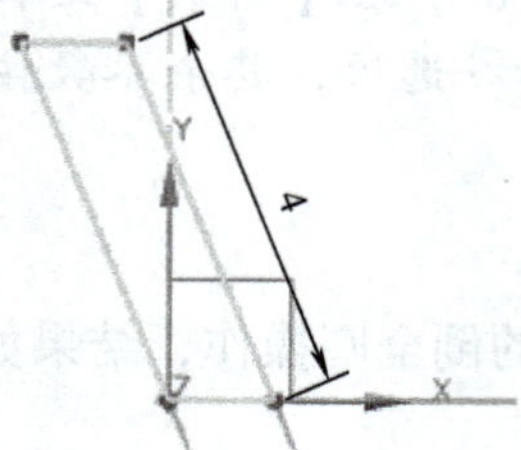

图 8-32　草图创建结果

图 8-33　拉伸结果

2. 优化齿耙主体

由于铲斗齿耙前端要铲东西，为了方便铲斗工作，应该将齿耙前端进行做尖处理，但不能完全做尖，做尖了不利于产品的注射与加工。在此利用拉伸功能完成尖角处理，具体数据如图 8-34 所示，拉伸结果如图 8-35 所示。

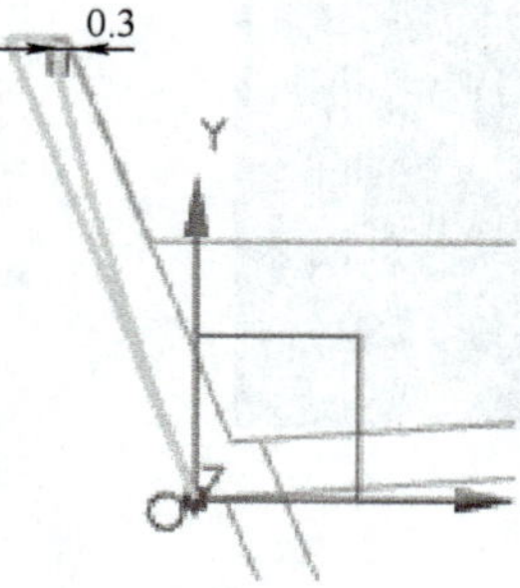

图 8-34　草图创建结果

图 8-35　拉伸结果

3. 创建铲斗齿

在主菜单工具栏中选择【插入】→【设计特征】→【拉伸】命令或在【基本】工具条中单击拉伸图标，系统弹出【拉伸】对话框。

1）单击【截面】卷展栏，接着在【选择曲线】选项单击绘制截面图标，系统弹出【创建草图】对话框，在绘图区选择图 8-36 所示的面为草图平面，其余参数按系统默认，单击确定按钮进入草图环境。

2）在草图环境中利用曲线命令完成线段的绘制，并利用标注尺寸值和相关约束功能完成草图的约束，结果如图 8-37 所示，然后在【草图】工具条中单击完成图标，系统返回【拉伸】对话框。

3）在【开始】文本框中输入“0”，在【结束】文本框中输入“3”；在【布尔】卷展栏选项的【布尔】下拉选项选择减去选项，其余参数按系统默认，单击确定按钮完成拉伸操作，结果如图 8-38 所示。

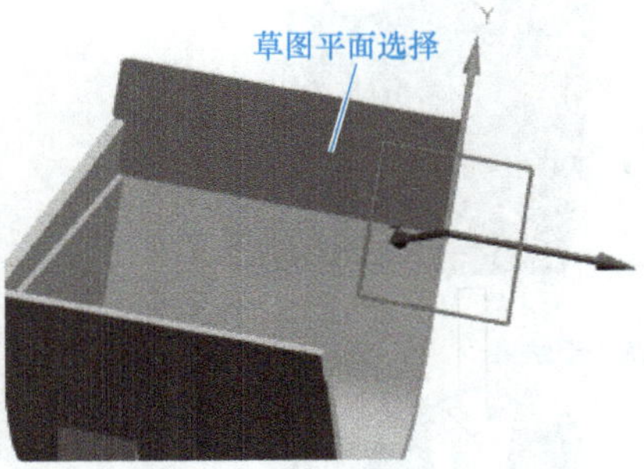

图 8-36　草图平面选择结果

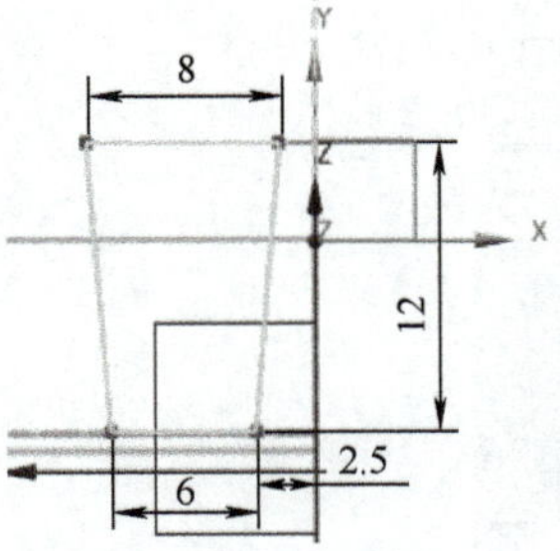

图 8-37　草图创建结果

图 8-38　拉伸结果

4. 面倒圆操作

在菜单工具栏中选择【插入】→【细节特征】→【面倒圆】或在【基本】工具条中单击面倒圆图标，系统弹出【面倒圆】对话框，如图 8-39 所示。

在面倒圆下拉选项选择三面选项，接着在绘图区选择两侧的面为要倒圆的面，然后选择底平面为要倒圆的中间面，其余参数按系统默认，单击确定按钮完成面倒圆操作，结果如图 8-40 所示。

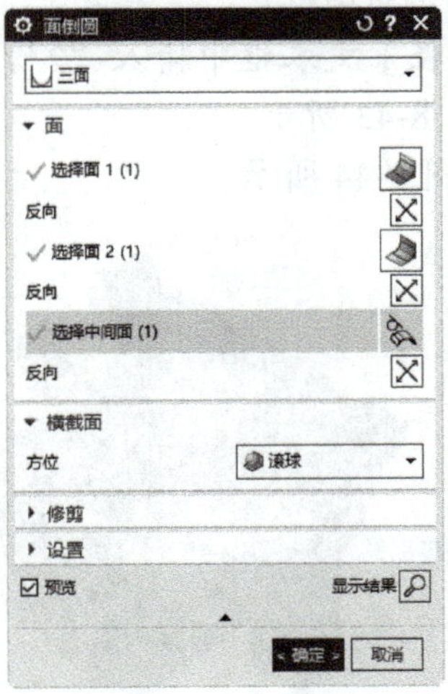

图 8-39 【面倒圆】对话框

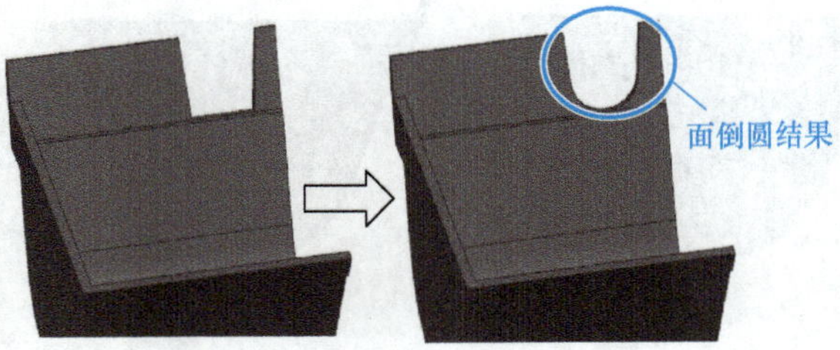

图 8-40　面倒圆结果

5. 阵列铲斗齿

在菜单工具栏中选择【插入】→【关联复制】→【阵列面】命令或在【基本】工具条中单击阵列面图标，系统弹出【阵列面】对话框，如图 8-41 所示。

在绘图区选择面倒圆的圆角面为要阵列的面，单击【指定矢量】选项，接着在绘图区选择 X 轴为阵列方向，然后在【数量】文本框中输入“2”，在【间隔】文本框中输入“11”，其余参数按系统默认，单击确定按钮完成阵列面创建，结果如图 8-42 所示。

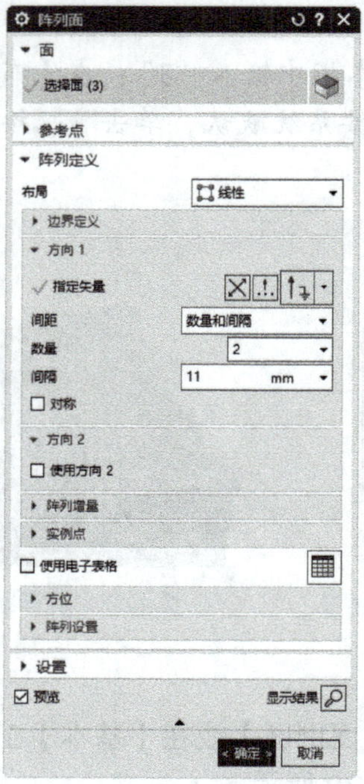

图 8-41 【阵列面】对话框

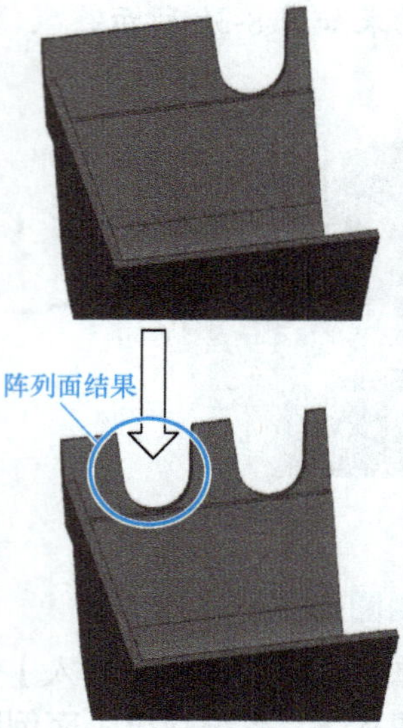

图 8-42 阵列面结果

步骤 9：倒圆创建

1）边倒圆创建。在主菜单工具栏中选择【插入】→【细节特征】→【边倒圆】命令或在【基本】工具条中单击边倒圆图标，系统弹出【边倒圆】对话框。

在绘图区选择图 8-43 所示的边界为要倒圆的边，在【半径】文本框中输入“2”，其余参数按系统默认，单击确定按钮完成边倒圆操作，结果如图 8-43 所示。

2）利用相同的方法，完成剩余边界的倒圆操作，结果如图 8-44 所示。

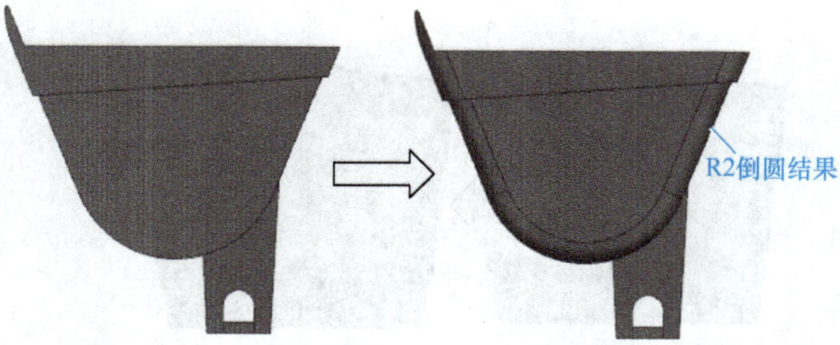

图 8-43 边界倒圆结果

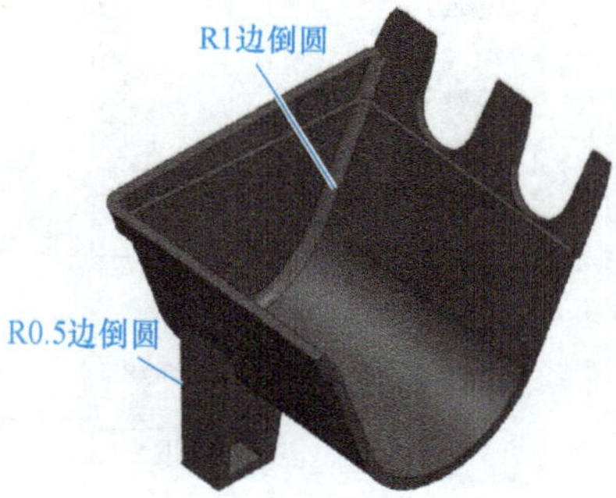

图 8-44 剩余边倒圆结果

步骤 10：镜像体与合并体操作

在菜单工具栏中选择【插入】→【关联复制】→【镜像几何体】命令或在【基本】工具条中单击镜像几何体图标，系统弹出【镜像几何体】对话框，如图 8-45 所示。

在绘图区选择实体为要镜像的几何体，单击鼠标中键，系统跳至【镜像平面】选项，接着在绘图区选择 YZ 平面为镜像平面，其余参数按系统默认，单击确定按钮完成镜像几何体操作，结果如图 8-46 所示。

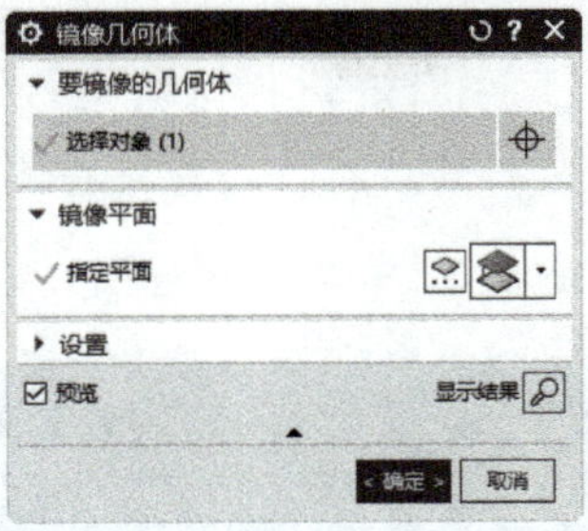

图 8-45 【镜像几何体】对话框

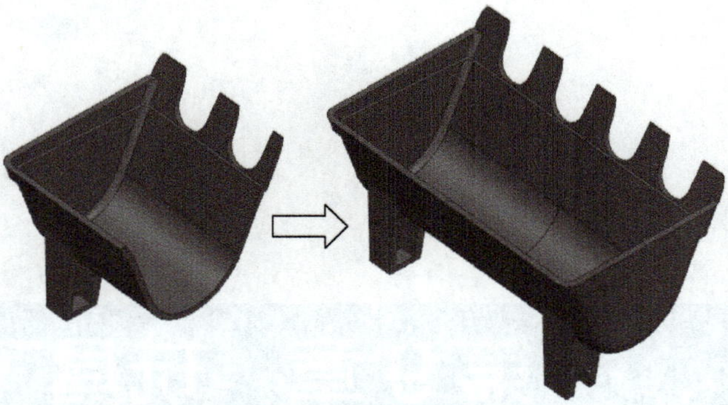

图 8-46　镜像几何体结果

在菜单工具栏中选择【插入】→【组合】→【合并】命令或在【基本】工具条中单击合并图标，系统弹出【合并】对话框。

在绘图区选择镜像体为目标体，接着选择镜像后的实体为工具体，其余参数按系统默认，单击< 确定 >按钮完成合并几何体操作，结果如图 8-47 所示。

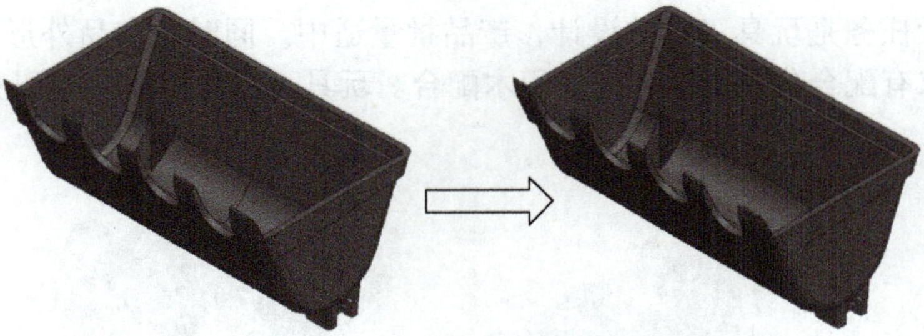

图 8-47　合并几何体结果

第 9 章　玩具飞机设计

9.1　设计任务及设计思路分析

9.1.1　设计任务

本章的设计任务是玩具飞机的设计，产品批量适中。同时，产品外形尺寸要求较低，但对机座处要求有配合公差，应与其他积木配合。玩具飞机设计结果如图 9-1 所示，客户要求见表 9-1。

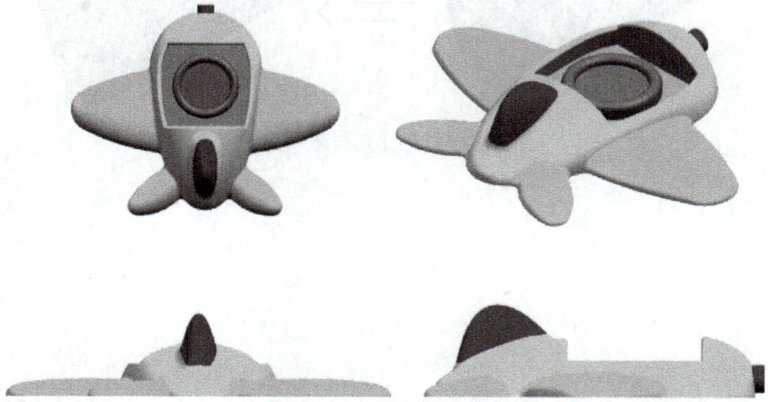

图 9-1　玩具飞机设计结果

表 9-1　客户要求

材料	用途	产品外观要求	收缩率	模腔排位及数量	产量	备注
ABS	玩具产品	外表光滑；没有流纹、披锋、顶白等	0.6%	一模一腔	25 万	与积木装配不能有松动

9.1.2　设计思路分析

由于客户提供了相关相片，对机座指出了配合尺寸，其余外形给出了相应的尺寸参考范围，因此在设计时要保证机座的尺寸，其余外形可在参考范围内进行适当调整。玩具飞机设计流程简表见表 9-2。

表 9-2　玩具飞机设计流程简表

	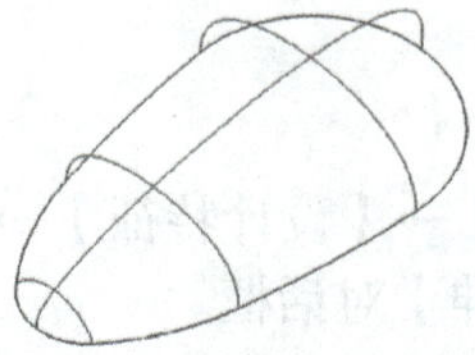	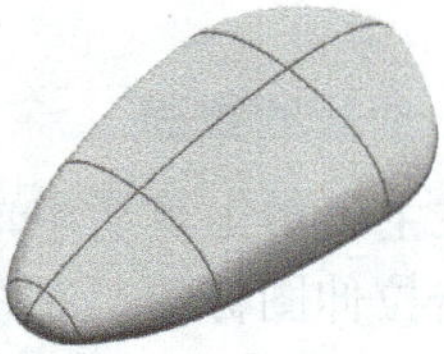
1. 创建外形线架	2. 构建主体骨架线	3. 主体曲面创建结果
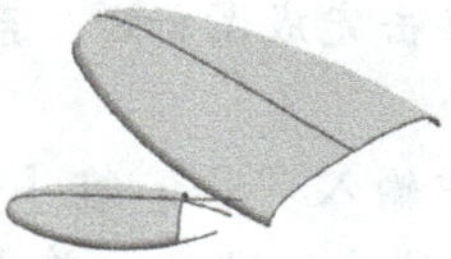	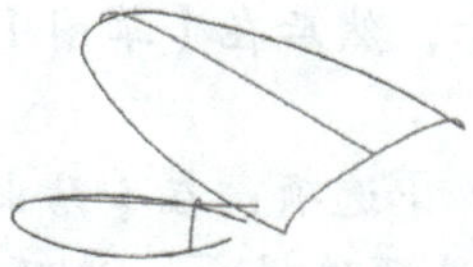	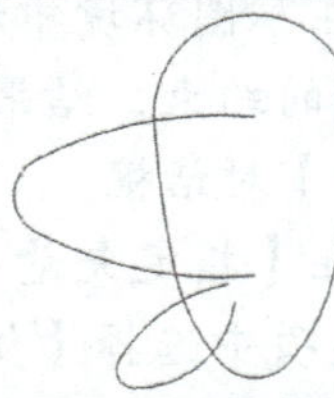
6. 左翼曲面创建结果	5. 构建左翼骨架线	4. 创建左翼线架
		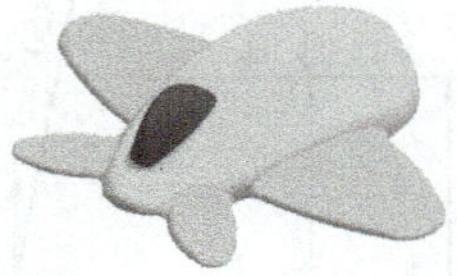
7. 创建方向舵骨架线	8. 方向舵曲面创建结果	9. 镜像左翼结果

12. 抽壳与细节创建结果	11. 创建修饰结果	10. 实体化与机座创建结果

9.2　设计步骤

步骤 1：进入 NX 软件环境

在主菜单工具栏中选择【文件】→【新建】命令或在【标准】工具条中单击新建图标，系统弹出【新建】对话框；在【名称】文本框中输入“玩具飞机上盖”，其余参数按系统默认，单击确定按钮进入软件建模环境。

步骤 2：创建约束面

1. 图层设置

在主菜单工具栏中选择【格式】→【图层设置】命令或在【层工具】工具条中单击图层设置（或按〈Ctrl+L〉键），系统弹出【图层设置】对话框。

1）在【工作层】文本框中输入“11”，按回车键，61 为可选层，其余为不可见的层，单击关闭按钮完成工作图层设置。

2）或在【层工具】工具条的【工作层】文本框中输入“11”，按回车键完成工作图层设置。

2. 创建约束面

在主菜单工具栏中单击【插入】→【设计特征】→【拉伸】命令或在【基本】工具条中单击拉伸图标，系统弹出【拉伸】对话框。

1）单击【截面】卷展栏，接着在【选择曲线】选项单击绘制截面图标，系统弹出【创建草图】对话框，单击确定按钮进入草图环境。

2）在草图环境中利用曲线命令完成线段的绘制，并利用标注尺寸值和相关约束功能完成草图的约束，结果如图 9-2 所示，然后在【草图】工具条中单击完成图标，系统返回【拉伸】对话框。

3）在【指定矢量】选项中选择选项；在【结束】文本框中输入“5”；在【设置】卷展栏选项中选择【体类型】下拉选项选择片体选项，其余参数按系统默认，单击<确定>按钮完成拉伸操作，结果如图 9-3 所示。

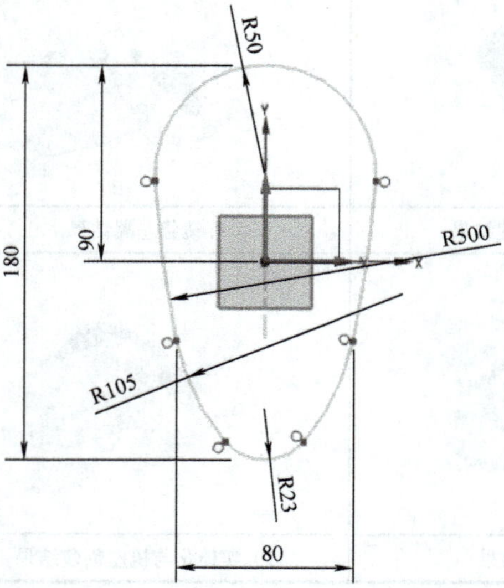

图 9-2　草图创建结果

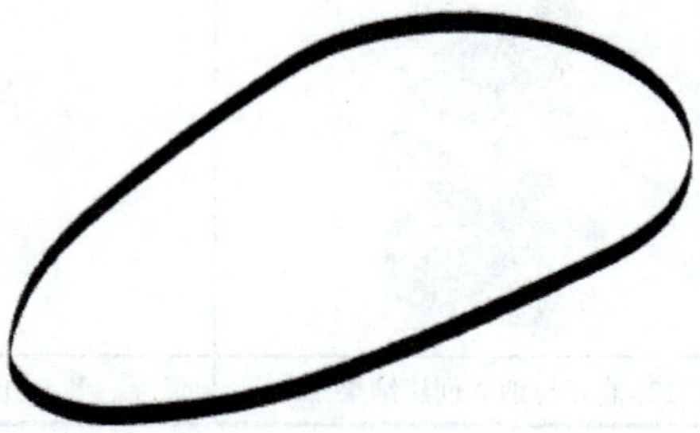

图 9-3　主体直身面结果

步骤 3：创建主体骨架线

1. 图层设置

在主菜单工具栏中选择【格式】→【图层设置】命令或在【层工具】工具条中单击图层设置（或按〈Ctrl+L〉键），系统弹出【图层设置】对话框。

1）在【工作层】文本框中输入“21”，按回车键，11、61 为可选层，其余为不可见的层，单击关闭按钮完成工作图层设置。

2）或在【层工具】工具条的【工作层】文本框中输入“21”，按回车键完成工作图层设置。

2. 创建桥接参考线

在主菜单工具栏中选择【插入】→【草图】命令或在【构造】工具条中单击草图图标

，系统弹出【创建草图】对话框。

接着在绘图区选择 YZ 平面为草图面，其余参数按系统默认，单击确定按钮进入草图环境，同时利用草图工具完成草图的创建，结果如图 9-4 所示。

3. 创建桥接曲线

利用图层设置命令设置 41 为工作层，11、21 为可选层，其余为不可见的层。在主菜单工具栏中选择【插入】→【派生曲线】→【桥接】命令或在曲线【派生】工具条中单击桥接图标，系统弹出【桥接曲线】对话框。

1）在绘图区选择图 9-4 中标注为 3 的边界为起始对象，接着选择图 9-4 中标注为 9 的边界线为终止对象。

2）在【起始】文本框中输入“0.2”，在【结束】文本框中输入“0.45”，其余参数按系统默认，单击确定按钮完成桥接曲线操作，结果如图 9-5 所示。

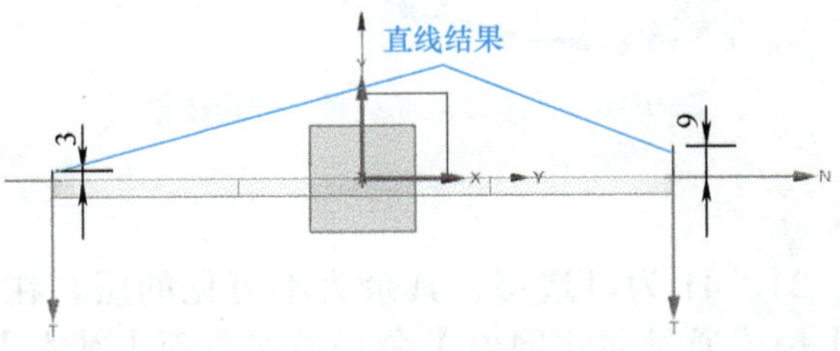

图 9-4　草图创建结果

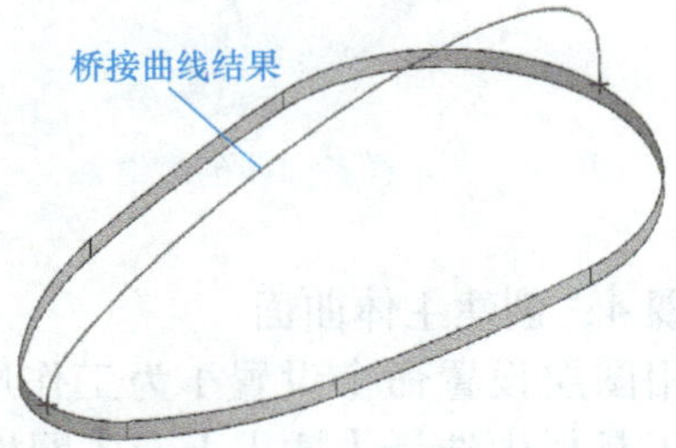

图 9-5　桥接曲线结果

4. 创建辅助平面

利用图层设置命令设置 62 为工作层，11 为可选层，其余为不可见的层。在主菜单工具栏中选择【插入】→【基准】→【基准平面】命令或在【构造】工具条中单击基准平面图标，系统弹出【基准平面】对话框。

1）在绘图区选择图 9-6 所示的三点定义的平面对象，其余参数按系统默认，单击确定按钮完成平面的创建，结果如图 9-7 所示。

2）利用相同的方法，完成剩余基准平面的创建，最终结果如图 9-8 所示。

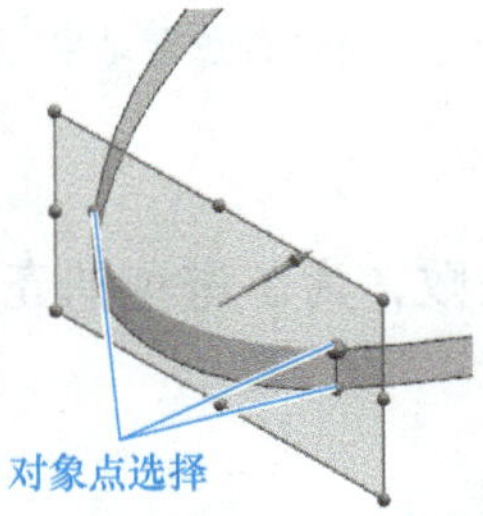

图 9-6　基准平面创建点选择

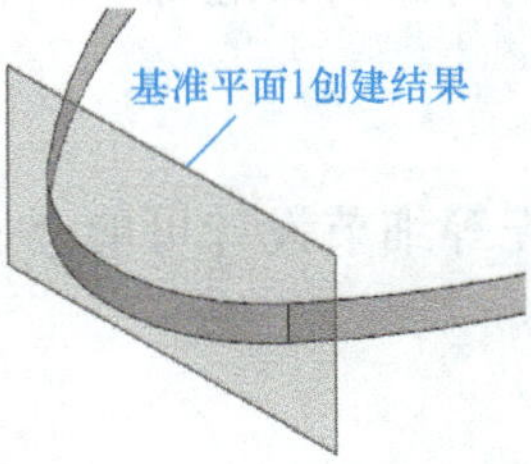

图 9-7　基准平面 1 创建结果

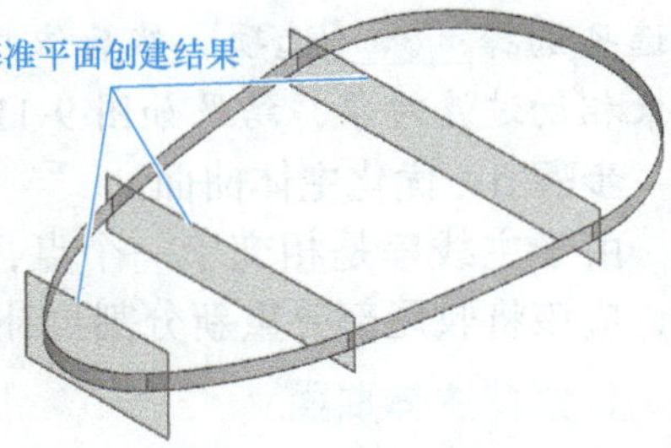

图 9-8　基准平面创建结果

5. 创建艺术曲线

利用图层设置命令设置 41 为工作层，11、21、62 为可选层，其余为不可见的层。在主菜单工具栏中选择【插入】→【曲线】→【艺术样条】命令或在曲线【基本】工具条中单击艺术样条图标，系统弹出【艺术样条】对话框。

在【次数】文本框中输入“3”，接着在绘图区从左至右依序选择边界端点（其中桥接曲线应选择基准平面 1 与桥接曲线的交点），同时在起点与终点处约束为 G1 过渡，其余参数按系统默认，单击应用按钮完成艺术样条曲线操作，结果如图 9-9 所示。

利用相同的方法，完成剩余的艺术样条曲线创建，结果如图 9-10 所示。

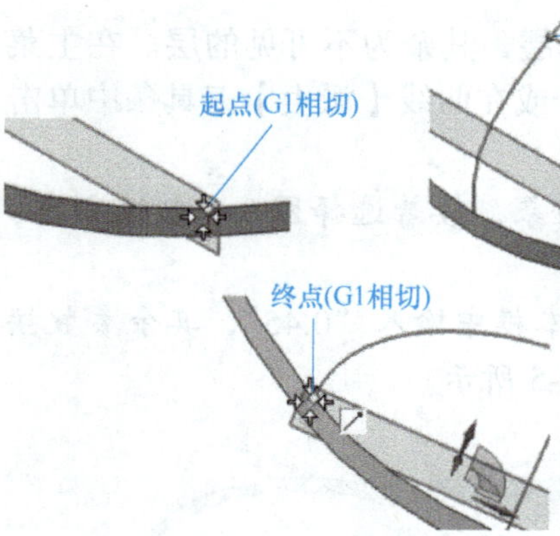

图 9-9　艺术样条曲线创建结果

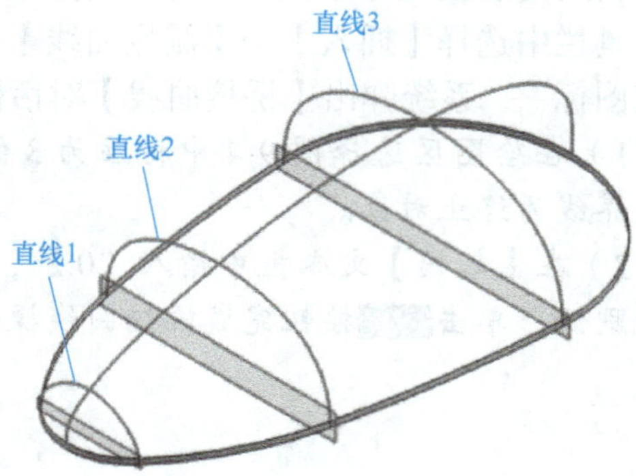

图 9-10　艺术样条曲线最终创建结果

步骤 4：创建主体曲面

利用图层设置命令设置 1 为工作层，11、21、41 为可选层，其余为不可见的层。在主菜单工具栏中选择【插入】→【网格曲面】→【通过曲线网格】命令或在曲面【基本】工具条中单击通过曲线网格图标，系统弹出【通过曲线网格】对话框。

1）在绘图区从下到上依序选择曲线相交点，图 9-10 中的艺术样条线为主曲线（注：每选完一组线串都单击中键一次；同时要注意曲线选择项的选择），然后单击鼠标中键，完成主曲线选择。

2）在【交叉曲线】下拉选项选择【新建】选项，接着在绘图区依序从左到右选择圆弧、桥接曲线为交叉曲线。

3）在【通过曲线网格】对话框中单击【连续性】卷展栏选项，在【第一交叉线串】和【最后交叉线串】下拉选项选择G1 (相切)选项，然后依序选择相对应的面进行约束相切过渡对象，结果如图 9-11 所示。

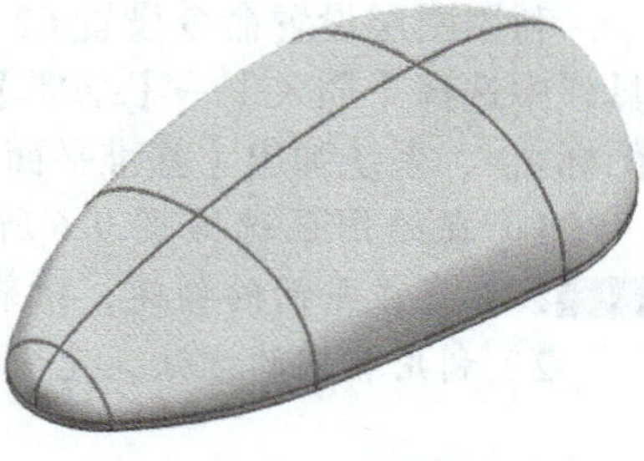
图 9-11　主体曲面创建结果

步骤 5：优化主体曲面

由于主线串是相交于一个点，在抽壳等细节设计可能会出现失败，为了避免抽壳失败，应该将收尾部分重新分割再补面。

1. 修剪主体曲面

利用图层设置命令设置 1 为工作层，其余为不可见的层。在主菜单工具栏中选择【插入】→【设计特征】→【拉伸】命令或在【基本】工具条中单击拉伸图标，系统弹出【拉伸】对话框。

1）单击【截面】卷展栏，接着在【选择曲线】选项单击绘制截面图标，系统弹出【创建草图】对话框，单击确定按钮进入草图环境。

2）在草图环境中利用曲线命令完成线段的绘制，并利用标注尺寸值和相关约束功能完成草图的约束，结果如图 9-12 所示，然后在【草图】工具条中单击完成图标，系统返回【拉伸】对话框。

3）在结束【距离】文本框中输入“50”，接着在【布尔】下拉选项选择减去选项，其余参数按系统默认，单击单击确定按钮完成拉伸操作，结果如图 9-13 所示。

2. 修补曲面

利用图层设置命令设置 1 为工作层，11、21、41 为可见层，其余为不可见的层。在主菜单工具栏中选择【插入】→【网格曲面】→【通过曲线网格】命令或在曲面【基本】工具条中单击通过曲线网格图标，系统弹出【通过曲线网格】对话框。

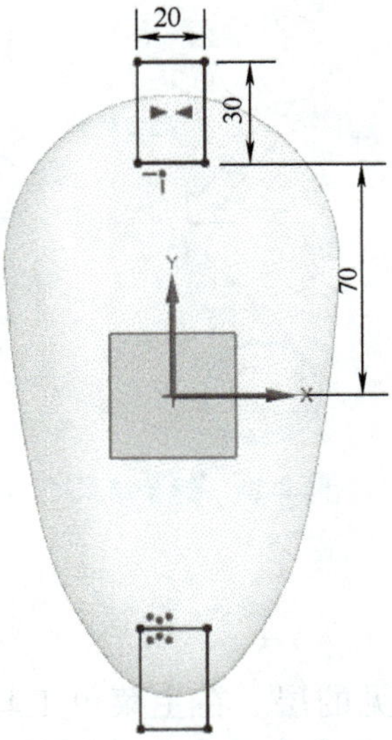

图 9-12　草图创建结果

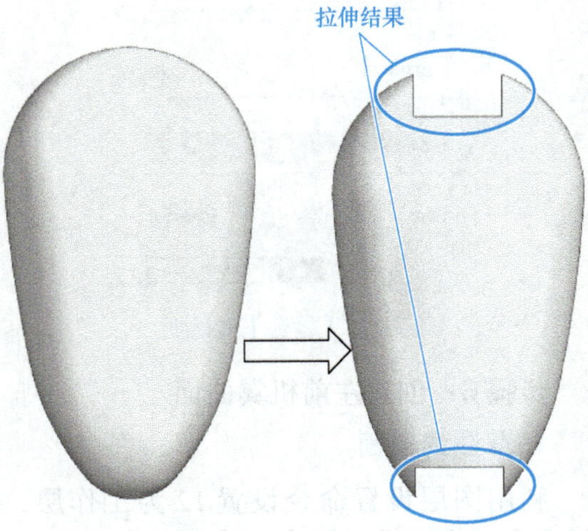

图 9-13　拉伸结果

1）接着选择图 9-14 所示的线段为主曲线（注：每选完一组线串都单击中键一次），然后单击鼠标中键，完成主曲线选择。

2）在【交叉曲线】下拉选项选择【新建】选项，接着在绘图区依序从左到右选择边界曲线、桥接曲线为交叉曲线。

3）在【通过曲线网格】对话框中单击【连续性】卷展栏选项，接着选中☑ 全部应用复选按钮，然后在【第一主线串】下拉选项选择G1 (相切)选项，然后依序选择相对应的面进行约束相切过渡对象，结果如图 9-15 所示。

利用相同的方法，完成另一侧的曲面的创建，结果如图 9-16 所示。

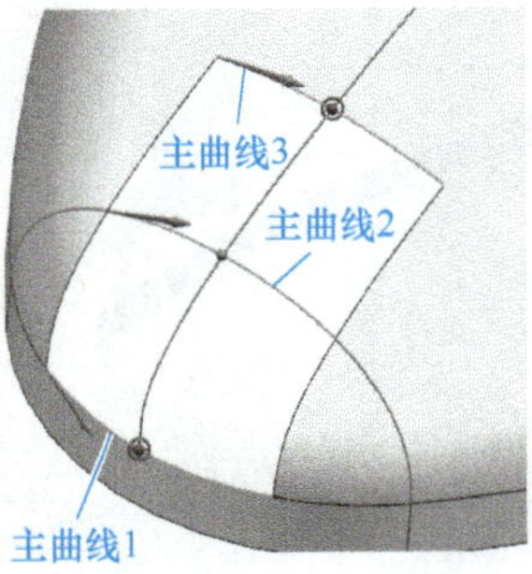

图 9-14　主曲线选择

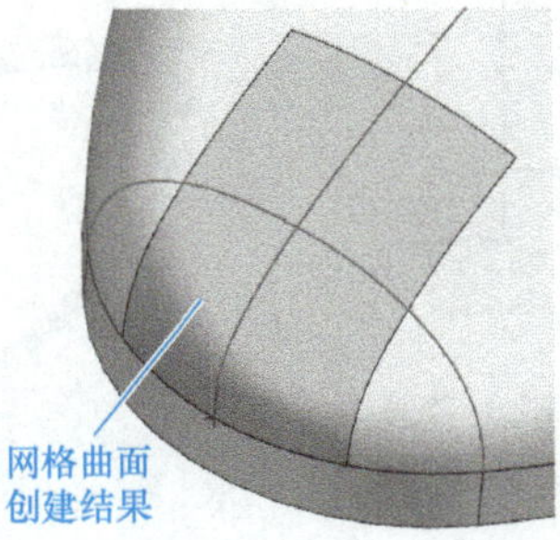

图 9-15　网格曲面创建结果

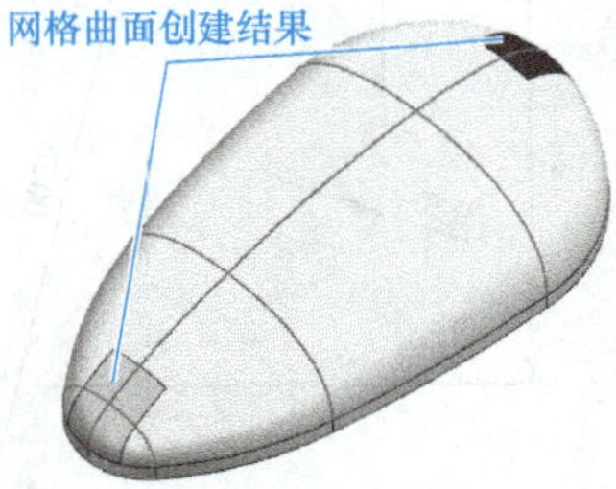

图 9-16　修补曲面结果

3. 缝合曲面

利用图层设置命令设置 1 为工作层，其余为不可见的层。在主菜单工具栏中选择【插入】→【组合】→【缝合】命令或在曲面【组合】工具条中单击缝合图标，系统弹出【缝合】对话框，如图 9-17 所示。

在绘图区选择主体曲面为目标片体，接着选择修补的两个曲面为工具体，其余参数按系统默认，单击<确定>按钮完成缝合操作，结果如图 9-18 所示。

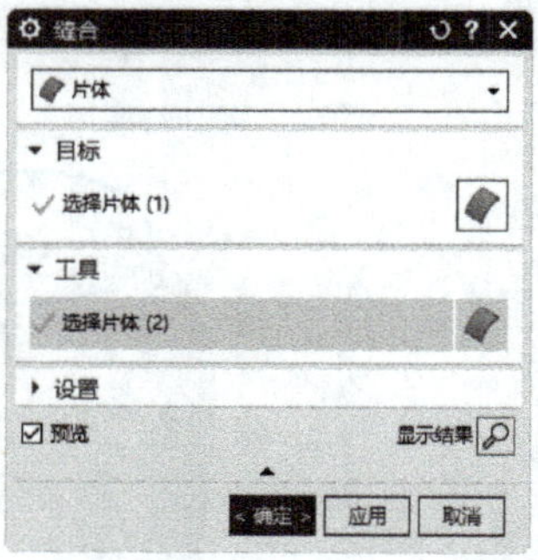

图 9-17 【缝合】对话框

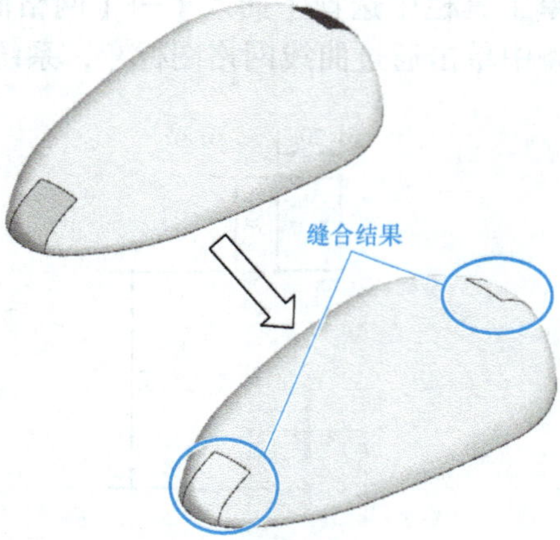

图 9-18 缝合结果

步骤 6：创建左前机翼曲面

1. 草图约束面

利用图层设置命令设置 12 为工作层，其余为不可见的层。在主菜单工具栏中选择【插入】→【设计特征】→【拉伸】命令或在【基本】工具条中单击拉伸图标，系统弹出【拉伸】对话框。

1）单击【截面】卷展栏，接着在【选择曲线】选项单击绘制截面图标，系统弹出【创建草图】对话框，单击确定按钮进入草图环境。

2）在草图环境中利用曲线命令完成线段的绘制，并利用标注尺寸值和相关约束功能完成草图的约束，结果如图 9-19 所示，然后在【草图】工具条中单击完成图标，系统返回【拉伸】对话框。

3）在【结束】文本框中输入“-5”，其余参数按系统默认，单击<确定>按钮完成拉伸操作，结果如图 9-20 所示。

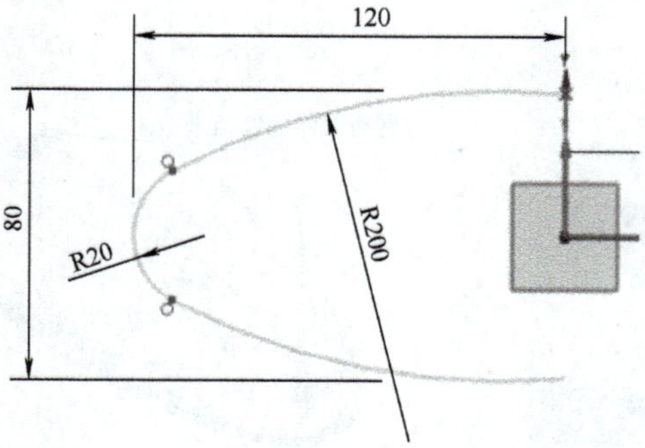

图 9-19 草图创建结果

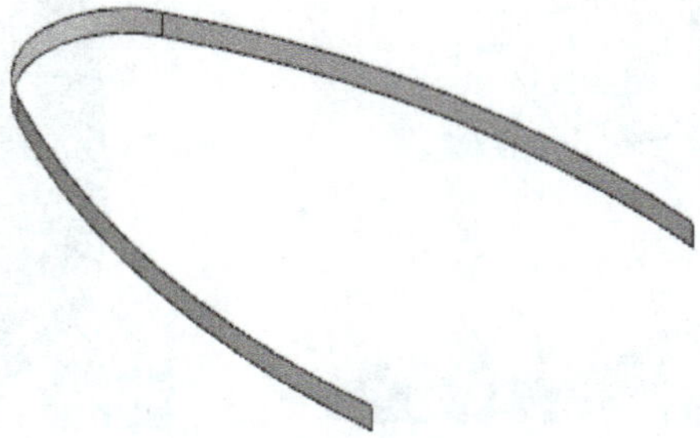

图 9-20 拉伸直身面结果

2. 基准平面创建

利用图层设置命令设置 63 为工作层，61 为可选层，其余为不可见的层。在主菜单工具栏中选择【插入】→【基准】→【基准平面】命令或在【构造】工具条中单击基准平面图标，系统弹出【基准平面】对话框。

在绘图区选择 XY 基准面为定义平面，在【距离】文本框中输入“10”，单击【确定】按钮完成 XY 平面的偏置，结果如图 9-21a 所示。

3. 绘制连接曲线

利用图层设置命令设置 22 为工作层，63 为可选层，其余为不可见的层。在主菜单工具栏中选择【插入】→【草图】命令或在【构造】工具条中单击创建草图图标，系统【创建草图】对话框。

接着在绘图区选择图 9-21a 所示的平面为草图面，其余参数按系统默认，单击确定按钮进入草图环境，同时利用草图工具完成草图的创建，结果如图 9-21b 所示。

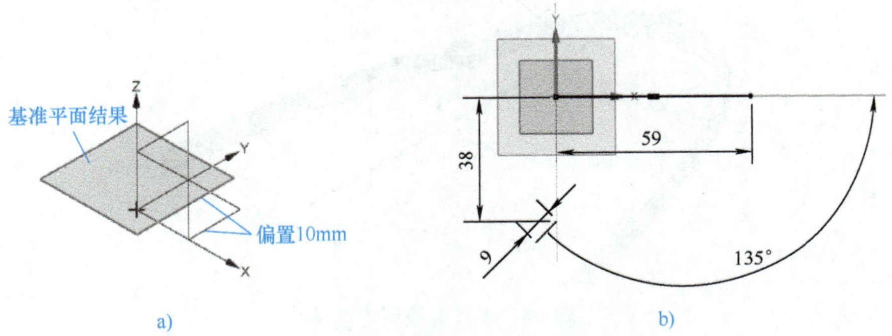

图 9-21　基准平面和草图创建结果

4. 创建相交曲线

利用图层设置命令设置 42 为工作层，12、22、61 为可选层，其余为不可见的层。在主菜单工具栏中选择【插入】→【派生曲线】→【相交曲线】命令或在曲线【派生】工具条中单击相交曲线图标，系统弹出【相交曲线】对话框，如图 9-22 所示。

在绘图区选择曲面对象为相交的第一组面，接着在绘图区选择 XZ 基准面为相交的第二组面，其余参数按系统默认，单击确定按钮完成相交曲线创建，结果如图 9-23 所示。

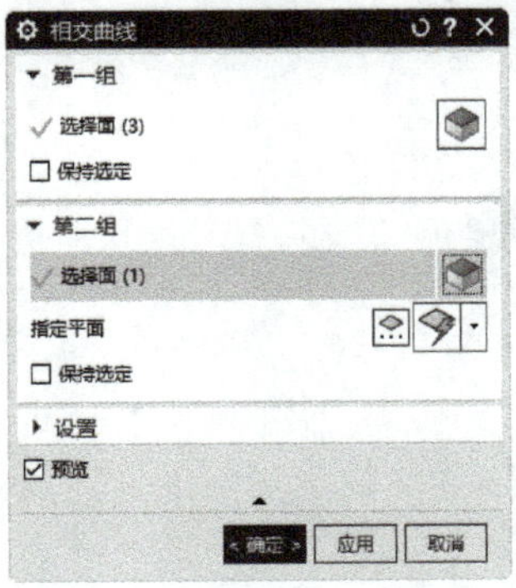

图 9-22　【相交曲线】对话框

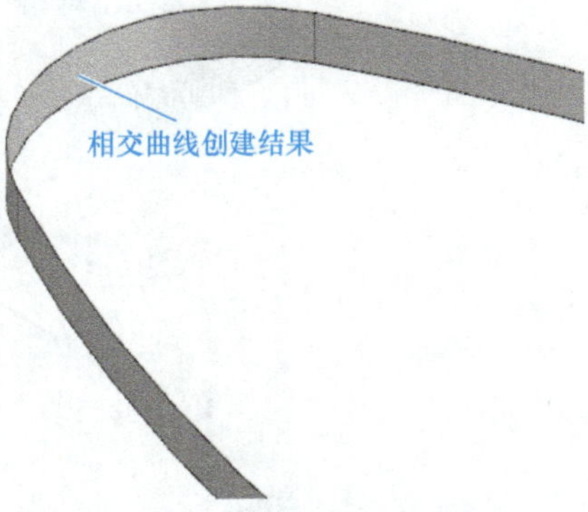

图 9-23　相交曲线创建结果

5. 创建桥接曲线

在主菜单工具栏中选择【插入】→【派生曲线】→【桥接】命令或在曲线【派生】工具条中单击桥接图标按钮，系统弹出【桥接曲线】对话框。

在绘图区选择相交曲线的起点为起始对象，接着选择图 9-23 中水平直线为终止对象。接着在【起始】文本框中输入“0.35”，在【结束】文本框中输入“1”，其余参数按系统默认，单击确定按钮完成桥接曲线操作，结果如图 9-24 所示。

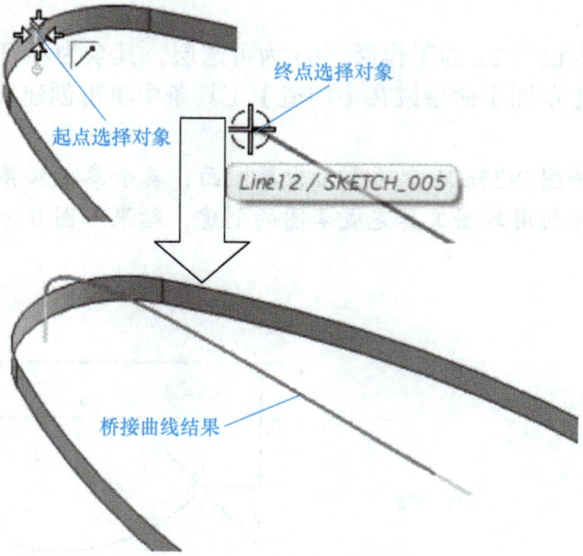

图 9-24　桥接曲线创建结果

6. 创建艺术样条曲线

在主菜单工具栏中选择【插入】→【曲线】→【艺术样条】命令或在曲线【基本】工具条中单击艺术样条图标，系统弹出【艺术样条】对话框。

在【次数】文本框中输入“3”，在绘图区从左至右依序选择边界端点，同时在起点与终点处约束为 G1 过渡，其余参数按系统默认，单击确定按钮完成艺术样条创建，结果如图 9-25 所示。

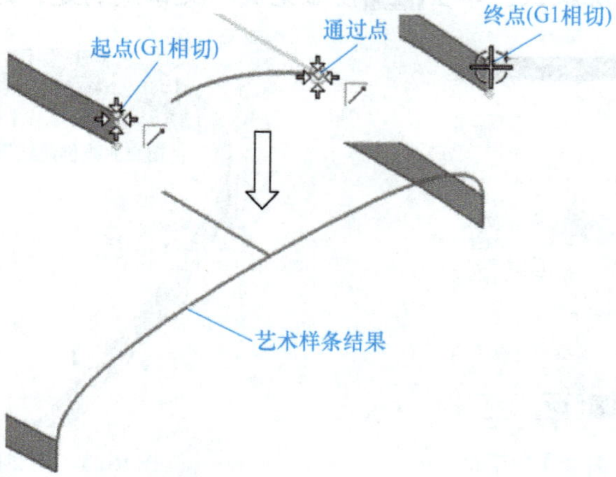

图 9-25　艺术样条曲线创建结果

7. 左机翼曲面创建

利用图层设置命令设置 2 为工作层，12、42 为可选层，其余为不可见的层。在主菜单工具栏中选择【插入】→【网格曲面】→【通过曲线网格】命令或在曲面【基本】工具条中单击通过曲线网格图标按钮，系统弹出【通过曲线网格】对话框。

1）在绘图区依序从左到右选择线段为主曲线，如图 9-26 所示（注：每选完一组线串都单击中键一次），然后单击鼠标中键，完成主曲线选择。

2）在【交叉曲线】下拉选项选择【新建】选项，接着在绘图区从上到下依序选择圆弧、桥接曲线为交叉曲线，如图 9-27 所示。

3）在【通过曲线网格】对话框中单击【连续性】卷展栏选项，在【第一主线串】下拉选项选择 G1 (相切) 选项，同时在【第一交叉线串】和【最后交叉线串】下拉选项选择 G1 (相切) 选项，然后依序选择相对应的面进行约束相切过渡对象，其余参数按系统默认，单击 确定 完成通过曲线网格的操作，结果如图 9-28 所示。

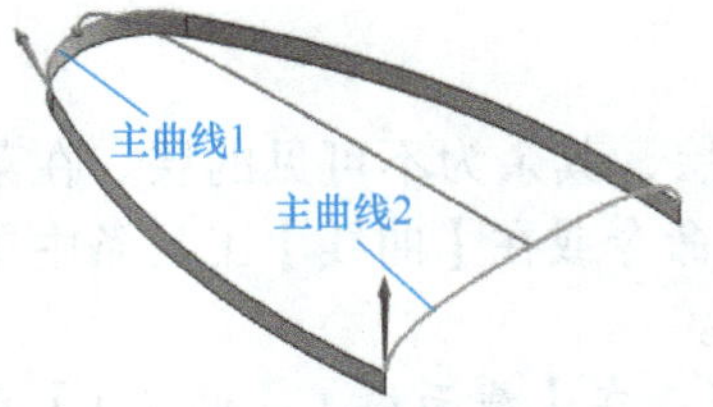

图 9-26　主线串选择结果

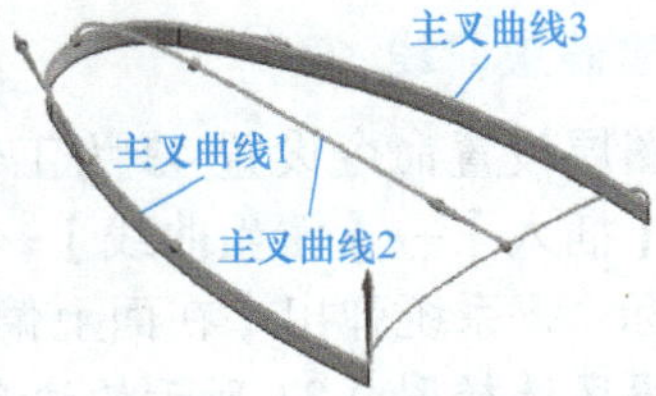

图 9-27　交叉线串选择结果

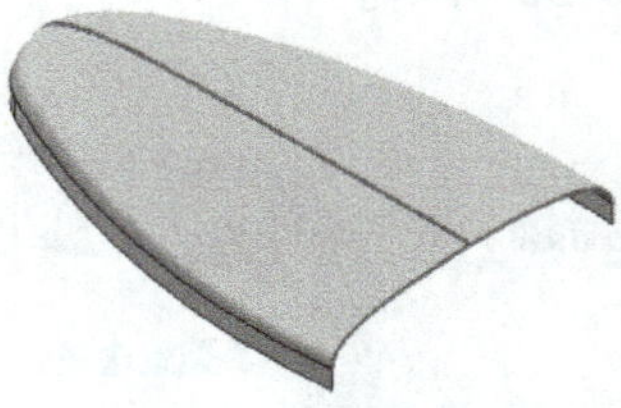

图 9-28　左机翼曲面创建结果

步骤 7：创建左侧尾部机翼

1. 创建约束面

利用图层设置命令设置 13 为工作层，其余为不可见的层。在主菜单工具栏中选择【插入】→【设计特征】→【拉伸】命令或在【基本】工具条中单击拉伸图标，系统弹出【拉伸】对话框。

1）单击【截面】卷展栏，接着在【选择曲线】选项单击绘制截面图标，系统弹出【创建草图】对话框，单击 确定 按钮进入草图环境。

2）在草图环境中利用曲线命令完成线段的绘制，并利用标注尺寸值和相关约束功能完成草图的约束，结果如图 9-29 所示，然后在【草图】工具条中单击完成图标，系统返回【拉伸】对话框。

3）在【结束】文本框中输入“−5”，其余参数按系统默认，单击 确定 按钮完成拉伸操作，结果如图 9-30 所示。

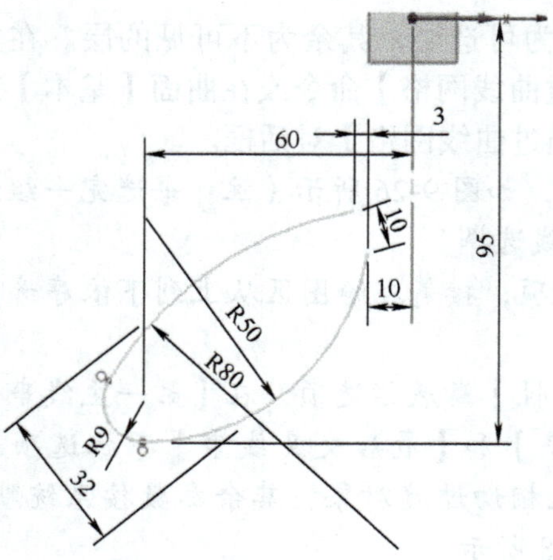

图 9-29　草图创建结果

图 9-30　约束面创建结果

2. 创建偏置曲线

利用图层设置命令设置 43 为工作层，13 为可选层，其余为不可见的层。在菜单工具栏中选择【插入】→【派生曲线】→【在面上偏置】命令或在【曲线】工具条中单击在面上偏置图标，系统弹出【在面上偏置曲线】对话框。

在绘图区选择图 9-31 所示的边界为要偏置的曲线，在【截面线 1：偏置 1】文本框中输入“10”；接着选择图 9-32 所示的面为偏置选择面，其余参数按系统默认，单击〈确定〉按钮完成曲线偏置操作，结果如图 9-33 所示。

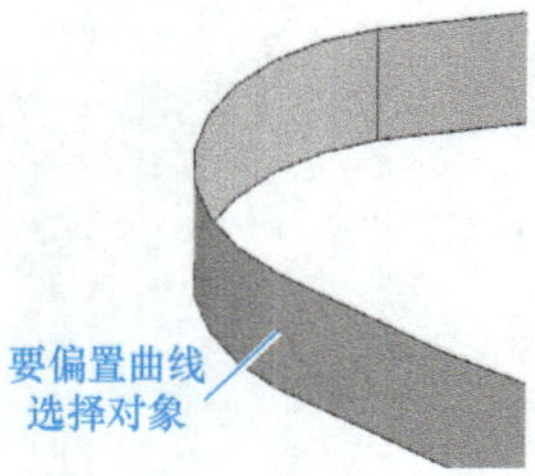

图 9-31　要偏置的曲线

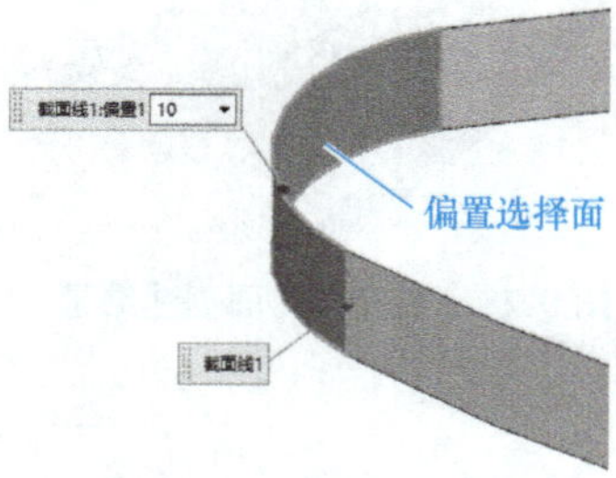

图 9-32　偏置选择面结果

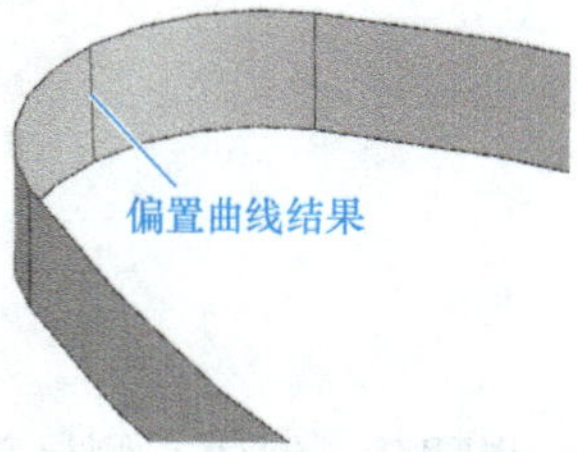

图 9-33　偏置曲线创建结果

3. 创建桥接曲线

利用图层设置命令设置 43 为工作层，13、22 为可选层，其余为不可见的层。在主菜单工具栏中选择【插入】→【派生曲线】→【桥接】命令或在曲线【派生】工具条中单击桥接图标，系统弹出【桥接曲线】对话框。

1）在绘图区选择图 9-33 偏置的曲线为起始对象，接着选择图层 22 中草图曲线为终止对象。

2）在【起始】文本框中输入“0.35”，在【结束】文本框中输入“1”，其余参数按系统默认，单击〈确定〉按钮完成桥接曲线操作，结果如图 9-34 所示。

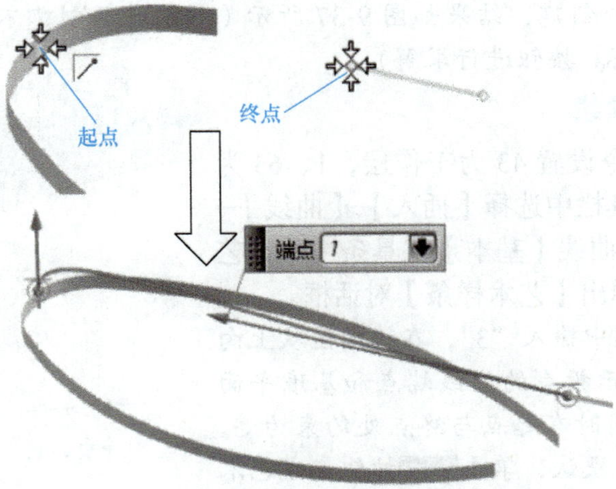

图 9-34　桥接曲线创建结果

4. 创建直线

在主菜单工具栏中选择【插入】→【曲线】→【直线】命令或在曲线【基本】工具条中单击直线图标╱，系统弹出【直线】对话框，然后利用两点画线，完成直线的创建，结果如图 9-35 所示（画直线对象应该尽量靠近开口的曲面对象处）。

5. 创建投影曲线

在主菜单工具栏中选择【插入】→【派生曲线】→【投影】命令或在曲线【派生】工具条中单击投影曲线图标，系统弹出【投影曲线】对话框。

1）在绘图区选择图 9-35 所示的直线为投影曲线对象，单击鼠标中键，系统跳至【要投影的对象】卷展栏选项，接着选择约束面为要投影的对象。

2）在【投影方向】卷展栏选项中将【方向】下拉选项设置为【矢量】，接着选择 Z 轴为指定的矢量，其余参数按系统默认，单击〈确定〉按钮完成投影曲线操作，结果如图 9-36 所示。

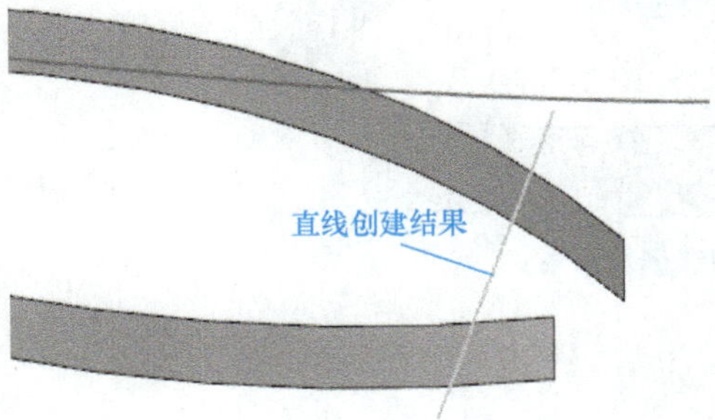

图 9-35　直线创建结果

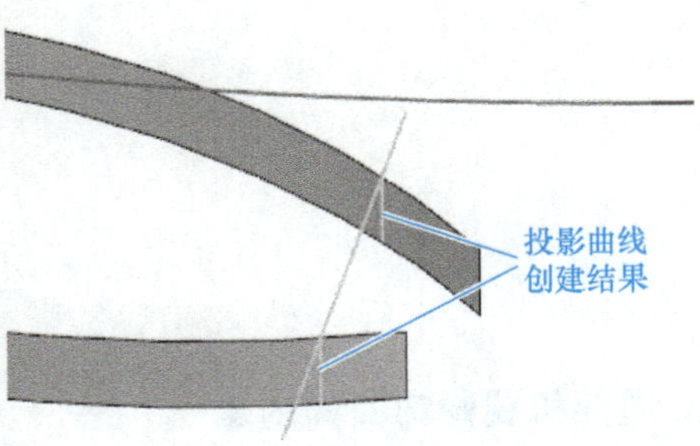

图 9-36　投影曲线创建结果

6. 创建基准平面

利用图层设置命令设置 64 为工作层，13、22、43 为可选层，其余为不可见的层。在主菜单工具栏中选择【插入】→【基准】→【基准平面】命令或在【构造】工具条中单击基准平面图标，系统弹出【基准平面】对话框。

在绘图区选择图 9-36 所示的两直线为要定义的平面对象，其余参数按系统默认，单击确定按钮完成平面的创建，结果如图 9-37 所示（如果平面创建不合适，可单击【平面方位】中的备选解图标按钮进行求解）。

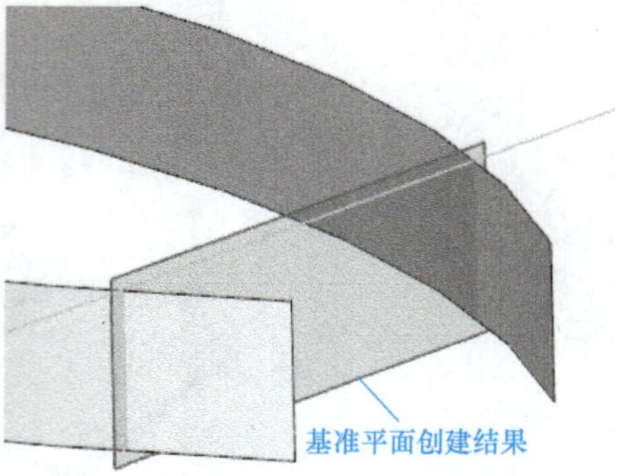

图 9-37　基准平面创建结果

7. 创建艺术样条曲线

利用图层设置命令设置 43 为工作层，1、63 为可选层。在主菜单工具栏中选择【插入】→【曲线】→【艺术样条】命令或在曲线【基本】工具条中单击艺术样条图标，系统弹出【艺术样条】对话框。

在【次数】文本框中输入“3”，在绘图区从上向下依序选择图 9-36 所示投影的曲线端点和基准平面与桥接曲线的交点，同时在起点与终点处约束为 G1 过渡，其余参数按系统默认，单击确定按钮完成艺术样条曲线创建，结果如图 9-38 所示（其中直线处为相切）。

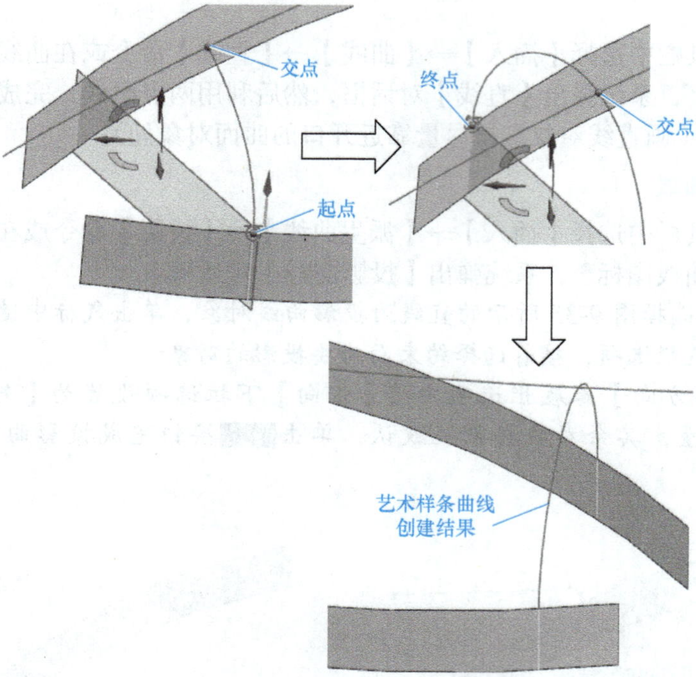

图 9-38　艺术样条曲线创建结果

8. 尾部机翼修饰曲面创建

利用图层设置命令设置 3 为工作层，13、43 为可选层，其余为不可见的层。在菜单工具栏中选择【插入】→【网格曲面】→【通过曲线网格】命令或在【曲面】工具条中单击通过曲线网格图标，系统弹出【通过曲线网格】对话框。

1）在绘图区依序从左至右选择线段为主曲线，如图 9-39 所示（注：每选完一组线串都单击中键一次），然后单击鼠标中键，完成主曲线选择。

2）在【交叉曲线】下拉选项选择【新建】选项，接着在绘图区从上到下依序选择圆弧、桥接曲线为交叉曲线，如图 9-40 所示。

3）在【通过曲线网格】对话框中单击【连续性】卷展栏选项，接着在【第一主线串】下拉选项选择【G1（相切）】选项，同时在【第一交叉线串】和【最后交叉线串】下拉选项选择【G1(相切)】选项，然后在绘图区依序选择图层 13 的片体为约束面对象，其余参数按系统默认，单击〈确定〉按钮完成通过曲线网格曲面创建，完成结果如图 9-41 所示。

图 9-39　主线串选择结果

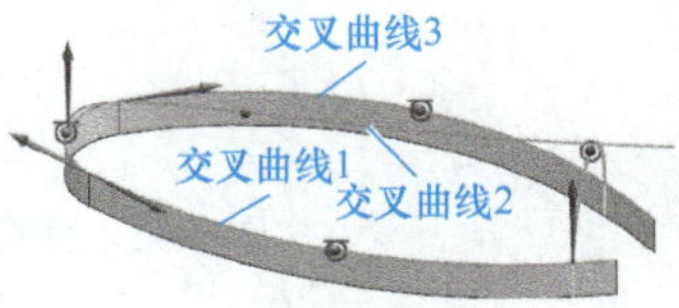

图 9-40　交叉线串选择结果

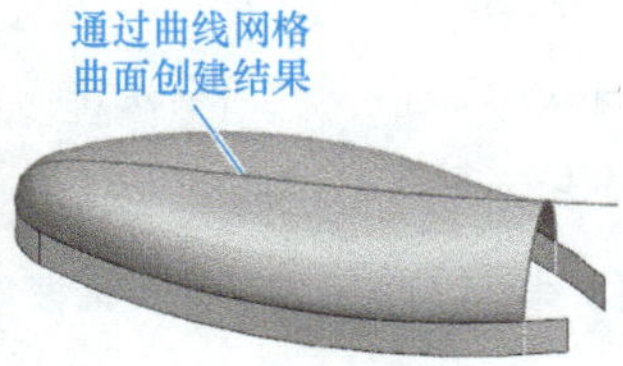

图 9-41　通过曲线网格曲面创建结果

步骤 8：镜像左侧对象

利用图层设置命令设置 1 为工作层，2、3、61 为可选层，其余为不可见的层。在主菜单工具栏中选择【插入】→【关联复制】→【镜像几何体】命令或在【特征】工具条中单击镜像几何体图标，系统弹出【镜像几何体】对话框，如图 9-42 所示。

在绘图区选择尾部机翼曲面与左机翼曲面为要镜像的体，单击鼠标中键系统跳至镜像平面选项；接着选择 YZ 平面为镜像平面，其余参数按系统默认，单击〈确定〉按钮完成镜像几何体操作，结果如图 9-43 所示。

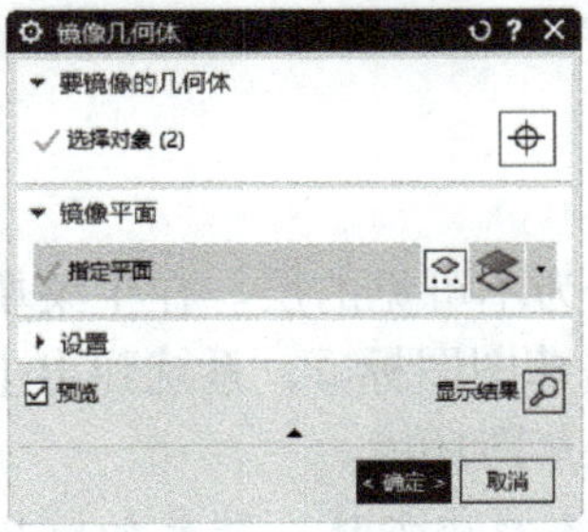

图 9-42 【镜像几何体】对话框

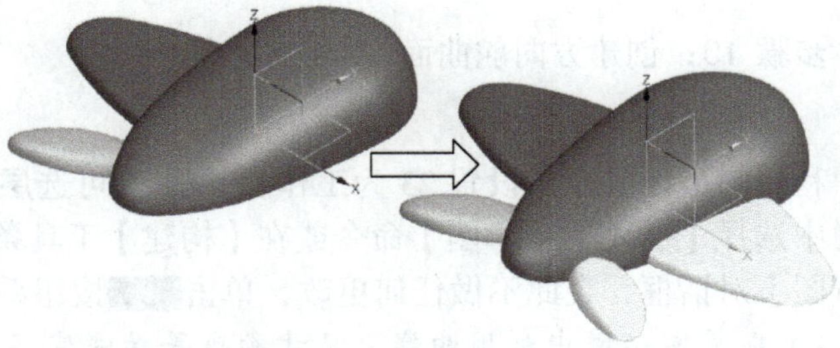
图 9-43　镜像几何体对象结果

步骤 9：修剪多余部分

由于所作尾部机翼曲面、左机翼修饰与主体曲面相交时有多余对象，需要进行修剪，因此可以采用修剪与延伸功能进行完成多余对象的修剪。

在主菜单工具栏中选择【插入】→【修剪】→【修剪和延伸】命令或在曲面【组合】工具条中单击修剪和延伸图标，系统弹出【修剪和延伸】对话框，如图 9-44 所示。

1）在下拉选项选择〔制作拐角〕选项，接着在绘图区选择主体曲面为目标面，单击鼠标中键系统跳至工具选项，接着在绘图区选择其中一个曲面为工具面，其余参数按系统默认，单击【确定】按钮完成修剪与延伸操作，结果如图 9-45 所示。

2）利用相同的方法，完成其余面的修剪与延伸操作，结果如图 9-46 所示。

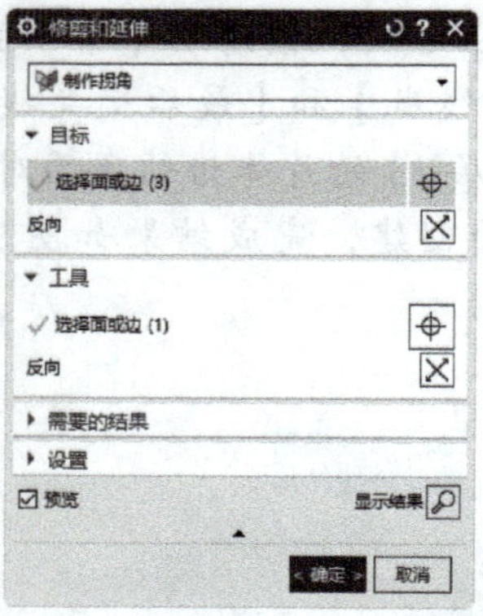

图 9-44 【修剪和延伸】对话框

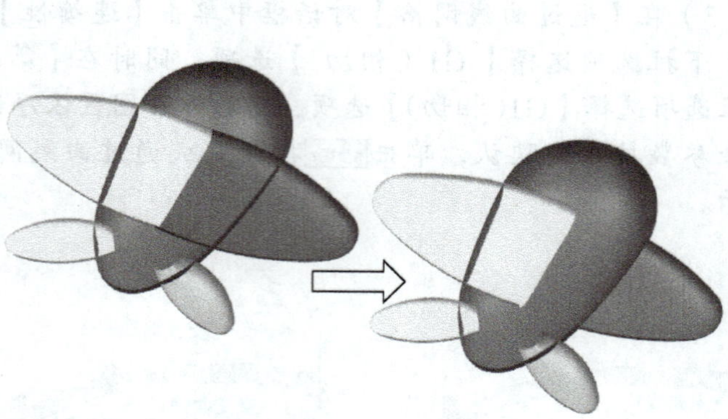

图 9-45 修剪和延伸结果

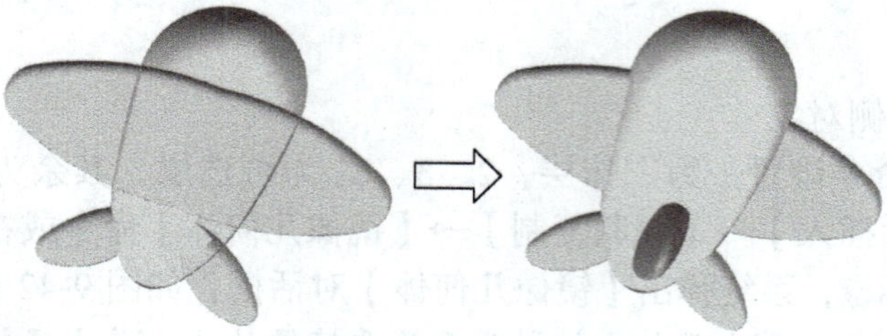

图 9-46 修剪和延伸最终结果

提示：如果修剪方向不正确时，则可以单击反向图标☒按钮，进行方向修整，直到方向对为止。

步骤 10：创建方向舵曲面

1. 创建草图

利用图层设置命令设置 23 为工作层，61 为可选层，其余为不可见的层。在主菜单工具栏中选择【插入】→【草图】命令或在【构建】工具条中单击草图图标，系统弹出【创建草图】对话框，在此不做任何更改，单击确定按钮系统进入草图环境。

1）在草图环境中利用曲线、尺寸约束等功能完成相关草图线段创建，结果如图 9-47 所示，然后在【草图】工具条中单击完成图标按钮返回【草图创建】对话框。

2）利用相同的方法，完成右视图草图的创建，结果如图 9-48 所示。

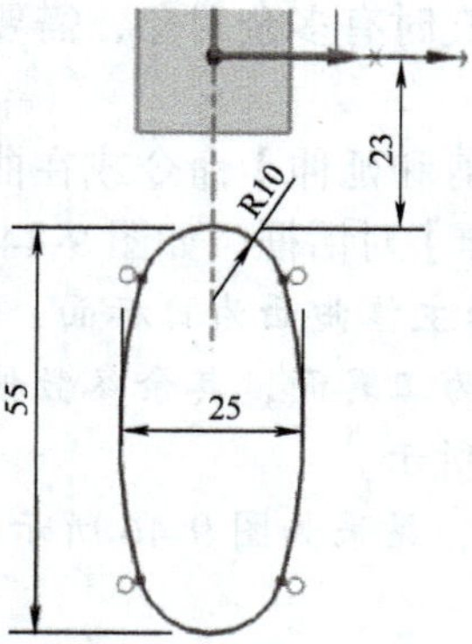

图 9-47 俯视图草图创建结果

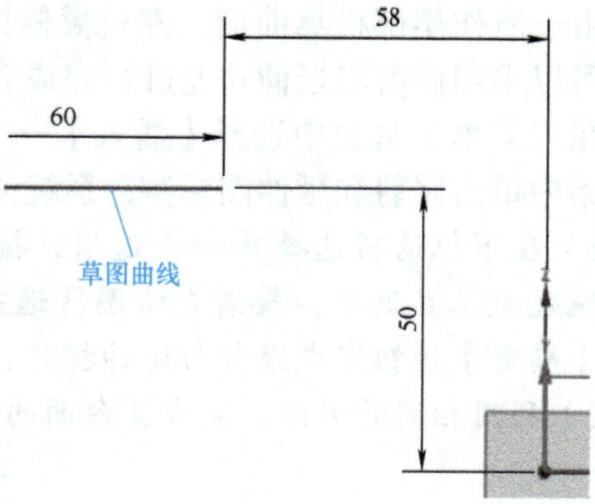

图 9-48 右视图草图创建结果

2. 创建投影曲线

利用图层设置命令设置 44 为工作层，1、23 为可选层，其余为不可见的层。在主菜单工具栏中选择【插入】→【派生曲线】→【投影】命令或在曲线【派生】工具条中单击投影曲线图标，系统弹出【投影曲线】对话框。

1）在绘图区选择图 9-47 所示的草图对象为投影曲线对象；单击鼠标中键，系统跳至要投影的对象选项，接着在绘图区选择主体面为要投影的对象。

2）在【投影方向】卷展栏选项中将【方向】下拉选项设置为【矢量】，接着选择 Z 轴为指定的矢量，其余参数按系统默认，单击确定按钮完成投影曲线操作，结果如图 9-49 所示。

3. 创建艺术样条曲线

利用图层设置命令设置 44 为工作层，61 为可选层。在主菜单工具栏中选择【插入】→【曲线】→【艺术样条】命令或在曲线【基本】工具条中单击艺术样条图标，系统弹出【艺术样条】对话框。

在【次数】文本框中输入“3”，在绘图区从上向下依序选择图 9-49 所示投影的曲线交点和直线端点，其余参数按系统默认，单击确定按钮完成艺术样条曲线创建，结果如图 9-50 所示。

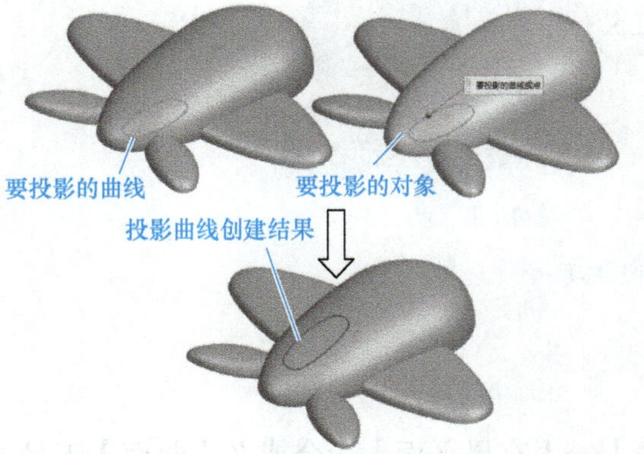

图 9-49 投影曲线创建结果

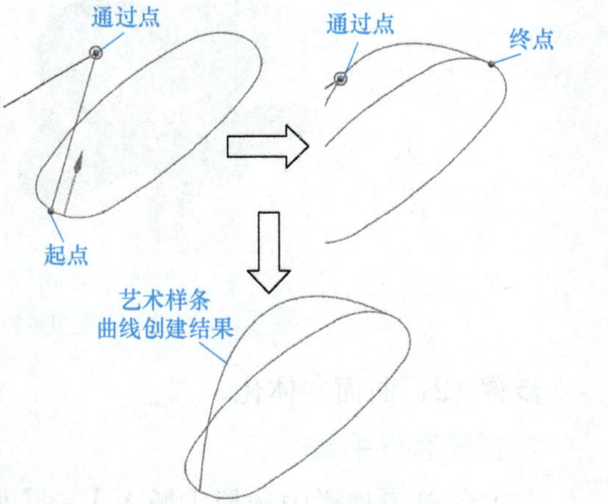

图 9-50 艺术样条曲线创建结果

4. 创建方向舵曲面

利用图层设置命令设置 2 为工作层，44 为可选层，其余为不可见的层。在菜单工具栏中选择【插入】→【网格曲面】→【通过曲线网格】命令或在【曲面】工具条中单击通过曲线网格图标，系统弹出【通过曲线网格】对话框。

1）在绘图区依序从左至右选择线段为主曲线，如图 9-51 所示（注：每选完一组线串都单击中键一次），然后单击鼠标中键，完成主曲线选择。

2）在【交叉曲线】下拉选项选择【新建】选项，接着在绘图区从上到下依序选择圆弧为交叉曲线，如图 9-52 所示，其余参数按系统默认，单击确定按钮完成通过曲线网格曲面创建，结果如图 9-53 所示。

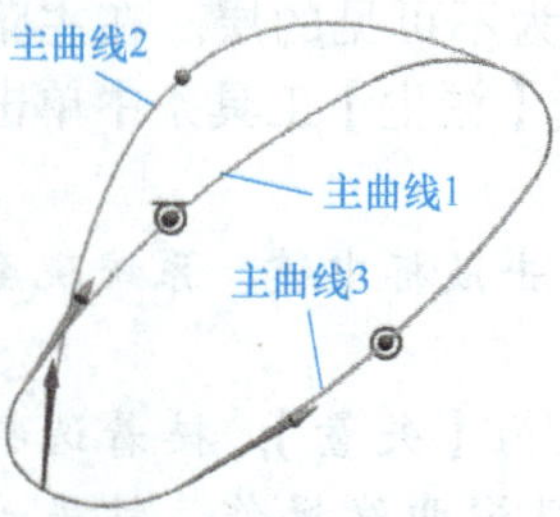

图 9-51　主曲线选择结果

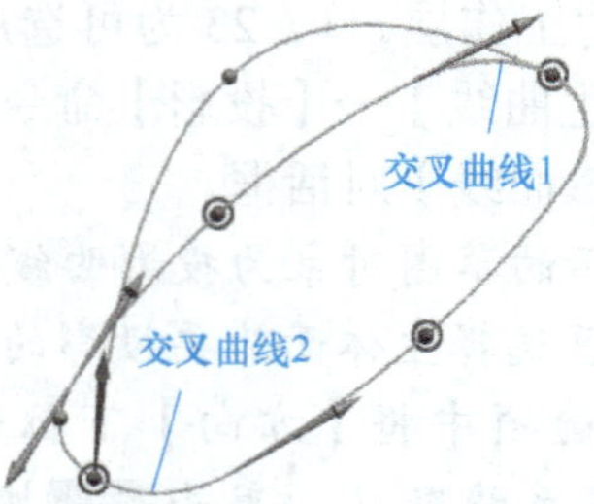

图 9-52　交叉曲线选择结果

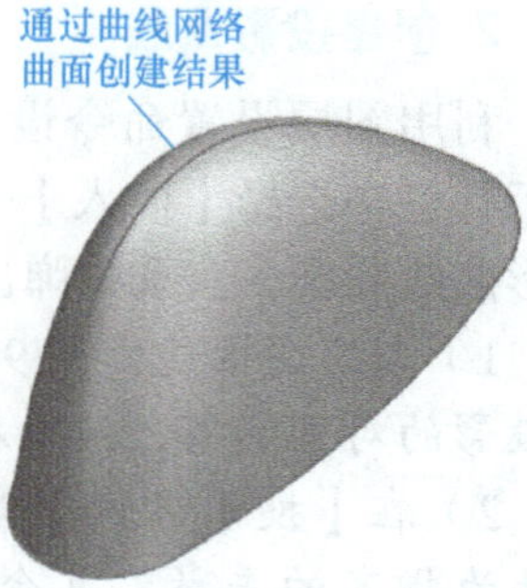

图 9-53　方向舵曲面创建结果

步骤 11：修剪方向舵曲面

利用图层设置命令设置 1 为工作层，2 为可选层，其余为不可见的层。在主菜单工具栏中选择【插入】→【修剪】→【修剪和延伸】命令或在曲面【组合】工具条中单击修剪和延伸图标，系统弹出【修剪和延伸】对话框，如图 9-44 所示。

在下拉选项选择“制作拐角”选项，接着在绘图区选择主体曲面为目标面，单击鼠标中键系统跳至工具选项，接着在绘图区选择方向舵曲面为工具面，其余参数按系统默认，单击【确定】按钮完成修剪与延伸操作，结果如图 9-54 所示。

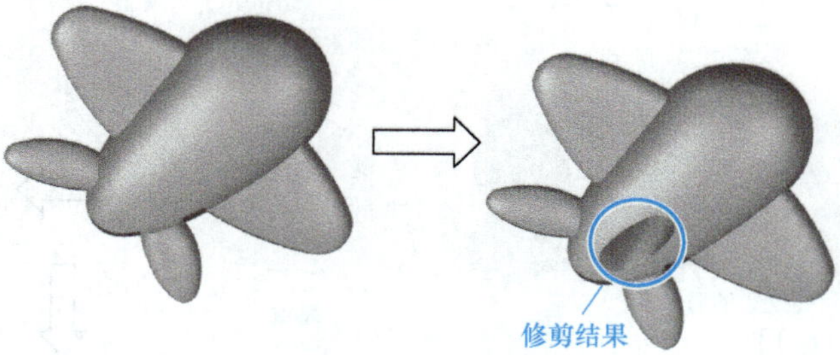

图 9-54　曲面修剪结果

步骤 12：曲面实体化

1. 创建有界平面

在主菜单工具栏中选择【插入】→【曲面】→【有界平面】命令或在【曲面】工具条中单击有界平面图标，系统弹出【有界平面】对话框，如图 9-55 所示。

在绘图区选择曲面底部边界为有界平面的曲线，其余参数按系统默认，单击“确定”按钮完成有界平面的创建，结果如图 9-56 所示。

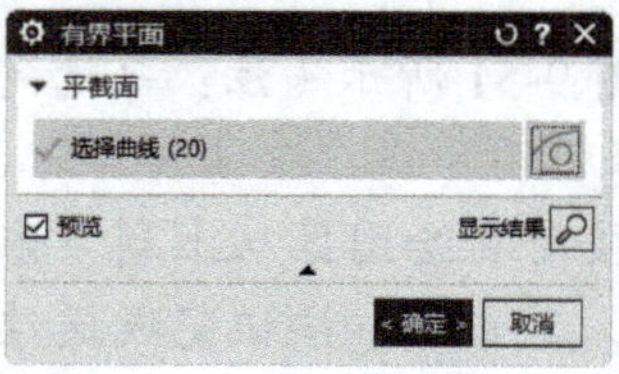

图 9-55 【有界平面】对话框

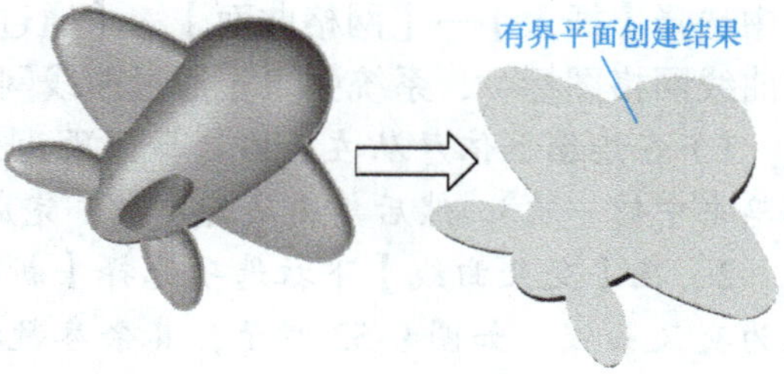

图 9-56　有界平面创建结果

2. 缝合曲面

在主菜单工具栏中选择【插入】→【组合】→【缝合】命令或在曲面【组合】工具条中单击缝合图标，系统弹出【缝合】对话框。

在绘图区选择主体曲面为目标片体，单击鼠标中键系统跳至【工具】卷展栏，接着在绘图区选择有界平面为工具体，其余参数按系统默认，单击〈确定〉按钮完成曲面实体化操作，结果如图 9-57 所示。

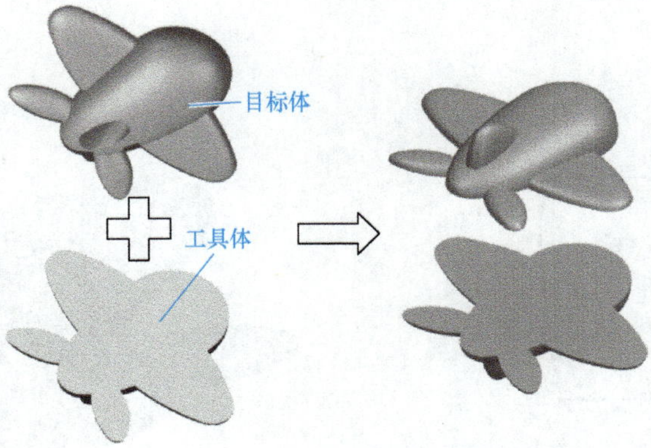

图 9-57　曲面实体化创建结果

步骤 13：创建配位槽

1. 拉伸切割对象

在主菜单工具栏中选择【插入】→【设计特征】→【拉伸】命令或在【基本】工具条中单击拉伸图标，系统弹出【拉伸】对话框。

1）单击【截面】卷展栏，接着在【选择曲线】选项单击绘制截面图标，系统弹出【创建草图】对话框，接着在绘图区选择 YZ 平面为草图平面，其余参数按系统默认，单击确定按钮进入草图环境。

2）在草图环境中利用曲线命令完成线段的绘制，并利用标注尺寸值和相关约束功能完成草图的约束，结果如图 9-58 所示，然后在【草图】工具条中单击完成图标，系统返回【拉伸】对话框。

3）在【结束】下拉选项选择对称值选项，然后在【距离】文本框中输入“100”，接着单击【布尔】下拉菜单选项并选择减去选项，其余参数按系统默认，单击应用按钮完成拉伸操作，结果如图 9-59 所示。

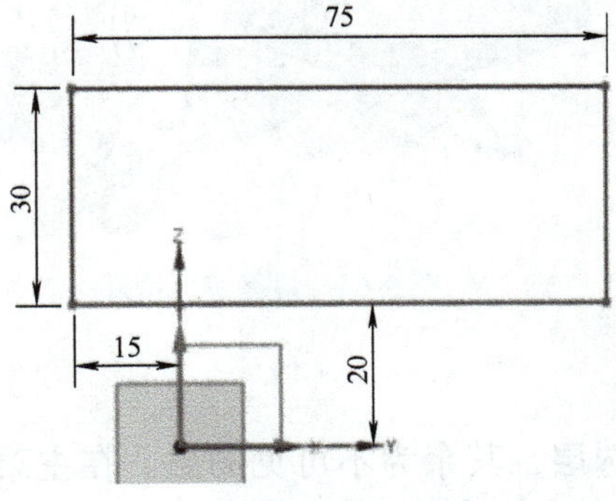

图 9-58　草图创建结果（一）

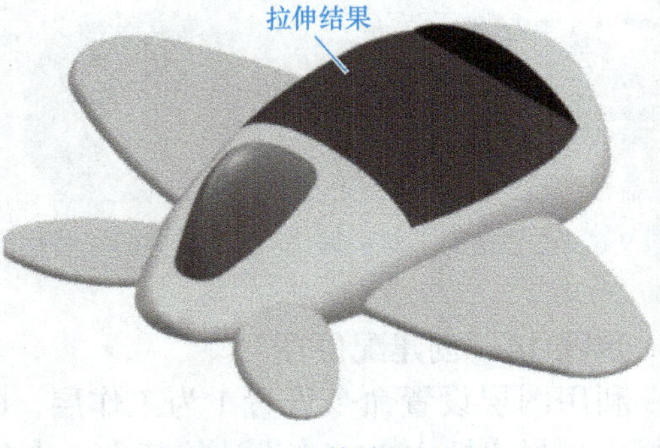

图 9-59　拉伸结果（一）

4）单击【截面】卷展栏，接着在【选择曲线】选项单击绘制截面图标，系统弹出【创建草图】对话框，接着在绘图区选择图 9-59 所示的平面为草图平面，其余参数按系统默认，单击确定按钮进入草图环境。

5）在草图环境中利用偏置曲线命令完成线段的绘制，结果如图 9-60 所示，然后在【草图】工具条中单击完成图标，系统返回【拉伸】对话框。

6）在【结束】下拉选项选择值选项，接着在【距离】文本框中输入“12”，其余参数按系统默认，单击确定按钮完成拉伸操作，结果如图 9-61 所示。

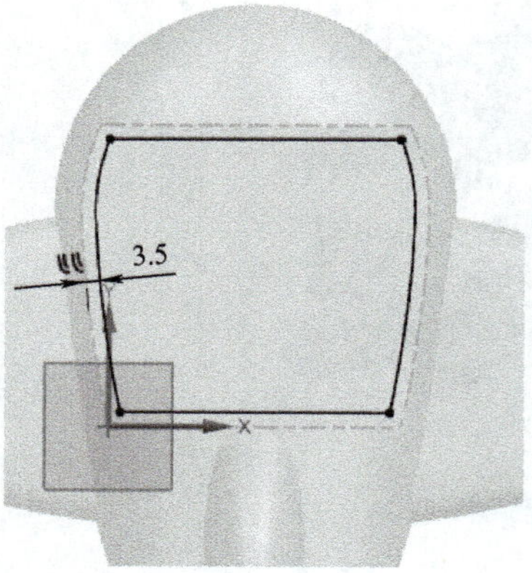

图 9-60　草图创建结果（二）

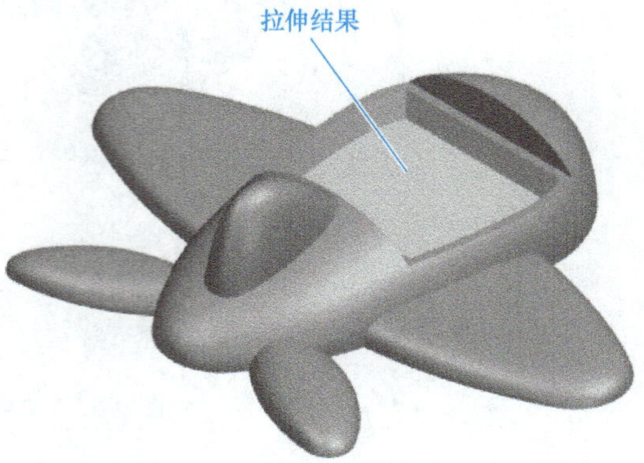

图 9-61　拉伸结果（二）

2. 替换对象创建

在主菜单工具栏中选择【插入】→【同步建模】→【替换面】命令或在【同步建模】工具条中单击替换面图标，系统弹出【替换面】对话框，如图 9-62 所示。

1）在绘图区选择刚拉伸的一侧直身面为原始面，接着选择与其靠近的直身面为替换面，其余参数按系统默认，单击应用按钮完成替换操作，结果如图 9-63 所示。

2）利用相同的方法，完成另一侧的替换创建，结果如图 9-64 所示。

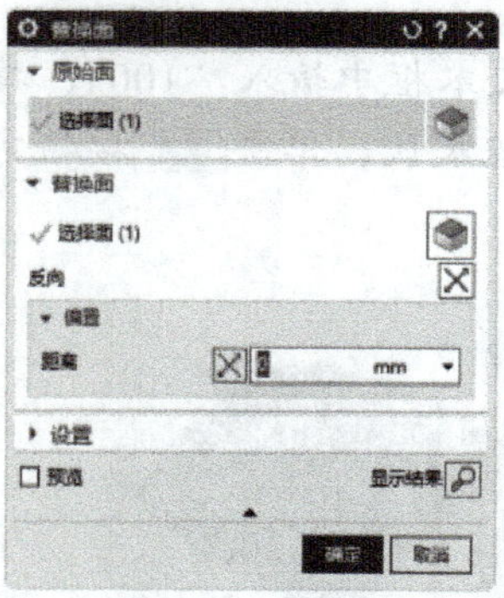

图 9-62 【替换面】对话框

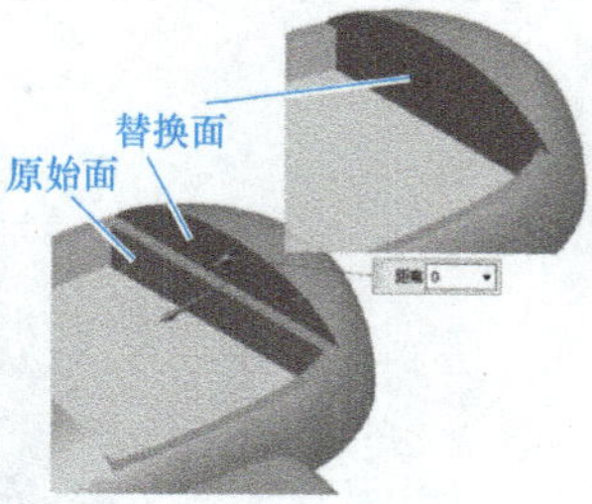

图 9-63　替换面结果

图 9-64　最终替换结果

步骤 14：创建配位柱

利用图层设置命令设置 1 为工作层，61 为可选层，其余为不可见的层。在主菜单工具栏中选择【插入】→【设计特征】→【凸起】命令或在【基本】工具条中单击凸起图标，系统弹出【凸起】对话框，如图 9-65 所示。

1）单击【截面】卷展栏，接着在【选择曲线】选项单击绘制截面图标，系统弹出【创建草图】对话框，接着在绘图区选择内槽的平面为草图平面，其余参数按系统默认，单击确定按钮进入草图环境。

2）在草图环境中利用曲线命令完成线段的绘制，并利用标注尺寸值和相关约束功能完成草图的约束，结果如图 9-66 所示，然后在【草图】工具条中单击完成图标，系统返回【凸起】对话框。

3）在【要凸起的面】卷展栏中单击选择面选项，接着在绘图区选择底部表面为要凸起的面，然后在【距离】文本框中输入“10”，其余参数按系统默认，单击确定按钮完成凸起操作，结果如图 9-67 所示。

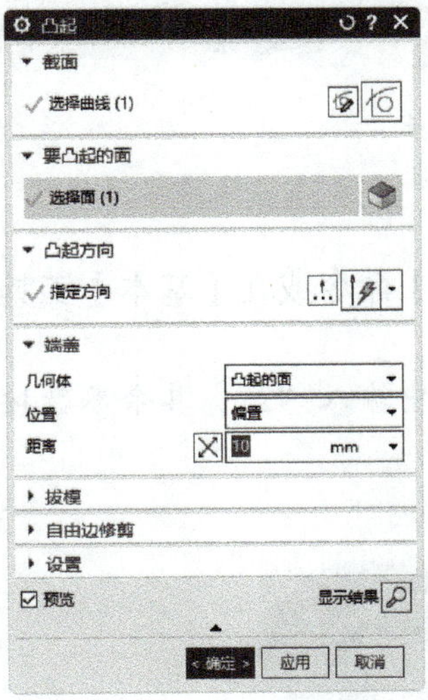

图 9-65 【凸起】对话框

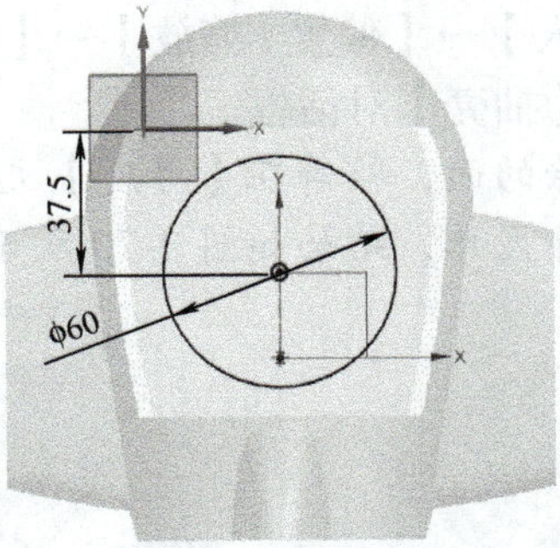

图 9-66 草图创建结果

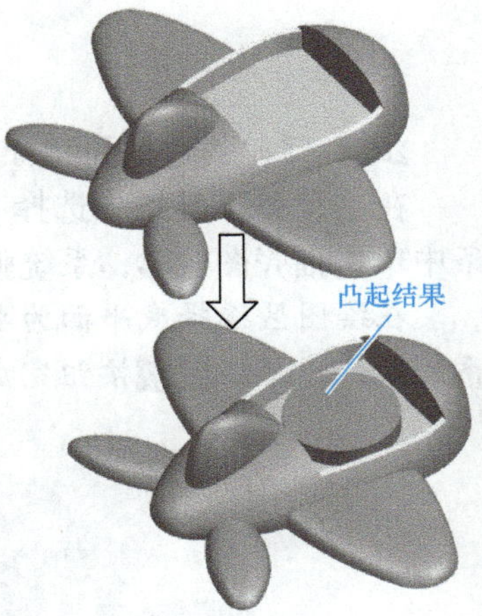

图 9-67 凸起创建结果

步骤 15：创建 ϕ44 的孔

在主菜单工具栏中选择【插入】→【设计特征】→【孔】命令或在【基本】工具条中单击孔图标，系统弹出【孔】对话框。

在绘图区选择凸起的圆台圆心为孔的位置点，在【孔径】文本框中输入“44”，在【孔深】文本框中输入“5”，在【顶锥角】文本框中输入“0”，其余参数按系统默认，单击确定按钮完成孔创建，结果如图 9-68 所示。

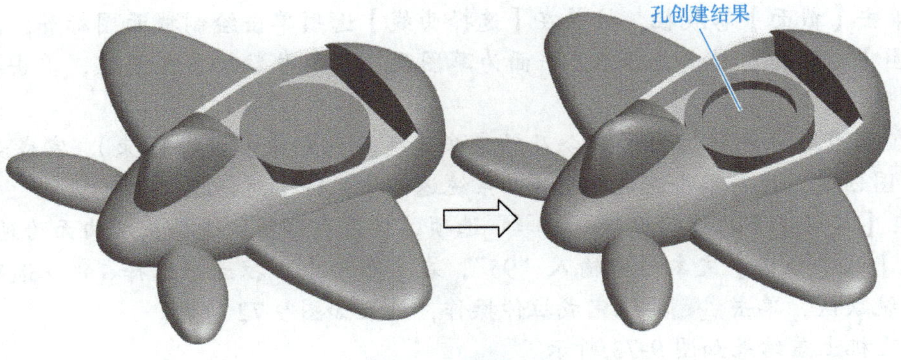

图 9-68 孔创建结果

步骤 16：创建倒圆特征

在主菜单工具栏中选择【插入】→【细节特征】→【边倒圆】命令或在【基本】工具条中单击边倒圆图标，系统弹出【边倒圆】对话框。

在绘图区依序选择各边为要倒圆的边，接着在文本框中输入相应的圆角半径，结果如图 9-69 所示。

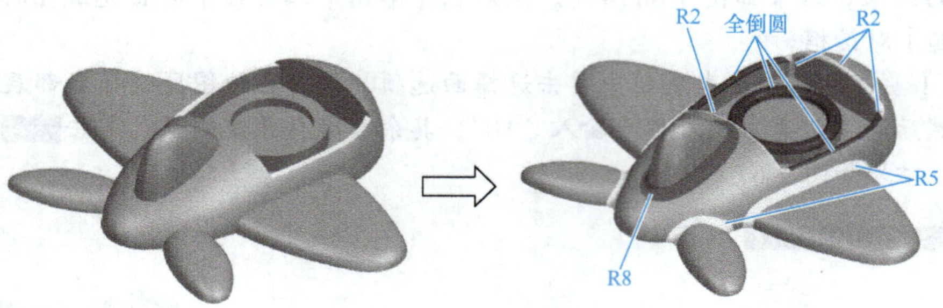

图 9-69　边倒圆结果

步骤 17：创建抽壳特征

在主菜单工具栏中选择【插入】→【偏置 / 缩放】→【抽壳】命令或在【基本】工具条中单击抽壳图标，系统弹出【抽壳】对话框。

在绘图区选择底平面为要移除的面，接着在【厚度】文本框中输入“2”，其余参数按系统默认，单击确定按钮完成抽壳操作，结果如图 9-70 所示。

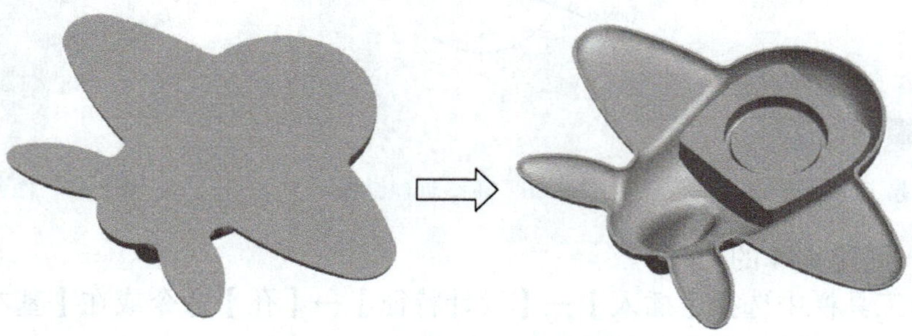

图 9-70　抽壳结果

步骤 18：创建扇叶柱

在主菜单工具栏中选择【插入】→【设计特征】→【拉伸】命令或在【基本】工具条中单击拉伸图标，系统弹出【拉伸】对话框。

1）单击【截面】卷展栏，接着在【选择曲线】选项单击绘制截面图标，系统弹出【创建草图】对话框，接着选择 XZ 平面为草图面，其余参数按系统默认，单击确定按钮进入草图环境。

2）在草图环境中利用曲线命令及约束命令（几何约束和尺寸约束），完成如图 9-71 所示的草图创建，接着单击完成图标，系统返回【拉伸】对话框。

3）在【起始】下拉选项选择直至延伸部分选项，接着在绘图区选择头部曲面为延伸部分，在【结束】的【距离】文本框中输入“95”，在【布尔】下拉选项选择合并选项，其余参数按系统默认，单击确定按钮完成拉伸操作，结果如图 9-72 所示。

玩具飞机上盖结果如图 9-73 所示。

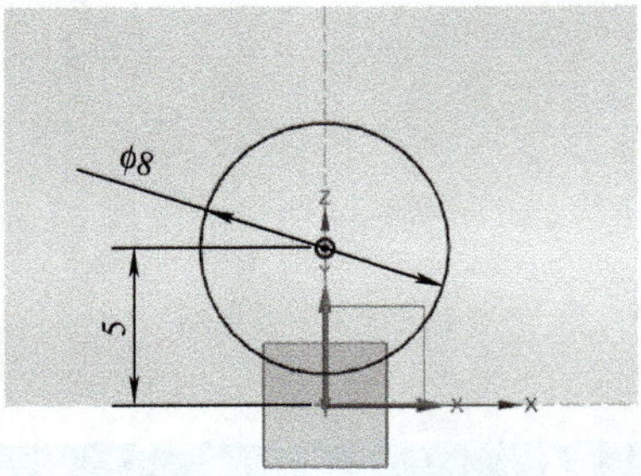

图 9-71　草图创建结果

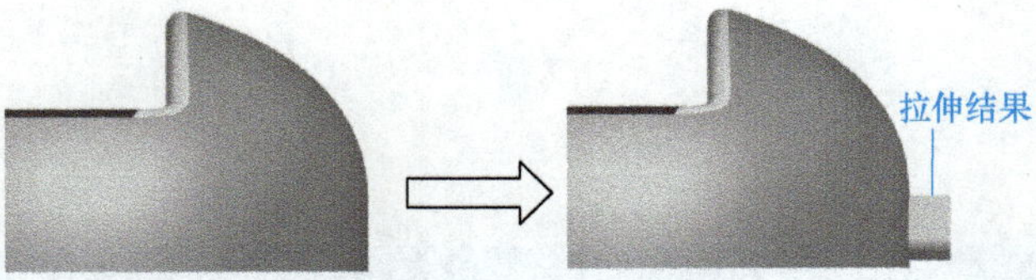

图 9-72　拉伸结果

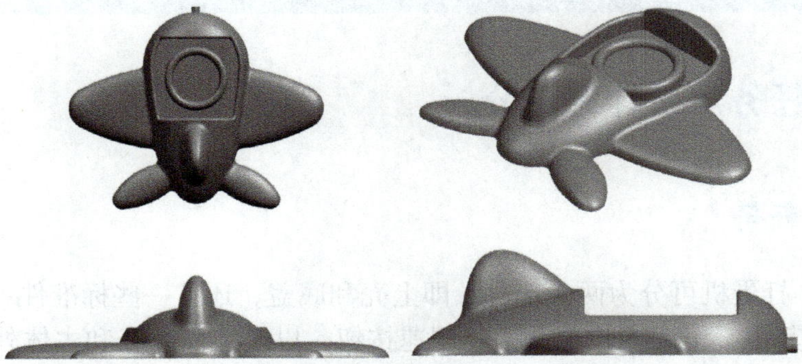

图 9-73　玩具飞机上盖结果

第 10 章　打蛋机数字设计

10.1　设计任务及设计思路分析

10.1.1　设计任务

分析可知，打蛋机可分为两大部分，即上壳和底盖，还有一些标准件（电动机传动装置和转动圈）。其中，上壳内包含开关、调速按钮，以及顶面外壳和主体外形壳体，装配结果如图 10-1 所示。本章主要介绍打蛋机的顶面壳体、主体外形壳体和底盖的设计，内部电动机传动装置等读者可根据自己的需要自行设计。

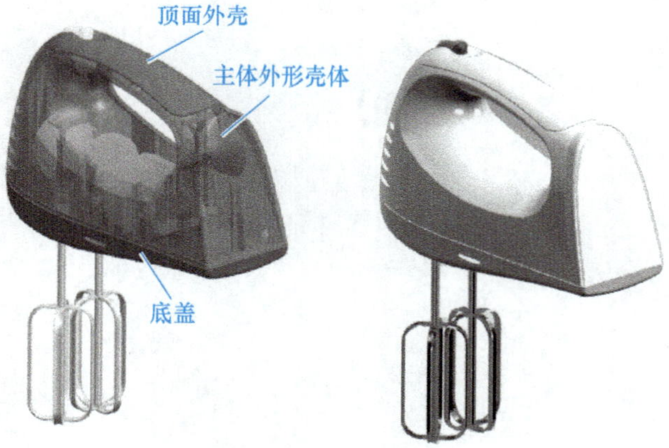

图 10-1　打蛋机设计结果

10.1.2　设计思路分析

由图 10-1 来看，设计的主要工作量是创建顶面外壳、主体外形壳体及底盖即可。由于顶面外壳的外形与主体外形壳体要保持流线光滑过渡，底盖与主体外形壳体也要保持流线光滑过渡，因此在设计时，应该先设计主体外形壳体，并在此基础上参考主体外形壳体尺寸完成顶面外壳及底盖的设计。打蛋机设计流程简表见表 10-1。

表 10-1　打蛋机设计流程简表

主体外形壳体设计流程		
	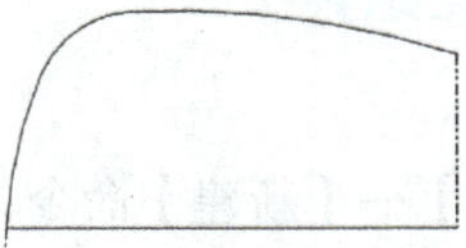	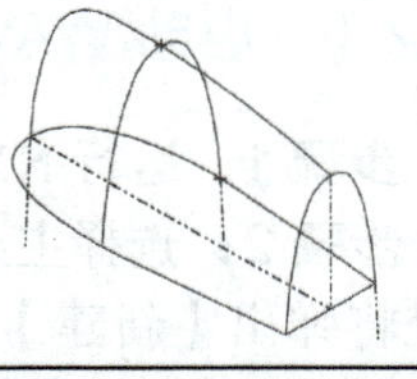
1. 绘制主体外形壳体底部曲线	2. 创建主体外形壳体前侧曲线	3. 创建主体外形壳体右侧曲线
		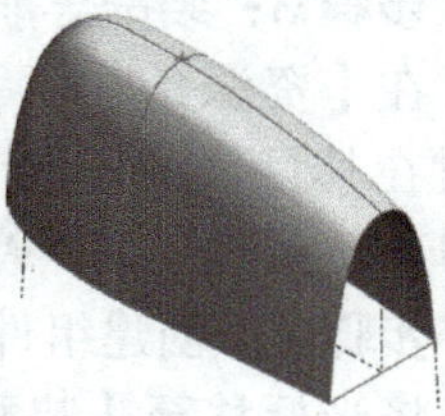
6. 创建提手与尾部对象	5. 创建主体外形壳体实体	4. 创建主体外形壳体曲面

7. 完成修饰与顶部切割	8. 内部结构设计	
底盖设计流程		

1. 引用主体外形草图	2. 创建底盖体	3. 创建前侧草图
	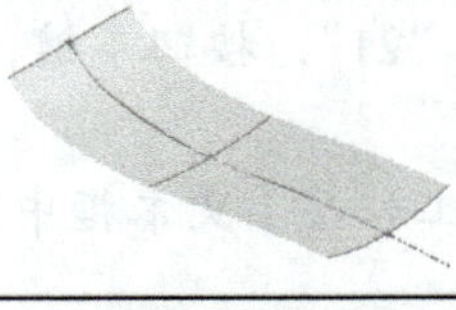	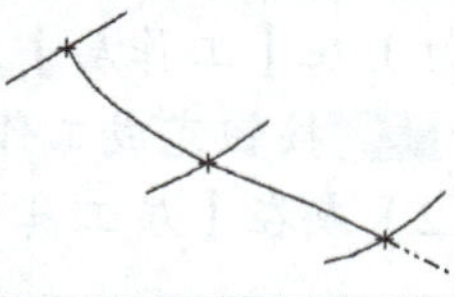
6. 修剪底盖底面	5. 创建底盖切割面	4. 创建右侧草图
	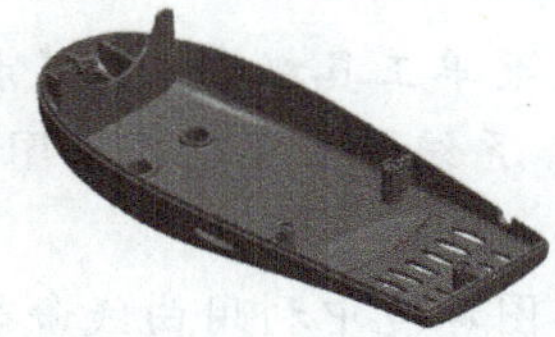	
7. 细节设计	8. 内部结构设计	

10.2 主体外形壳体设计步骤

10.2.1 启动 WAVE 模式及创建组件

步骤 1： 运行 NX 软件

步骤 2： 选择主菜单中的【文件】→【新建】命令，或单击标准工具栏的新建模图标，系统将弹出【新建】对话框，接着在【名称】文本框中输入“打蛋机”，其余参数按系统默认，单击确定按钮进入 NX 建模环境。

步骤 3： 装配导航器应用及启用 WAVE 模式

在【资源条选项】工具栏中单击装配导航器图标，系统显示【装配导航器】窗口，同时在其目录下显示“打蛋机”。接着在【装配导航器】窗口空白处右击，系统弹出快捷菜单，然后选中✔ WAVE 模式选项。

步骤 4： 创建组件

将光标移至【装配导航器】窗口中的“打蛋机”处，然后右击，系统弹出快捷菜单，接着选择【WAVE】→【新建层】，系统弹出【新建层】对话框。

在【部件名】文本框中输入“主体外形壳体”并按回车键，接着单击应用按钮，完成“主体外形壳体”部件创建；利用相同的方法完成底盖、顶面外壳及标准件与配件等部件的创建，结果在装配导航器中显示如图 10-2 所示。

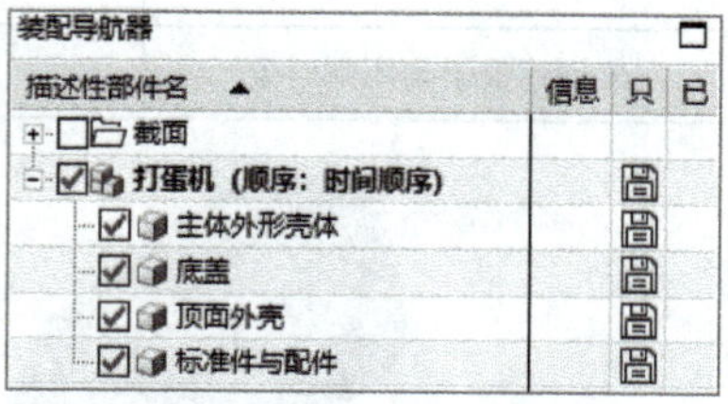

图 10-2 组件创建结果

10.2.2 主体外形壳体创建

步骤 1： 激活主体外形壳体组件

在【装配导航器】窗口中双击☑ 主体外形壳体组件，激活主体外形壳体为工作组件。

步骤 2： 创建草图轮廓

1. 图层设置

在主菜单工具栏中选择【格式】→【图层设置】命令或在【层工具】工具条中单击图层设置（或按〈Ctrl+L〉键），系统弹出【图层设置】对话框。

1）在【工作层】文本框中输入“21”，按回车键，61 为可选层，其余为不可见的层，单击关闭按钮完成工作图层设置。

2）或在【层工具】工具条的【工作层】文本框中输入“21”，按回车键完成工作图层设置。

2. 创建底部草图轮廓

1）在主菜单工具栏中选择【插入】→【草图】命令或在【构造】工具条中单击创建草图图标，系统弹出【创建草图】对话框，其余参数按系统默认，单击确定按钮进入草图环境。

2）在草图环境中利用曲线命令完成线段的绘制，并利用标注尺寸值和相关约束功能完成草图的约束，结果如图 10-3 所示，然后在【草图】工具条中单击完成图标，完成草图创建。

3. 创建前侧草图轮廓

利用图层管理命令，完成设置 22 为工作层，21 为可选层。并选择 XZ 平面为草图平面，进入草图环境利用草图相关功能完成前侧草图创建，结果如图 10-4 所示。

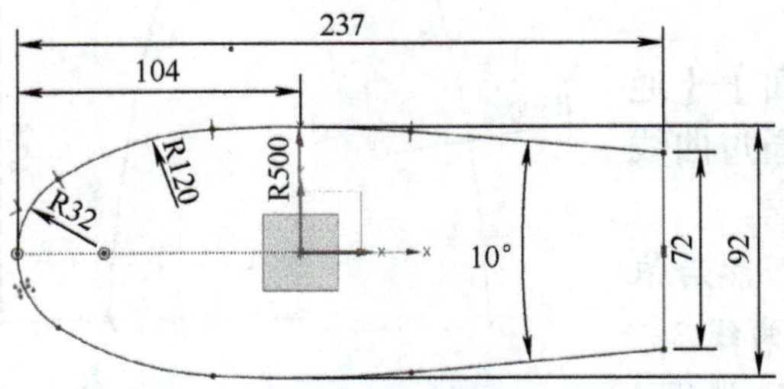

图 10-3　底部草图创建结果

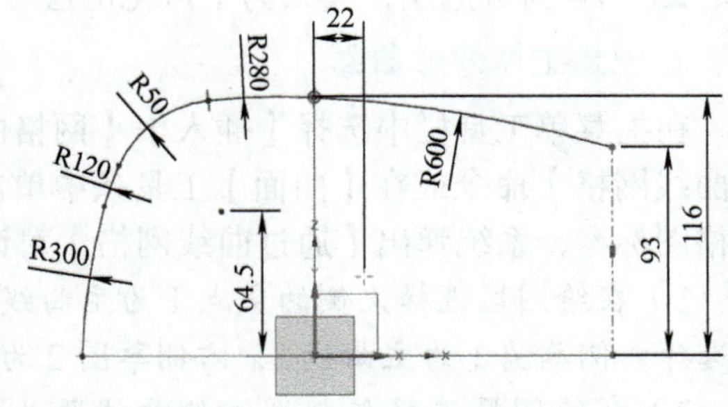

图 10-4　前侧草图创建结果

4. 创建右侧草图轮廓 1

利用图层管理命令，完成设置 23 为工作层，21、22 为可选层。并选择 YZ 平面为草图平面，进入草图环境利用草图相关功能完成右侧草图创建，结果如图 10-5 所示。

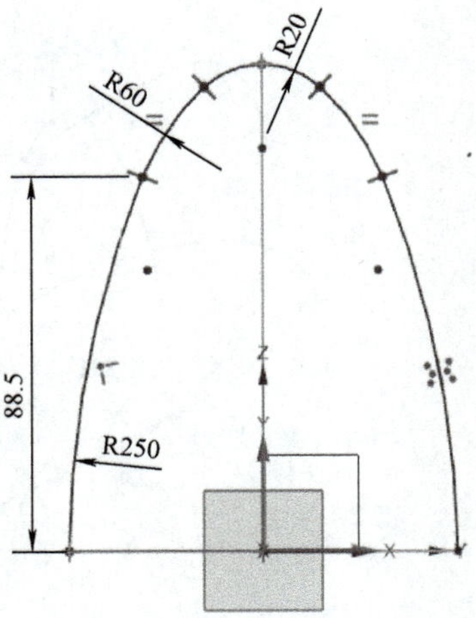

图 10-5　右侧草图创建结果 1

5. 创建右侧基准平面

利用图层管理命令，完成设置 62 为工作层，21、61 为可选层。

在主菜单工具栏中选择【插入】→【基准】→【基准平面】命令或在【构造】工具条中单击基准平面图标◆，系统弹出【基准平面】对话框。

在绘图区选择右侧的三个点，创建一基准平面，结果如图 10-6 所示。

6. 创建右侧草图轮廓 2

利用图层管理命令，完成设置 24 为工作层，21、22、62 为可选层。接着在绘图区选择图 10-6 所示的基准平面为草图平面，进入草图环境利用草图相关功能完成右侧草图创建，结果如图 10-7 所示。

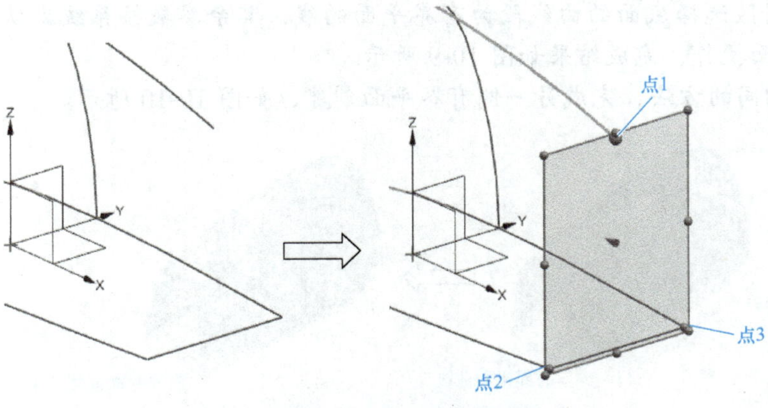

图 10-6　基准平面创建结果

步骤 3：创建主体外形曲面

1. 图层设置

利用图层管理命令，完成设置 1 为工作层，21、22、23、24 为可选层，其余为不可见的层。

2. 创建主体外形曲面

在主菜单工具栏中选择【插入】→【网格曲面】→【通过曲线网格】命令或在【曲面】工具条中单击通过曲线网格图标，系统弹出【通过曲线网格】对话框。

1）在绘图区选择左侧的交点 1 为主曲线 1，然后依序选择右侧草图 1 为主曲线 2，右侧草图 2 为主曲线 3。

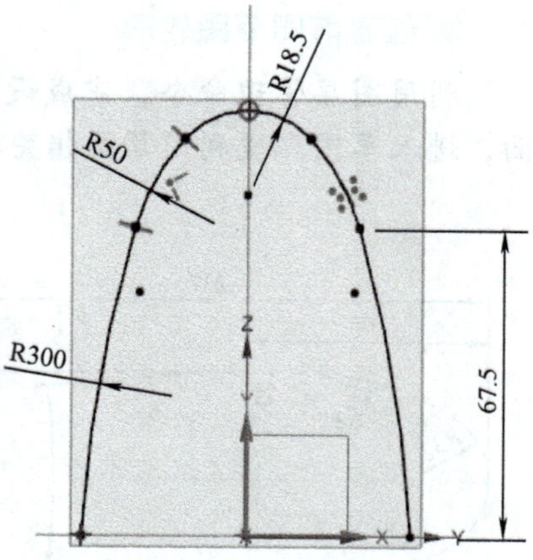

图 10-7　右侧草图创建结果 2

2）在绘图区选择俯视图右侧曲线段为交叉曲线 1 起始对象，接着依序选择截面线段，直至交叉曲线选择完毕，其余参数按系统默认，单击 <确定> 按钮完成通过曲线网格曲面创建，结果如图 10-8 所示。

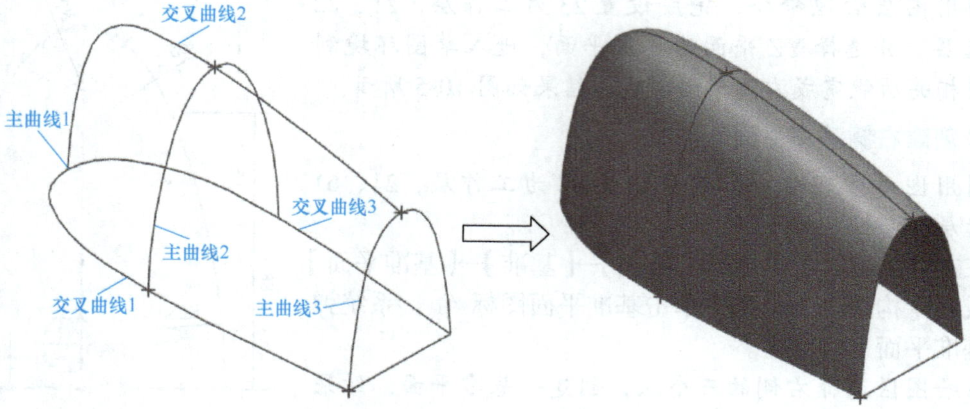

图 10-8　主体外形曲面

步骤 4：创建主体外形实体

1. 创建有界平面

在主菜单工具栏中选择【插入】→【曲面】→【有界平面】命令或在曲面【基本】工具条中单击有界平面图标，系统弹出【有界平面】对话框。

1）在绘图区选择底面的曲线段为有界平面的线，其余参数按系统默认，单击 <确定> 按钮完成有界平面操作，完成结果如图 10-9 所示。

2）利用相同的方法，完成另一侧有界平面创建，如图 10-10 所示。

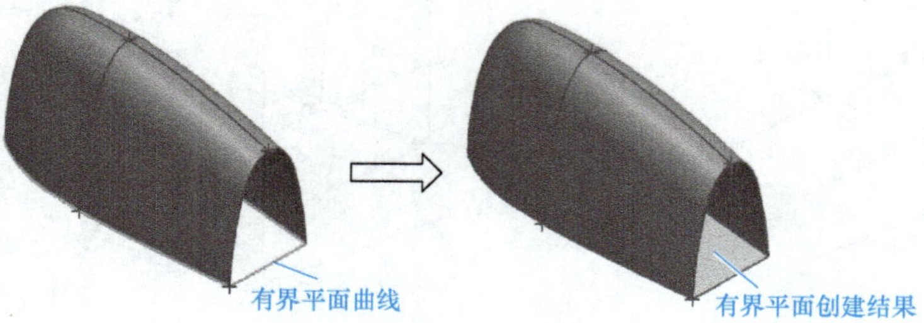

图 10-9　有界平面创建结果（一）

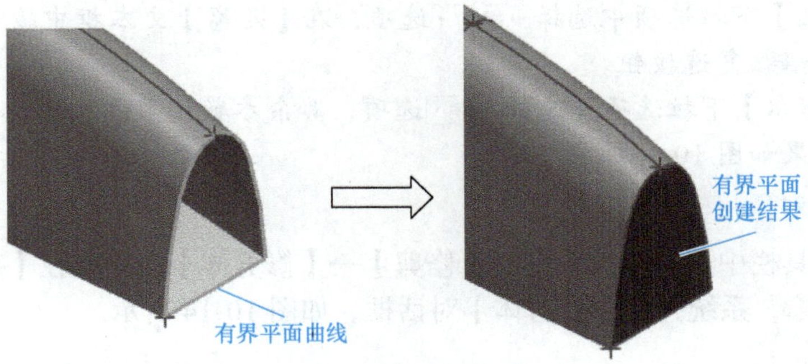

图 10-10　有界平面创建结果（二）

2. 曲面实体化

在主菜单工具栏中选择【插入】→【组合】→【缝合】命令或在曲面【组合】工具条中单击缝合图标，系统弹出【缝合】对话框。

在绘图区选择主体外形曲面为目标片体，接着选择有界平面的两个曲面为工具体，其余参数按系统默认，单击确定按钮完成缝合操作，结果如图 10-11 所示。

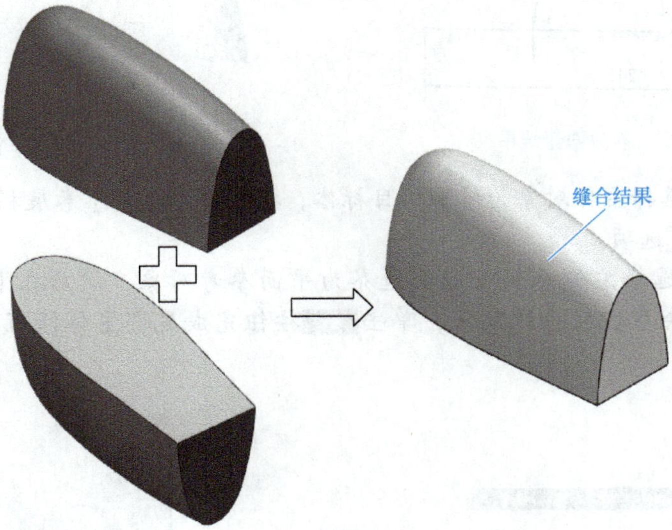

图 10-11　曲面实体化结果

步骤 5：切割主体外形

1. 图层设置

利用图层管理命令，完成设置 1 为工作层，其余为不可见的层。

2. 拉伸切割体

在主菜单工具栏中选择【插入】→【设计特征】→【拉伸】命令或在【基本】工具条中单击拉伸图标，系统弹出【拉伸】对话框。

1）单击【截面】卷展栏，接着在【选择曲线】选项单击绘制截面图标，系统弹出【创建草图】对话框，在绘图区选择 XZ 平面为草图面，其余参数按系统默认，单击确定按钮进入草图环境。在草图环境中利用草图相关功能完成草图创建，结果如图 10-12 所示，并在【草图】工具条中单击完成图标，系统返回【拉伸】对话框。

2）在【结束】下拉选项中选择 对称值 选项，在【距离】文本框中输入“120”，同时选中☑开放轮廓智能体复选按钮。

3）单击【布尔】下拉选项并选择 减去 选项，其余参数按系统默认，单击 确定 按钮完成拉伸操作，结果如图 10-13 所示。

3. 修剪主体对象

在主菜单工具栏中选择【插入】→【修剪】→【修剪体】命令或在【基本】工具条中单击修剪体图标，系统弹出【修剪体】对话框，如图 10-14 所示。

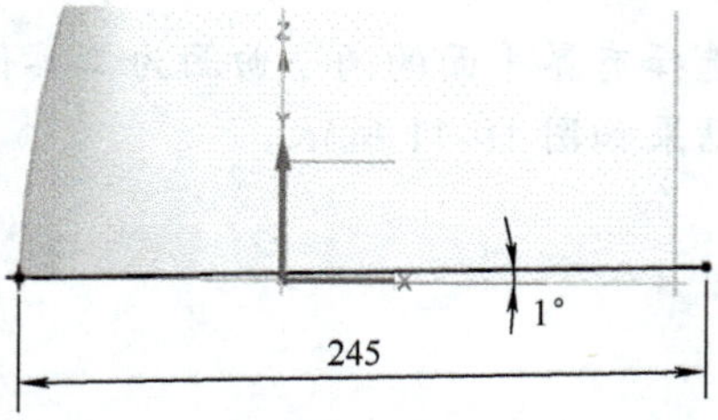

图 10-12　草图创建结果

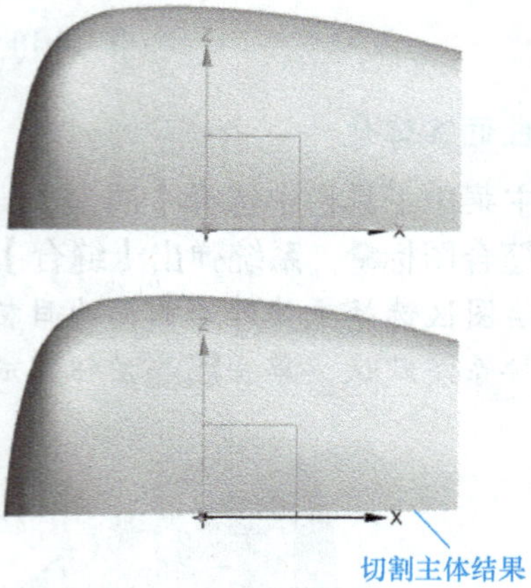

图 10-13　切割主体结果

1）在绘图区选择主体对象为修剪的目标体，接着在【工具】卷展栏中的【工具选项】下拉选项选择 新平面 选项。

2）在绘图区选择右侧平面及底面边界为平面参考对象，然后在【角度】文本框中输入“–15”，其余参数按系统默认，单击 确定 按钮完成尾部主体修剪，结果如图 10-15 所示。

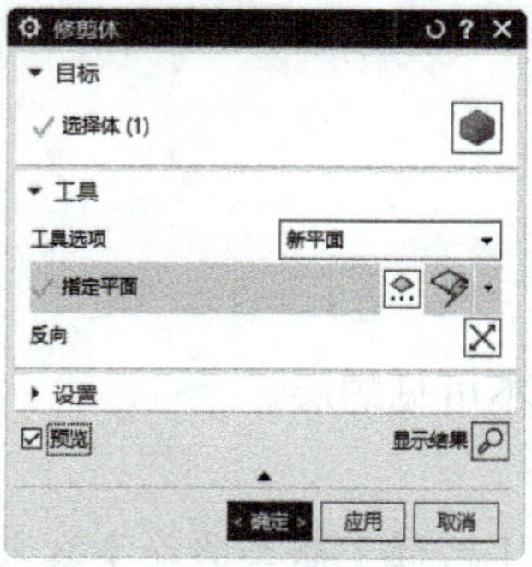

图 10-14 【修剪体】对话框

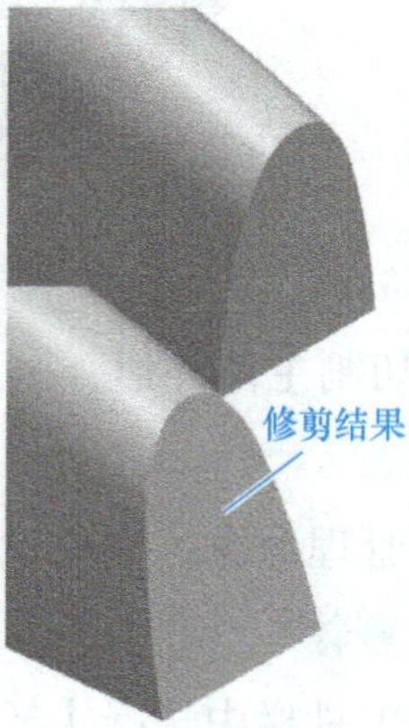

图 10-15　修剪尾部主体结果

步骤 6：创建尾部修饰

1. 图层设置

利用图层管理命令，完成设置 25 为工作层，1、61 为可选层，其余为不可见的层。

2. 绘制草图

在主菜单工具栏中选择【插入】→【草图】命令或在【构造】工具条中单击创建草图图标，系统弹出【创建草图】对话框，接着在绘图区选择刚修剪的面为草图面，其余参数按系统默认，单击 确定 按钮进入草图环境。

在草图环境中利用曲线命令完成线段的绘制，并利用标注尺寸值和相关约束功能完成草图的约束，结果如图 10-16 所示，然后在【草图】工具条中单击完成图标，完成草图创建。

3. 创建有界平面

利用图层管理命令，完成设置 1 为工作层，25 为可选层，其余为不可见的层。在主菜单工具栏中选择【插入】→【曲面】→【有界平面】命令或在曲面【基本】工具条中单击有界平面图标，系统弹出【有界平面】对话框。

在绘图区选择图 10-16 所示的草图及底边为有界平面的线，其余参数按系统默认，单击 确定 按钮完成有界平面操作，结果如图 10-17 所示。

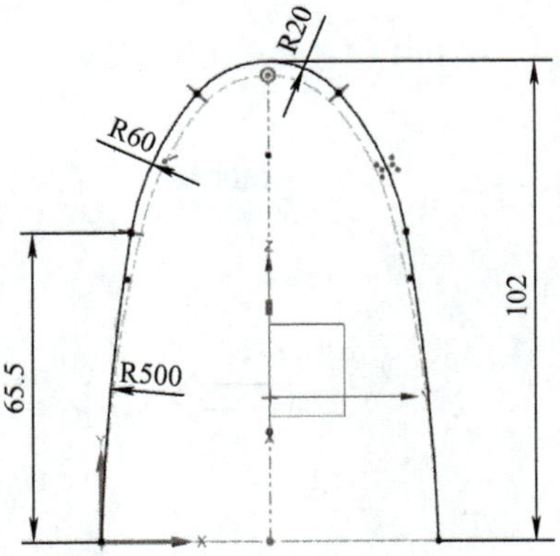

图 10-16　草图创建结果

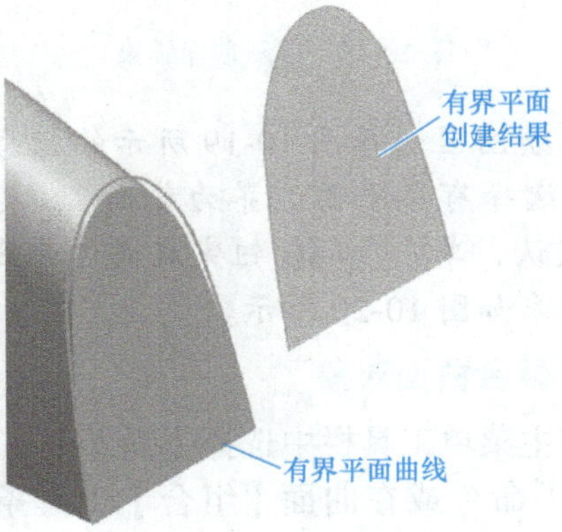

图 10-17　有界平面创建结果

4. 建立截面草图

利用图层管理命令，完成设置 26 为工作层，61 为可选层，其余为不可见的层。在草图环境中利用曲线命令完成线段的绘制，并利用标注尺寸值和相关约束功能完成草图的约束，结果如图 10-18 所示，然后在【草图】工具条中单击完成图标，完成草图创建。

5. 建立投影曲线

利用图层管理命令，完成设置 41 为工作层，1、26 为可选层，其余为不可见的层。在主菜单工具栏中选择【插入】→【派生曲线】→【投影】命令或在曲线【派生】工具条中单击投影曲线图标，系统弹出【投影曲线】对话框。

1）在绘图区选择图 10-18 所示的草图为投影曲线对象，单击鼠标中键，系统跳至【要投影的对象】卷展栏选项，接着选择主体外形曲面为要投影的对象。

2）在【投影方向】卷展栏选项中将【方向】下拉选项设置为【矢量】，接着选择 Y 轴为指定的矢量，其余参数按系统默认，单击 确定 按钮完成投影曲线创建，结果如图 10-19 所示。

6. 创建通过曲线组曲面

利用图层管理命令，完成设置 1 为工作层，41 为可选层，其余为不可见的层。在主菜单工具栏中选择【插入】→【网格曲面】→【通过曲线组】命令或在曲面【基本】工具条中单击通过曲线组图标，系统弹出【通过曲线组】对话框。

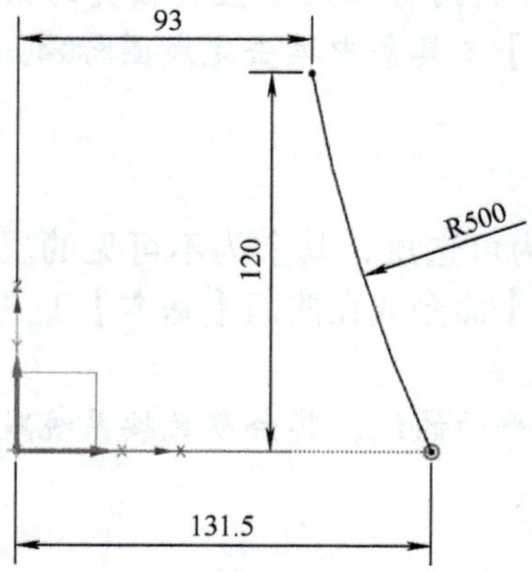

图 10-18　草图创建结果

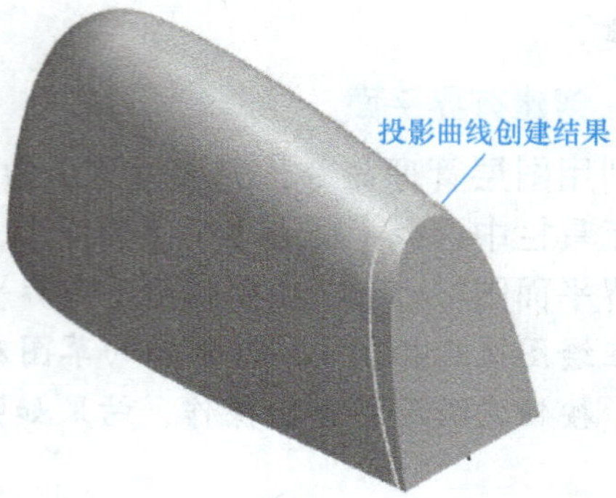

图 10-19　投影曲线创建结果

在绘图区选择图 10-19 所示的投影曲线为截面 1，选择有界平面边界为截面 2，其余参数按系统默认，单击〈确定〉按钮完成通过曲线组曲面创建，结果如图 10-20 所示。

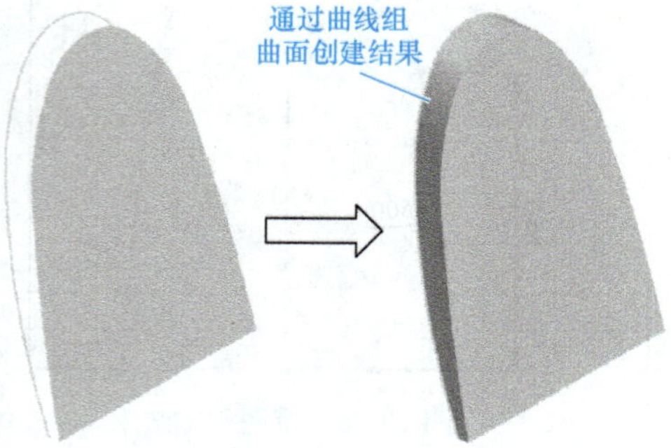

图 10-20　通过曲线组曲面创建结果

7. 缝合曲面对象

在主菜单工具栏中选择【插入】→【组合】→【缝合】命令或在曲面【组合】工具条中单击缝合图标，系统弹出【缝合】对话框。

在绘图区选择通过曲线组曲面为目标片体，接着选择有界平面为工具体，其余参数按系统默认，单击〈确定〉按钮完成缝合操作，结果如图 10-21 所示。

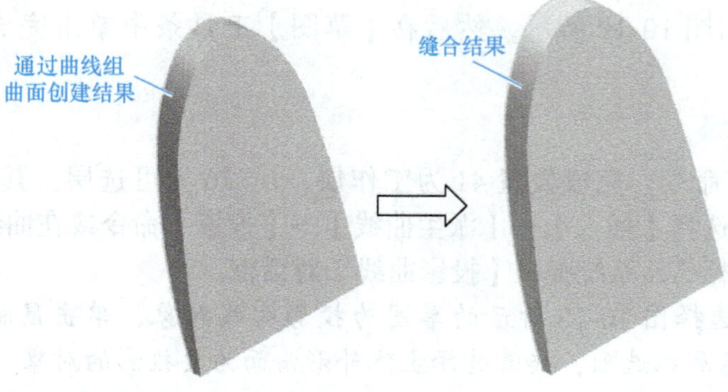

图 10-21　缝合结果

8. 实体修补

在主菜单工具栏中选择【插入】→【组合】→【修补】命令或在曲面【组合】工具条

中单击修补图标，系统弹出【修补】对话框。

1）在绘图区选择主体外形为要修补的体，单击中键系统跳至【工具】卷展栏选项，接着选择图 10-21 所示的缝合体为用于修补的体。

2）在【修补】对话框中单击【设置】卷展栏，并选中☑ 在实体目标中开孔复选按钮，其余参数按系统默认，单击确定按钮完成修补操作，结果如图 10-22 所示。

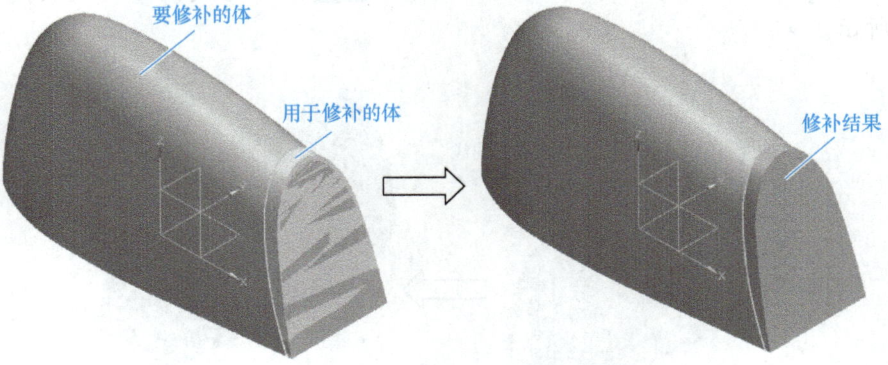

图 10-22　修补结果

步骤 7：创建提手通槽

1. 通槽草图创建 1

利用图层管理命令，完成设置 27 为工作层，22 为可选层。接着在绘图区选择前视图的平面为草图平面，进入草图环境，同时利用草图相关功能完成草图创建，结果如图 10-23 所示。

2. 通槽草图创建 2

利用图层管理命令，完成设置 28 为工作层，27 为可选层。接着在绘图区选择前视图的平面为草图平面，进入草图环境，同时利用草图相关功能完成草图创建，结果如图 10-24 所示。

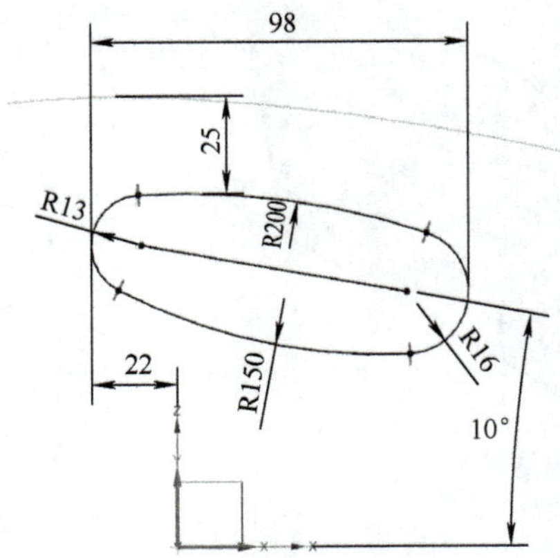

图 10-23　通槽草图创建结果 1

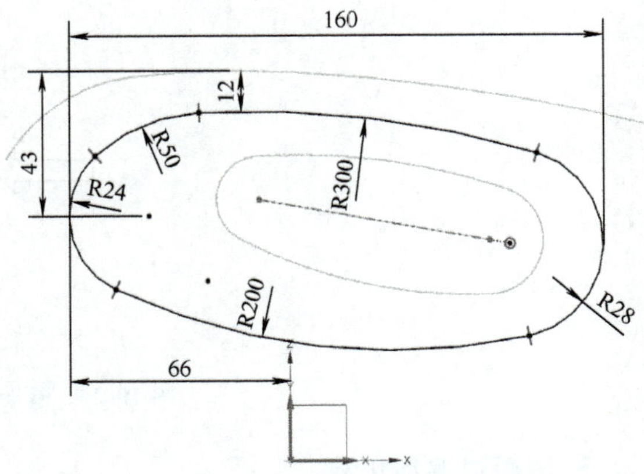

图 10-24　通槽草图创建结果 2

3. 创建投影曲线

利用图层管理命令，完成设置 42 为工作层，1、28 为可选层，其余为不可见的层。

在主菜单工具栏中选择【插入】→【派生曲线】→【投影】命令或在曲线【派生】工具条中单击投影曲线图标，系统弹出【投影曲线】对话框。

1）在绘图区选择图 10-24 所示的草图为投影曲线对象，单击鼠标中键，系统跳至【要投影的对象】卷展栏选项，接着选择主体外形曲面为要投影的对象。

2）在【投影方向】卷展栏选项中将【方向】下拉选项设置为【矢量】，接着选择 Y 轴为指定的矢量，其余参数按系统默认，单击确定按钮完成投影曲线创建，结果如图 10-25 所示。

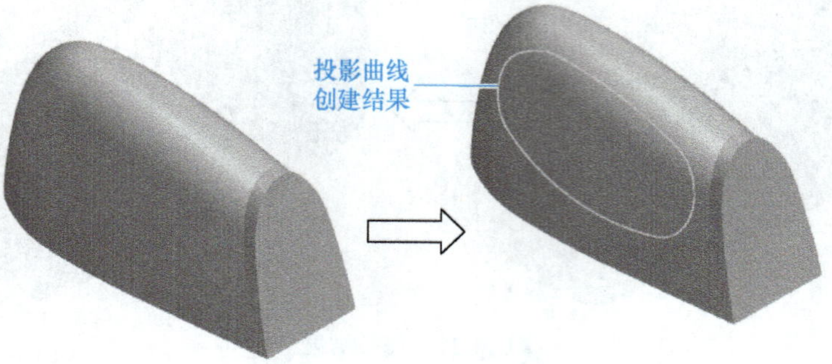

图 10-25　投影曲线创建结果

4. 创建基准平面

利用图层管理命令，完成设置 63 为工作层，27 为可选层，其余为不可见的层。在主菜单工具栏中选择【插入】→【基准】→【基准平面】命令或在【构造】工具条中单击基准平面图标，系统弹出【基准平面】对话框。

在绘图区选择直线的中心为基准平面通过点，其余参数按系统默认，单击确定按钮完成基准平面创建，结果如图 10-26 所示。

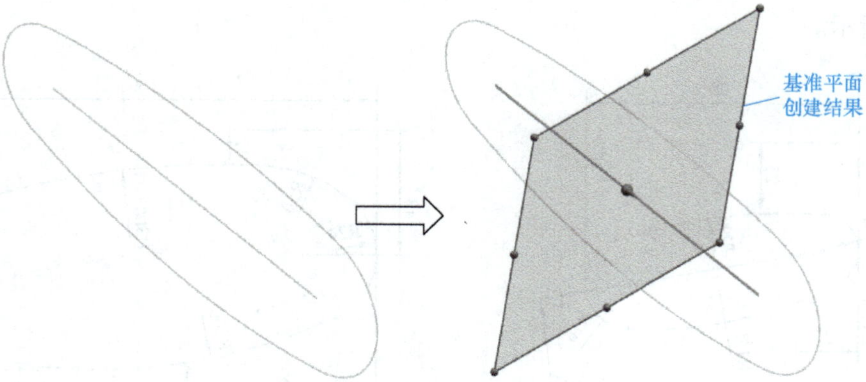

图 10-26　基准平面创建结果

5. 通槽过渡线创建

利用图层管理命令，完成设置 29 为工作层，27、63 为可选层，其余为不可见的层。接着在绘图区选择图 10-26 所示的基准平面为草图平面，进入草图环境，同时利用草图相关功能完成草图创建，结果如图 10-27 所示。

6. 创建网格曲面

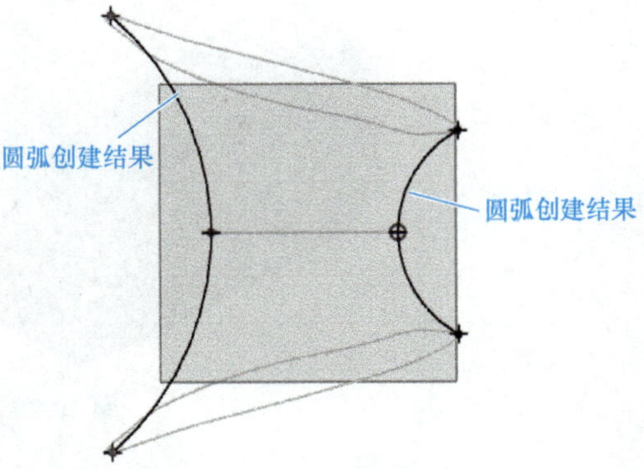

图 10-27　草图创建结果

利用图层管理命令，完成设置 11 为工作层，27、29、42 为可选层，其余为不可见的层。在主菜单工具栏中选择【插入】→【网格曲面】→【通过曲线网格】命令或在【曲面】工具条中单击通过曲线网格图标，系统弹出【通过曲线网格】对话框。

1）在绘图区选择图 10-25 所示的前面线段为主曲线 1，接着选择通槽草图 1 为主曲线 2 然后选择图 10-25 所示的后面线段为主曲线 3。

2）在绘图区选择图 10-27 所示右侧圆弧段为交叉曲线 1 起始对象，接着选择左侧圆弧截面线段为交叉曲线 2，最后选择图 10-27 所示右侧圆弧段为交叉曲线 3，其余参数按系统默认，单击＜确定＞按钮完成通过曲线网格曲面创建，结果如图 10-28 所示。

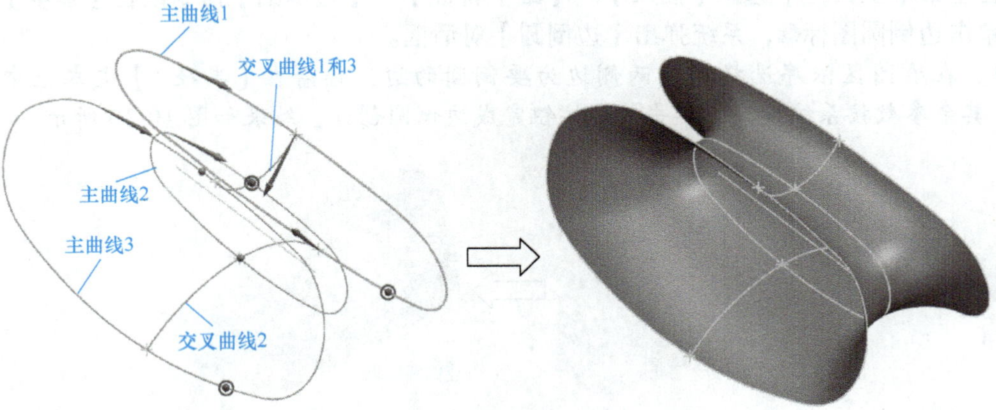

图 10-28　通过曲线网格曲面创建结果

提示：1. 如果通过曲线网格曲面不是很光顺，读者可自己在各端点处增加过渡线样条曲线，具体可视情况而定（本节未增加过渡线）。

2. 如果通过曲线网格曲面要作成封闭的曲面时，则交叉曲线的起始线段也要作为交叉曲线的结束线段，同时选择过程要按主曲线的箭头方向去选择，否则会警告。

7. 创建提手通槽

利用图层管理命令，完成设置 1 为工作层，11 为可选层，其余为不可见的层。在主菜单工具栏中选择【插入】→【组合】→【修补】命令或在曲面【组合】工具条中单击修补图标，系统弹出【修补】对话框。

1）在绘图区选择主体外形为要修补的体，单击中键系统跳至【工具】卷展栏选项，接着选择图 10-28 所示的缝合体为用于修补的体。

2）在【修补】对话框中单击【设置】卷展栏，并选中☑ 在实体目标中开孔复选按钮，其余参数按系统默认，单击确定按钮完成提手通槽创建，结果如图 10-29 所示。

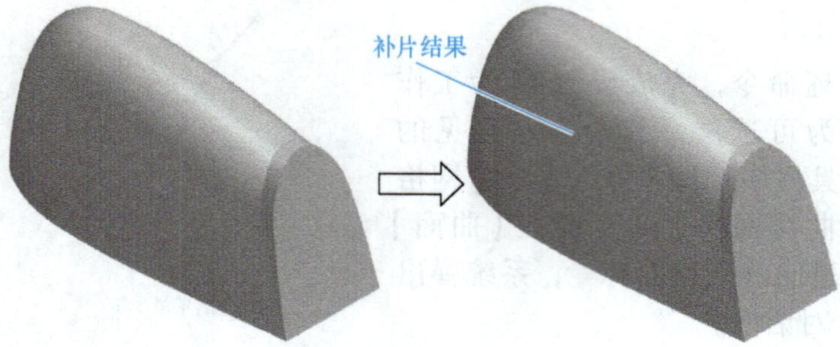

图 10-29　提手通槽创建结果

提示：如果修补时出现失败现象，建议读者将【修补】对话框中的【公差】调大，系统默认是 0.001，本例中将公差调整至 0.0254。

步骤 8：创建细节特征

1. 提手通槽及尾部倒圆创建

在主菜单工具栏中选择【插入】→【细节特征】→【边倒圆】命令或在【基本】工具条中单击边倒圆图标，系统弹出【边倒圆】对话框。

1）在绘图区依序选择通槽两侧边为要倒圆的边，接着在【半径 1】文本框中输入“5”，其余参数按系统默认，单击按钮完成边倒圆创建，结果如图 10-30 所示。

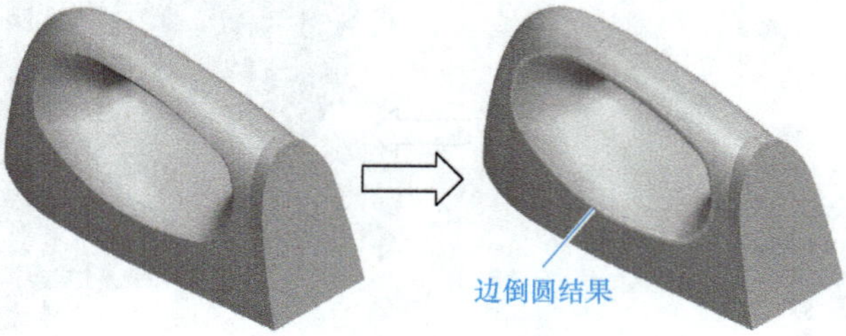

图 10-30　边倒圆结果

2）利用相同方法，完成尾部倒圆，结果如图 10-31 所示。

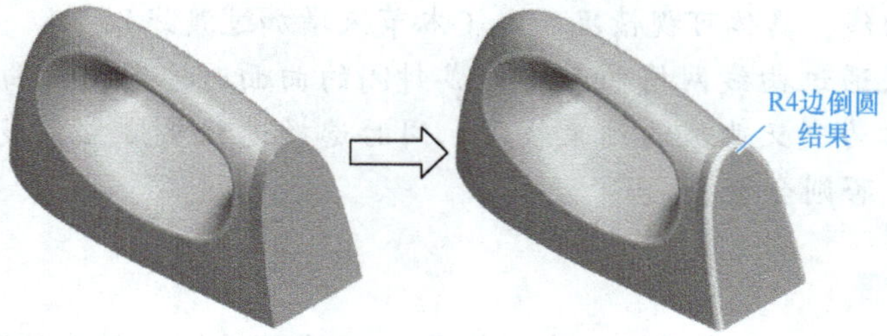

图 10-31　R4 边倒圆结果

2. 抽壳特征创建

在主菜单工具栏中选择【插入】→【偏置 / 缩放】→【抽壳】命令或在【基本】工具条中单击抽壳图标，系统弹出【抽壳】对话框。

在绘图区选择底部面的面为要抽壳的面，在【厚度】文本框中输入“3”，其余参数按系统默认，单击按钮完成抽壳特征创建，结果如图 10-32 所示。

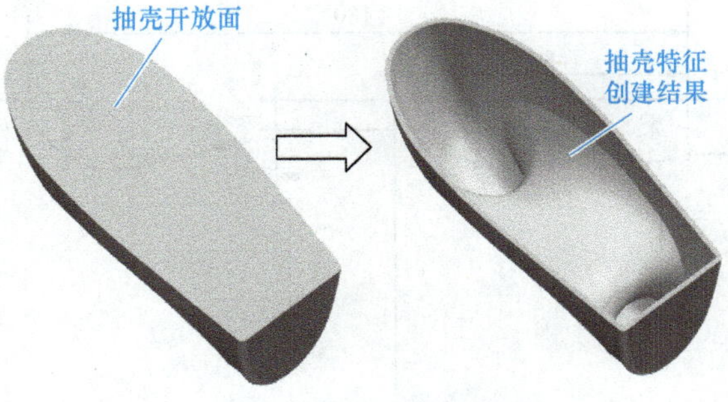

图 10-32　抽壳特征创建结果

步骤 9：复制关联体

由于打蛋机由顶面外壳和主体外形壳体及底盖等组成，为了保证顶面外壳和主体外形壳体及底盖对象保留参数关联，可以将现有主体外形壳体进行备份一个关联体，给后续设计时参考。具体操作如下：

1）利用图层管理命令，完成设置 2 为工作层，1 为可选层，其余为不可见的层。在主菜单工具栏中选择【插入】→【关联复制】→【抽取几何特征】命令或在【基本】工具条中单击抽取几何特征图标，系统弹出【抽取几何特征】对话框。

2）在【类型】下拉选项选择 体 选项，接着在绘图区选择主体外形壳体为要复制的体，在【设置】卷展栏选择中选中☑ 关联、☑ 固定于当前时间戳记和☑ 隐藏原先项复选按钮，其余参数按系统默认，单击 确定 按钮完成关联体复制，结果如图 10-33 所示。

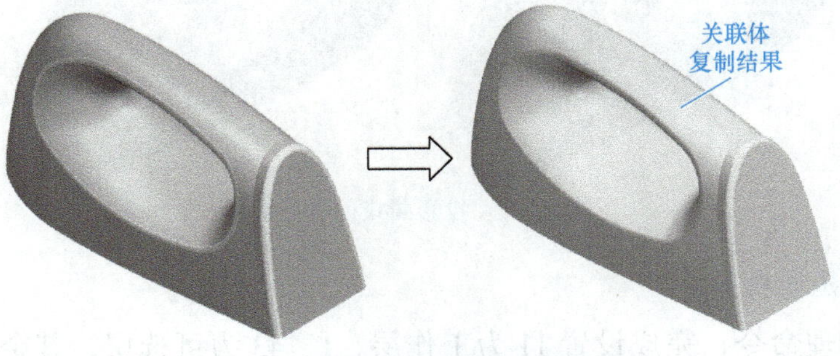

图 10-33　关联体复制结果

步骤 10：创建主体外形壳体结构

1. 创建草图对象

利用图层管理命令，完成设置 30 为工作层，23 为可选层，其余为不可见的层。接着在绘图区选择前视图平面为草图平面，进入草图环境，同时利用草图相关功能完成草图创建，结果如图 10-34 所示。

2. 创建投影曲线

利用图层管理命令，完成设置 43 为工作层，1、30 为可选层，其余为不可见的层。在主菜单工具栏中选择【插入】→【派生曲线】→【投影】命令或在曲线【派生】工具条中单击投影曲线图标，系统弹出【投影曲线】对话框。

1）在绘图区选择图 10-34 所示的草图为投影曲线对象，单击鼠标中键，系统跳至【要投影的对象】卷展栏选项，接着选择主体外形曲面为要投影的对象。

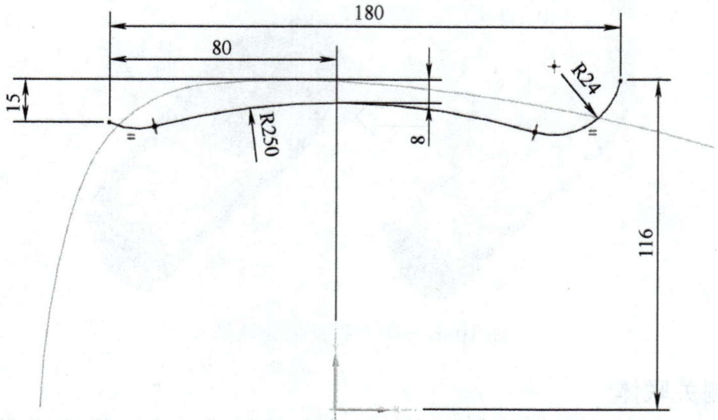

图 10-34　草图创建结果

2）在【投影方向】卷展栏选项中将【方向】下拉选项设置为【矢量】，接着选择 Y 轴为指定的矢量，其余参数按系统默认，单击确定按钮完成投影曲线创建，结果如图 10-35 所示。

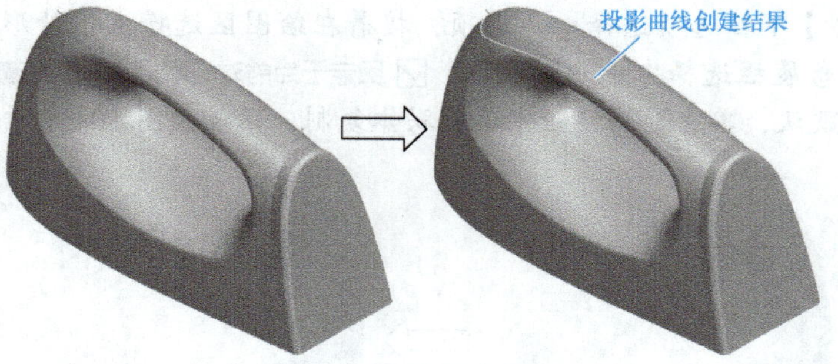

图 10-35　投影曲线创建结果

3. 创建规律延伸曲面

利用图层管理命令，完成设置 11 为工作层，1、43 为可选层，其余为不可见的层。在主菜单工具栏中选择【插入】→【弯边曲面】→【规律延伸】命令或在曲面【基本】工具条中单击规律延伸图标，系统弹出【规律延伸】对话框，如图 10-36 所示。

1）在绘图区选择图 10-35 所示的投影曲线为延伸的源曲线对象，单击鼠标中键，系统跳至【面】卷展栏选项，接着选择外表面为延伸的源面。

2）在【长度规律】卷展栏选项中的【值】文本框中输入“5”，同时在【规律延伸】对话框中单击【侧】卷展栏选项，系统显示【侧】相关选项。接着在【延伸侧】下拉选项选择对称选项，其余参数按系统默认，单击确定按钮完成规律延伸曲面创建，结果如图 10-37 所示。

4. 修剪主体外形壳体

利用图层管理命令，完成设置 1 为工作层，11 为可选层，其余为不可见的层。在主菜单工具栏中选择【插入】→【修剪】→【修剪体】命令或在【基本】工具条中单击修剪体图标，系统弹出【修剪体】对话框。

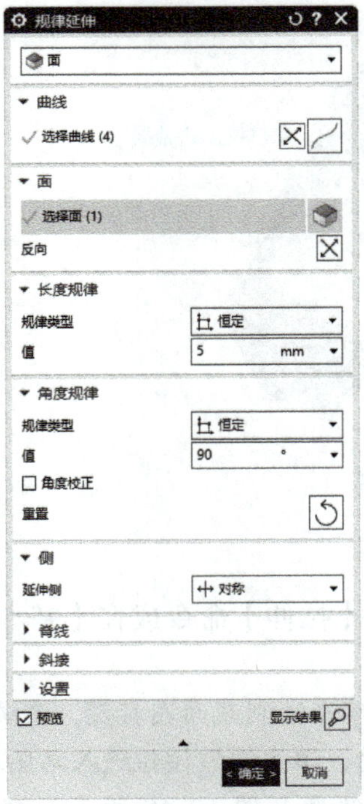

图 10-36 【规律延伸】对话框

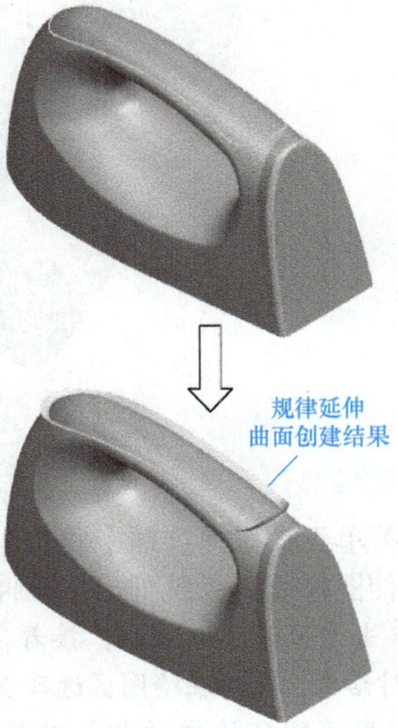

图 10-37　规律延伸曲面创建结果

在绘图区选择主体外形为要修剪的目标体，单击鼠标中键，系统跳至【工具】卷展栏选项，接着在绘图区选择图 10-37 所示的规律延伸曲面为修剪工具体，其余参数按系统默认，单击< 确定 >按钮完成修剪体创建，结果如图 10-38 所示。

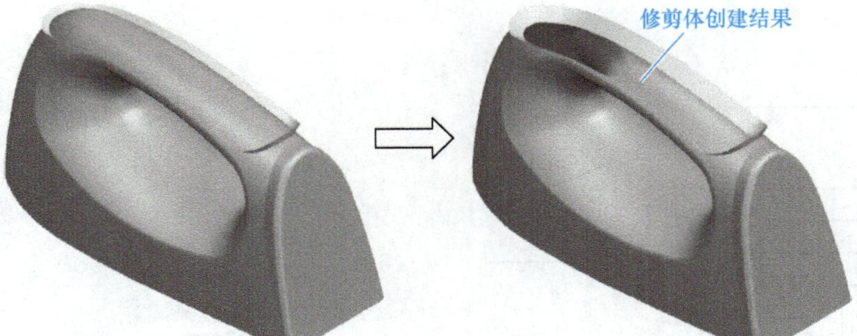

图 10-38　修剪体创建结果

5. 创建止口位

利用图层管理命令，完成设置 1 为工作层，其余为不可见的层。在主菜单工具栏中选择【插入】→【设计特征】→【拉伸】命令或在【基本】工具条中单击拉伸图标，系统弹出【拉伸】对话框。

1）在绘图区选择底部内边界为拉伸截面，在【结束】的【距离】文本框中输入“2.3”；单击【布尔】下拉选项并选择减去选项。

2）在【拉伸】对话框单击【偏置】卷展栏选项，接着在【偏置】下拉选项选择两侧，然后在【开始】文本框中输入“–1”，在【结束】文本框中输入“1.3”，其余参数按系统默认，单击< 确定 >按钮完成止口位创建，结果如图 10-39 所示。

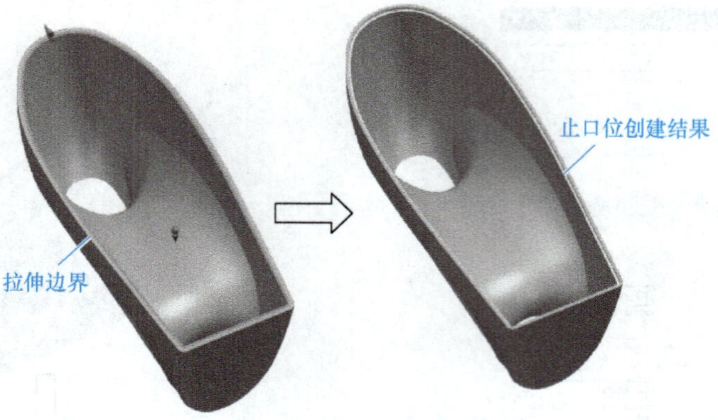

图 10-39　止口位创建结果

6. 创建散热孔

在主菜单工具栏中选择【插入】→【设计特征】→【拉伸】命令或在【基本】工具条中单击拉伸图标，系统弹出【拉伸】对话框。

1）单击【截面】卷展栏，接着在【选择曲线】选项单击绘制截面图标，系统弹出【创建草图】对话框，然后在绘图区选择 XZ 平面作为草图平面，单击确定按钮进入草图环境。

2）利用草图环境中的相关功能，完成草图创建，结果如图 10-40 所示，然后在【草图】工具条中单击完成图标，系统返回【拉伸】对话框。

3）在【结束】下拉选项中选择对称值选项，在【距离】文本框中输入“80”；单击【布尔】下拉选项并选择减去选项，其余参数按系统默认，单击确定按钮完成散热孔创建，结果如图 10-41 所示。

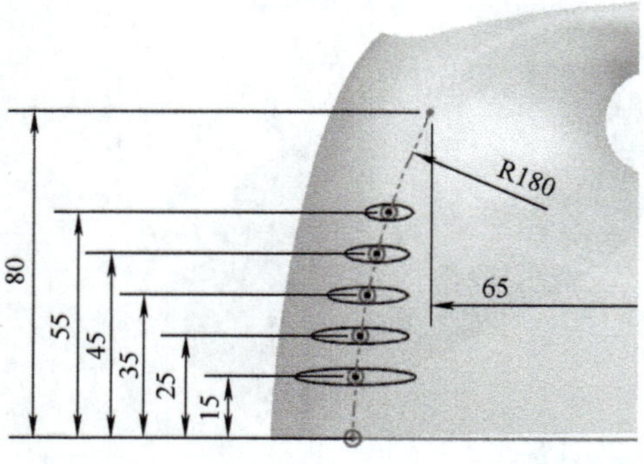

图 10-40　草图创建结果

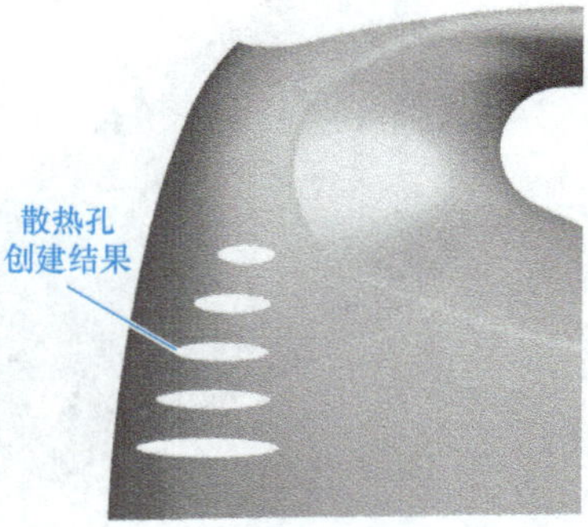

图 10-41　散热孔创建结果

提示：椭圆尺寸对象为 15×2、12×2、10×2、8×2 及 6×2，同时圆弧 R180 圆心通过 X 轴。

7. 创建提手定位结构

（1）拉伸对象　在主菜单工具栏中选择【插入】→【设计特征】→【拉伸】命令或在【基本】工具条中单击拉伸图标，系统弹出【拉伸】对话框。

1）单击【截面】卷展栏，接着在【选择曲线】选项单击绘制截面图标，系统弹出【创建草图】对话框，然后在绘图区选择 XY 平面作为草图平面，单击确定按钮进入草图环境。

2）利用草图环境中的相关功能，完成草图创建，结果如图 10-42 所示，然后在【草图】工具条中单击完成图标，系统返回【拉伸】对话框。

3）在【起始】下拉选项中选择［直至延伸部分］选项，在【结束】的【距离】文本框中输入“105”；单击【布尔】下拉选项并选择［合并］选项。

4）在【偏置】下拉选项选择［两侧］选项，接着在【结束】文本框中输入“-2”，其余参数按系统默认，单击［确定］按钮完成拉伸创建，结果如图 10-43 所示。

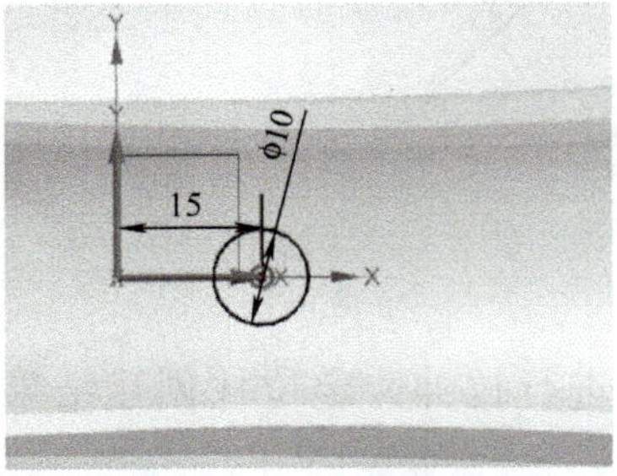

图 10-42　草图创建结果

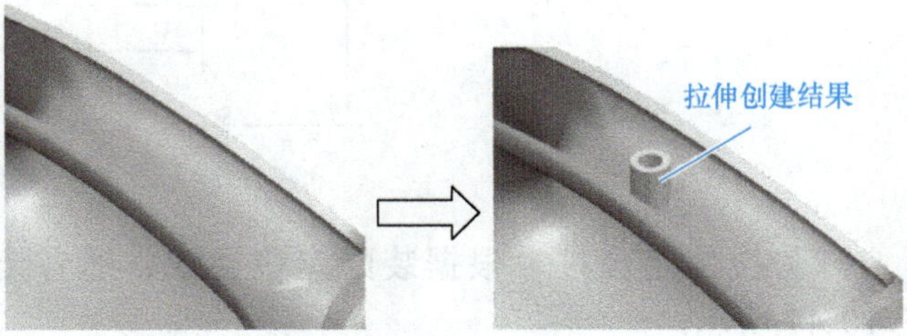

图 10-43　拉伸创建结果

（2）倒圆设计　在主菜单工具栏中选择【插入】→【细节特征】→【边倒圆】命令或在【基本】工具条中单击边倒圆图标，系统弹出【边倒圆】对话框。

1）在绘图区选择圆柱底边为倒圆边界，在【半径 1】文本框中输入“2”，其余参数按系统默认，单击［确定］按钮完成倒圆操作，结果如图 10-44 所示。

2）利用相同方法，完成内部孔倒圆，结果如图 10-45 所示。

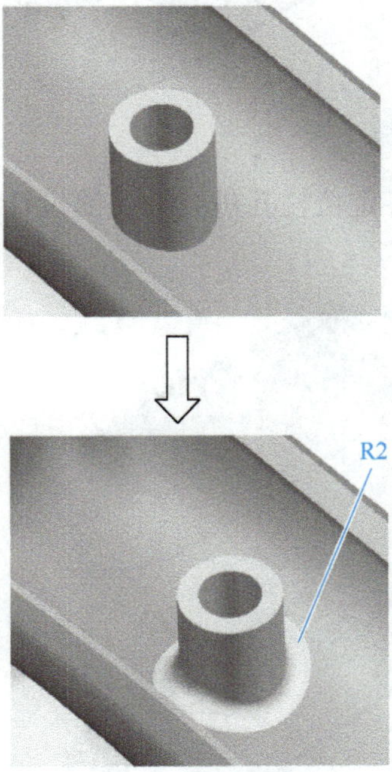

图 10-44　边倒圆结果

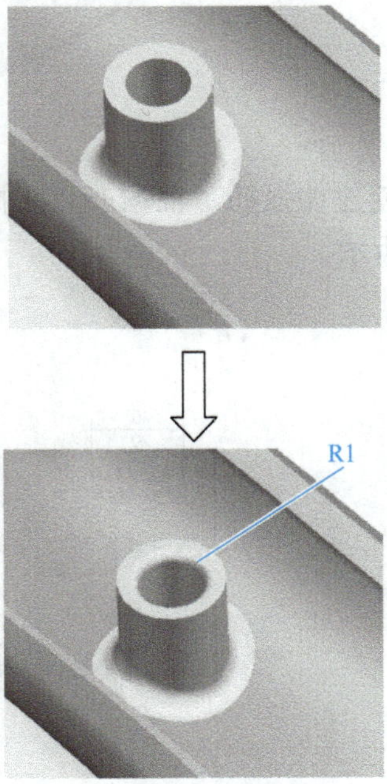

图 10-45　孔倒圆结果

8. 创建定位柱

（1）创建草图对象　利用图层管理命令，完成设置 31 为工作层，61 为可选层，其余为不可见的层。接着在绘图区选择俯视图平面为草图平面，进入草图环境，同时利用草图相关功能完成草图创建，结果如图 10-46 所示。

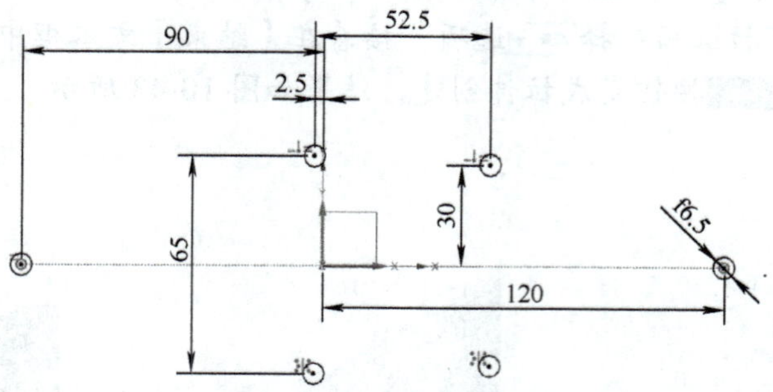

图 10-46　草图创建结果

（2）拉伸定位柱　根据装配定位要求，通各定位柱进行拉伸，定位柱创建结果如图 10-47 所示。

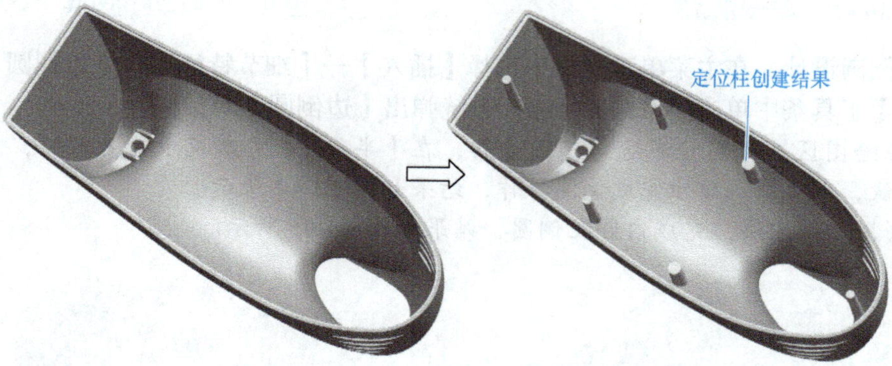

图 10-47　定位柱创建结果

（3）创建加强筋　根据产品支撑强度要求，可对各定位柱孔进行加强筋设计，结果如图 10-48 所示。

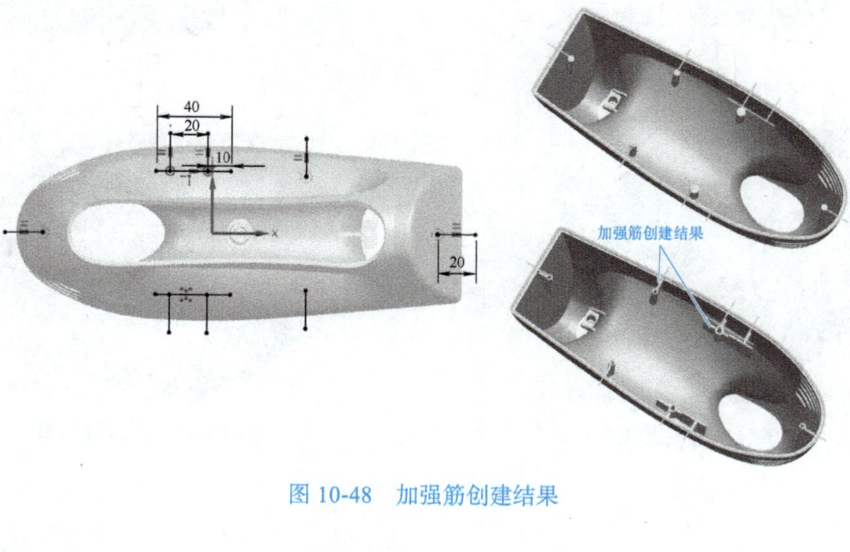

图 10-48　加强筋创建结果

9. 细化设计

根据电动机传动装置和转动圈等标准件及电器元件，可以继续细化设计，最终主体外形壳体设计结果如图 10-49 所示。

图 10-49　主体外形壳体设计结果

10.3　底盖设计步骤

步骤 1： 激活底盖组件

在【装配导航器】窗口中双击 **底盖**组件，激活底盖为工作组件。

步骤 2： 引用主体外形草图轮廓

利用图层管理命令，完成设置 44 为工作层，21 为可选层，其余为不可见的层。在主菜单工具栏中选择【插入】→【关联复制】→【WAVE 几何链接器】命令或在装配【部件间链接】工具条中单击 WAVE 几何链接器图标，系统弹出【WAVE 几何链接器】对话框，如图 10-50 所示。

在绘图区选择草图对象为要复制的曲线，其余参数按系统默认，单击 确定 按钮完成主体外形草图轮廓引用操作，结果如图 10-51 所示。

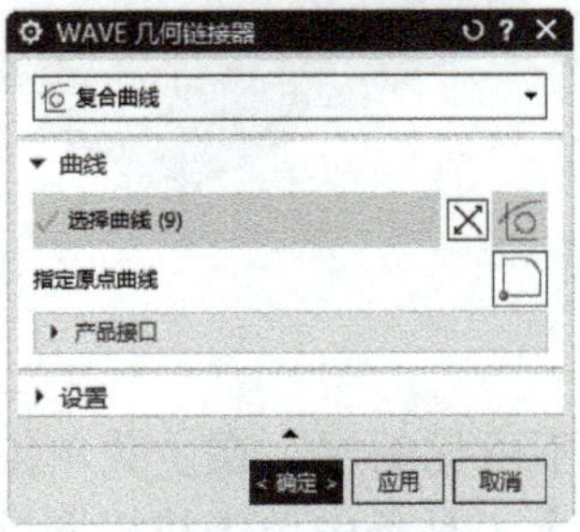

图 10-50　【WAVE 几何链接器】对话框

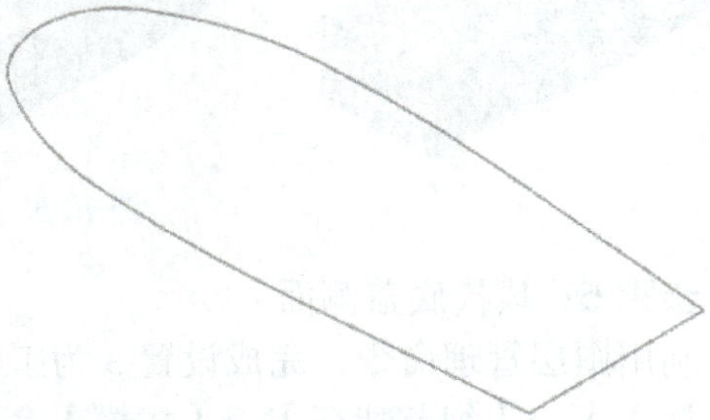

图 10-51　复制草图结果

步骤 3： 拉伸底盖主体

利用图层管理命令，完成设置 3 为工作层，44 为可选层，其余为不可见的层。在主菜单工具栏中选择【插入】→【设计特征】→【拉伸】命令或在【基本】工具条中单击拉伸图标，系统弹出【拉伸】对话框。

在绘图区选择图 10-51 所示的曲线为拉伸截面线，在【结束】的【距离】文本框中输入“50”，其余参数按系统默认，单击确定按钮完成底盖主体创建，结果如图 10-52 所示。

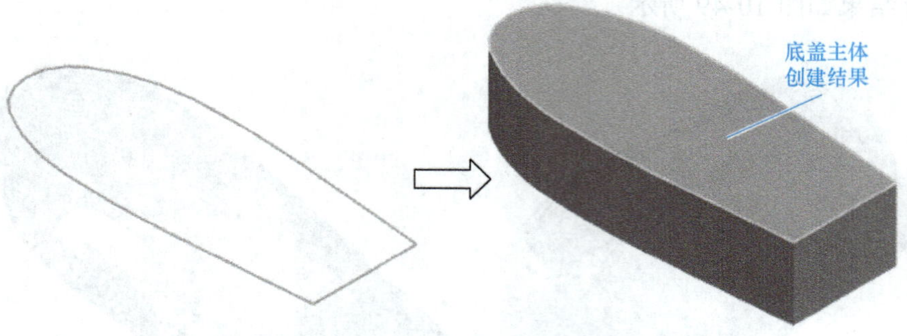

图 10-52　底盖主体创建结果

步骤 4：替换底盖面

由于拉伸出来的底盖主体表面与主体外形壳体底面有 1.5° 的倾斜面，为了保证装配面对齐，可以将底盖的上表面与主体外形壳体底面进行替换贴平即可。具体操作如下：

1）利用图层管理命令，完成设置 3 为工作层，2 为可选层，其余为不可见的层。在主菜单工具栏中选择【插入】→【同步建模】→【替换面】命令或在【同步建模】工具条中单击替换面图标，系统弹出【替换面】对话框。

2）在绘图区选择底盖表面为原始面，单击鼠标中键，系统跳至【替换面】卷展栏选项，接着在绘图区选择主体外形壳体底面为用于替换的面，其余参数按系统默认，单击确定按钮完成替换面创建，结果如图 10-53 所示。

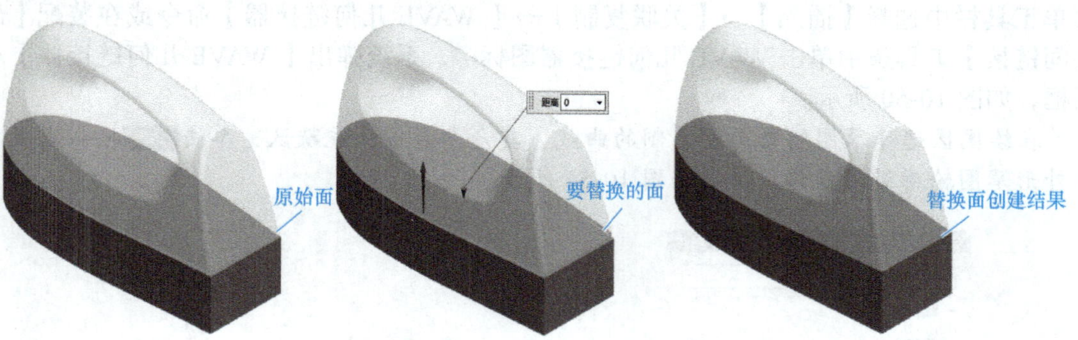

图 10-53　替换面创建结果

步骤 5：拔模底盖侧面

利用图层管理命令，完成设置 3 为工作层，其余为不可见的层。在主菜单工具栏中选择【插入】→【细节特征】→【拔模】命令或在【基本】工具条中单击拔模图标，系统弹出【拔模】对话框。

1）在【类型】下拉选项选择边选项，接着在绘图区选择 Z 轴反方向为拔模方向，系统跳至【固定边】卷展栏。然后在绘图区选择底盖右侧的直线边为固定边，接着在【角度 1】文本框中输入“3”，其余参数按系统默认，单击确定按钮完成拔模创建，结果如图 10-54 所示。

2）利用相同的方法，完成另一侧的拔模角为 5.5° 的拔模创建，结果如图 10-55 所示。

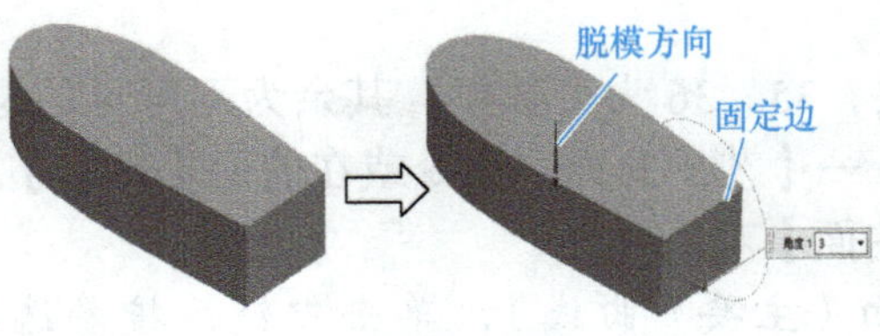

图 10-54　拔模创建结果（一）

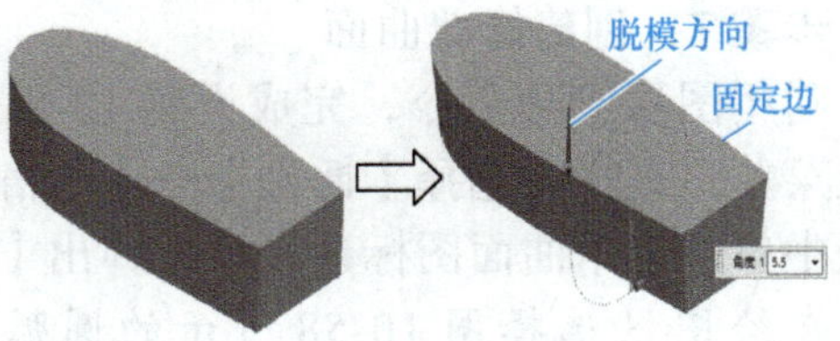

图 10-55　拔模创建结果（二）

步骤 6：底盖修剪草图创建

1. 引导线草图创建

利用图层管理命令，完成设置 35 为工作层，其余为不可见的层。接着在绘图区选择前视图平面为草图平面，进入草图环境，同时利用草图相关功能完成草图创建，结果如图 10-56 所示。

2. 创建基准平面

利用图层管理命令，完成设置 64 为工作层，35 为可选层，其余为不可见的层。在主菜单工具栏中选择【插入】→【基准】→【基准平面】命令或在【构造】工具条中单击基准平面图标，系统弹出【基准平面】对话框。

在绘图区选择右侧的圆弧端点为基准平面通过点，其余参数按系统默认，单击<确定>按钮完成基准平面创建，结果如图 10-57 所示。

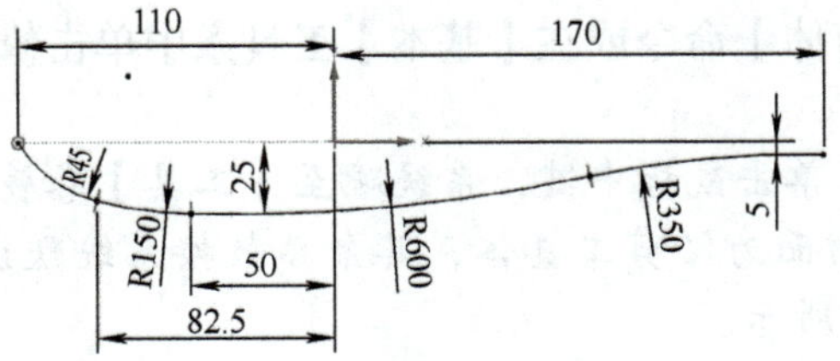

图 10-56　草图创建结果

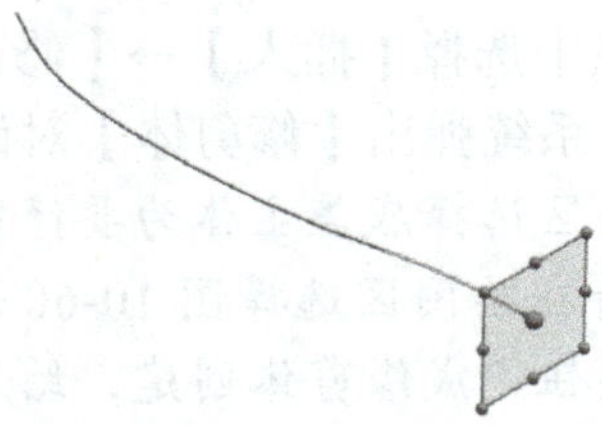

图 10-57　基准平面创建结果

3. 创建截面线 1 草图

利用图层管理命令，完成设置 36 为工作层，61、64 为可选层，其余为不可见的层。接着在绘图区选择图 10-57 所示的基准平面为草图平面，进入草图环境，同时利用草图相关功能完成草图创建，结果如图 10-58 所示。

4. 创建截面线 2 草图

利用图层管理命令，完成设置 36 为工作层，35 为可选层，其余为不可见的层。接着在绘图区选择图 10-56 所示的草图左侧圆弧段为草图路径，并进入草图环境，同时利用草图相关功能完成草图创建，结果如图 10-59 所示。

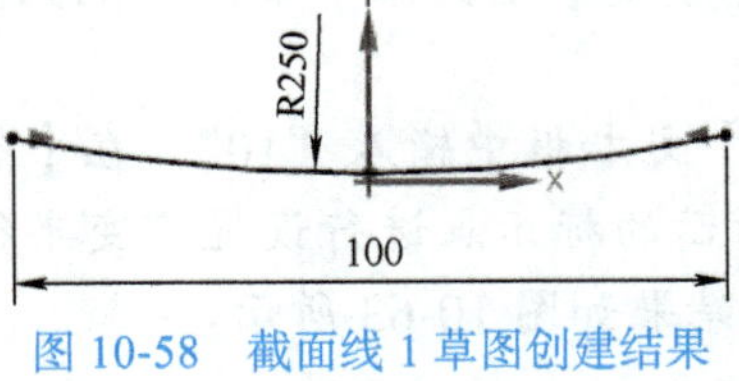

图 10-58　截面线 1 草图创建结果

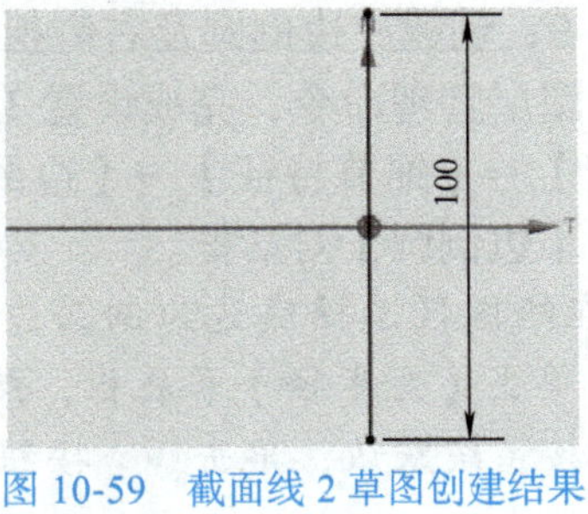

图 10-59　截面线 2 草图创建结果

步骤 7：创建修剪曲面

利用图层管理命令，完成设置 12 为工作层，35、36 为可选层，其余为不可见的层。在主菜单工具栏中选择【插入】→【网格曲面】→【艺术曲面】命令或在曲面【基本】工具条中单击艺术曲面图标，系统弹出【艺术曲面】对话框。

在绘图区选择图 10-58 所示的圆弧为截面（主要）曲线 1，单击中键，接着选择图 10-59 所示的直线为截面（主要）曲线 2。单击鼠标中键系统跳至【引导（交叉）曲线】卷展栏，然后在绘图区选择 10-56 所示的线段为引导（交叉）曲线，其余参数按系统默认，单击确定按钮完成基准平面创建，结果如图 10-60 所示。

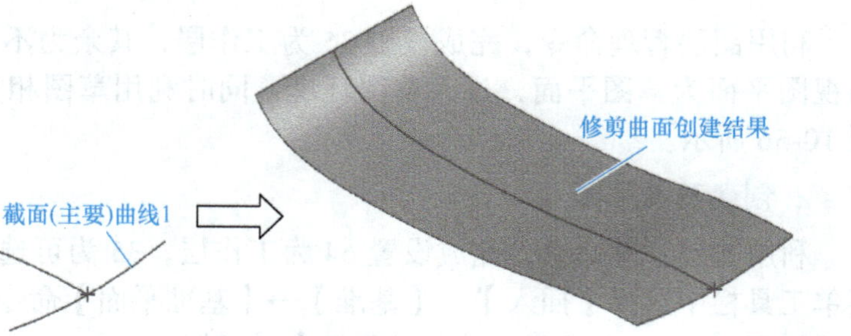

图 10-60　修剪曲面创建结果

步骤 8：修剪底盖主体

利用图层管理命令，完成设置 3 为工作层，12 为可选层，其余为不可见的层。在主菜单工具栏中选择【插入】→【修剪】→【修剪体】命令或在【基本】工具条中单击修剪体图标，系统弹出【修剪体】对话框。

在绘图区选择底盖主体为要修剪的目标体，单击鼠标中键，系统跳至【工具】卷展栏选项，接着在绘图区选择图 10-60 所示的艺术曲面为修剪工具体，其余参数按系统默认，单击确定按钮完成修剪体创建，结果如图 10-61 所示。

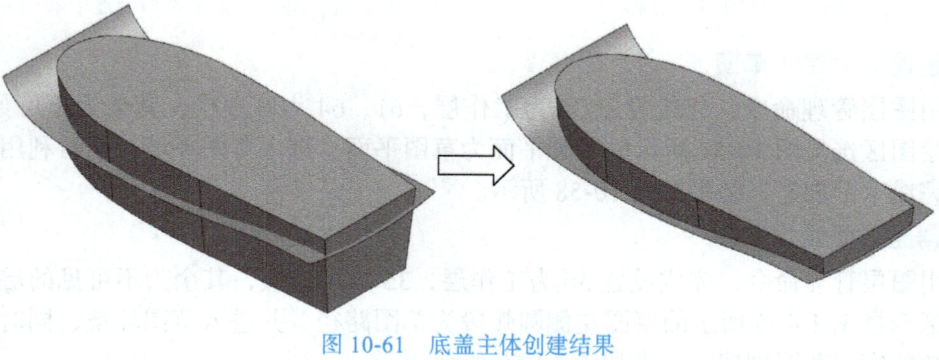

图 10-61　底盖主体创建结果

步骤 9：创建底边倒圆及右侧拐角倒圆

利用图层管理命令，完成设置 3 为工作层，其余为不可见的层。在主菜单工具栏中选择【插入】→【细节特征】→【边倒圆】命令或在【基本】工具条中单击边倒圆图标，系统弹出【边倒圆】对话框。

1）在绘图区选择底边为倒圆边界，在【半径 1】文本框中输入“10”，在【边倒圆】对话框中单击【变半径】卷展栏，然后按图 10-62 所示的标示点进行设置可变半径对象，其余参数按系统默认，单击确定按钮完成倒圆操作，结果如图 10-63 所示。

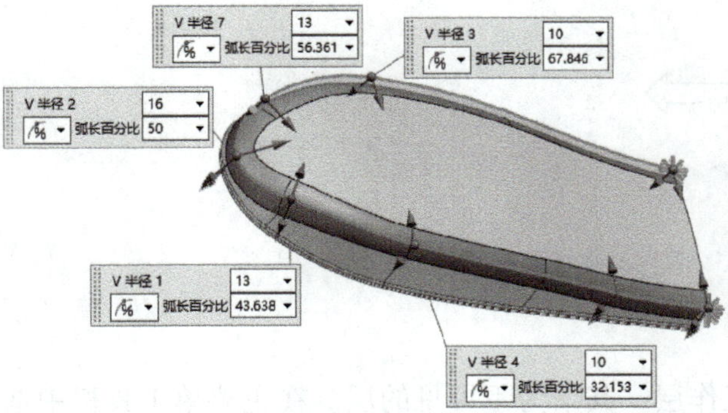

图 10-62 变半径指定点

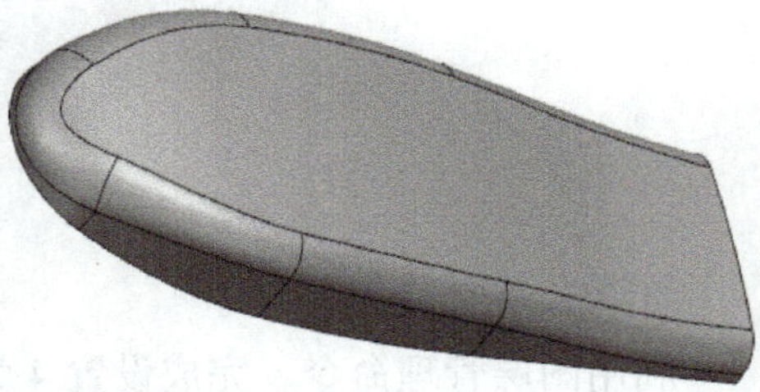

图 10-63 底边倒圆结果

2）利用相同方法，完成右侧拐角倒圆，结果如图 10-64 所示。

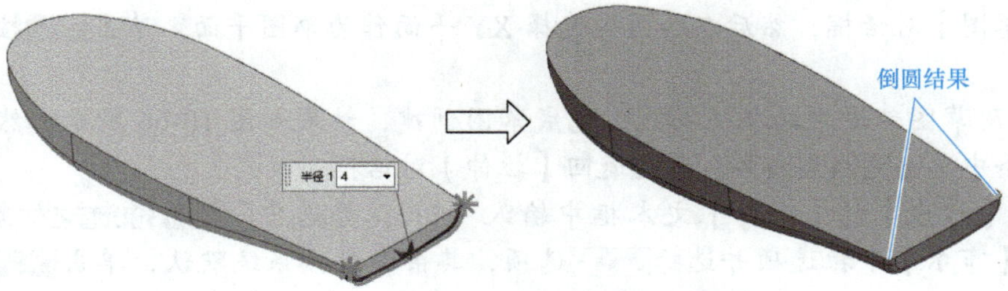

图 10-64 右侧拐角倒圆结果

步骤 10：创建底盖平衡座

由于底盖底部通过曲面修剪，呈一些弧度，为了保证底盖平稳放置，可在底盖前端设置平衡的底座，具体设计如下：

1. 创建球体

利用图层管理命令，完成设置 4 为工作层，其余为不可见的层。在主菜单工具栏中选择【插入】→【设计特征】→【球】命令或在【基本】工具条中单击球图标，系统弹出【球】对话框。

1）在【球】对话框中单击点对话框图标，系统弹出【点】对话框，接着在【XC】文本框中输入“70”，在【ZC】文本框中输入“38”，其余参数按系统默认，单击确定按钮返回【球】对话框。

2）在【直径】文本框中输入“120”，其余参数按系统默认，单击确定按钮完成球体创建。

2. 修剪球体

利用图层管理命令，完成设置 4 为工作层，12 为可选层，其余为不可见的层。在主菜单工具栏中选择【插入】→【修剪】→【修剪体】命令或在【基本】工具条中单击修剪体图标，系统弹出【修剪体】对话框。

在绘图区选择球为要修剪的目标体，单击鼠标中键，系统跳至【工具】卷展栏选项，接着在绘图区选择 12 层的艺术曲面为修剪工具体，其余参数按系统默认，单击确定按钮完成修剪体创建，结果如图 10-65 所示。

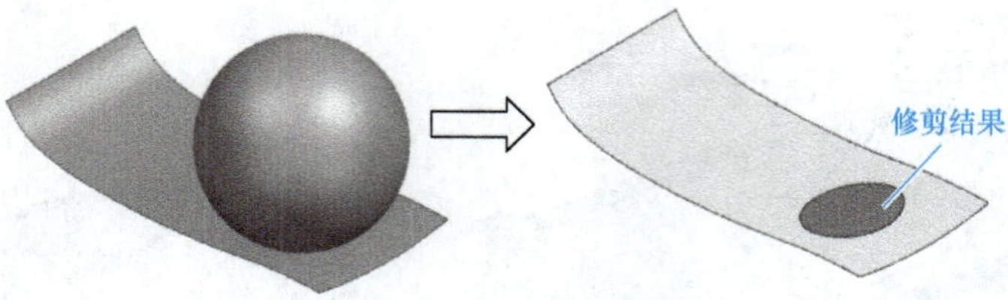

图 10-65 修剪球体结果

3. 细化设计修剪

利用图层管理命令，完成设置 4 为工作层，其余为不可见的层。在主菜单工具栏中选择【插入】→【设计特征】→【拉伸】命令或在【基本】工具条中单击拉伸图标，系统弹出【拉伸】对话框。

1）单击【截面】卷展栏，接着在【选择曲线】选项单击绘制截面图标，系统弹出【创建草图】对话框，然后在绘图区选择 XY 平面作为草图平面，单击确定按钮进入草图环境。

2）利用草图环境中的相关功能，完成草图创建，结果如图 10-66 所示，然后在【草图】工具条中单击完成图标，系统返回【拉伸】对话框。

3）在【结束】的【距离】文本框中输入“50”，并选中☑开放轮廓智能体复选按钮，接着单击【布尔】下拉选项并选择减去选项，其余参数按系统默认，单击确定按钮完成拉伸创建，结果如图 10-67 所示。

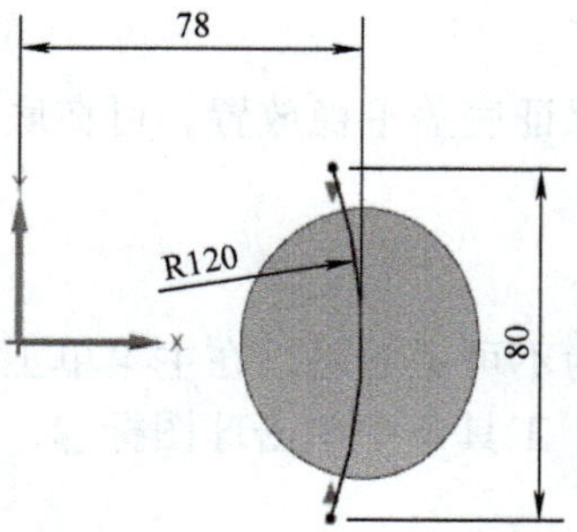

图 10-66 草图创建结果

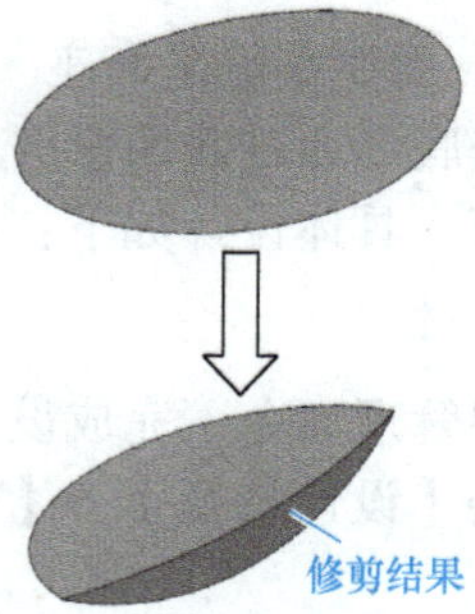

图 10-67 细化修剪结果

4. 拔模创建

在主菜单工具栏中选择【插入】→【细节特征】→【拔模】命令或在【基本】工具条中单击拔模图标，系统弹出【拔模】对话框。

在【类型】下拉选项选择边选项，接着在绘图区选择 Z 轴为拔模方向，系统跳至【固定边】卷展栏。然后在绘图区选择右侧的边为固定边，接着在【角度 1】文本框中输入“10”，其余参数按系统默认，单击确定按钮完成拔模创建，结果如图 10-68 所示。

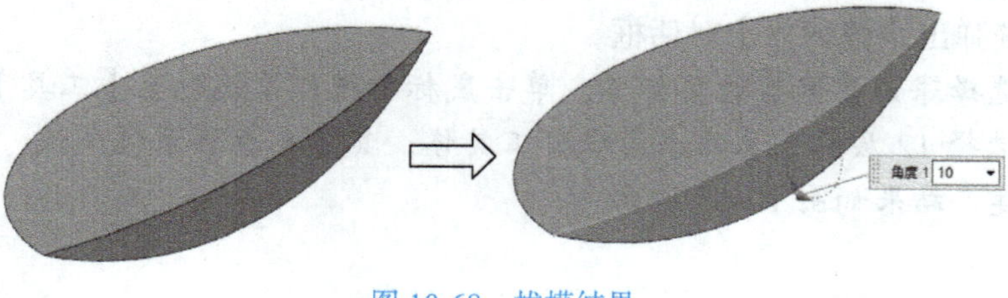

图 10-68 拔模结果

步骤 11：合并底盖对象

利用图层管理命令，完成设置 3 为工作层，4 为可选层，其余为不可见的层。在主菜单工具栏中选择【插入】→【组合】→【合并】命令或在【基本】工具条中单击合并图标，系统弹出【合并】对话框。

在绘图区选择底盖主体为目标体，接着选择图 10-68 所示拔模后的对象为工具体，其余参数按系统默认，单击确定按钮完成合并创建。

步骤 12：边倒圆特征创建

在主菜单工具栏中选择【插入】→【细节特征】→【边倒圆】命令或在【基本】工具条中单击边倒圆图标，系统弹出【边倒圆】对话框。

1）在绘图区选择底部球边为倒圆边界，在【半径 1】文本框中输入“4”，其余参数按系统默认，单击确定按钮完成倒圆操作，结果如图 10-69 所示。

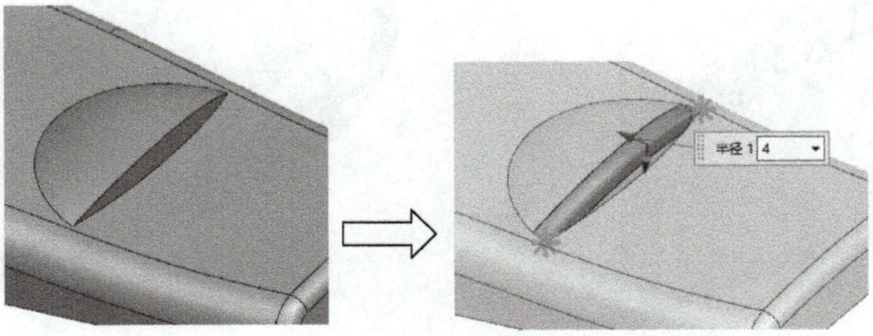

图 10-69　边倒圆结果

2）利用相同方法，完成其余边倒圆操作，结果如图 10-70 所示。

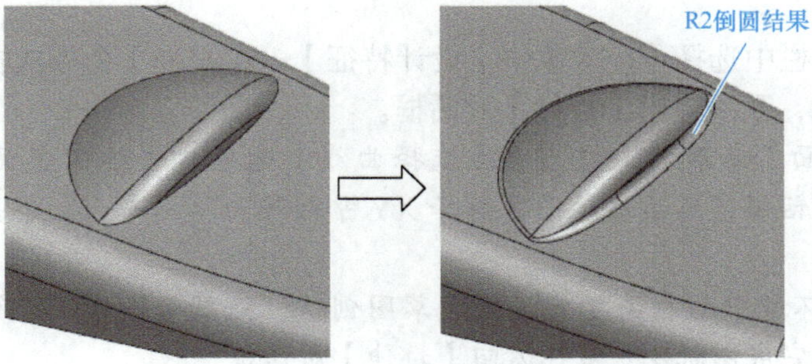

图 10-70　其余边倒圆结果

步骤 13：抽壳创建

在主菜单工具栏中选择【插入】→【偏置 / 缩放】→【抽壳】命令或在【基本】工具条中单击抽壳图标，系统弹出【抽壳】对话框。

在绘图区选择底盖表面为要抽壳的面，在【厚度】文本框中输入“2.5”，其余参数按系统默认，单击确定按钮完成抽壳创建，结果如图 10-71 所示。

步骤 14：创建唇位

在主菜单工具栏中选择【插入】→【设计特征】→【拉伸】命令或在【基本】工具条中单击拉伸图标，系统弹出【拉伸】对话框。

1）在绘图区选择图 10-72 所示的曲线为拉伸截面线，在【结束】的【距离】文本框中输入“2.5”；单击【布尔】下拉选项并选择合并选项，接着单击【拔模】卷展栏选项，并在【拔模】下拉选项选择从起始限制，同时在【角度】文本框中输入“3”。

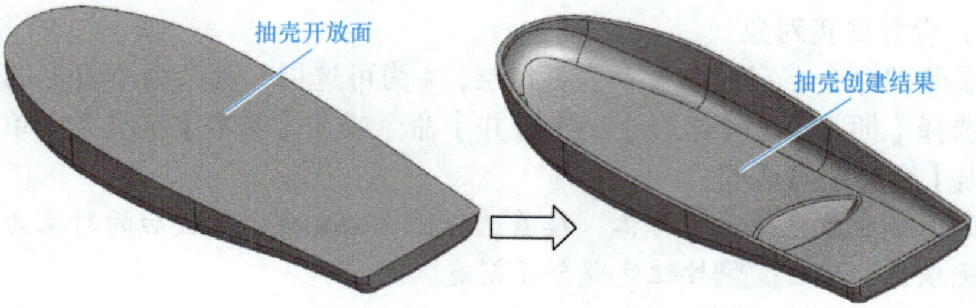

图 10-71　抽壳创建结果

2）在【偏置】下拉选项选择两侧选项，接着在【结束】文本框中输入“1.25”，其余参数按系统默认，单击确定按钮完成唇位创建，结果如图 10-73 所示。

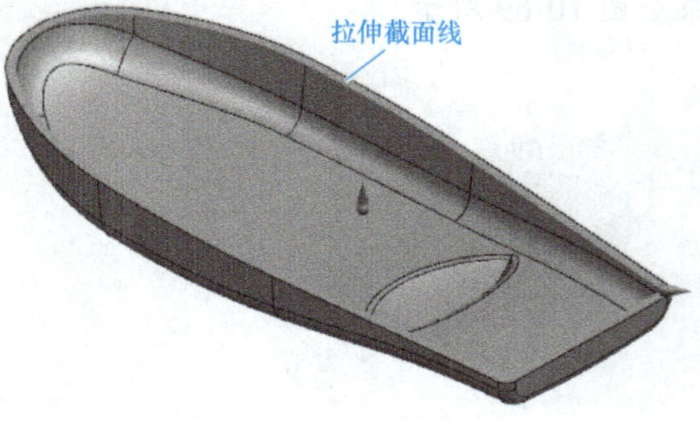

图 10-72　拉伸截面线

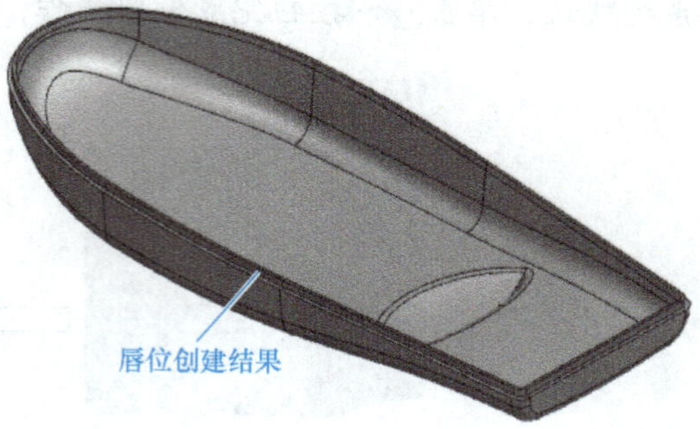

图 10-73　唇位创建结果

步骤 15：创建打蛋头通孔

1. 拉伸柱位

在主菜单工具栏中选择【插入】→【设计特征】→【拉伸】命令或在【基本】工具条中单击拉伸图标，系统弹出【拉伸】对话框。

1）单击【截面】卷展栏，接着在【选择曲线】选项单击绘制截面图标，系统弹出【创建草图】对话框，然后在绘图区选择 XY 平面作为草图平面，单击确定按钮进入草图环境。

2）利用草图环境中的相关功能，完成草图创建，结果如图 10-74 所示，然后在【草图】工具条中单击完成图标，系统返回【拉伸】对话框。

3）在【开始】的【距离】文本框中输入“20”，在【结束】的【距离】文本框中输入“28”；单击【布尔】下拉选项并选择合并选项，其余参数按系统默认，单击确定按钮完成柱位创建，结果如图 10-75 所示。

2. 创建沉头通孔

在主菜单工具栏中选择【插入】→【设计特征】→【孔】命令或在【基本】工具条中单击孔图标，系统弹出【孔】对话框。

在【类型】下拉选项选择沉头选项，在【孔径】文本框中输入“10”；在【沉头直径】文本框中输入“12”，在【沉头深度】文本框中输入“5”；接着在绘图区选择底面的两个圆柱圆心为孔放置对象（图 10-76），然后在【孔】对话框中单击【限制】卷展栏选项，最后在【深度限制】下拉选项选择贯通体选项，余参数按系统默认，单击确定按钮完成沉头通孔创建，结果如图 10-77 所示。

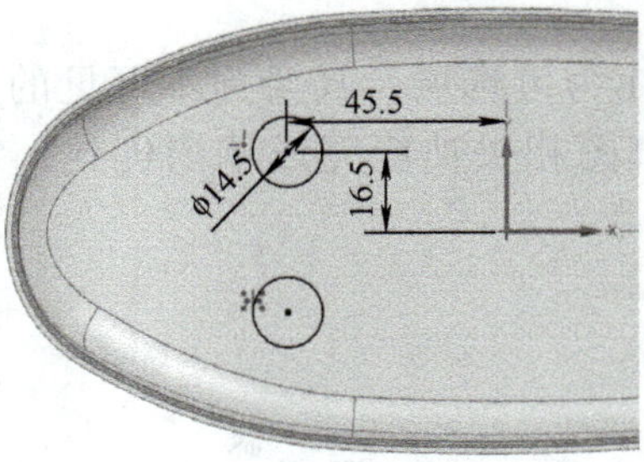

图 10-74　草图创建结果

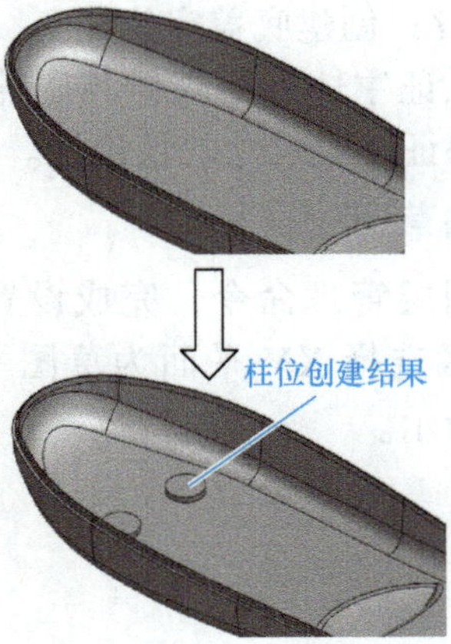

图 10-75　柱位创建结果

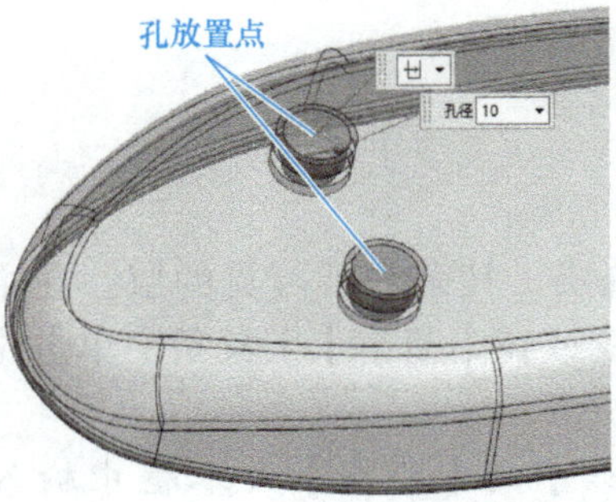

图 10-76　孔放置点

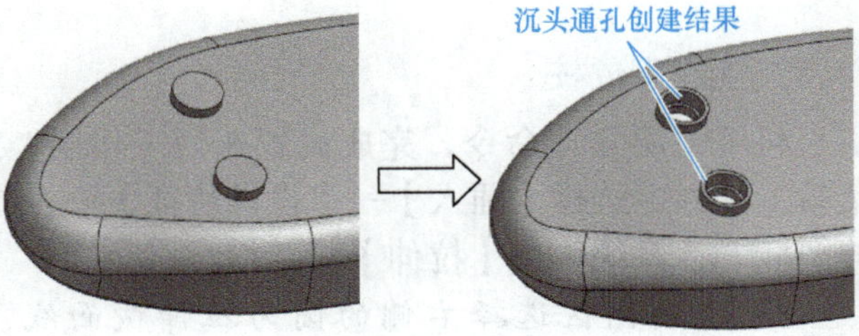

图 10-77　沉头通孔创建结果

步骤 16：沉头孔面倒圆创建

在主菜单工具栏中选择【插入】→【细节特征】→【面倒圆】命令或在【基本】工具条中单击面倒圆图标，系统弹出【面倒圆】对话框。

1）在绘图区选择圆柱侧面为要倒圆的面，单击鼠标中键，系统跳至【反向】选项，接着在绘图区选择圆柱底面为要倒圆的另一面；在【横截面】卷展栏选项的【形状】下拉选项选择 非对称相切 选项，然后在【偏置距离 1】文本框中输入“1”，在【偏置距离 2】文本框中输入“3”，其余参数按系统默认，单击 确定 按钮完成沉头孔面倒圆创建，结果如图 10-78a 所示。

2）利用相同的方法，完成另一侧的面倒圆创建，结果如图 10-78b 所示。

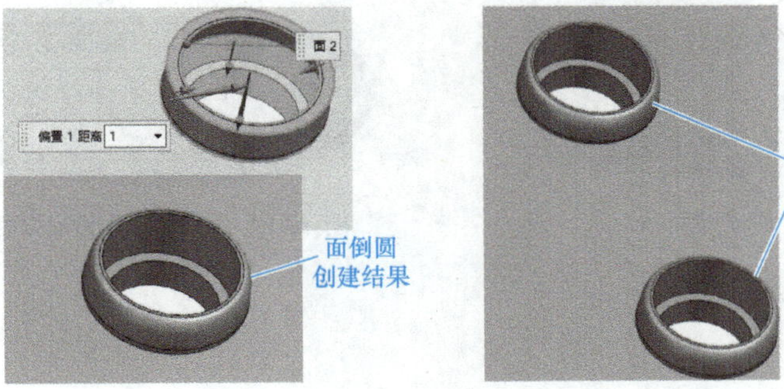

a)　　b)

图 10-78　面倒圆创建结果

步骤 17：创建底盖定位柱

为了保证主体外形壳体与底盖正常装配，需要引用主体外形壳体的定位柱尺寸给底盖，从而保证装配尺寸的精确性。

1. 绘制草图

利用图层管理命令，完成设置 37 为工作层，31 为可选层，其余为不可见的层。接着在绘图区选择 XY 平面为草图平面，同时利用草图相关功能完成草图创建，结果如图 10-79 所示。

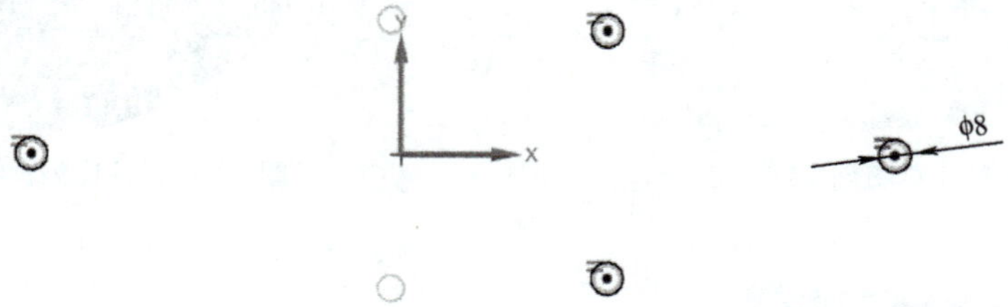

图 10-79　草图创建结果

2. 创建定位柱

利用图层管理命令，完成设置 3 为工作层，37 为可选层，其余为不可见的层。在主菜单工具栏中选择【插入】→【设计特征】→【拉伸】命令或在【基本】工具条中单击拉伸图标，系统弹出【拉伸】对话框。

1）在绘图区选择右侧的圆为拉伸截面线，在【开始】的【距离】文本框中输入“-6”，在【结束】下拉选项选择【直至下一个】选项；单击【布尔】下拉选项并选择【合并】选项，接着单击【拔模】卷展栏选项，并在【拔模】下拉选项选择【从起始限制】，同时在【角度】文本框中输入“-1”，其余参数按系统默认，单击【确定】按钮完成拉伸创建，结果如图 10-80 所示。

2）利用相同的方法，完成另外两处的定位柱创建，结果如图 10-81 所示。

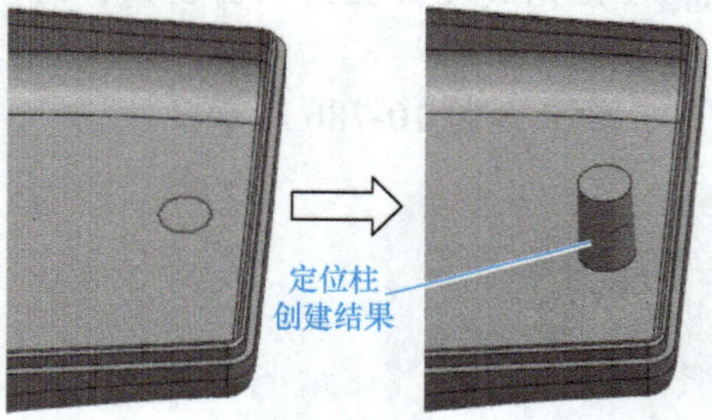

图 10-80　定位柱创建结果

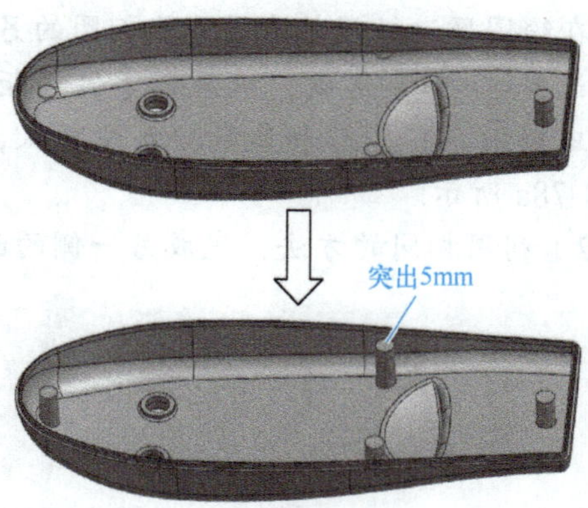

图 10-81　另外两处的定位柱创建结果

步骤 18：创建散热孔

1. 小散热孔创建

利用图层管理命令，完成设置 3 为工作层，其余为不可见的层。在主菜单工具栏中选择【插入】→【设计特征】→【拉伸】命令或在【基本】工具条中单击拉伸图标，系统弹出【拉伸】对话框。

1）单击【截面】卷展栏，接着在【选择曲线】选项单击绘制截面图标，系统弹出【创建草图】对话框，然后在绘图区选择 XY 平面作为草图平面，单击确定按钮进入草图环境。

2）利用草图环境中的相关功能，完成草图创建，结果如图 10-82 所示，然后在【草图】工具条中单击完成图标，系统返回【拉伸】对话框。

3）在【结束】下拉选项选择贯通选项，单击【布尔】下拉选项并选择减去选项，其余参数按系统默认，单击确定按钮完成小散热孔创建，结果如图 10-83 所示。

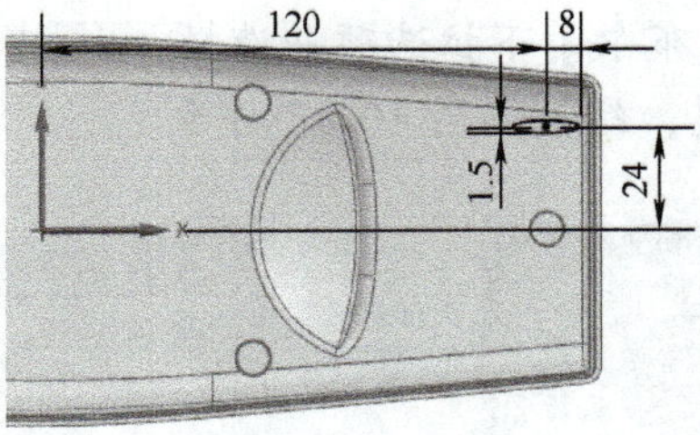

图 10-82 草图创建结果

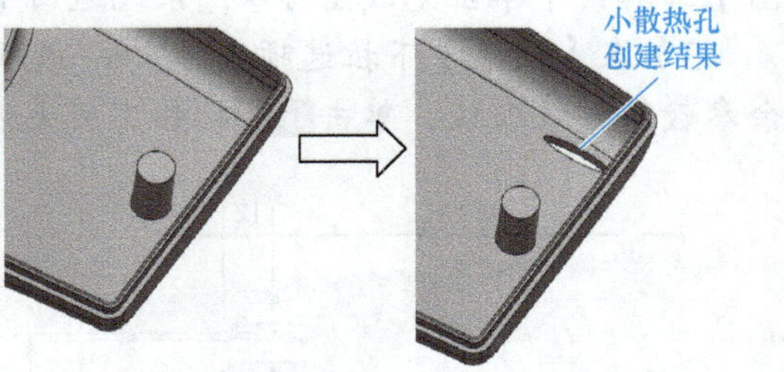

图 10-83 小散热孔创建结果

2. 阵列小散热孔

在主菜单工具栏中选择【插入】→【关联复制】→【阵列特征】命令或在【基本】工具条中单击阵列特征图标，系统弹出【阵列特征】对话框。

在绘图区选择图 10-83 所示的拉伸对象为要阵列的特征，接着单击【指定矢量】选项，然后在绘图区选择 -Y 轴为阵列方向。在【数量】文本框中输入“3”，在【间隔】文本框中输入“8”，其余参数按系统默认，单击确定按钮完成阵列小散热孔创建，结果如图 10-84 所示。

3. 镜像小散热孔

利用图层管理命令，完成设置 3 为工作层，61 为可选层，其余为不可见的层。在主菜单工具栏中选择【插入】→【关联复制】→【镜像特征】命令或在【基本】工具条中单击镜像特征图标，系统弹出【镜像特征】对话框。

在绘图区选择图 10-84 所示的阵列对象为要镜像的特征，单击鼠标中键，系统跳至【镜像平面】卷展栏选项，接着在绘图区选择 XZ 基准平面为镜像平面，其余参数按系统默认，单击确定按钮完成镜像小散热孔创建，结果如图 10-85 所示。

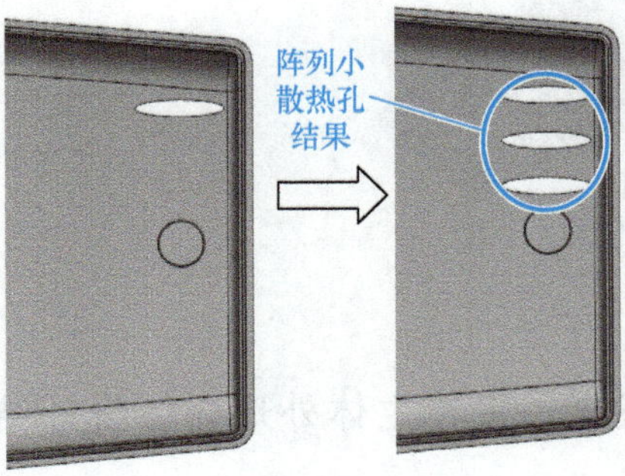

图 10-84 阵列小散热孔创建结果

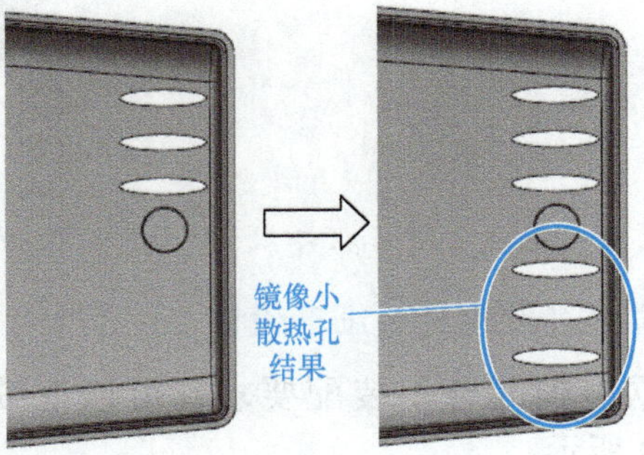

图 10-85 镜像小散热孔创建结果

4. 创建大散热孔

利用图层管理命令，完成设置 3 为工作层，其余为不可见的层。在主菜单工具栏中选择【插入】→【设计特征】→【拉伸】命令或在【基本】工具条中单击拉伸图标，系统弹出【拉伸】对话框。

1）单击【截面】卷展栏，接着在【选择曲线】选项单击绘制截面图标，系统弹出【创建草图】对话框，然后在绘图区选择 XY 平面作为草图平面，单击确定按钮进入草图环境。

2）利用草图环境中的相关功能，完成草图创建，结果如图 10-86 所示，然后在【草图】工具条中单击完成图标，系统返回【拉伸】对话框。

3）在【结束】下拉选项选择贯通选项，单击【布尔】下拉选项并选择减去选项，其余参数按系统默认，单击确定按钮完成大散热孔创建，结果如图 10-87 所示。

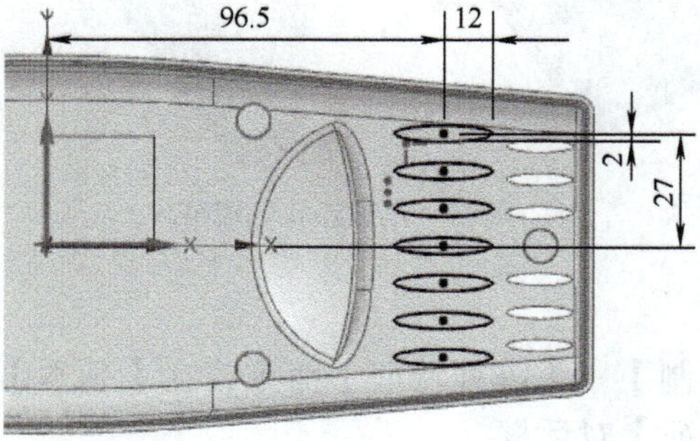

图 10-86 草图创建结果

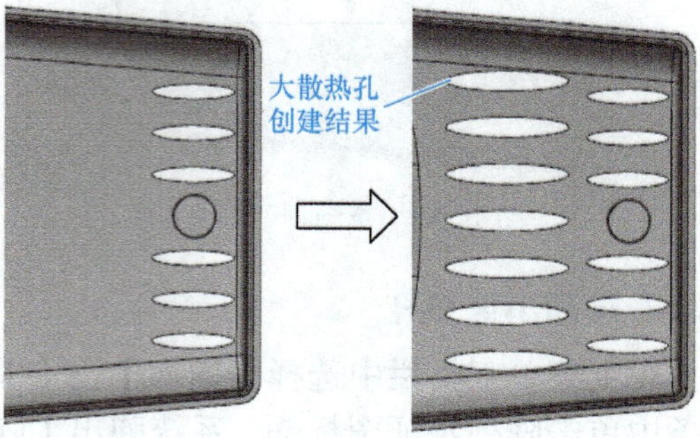

图 10-87 大散热孔创建结果

提示：图 10-86 所示的草图阵列【数量】是 7，【间隔】是 9。

步骤 19：细节特征创建

1. 加强筋设计

根据产品支撑强度要求，可对各柱位孔进行加强筋设计，结果如图 10-88 所示。

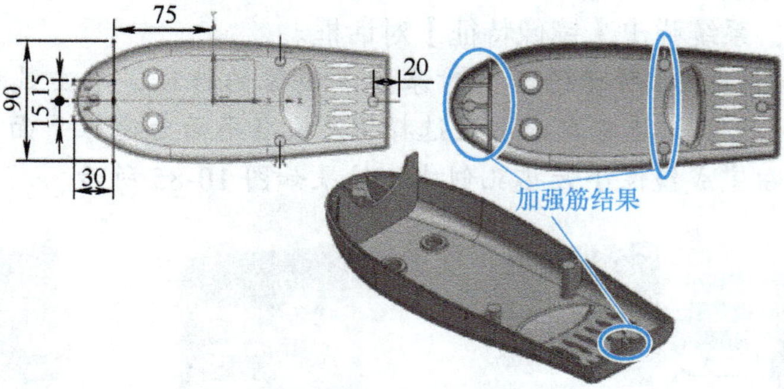

图 10-88 加强筋创建结果

2. 通线孔及螺孔等细节设计

根据电器元件、装配要求，可以继续细化设计，最终主体外形壳体设计结果如图 10-89 所示。

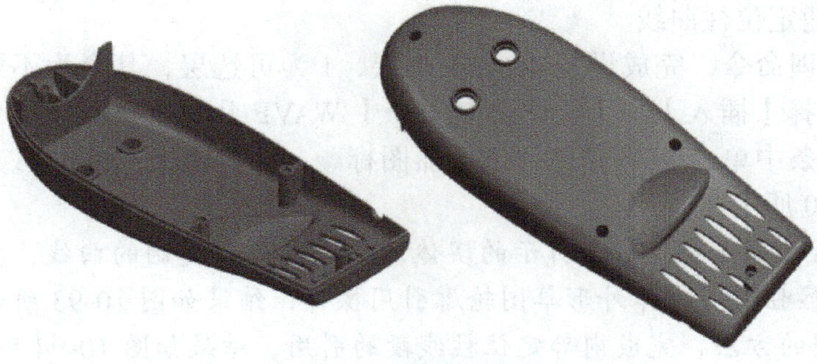

图 10-89　底盖最终设计结果

10.4　顶面外壳设计步骤

步骤 1：激活顶面外壳组件

在【装配导航器】窗口中双击 顶面外壳 组件，激活顶面外壳为工作组件。

步骤 2：引用主体外形实体

利用图层管理命令，完成设置 4 为工作层，2 为可选层，其余为不可见的层。在主菜单工具栏中选择【插入】→【关联复制】→【WAVE 几何链接器】命令或在装配【部件间链接】工具条中单击 WAVE 几何链接器图标，系统弹出【WAVE 几何链接器】对话框，如图 10-50 所示。

在【类型】下拉选项选择 体 选项，然后在绘图区选择图层 2 中的实体对象为要复制的对象，其余参数按系统默认，单击 确定 按钮完成主体外形实体引用操作，结果如图 10-90 所示。

步骤 3：修剪顶面外壳主体

利用图层管理命令，完成设置 4 为工作层，11 为可选层，其余为不可见的层。在主菜单工具栏中选择【插入】→【修剪】→【修剪体】命令或在【基本】工具条中单击修剪体图标，系统弹出【修剪体】对话框。

在绘图区选择引用体为要修剪的目标体，单击鼠标中键，系统跳至【工具】卷展栏选项，接着在绘图区选择 11 层的规律延伸曲面为修剪工具体，其余参数按系统默认，单击 确定 按钮完成修剪体创建，结果如图 10-91 所示。

图 10-90　引用主体外形实体结果

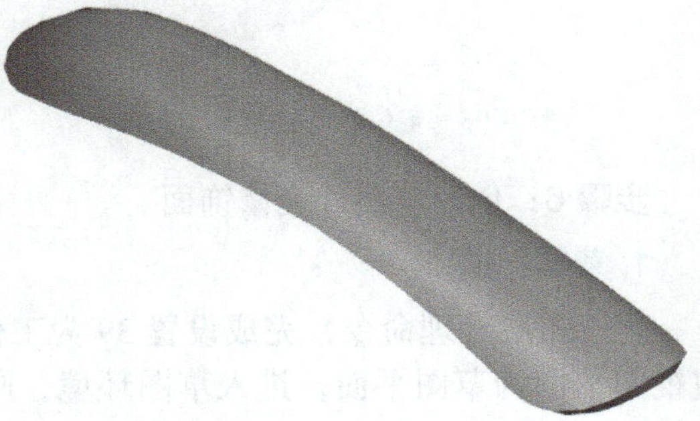

图 10-91　修剪顶面外壳主体结果

步骤 4：创建定位柱曲线

利用图层管理命令，完成设置 45 为工作层，1 为可选层，其余为不可见的层。在主菜单工具栏中选择【插入】→【关联复制】→【WAVE 几何链接器】命令或在装配【部件间链接】工具条中单击 WAVE 几何链接器图标，系统弹出【WAVE 几何链接器】对话框，如图 10-50 所示。

1）在绘图区选择如图 10-92 所示的实体边界对象为要复制的曲线，其余参数按系统默认，单击确定按钮完成主体外形草图轮廓引用操作，结果如图 10-93 所示。

2）利用相同的方法，完成内部定位柱线段的引用，结果如图 10-94 所示。

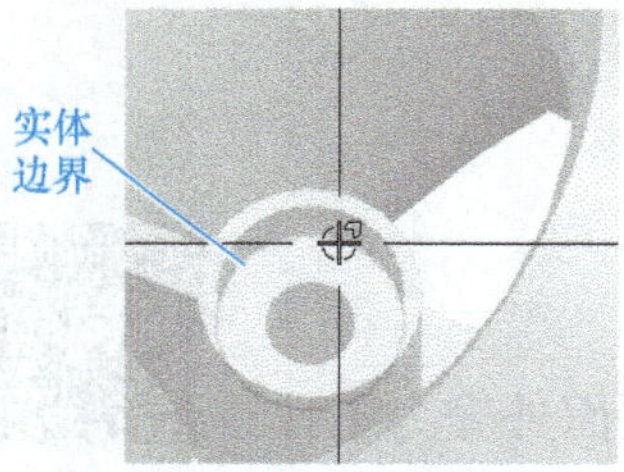

图 10-92　抽取边界

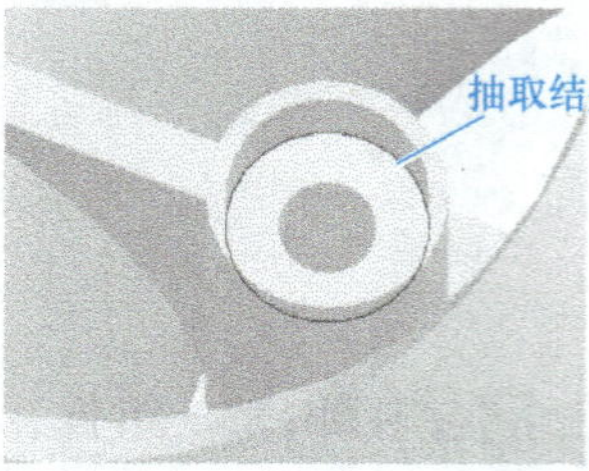

图 10-93　抽取曲线结果

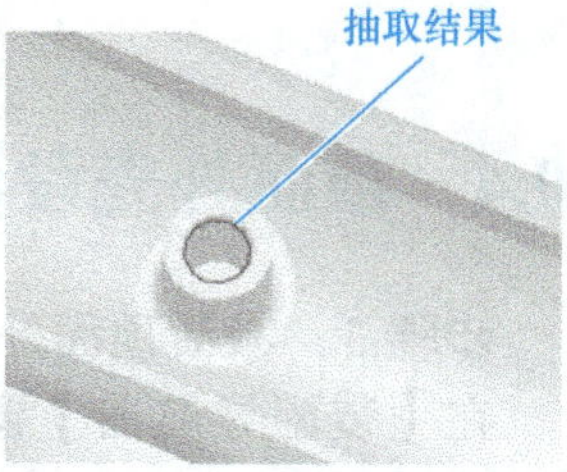

图 10-94　抽取内部曲线结果

步骤 5：拉伸定位柱

利用图层管理命令，完成设置 4 为工作层，45 为可选层，其余为不可见的层。在主菜单工具栏中选择【插入】→【设计特征】→【拉伸】命令或在【基本】工具条中单击拉伸图标，系统弹出【拉伸】对话框。

1）在绘图区选择右侧的引用曲线为拉伸截面线，在【结束】下拉选项选择直至下一个选项；单击【布尔】下拉选项并选择合并选项，接着单击【拔模】卷展栏选项，并在【拔模】下拉选项选择从起始限制，同时在【角度】文本框中输入“-1”。

2）在【偏置】卷展栏中其余参数按系统默认，单击确定按钮完成定位柱创建，结果如图 10-95 所示。

3）利用相同的方法，完成另一处的定位柱创建，结果如图 10-96 所示。

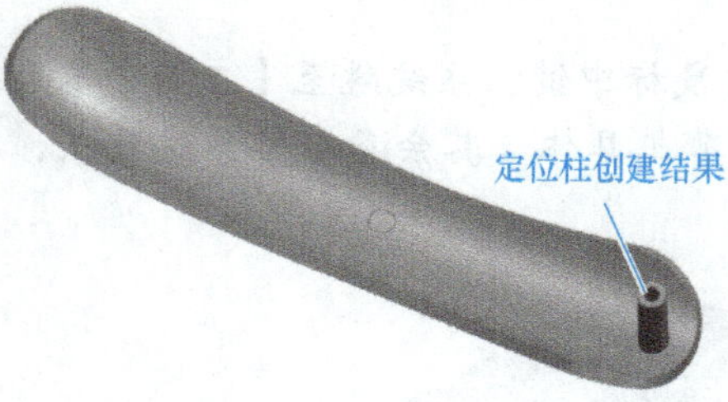

图 10-95　定位柱创建结果（一）

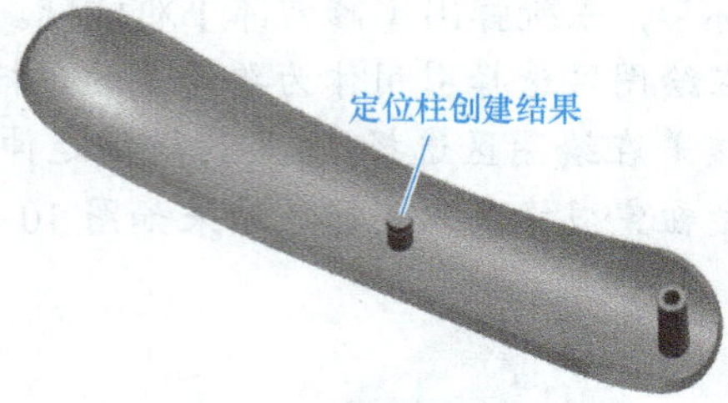

图 10-96　定位柱创建结果（二）

步骤 6：创建顶面外壳修饰面

1. 草图创建

利用图层管理命令，完成设置 39 为工作层，其余为不可见的层。接着在绘图区选择前视图平面为草图平面，进入草图环境，同时利用草图相关功能完成草图创建，结果如图 10-97 所示。

2. 投影曲线对象

利用图层管理命令，完成设置 46 为工作层，4、39 为可选层，其余为不可见的层。在主菜单工具栏中选择【插入】→【派生曲线】→【投影】命令或在曲线【派生】工具条中单击投影曲线图标，系统弹出【投影曲线】对话框。

1）在绘图区选择图 10-97 所示的草图为投影曲线对象，单击鼠标中键，系统跳至【要投影的对象】卷展栏选项，接着选择顶面外壳的内部面及表面为要投影的对象。

2）在【投影方向】卷展栏选项中将【方向】下拉选项设置为【矢量】，接着选择 Z 轴为指定的矢量，其余参数按系统默认，单击 确定 按钮完成投影曲线操作，结果如图 10-98 所示。

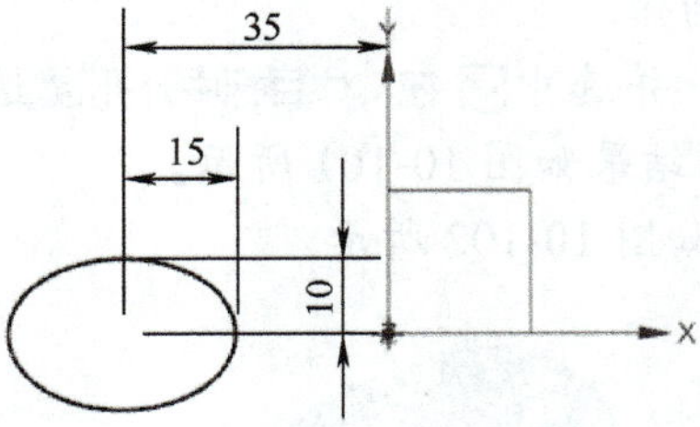

图 10-97　草图创建结果

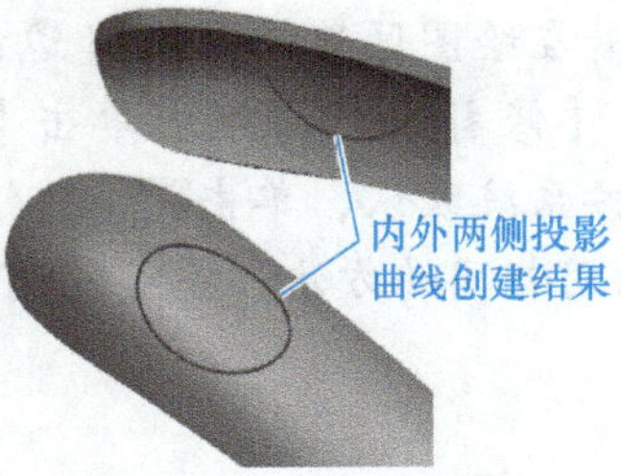

图 10-98　投影曲线创建结果

3. 创建内弧 N 边曲面

利用图层管理命令，完成设置 13 为工作层，其余为不可见的层。在主菜单工具栏中选择【插入】→【网格曲面】→【N 边曲面】命令或在曲面【N 边曲面】工具条中单击 N 边曲面图标，系统弹出【N 边曲面】对话框。

1）在绘图区选择内侧投影曲线为外环曲线链；单击【UV 方向】卷展栏选项，接着在【UV 方向】下拉选项选择 脊线 选项；然后单击【形状控制】卷展栏选项，接着在【中心平缓】文本框中输入“20”，其余参数按系统默认，单击 确定 按钮完成 N 边曲面创建，结果如图 10-99 所示。

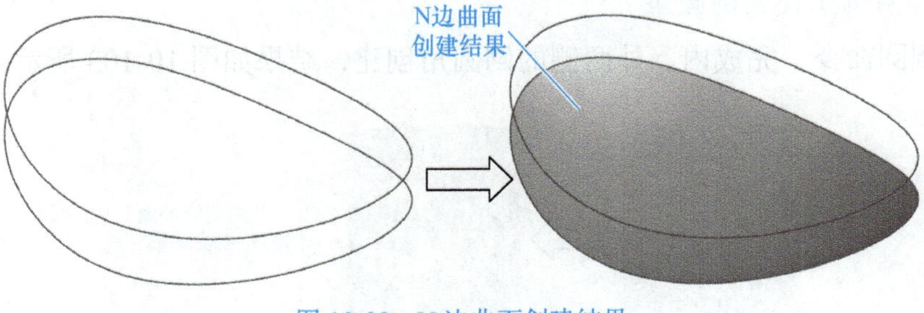

图 10-99　N 边曲面创建结果

2）利用相同的方法，完成外侧投影曲线的 N 边曲面创建，结果如图 10-100 所示。

4. 创建曲面修补

利用图层管理命令，完成设置 4 为工作层，13 为可选层，其余为不可见的层。在主菜单工具栏中选择【插入】→【组合】→【修补】命令或在曲面【组合】工具条中单击修补图标，系统弹出【修补】对话框。

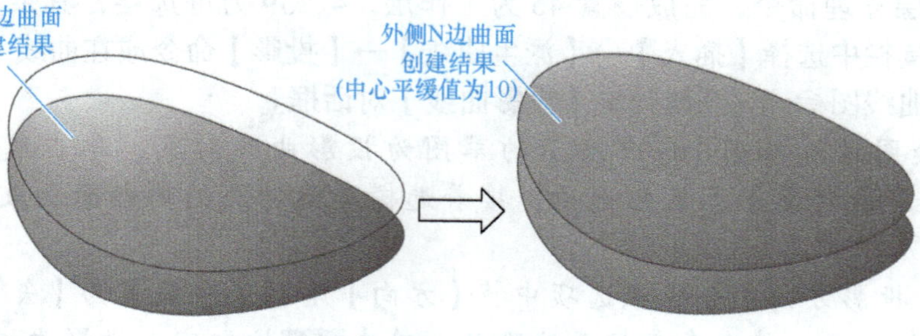

图 10-100　内、外侧 N 边曲面创建结果

1）在绘图区选择顶面外壳为要修补的体，单击鼠标中键，系统跳至【工具】卷展栏选项，接着在绘图区选择内侧 N 边曲面为用于修补的体。

2）在【修补】对话框中单击【设置】卷展栏，并选中☑ 在实体目标中开孔复选按钮，其余参数按系统默认，单击 确定 按钮完成修补创建，结果如图 10-101 所示。

3）利用相同的方法，完成外侧修补创建，结果如图 10-102 所示。

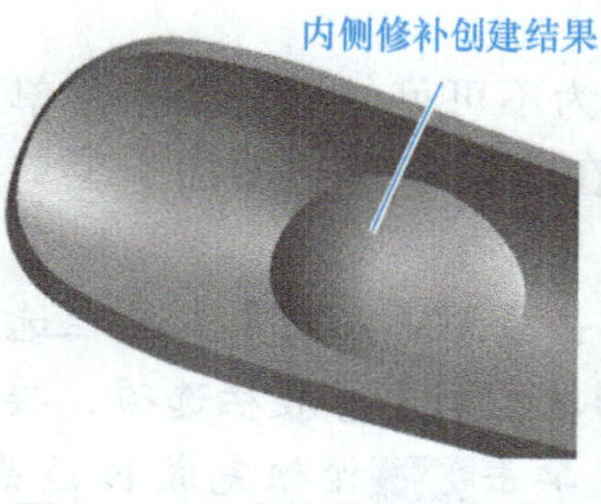

图 10-101　内侧修补创建结果

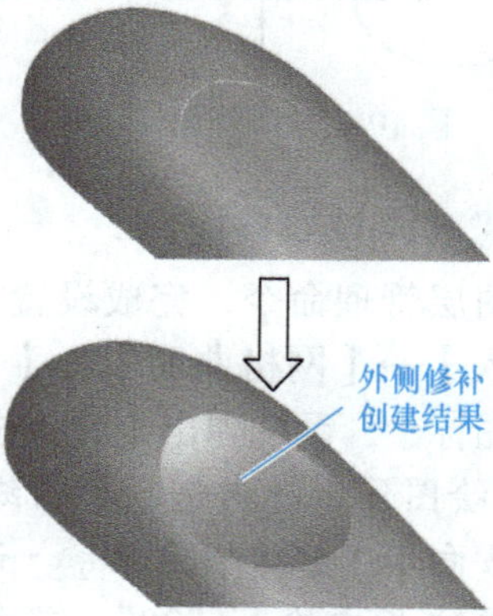

图 10-102　外侧修补创建结果

5. 内、外两侧修补面倒圆角

利用边倒圆命令，完成内、外两侧的倒圆角创建，结果如图 10-103 所示。

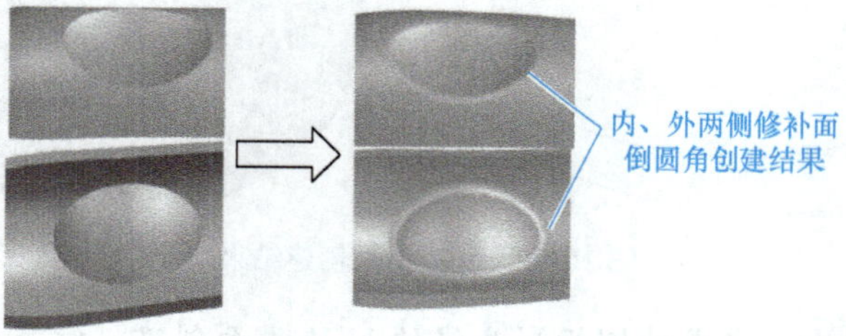

图 10-103　内、外两侧修补面倒圆角创建结果

步骤 7：创建开关切口

在主菜单工具栏中选择【插入】→【设计特征】→【拉伸】命令或在【基本】工具条中单击拉伸图标，系统弹出【拉伸】对话框。

1）单击【截面】卷展栏，接着在【选择曲线】选项单击绘制截面图标，系统弹出【创建草图】对话框，然后在绘图区选择 XZ 平面作为草图平面，单击确定按钮进入草图环境。

2）利用草图环境中的相关功能，完成草图创建，结果如图 10-104 所示，然后在【草图】工具条中单击完成图标，系统返回【拉伸】对话框。

3）在【开始】下拉选项选择对称值选项，在【距离】文本框中输入“10”，单击【布尔】下拉选项并选择减去选项，其余参数按系统默认，单击确定按钮完成开关切口创建，结果如图 10-105 所示。

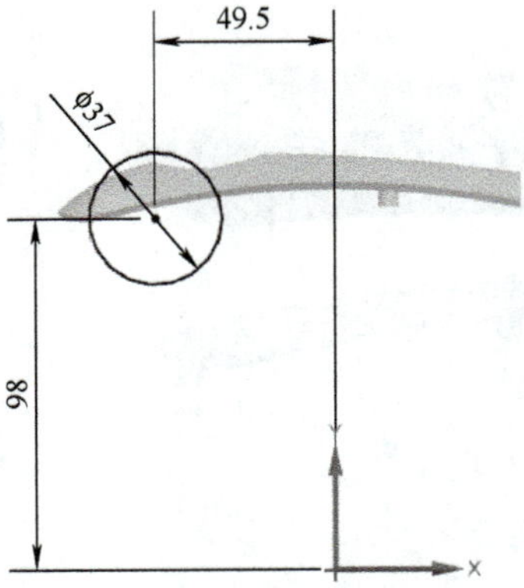

图 10-104　草图创建结果

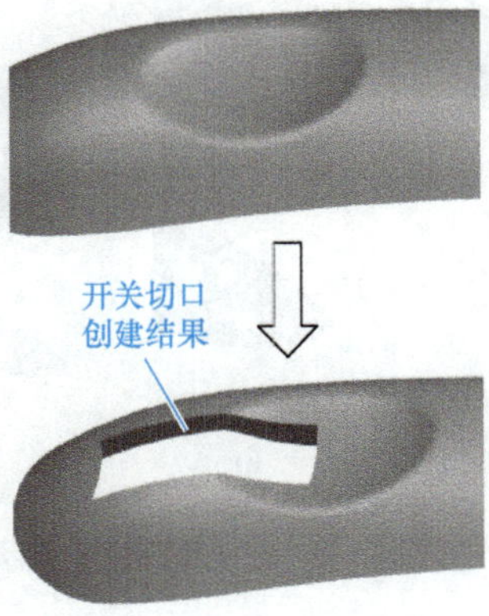

图 10-105　开关切口创建结果

步骤 8：创建顶面外壳卡扣

1. 拉伸卡扣主体

在主菜单工具栏中选择【插入】→【设计特征】→【拉伸】命令或在【基本】工具条中单击拉伸图标，系统弹出【拉伸】对话框。

1）单击【截面】卷展栏，接着在【选择曲线】选项单击绘制截面图标，系统弹出【创建草图】对话框，然后在绘图区选择 XZ 平面作为草图平面，单击确定按钮进入草图环境。

2）利用草图环境中的相关功能，完成草图创建，结果如图 10-106 所示，然后在【草图】工具条中单击完成图标，系统返回【拉伸】对话框。

3）在【开始】的【距离】文本框中输入“89”，在【结束】下拉选项选择直至下一个选项；单击【布尔】下拉选项并选择合并选项，其余参数按系统默认，单击确定按钮完成卡扣创建，结果如图 10-107 所示。

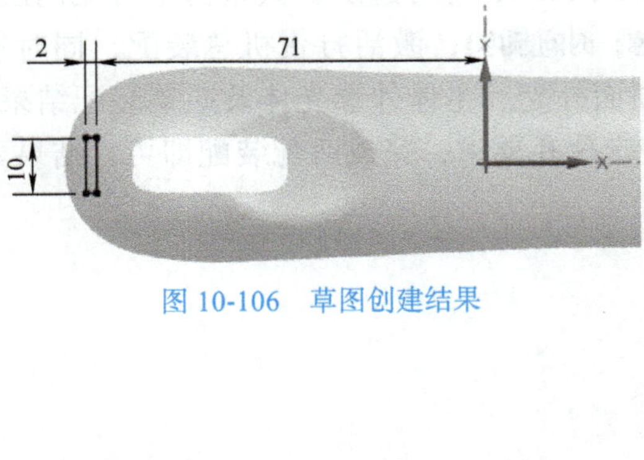

图 10-106　草图创建结果

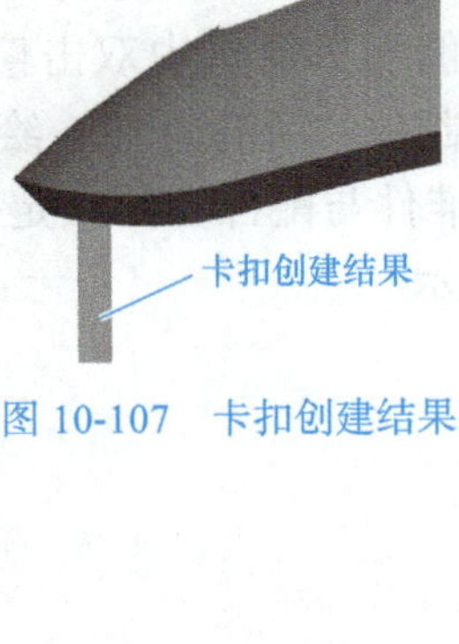

图 10-107　卡扣创建结果

2. 拔模卡扣主体

利用拔模命令，完成卡扣主体内、外两侧的拔模操作，结果如图 10-108a 所示。

3. 创建倒钩对象

利用拉伸命令，完成卡扣倒钩创建，结果如图 10-108b 所示。

步骤 9：细化设计

根据装配要求与安全规范，完成细节设计，结果如图 10-108c 所示。

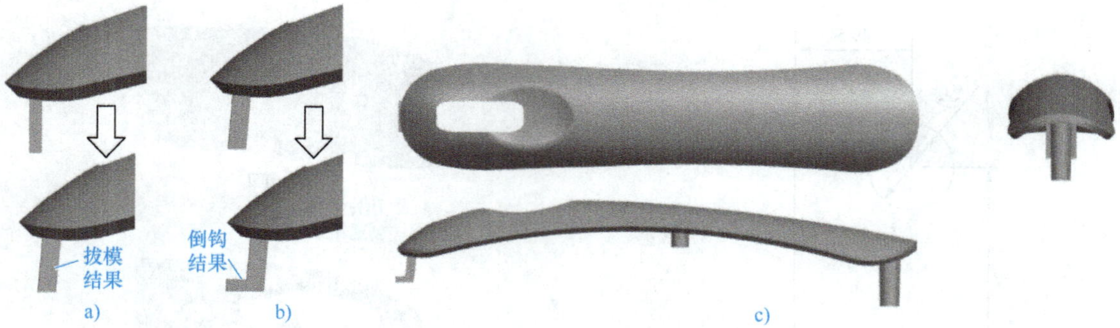

图 10-108 顶面外壳完成结果

10.5 数字装配

步骤 1：激活标准件与配件组件

在【装配导航器】窗口中双击 **标准件与配件**组件，激活标准件与配件为工作组件。

步骤 2：导入标准件与配件

利用图层管理命令，完成设置 5 为工作层，其余为不可见的层。由于电动机传动装置和转动圈等已做好，只需将文档导入打蛋机的“标准件与配件”组件中即可，具体操作如下：

在主菜单工具栏中选择【文件】→【导入】→【Parasolid】命令，系统弹出【导入 Parasolid 文件】对话框。接着找到放置练习文件夹 ch11 并选择“标准件与配件.x_t”文件，再单击 确定 按钮，完成图档导入操作，结果如图 10-109 所示。

步骤 3：激活打蛋机总装配

利用图层管理命令，完成设置 1 为工作层，3、4、5 为可选层，其余为不可见的层。在【装配导航器】窗口中双击 **打蛋机 (顺序：时间顺序)**，激活打蛋机总装配，同时选中装配导航器中的所有组件，绘图区将显示顶面外壳、主体外形壳体及底盖装配结果。

由于标准件与配件需要做定位，只需要按定位孔要求，完成匹配装配即可，结果如图 10-110 所示。

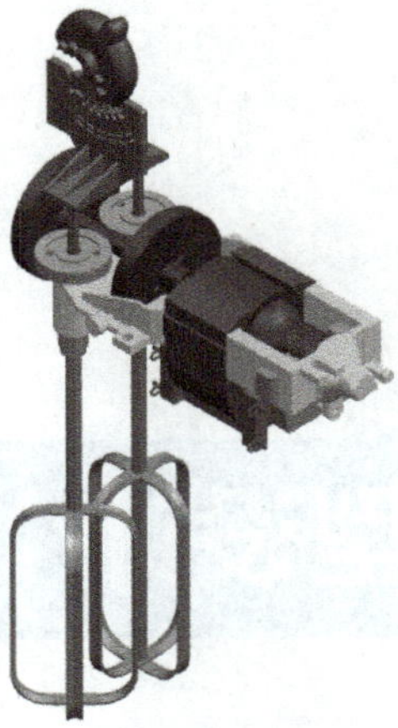

图 10-109　标准件与配件导入结果

图 10-110　装配结果

第 11 章　3D 分型设计

11.1　设计工艺分析

在模具设计之前，必须对产品的结构和工艺进行分析，以便设计的模具节省成本及方便生产。玩具飞机工艺分析见表 11-1。

表 11-1　玩具飞机工艺分析

分析项目	工艺方案图解	工艺分析
分型线与分型面	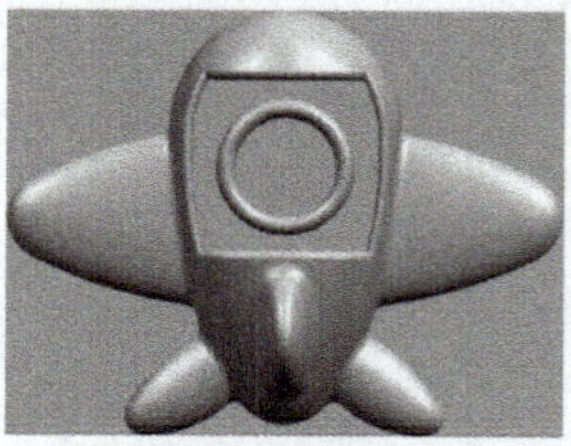	此产品的分型面用一个扩大面即可，所以只要保证分型面足够大即可
型腔布局	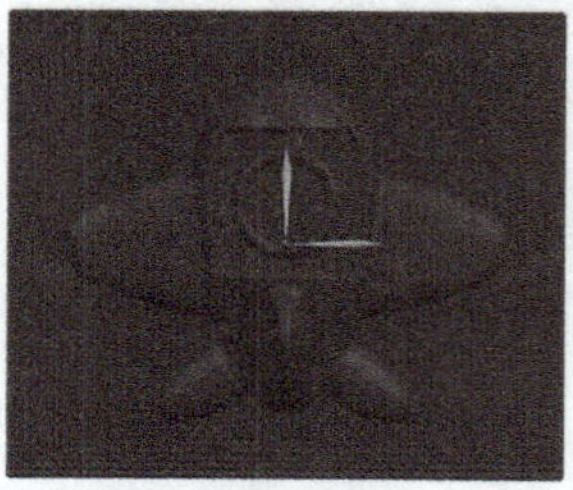	一模一腔
型腔、型芯		分割后的型腔、型芯

11.2　玩具飞机模具设计流程简介

玩具飞机模具设计流程简表见表 11-2。

表 11-2　玩具飞机模具设计流程简表

		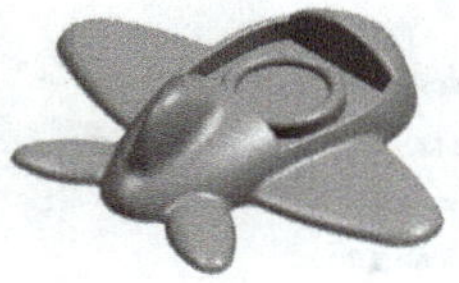
1. 分模零件	2. 加载工件	3. 创建分型线

6. 创建型芯	5. 创建型腔	4. 创建分型面
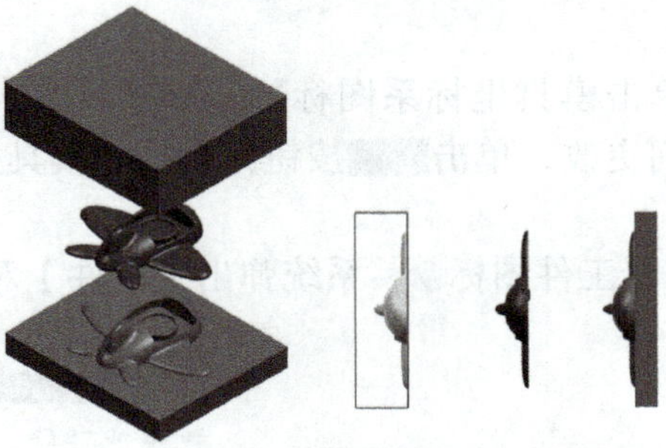		
7. 模拟开模		

11.3　分型操作步骤

步骤 1：启动注塑模应用模块

在主菜单选项中单击【应用模块】，系统显示相关模块工具条，接着在【注塑模和冲模】工具条中单击注塑模图标，系统弹出【注塑模向导】工具栏，如图 11-1 所示。

图 11-1 【注塑模向导】工具栏

步骤 2：初始化项目

在【主要】工具栏中单击初始化项目图标，系统弹出【部件名】对话框，如图 11-2 所示。在此找到放置练习文件夹 ch11 并选择“玩具飞机上盖 .prt”文件，单击确定按钮系统弹出【初始化项目】对话框，如图 11-3 所示。在【材料】下拉选项选择“ABS”，其余参数按系统默认，单击确定按钮，系统开始初始化项目计算，并完成初始化项目操作。

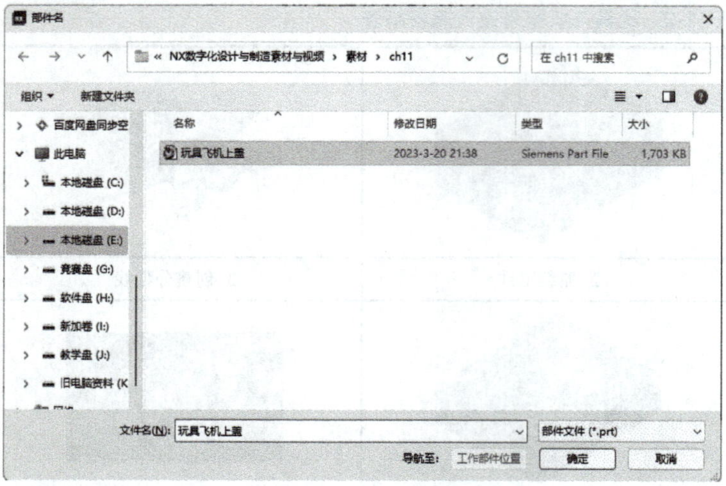

图 11-2 【部件名】对话框

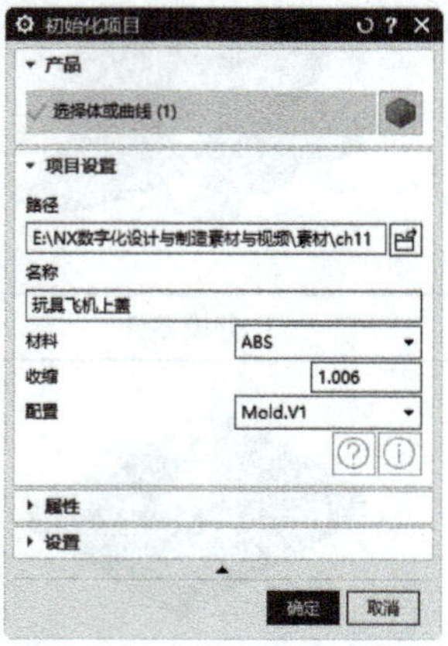

图 11-3 【初始化项目】对话框

步骤 3：加载模具坐标

在【主要】工具栏中单击模具坐标系图标，系统弹出【模具坐标系】对话框，如图 11-4 所示，在此不做任何更改，单击确定按钮完成加载模具坐标系加载操作。

步骤 4：加载工件

在【主要】工具栏中单击工件图标，系统弹出【工件】对话框，如图 11-5 所示。

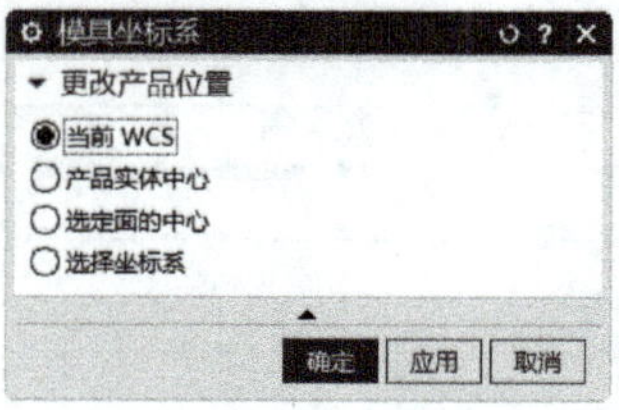

图 11-4 【模具坐标系】对话框

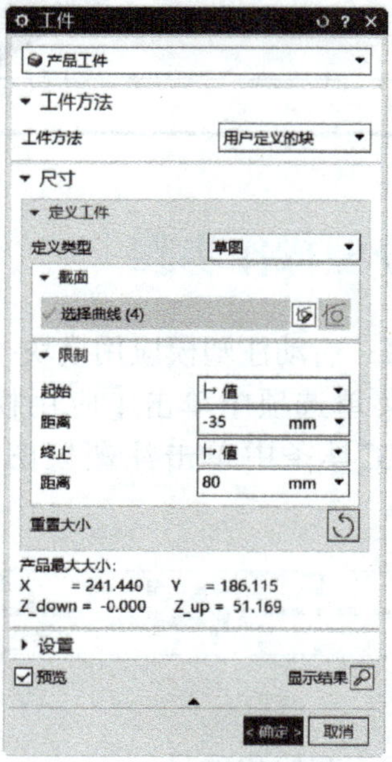

图 11-5 【工件】对话框

1）在【工件】对话框中单击创建草图，系统进入草图环境，在此删除草图截面线，自己重新创建一个矩形，同时标注尺寸，草图截面结果如图 11-6 所示。

2）在【草图】工具条中单击完成图标，系统返回【工件】对话框。在【起始】的【距离】文本框中输入“-35”；在【终止】的【距离】文本框中输入“80”，其余参数按系统默认，单击确定按钮，完成工件加载创建，结果如图 11-7 所示。

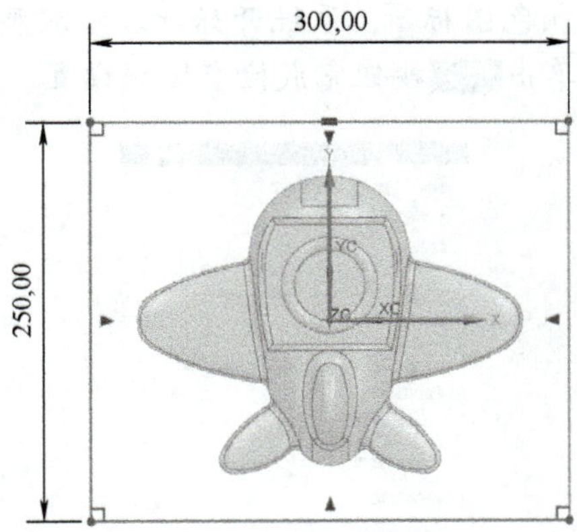

图 11-6　草图截面结果

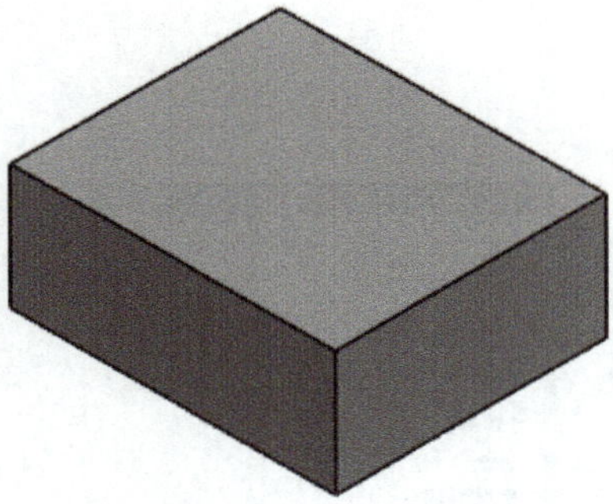

图 11-7　工件加载结果

> 提示：工件加载尺寸应该根据公司定料进行设定，初学者可以取产品最大尺寸单边加 15 ～ 30mm 进行创建工件尺寸。

步骤 5：型腔布局

在【主要】工具栏中单击型腔布局图标，系统弹出【型腔布局】对话框，如图 11-8 所示。

在【编辑布局】卷展栏选项中单击自动对准中心图标，系统自动将工件对准在中心，其余参数按系统默认，单击关闭按钮完成型腔布局操作，结果如图 11-9 所示。

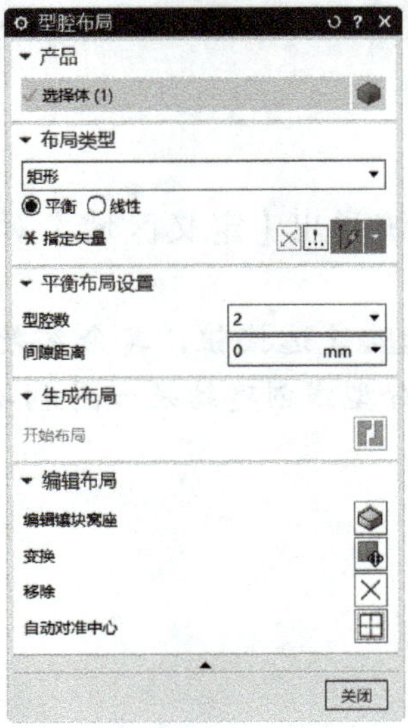

图 11-8　【型腔布局】对话框

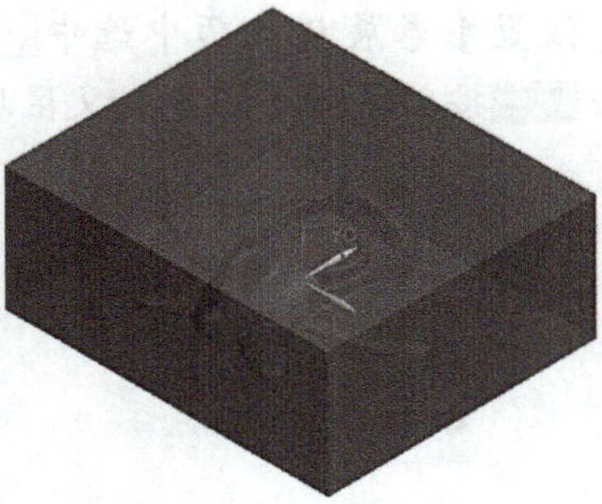

图 11-9　工件型腔布局结果

步骤 6：产品分型

1. 区域分析

在【分型】工具栏中单击检查区域图标，系统弹出【检查区域】对话框，如图 11-10 所示。

1）在【计算】选项卡中单击计算图标，系统开始计算，并显示相关的计算时间。

2）在【检查区域】对话框中单击【区域】选项卡，系统显示【区域】选项卡，如

图 11-11 所示。在【区域】选项卡中单击设置区域颜色图标，系统开始计算型腔型芯区域，结果如图 11-12 所示，其余参数按系统默认，单击确定按钮完成检查区域设置。

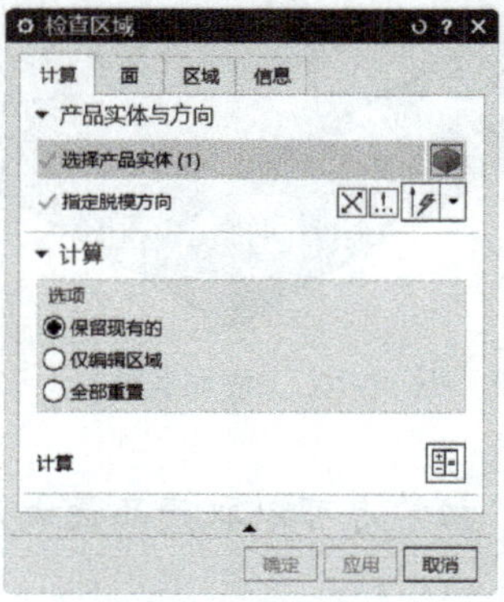

图 11-10 【检查区域】对话框

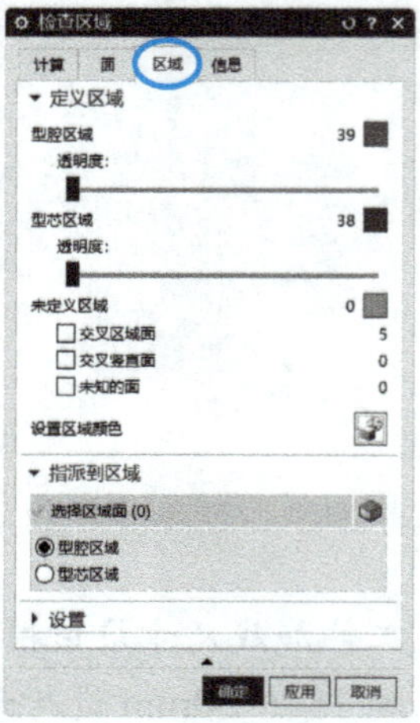

图 11-11 【区域】选项卡设置

图 11-12 检查区域设置结果

2. 分型线创建

在【分型】工具栏中单击定义区域图标，系统弹出【定义区域】对话框，如图 11-13 所示。

在【设置】卷展栏选项中选中☑创建区域和☑创建分型线复选按钮，其余参数按系统默认，单击确定按钮系统退出【定义区域】对话框，同时分型线创建结果如图 11-14 所示。

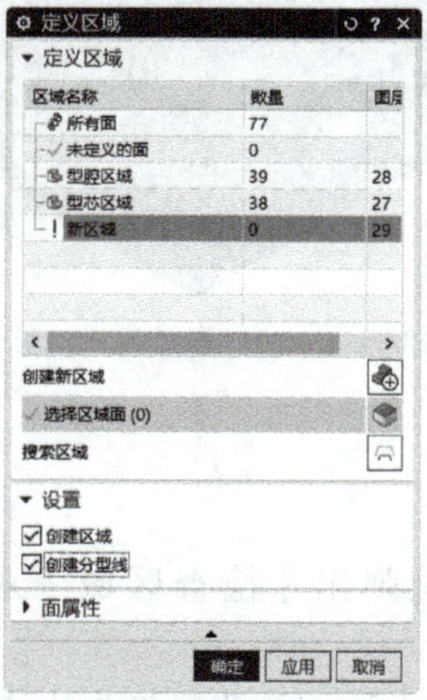

图 11-13 【定义区域】对话框

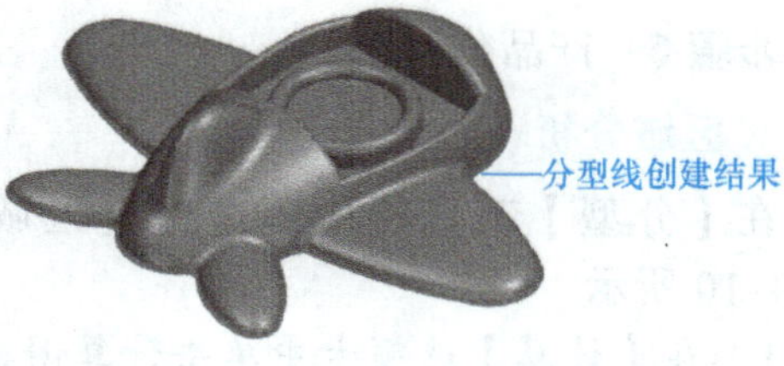

图 11-14 分型线创建结果

3. 创建分型面

在【分型】工具栏中单击设计分型面图标，系统弹出【设计分型面】对话框，如图 11-15 所示。在此不做任何更改，单击 确定 按钮系统完成分型面的创建，结果如图 11-16 所示。

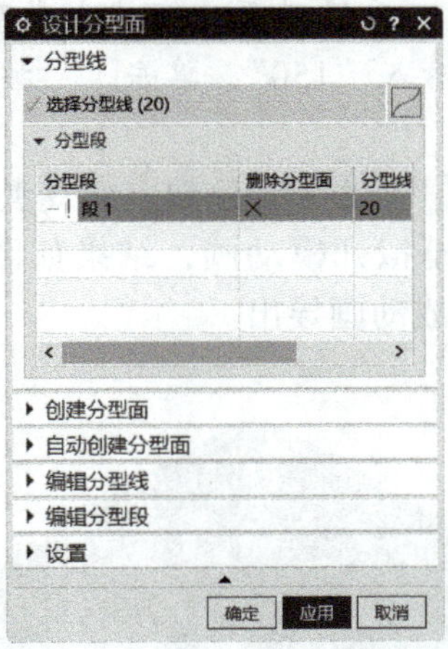

图 11-15 【设计分型面】对话框

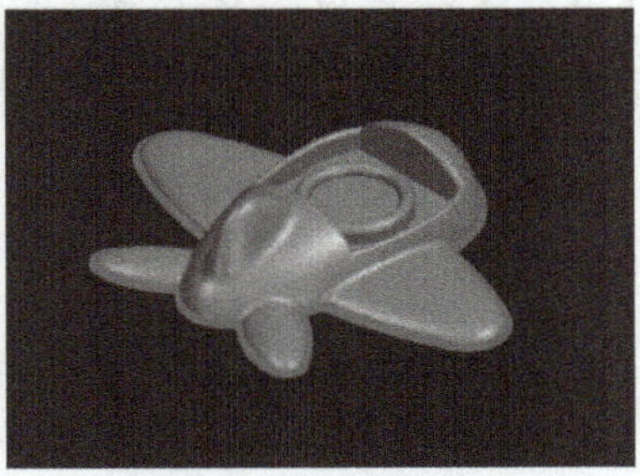

图 11-16 分型面创建结果

4. 定义型腔和型芯

在【分型】工具栏中单击定义型腔和型芯图标，系统弹出【定义型腔和型芯】对话框，如图 11-17 所示。

在【定义型腔和型芯】对话框中选择 **所有区域** 选项，其余参数按系统默认，然后一直单击 确定 按钮，直至完成型腔和型芯创建，结果如图 11-18 所示。

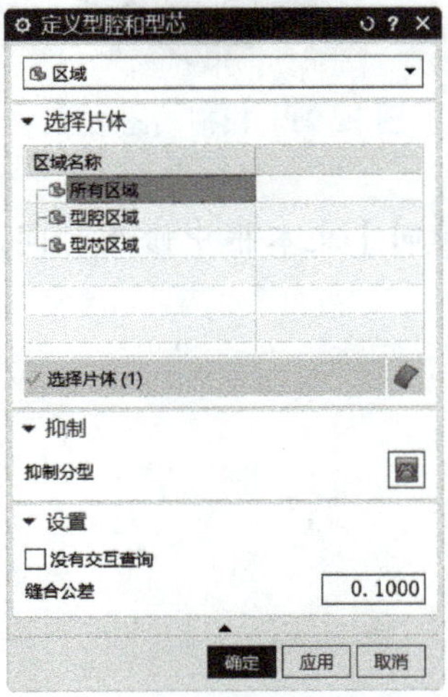

图 11-17 【定义型腔和型芯】对话框

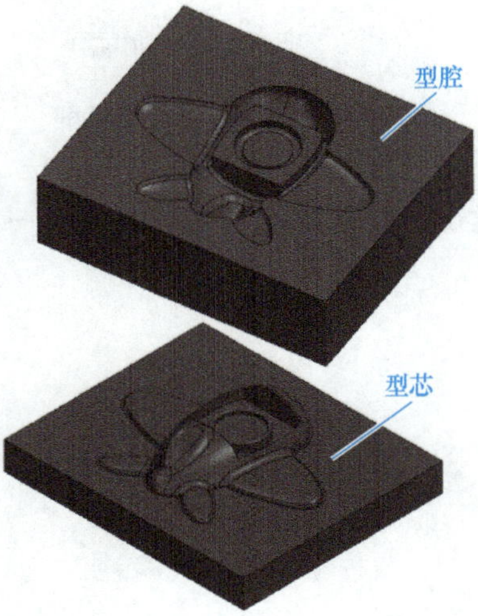

图 11-18 型腔和型芯创建结果

步骤 7：模拟开模动画设计

在窗口处选择“fly_top_000.prt”文件，系统显示分型后的所有结果。在主菜单选择【运动模拟设计】选项，系统显示【运动模拟设计】工具栏，如图 11-19 所示。

在【动画效果】工具栏中单击动画爆炸图标，系统弹出【动画爆炸】对话框，如

图 11-20 所示。

图 11-19 【运动模拟设计】工具栏

1）在绘图区选择型腔为运动对象，单击鼠标中键，系统跳至【变换】卷展栏选项，接着在绘图区单击 Z 轴方向，并在【距离】文本框中输入 “150”，单击应用按钮，完成型腔运动。

2）利用相同的方法，型芯沿着 Z 轴方向移动 -150，单击确定按钮，完成型芯运动。

在【动画】工具栏中单击播放图标，系统开始模拟开模动画，结果如图 11-21 所示，最后在【动画】工具栏中单击导出电影图标，完成动画导出。

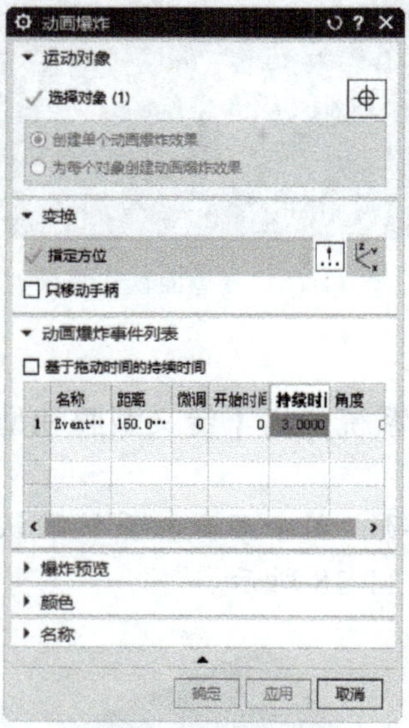

图 11-20 【动画爆炸】对话框

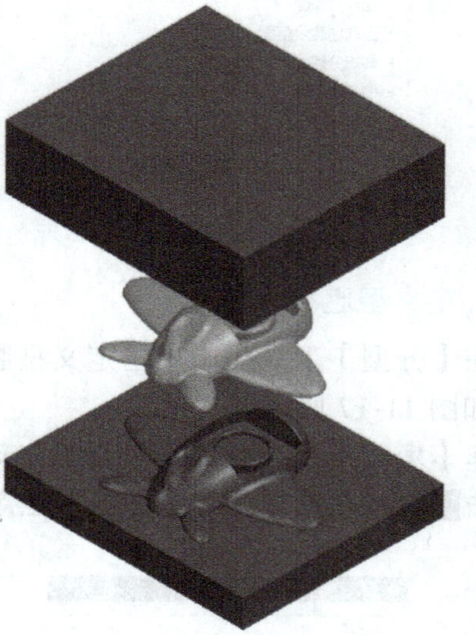

图 11-21 模拟动画结果

提示：如果想运动显示时间长一点，可在【持续时间】文本框中修改时间，本文持续时间为 3s。

第 12 章　逆向工程概述与案例应用

12.1　逆向工程的定义

逆向工程是将实物转变为 CAD 模型的相关数字化技术、几何模型重建技术和产品制造技术的总称。

早期的逆向工程是利用简单的量测工具，如游标卡尺、量块、塞尺等工具，对工件做简单的测量，将测得数据绘制成工程三视图，但有许多的曲面部分仍然无法测量。

随着科技的进步，三坐标测量机克服了测量准确度的问题。但是，随着各项产品的外形日益特殊，造型也成了市场重要部分之一。三坐标测量机测量速度慢，且无法测得所有的外形特征的问题日渐呈现。取而代之的便是非接触式测量设备，非接触式测量设备有不需耗费太多的人力，不需逐点方式测量，测量速度快，资料较完全，不必做补正，可直接测量软质工件等优点。

随着 CAD/CAM 技术的进步，由早期的二维 CAD 到现在大行其道的三维 CAD，渐渐摆脱了以往二维工程图的工作模式及制造上的盲点，但在产品设计上仍有许多正向设计是无法达成的，如特殊的外观造型、自由曲面的造型，或是造型设计师以手工制作的产品原型等。这时便需要用测量设备将外形信息转换为点云数据，进行逆向工程 CAD 建模。

12.2　逆向工程的应用

逆向工程是近年来发展起来的消化、吸收和提高先进技术的一系列分析方法以及应用技术的组合，其主要目的是改善技术水平，提高生产率，增强竞争力。逆向工程的应用领域大致可分为以下几种情况：

1. 在对产品外形的美学有特别要求的领域

为方便评价其美学效果，设计师广泛利用油泥、黏土或木头等材料进行快速且大量的模型制作，将所要表达的意向以实体的方式表现出来，而不采用在计算机屏幕上显示缩小比例的物体投影图的方法。此时，如何根据设计师制作出来的模型快速建立三维 CAD 模型，就需要引入逆向工程技术。

2. 当设计需要通过试验测试才能定型的工件模型时

在航空航天、汽车等领域，为了满足产品对空气动力学的要求，首先要求在实体模型、缩小模型经过风洞试验等各种性能测试的基础上建立符合要求的产品模型。此类产品通常由复杂的自由曲面拼接而成，最终确认的试验模型需借助逆向工程转换为产品的三维 CAD 模型及模具。

3. 没有 CAD 模型或设计图样时

在没有设计图样或者设计图样不完整，以及没有 CAD 模型的情况下，通过对零件原型进行测量，形成零件的设计图样或 CAD 模型，并以此为依据生成数控加工的数控程序代码或快速成型加工所需的数据，复制一个相同的零件。

4. 在模具行业、文物与艺术品的保护方面

在模具制造过程中，由于需要反复修改原始设计的模具型面，以得到符合要求的模具，可采用逆向工程。同时逆向工程也广泛用于破损文物、艺术品的修复等。

5. 在新产品开发或正向设计难以完成时

逆向工程在新产品开发、创新设计上同样具有相当高的应用价值。逆向工程可以直接在已有国内外先进产品基础上，进行结构性能分析、设计模型重构、再设计优化和制造，吸收并改进国内外先进的产品和技术，极大地缩短产品开发周期，迅速占领市场。

很多物品很难用基本几何形状来表现与定义，例如流线型产品、艺术浮雕及不规则线条等，通用 CAD 软件，以正向设计的方式来重建这些物体的 CAD 模型，在功能、速度及精度方面都将异常困难。

12.3 逆向工程的工作流程

逆向工程与传统设计的方式有些不同，它是经由测量设备测量成品，并取得资料数据（如点云数据），再由 CAD/CAM 软件或专业逆向软件建立工程 CAD 资料，接着以快速成型机制作原型或是由数控机床进行加工制造，其工作流程如图 12-1 所示。

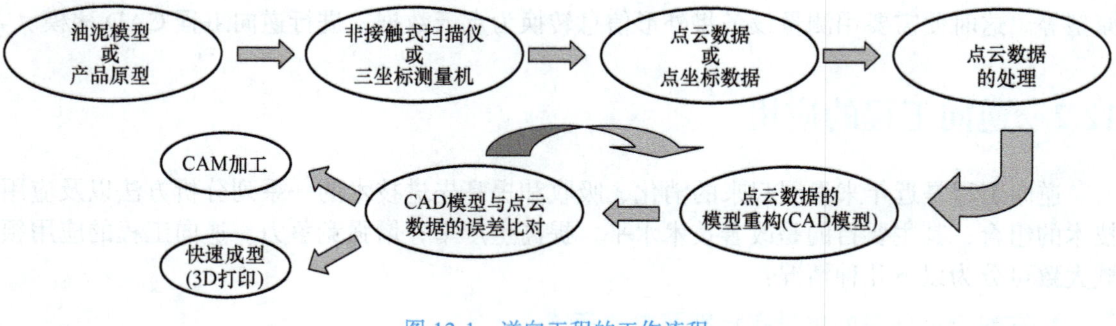

图 12-1 逆向工程的工作流程

12.4 逆向工程与产品创新

12.4.1 创新设计

产品的创新设计是指充分发挥设计者的能力，利用人类已有的相关科学技术（包含理论、方法、技术原理）进行创新构思，设计出科学性、创造性、新颖性及实用性产品的一

种实践活动，是创造具有市场竞争优势商品的过程。

创新设计的基本特征是：新颖性、先进性。创新设计是多层次的，从结构修改、造型变化的低层次工作到原理更新、功能增加的高层次活动的整个范畴，既适合用于产品设计，也适合用于零部件设计。

创新设计可分为原创型与基于原型创新设计。原创型是指从无到有，创造发明一种全新的技术和产品，如爱迪生发明的白炽灯、莱特兄弟发明的飞机。

基于原型创新设计是指对引进的国内外先进技术和产品进行深入分析研究，探索掌握其关键技术，在消化吸收的基础上进行再设计和再创作，进而开发出同类型的创新产品。如 1858 年，一个叫汉密尔顿·史密斯的美国人在匹茨堡制成了世界上第一台洗衣机。1910 年，美国的费希尔在芝加哥试制成功世界上第一台电动洗衣机。

1. 组合创新法

组合创新是依据一定目的，按照一定方式，将两种以上的技术思想或物质产品进行适当的组合，从而进行新的技术创造，形成一种新的结果。目前，大多数创新的成果都是采用这种方法取得的。组合创新法设计举例如图 12-2 所示。

图 12-2　组合创新法设计举例

组合创新的形式主要有以下几种：

（1）功能组合　功能组合就是把不同物品的不同功能、不同用途组合到一个新的物品上，使之具有多种功能和用途。比如，按摩椅就是按摩功能和椅子功能的结合体，智能手表就是手表和网络通信的组合。

（2）意义组合　这种组合功能不变，但组合之后赋予了新的意义。比如，在文化衫上印上旅游景点的标志和名字，就变成了具有纪念意义的旅游商品。同样，一本著作有了作者的亲笔签名，其意义也会不同。

（3）构造组合　把两种东西组合在一起，它便有了新的结构并带来新的实用功能。比如，房车就是房屋与汽车的组合，它不仅可以作为交通工具，还可以作为居住的场所。

（4）成分组合　两种物品成分不相同，组合在一起后，就构成了一种新的产品。比如，柠檬和红茶组合在一起，就开发出了柠檬茶。调酒师调制鸡尾酒采用的也是一种不同的成分组合。

（5）原理组合　把原理相同的两种物品组合在一起，产生一种新产品。比如，组合音响共同使用一套功放及声频系统，从而减少了体积和制作成本。

（6）材料组合　不同材料组合在一起，不仅可以改善原物品的功能，还能带来新的经济效益。比如，现在电力工业使用的远距离电缆，其芯用铁制造，而外层则用铜制造，由两种材料组合制成的新电缆，不仅保持了原有材料的优点（铜的导电性能好，铁硬而不下垂），还大大降低了输电成本。

2. 类比创新法

类比创新法是根据两个或两类对象之间在某些方面的相同或相似而推出它们在其他方面也可能相同的一种思维形式和逻辑方法。如秋千采用类比的方法进行结构修改，设计出新产品，如图 12-3 所示。

类比创新法又称为综摄法，是由美国麻省理工学院教授威廉·戈登于 1944 年提出的一种利用外部事物启发思考、开发创造潜力的方法。事实证明，生活中的不少发明创造、文学作品都是由日常生活的事物启发而产生的灵感。这种事物，从自然界的高山流水、飞禽走兽，到各种社会现象，甚至各种神话、传说、幻想、电视等，比比皆是，范围极其广泛。

根据类比的对象、方式等的不同，类比创新法大致可以分为以下几种类型：

（1）直接类比　从自然界或者已有的成果中找寻与创造对象相类似的东西。例如，设计一种水上汽艇的控制系统，人们可以将它同汽车相类比。汽车上的操纵机构和车灯、喇叭、制动机构等都可经过适当改革，运用到汽艇上去，这样比凭空想象设计一种东西容易获得成功，如图 12-4 所示。

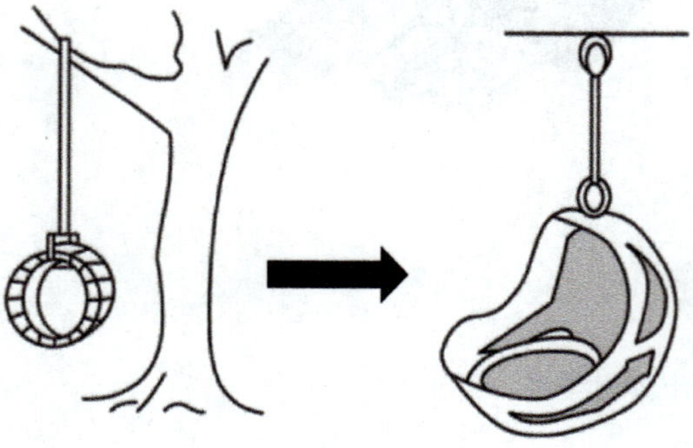

图 12-3　类比创新设计举例

图 12-4　直接类比举例

（2）拟人类比　进行创造活动时，人们常常将创造的对象加以"拟人化"。挖土机可以模拟人体手臂的动作来进行设计。它的主臂如同人的上下臂，可以左右上下弯曲；挖土斗似人的手掌，可以插入土中，将土挖起。在机械设计中，采用这种"拟人化"的设计，可以从人体某一部分的动作中得到启发，常常会使人收到意想不到的效果。

工业设计，也经常应用拟人类比。设计师将体育馆的屋顶与人脑头盖骨的结构、性能进行了类比：头盖骨由数块骨片组成，形薄、体轻，但却极坚固，那么体育馆的屋顶是否可做成头盖骨状呢？这种创意获得了巨大成功，同时薄壳建筑也就风行起来，如图 12-5 所示。

图 12-5　拟人类比举例

（3）象征类比　所谓象征是一种用具体事物来表示某种抽象概念或思想感情的表现手法。在创造性活动中，人们有时也可以赋予创造对象具有一定的象征性，使它们具有独特的风格，如设计纪念碑、纪念馆，需要赋予它们有“宏伟”“庄严”“典雅”的象征格调。相反，设计咖啡馆、茶楼、音乐厅就需要赋予它们有“艺术”“优雅”的象征格调。

12.4.2　逆向工程与创新设计

在经济全球化的压力下，国家、企业面临的竞争日趋激烈，市场竞争机制已渗透到各个领域。充分利用别国的科技成果加以消化、吸收与创新，进而发展自己的技术已经成为更快、更好发展本国科技和经济的普遍手段。

1. 逆向工程在国内应用现状

由于技术保密，要获得产品图样、技术文件、工艺等技术资料几乎不可能（购买转让除外）。产品实物作为商品，是最容易获得的一类研究对象。在只有产品原型或实物模型的条件下，可以基于产品实物逆向工程对产品零件进行生产制造，除实现对原型的仿制外，通过重构产品零件的 CAD 模型，在了解原设计技术的基础上，实现对原型的修改和再设计，以达到设计创新、产品更新的目的。

据统计，各国 70% 以上的技术都是来自于国外，要掌握这些技术，正常的途径都是通过逆向工程。实际上任何产品问世，不管是创新、改进还是仿制，都蕴含着对已有科学、技术的继承、应用和借鉴。

目前，我国企业对于技术引进基础上的逆向工程重视还不够，多数企业把技术设备的引进仅仅看作是提高产品技术含量或者增加产品种类的方式，没有考虑技术引进与逆向工程的结合对技术水平的提升，没有从更高的战略高度来考虑技术引进问题。

2. 逆向工程是产品创新设计的重要途径

逆向工程是制造业实现快速产品创新设计的重要途径。实物原型的再现仅仅是逆向工程的初步阶段，在此基础上进行的基于原型的再设计、再提高，从而实现重大改型的创新设计，才是逆向工程的真正意义和价值所在。通过逆向工程，在消化、吸收先进技术的基础上，建立和掌握自己的产品开发设计技术，进行产品的创新设计，即在仿制的基础上进行改进创新，是提高我国制造业水平的必由之路。

面向创新设计的逆向工程是一个认识原型 – 再现原型 – 超越原型的过程，也是一种综合运用多种先进技术，以实现创新、提高产品设计品质为最终目的的设计新方法。

3. 原型的再创造设计

即运用设计人员的创新思维、设计经验和专业知识，通过对重构产品模型进行原始设计参数还原、性能分析及虚拟仿真、设计综合评价后，根据产品特点在功能、原理、结构、尺寸、工艺、材料等各方面加以改进提高，从而实现真正的创新设计。

12.5 逆向工程的限制

逆向工程虽然可以解决许多问题，但是基于测量设备的精度与逆向软件功能的限制，逆向工程还会造成许多限制。

以测量设备来说，不管是接触式还是非接触式的测量设备，逆向工程最大的限制，在于精度的要求。一般而言，测量设备都有一定的误差，再加上在使用软件重新建模时，使用者能否将点云与曲面误差控制得当，是非常困难的。测量所得的点云资料，依照实际情况来说，通常是无法得到很好的真圆度、真直度等几何形状。所以曲面建模时需要注意，如果要保证曲面的光滑性与连续性，就很难确保与点云之间的误差，如何处理它们之间的关系，便需要制订一个可接受的误差范围，而误差范围的设定，最主要的关键在于测量设备。

目前逆向工程的限制因素大概可总结如下：

1）点云资料数量大，软件必须要能读取，并能运算这些点云数据。

2）测量设备的精度影响所测得的点云数据，而点云数据的精度、数量直接影响后续的曲面建模。

3）点云资料的品质直接影响曲面的品质，点云的误差值与曲面品质的取舍，需要依靠工程人员的判断与操作技巧。

4）如何由点云资料直接获得适用的特征线或是分割曲面、规划曲面建模流程，需要工程人员依据经验判断，无法以参数或数值来量化。

5）花费时间较多，因为曲面建模完成后，需要进行误差比对，如果误差值不在规定范围，则需要微调，所需的时间较多。

12.6 逆向工程的数据采集

数据采集也称零件的数字化，是通过特定的测量设备和测量方法获取零件表面离散点的几何坐标数据，在此基础上进行复杂曲面的建模、评价、改进和制造。作为逆向工程的第一步，如何高效、高精度地获得实物表面数据是逆向工程实现的基础和关键技术之一。

1. 接触式数据采集

传统的三坐标测量机（Coordinate Measuring Mechine，CMM）是接触式测量的典型三维数据采集仪器。在逆向工程应用的初期，CMM 是实物三维数据采集的主要手段，按结构主要分为龙门式、桥式、关节臂式三坐标测量机等，如图 12-6 所示。

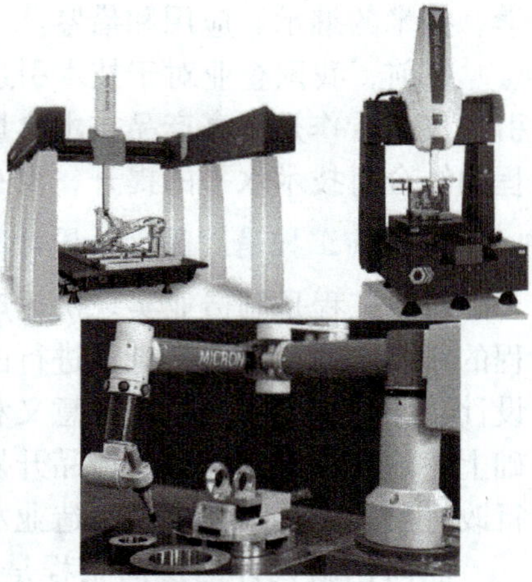

图 12-6　三坐标测量机

2. 接触式测量设备的特点

（1）接触式测量设备的优点

1）发展时间较长，机械结构稳定，信号读取较非接触式简单稳定，干扰较少，通常可校正到某一坐标系，不需软件再定位一次，因此精确度高。

2）配合工作台及接触式测头，对于简单几何形状的测量速度比较快、准确，例如平面、圆孔、圆柱、圆锥等。

3）被测物件外形及颜色影响不大，非接触式测量设备不可测量光学仪器死角区域，例如深沟、间隙小的凹槽、倒勾等区域。但接触式设备可通过手臂式的测量设备取得，同时不必考虑被测物件外观是否会反光。

（2）接触式测量设备的缺点

1）速度较慢，耗时较久。由于接触式设备需要用逐点方式进行测量，因此在测量的速度慢，时间会比较长。

2）需要使用特殊夹具，成本相对高。接触式设备在测量之前需要进行基准点的校正，在校正时需使用专用的夹具，甚至依照需求设计夹具，提高了测量成本。

3）需要校正测头。由于在测量时，测头直接接触到工件而造成一定的磨损，而为了维持一定的精度，就需要经常校正测头。

4）易损害工件及测头。被测工件是软质体（油泥模型、橡胶成品）时，如果人为操作不当，容易损害工件某些重要表面精度及测头本身。

5）测头直径需小于测件对象。如检测内圆时，由于先天的限制，被测的内部尺寸必须大于测头直径，否测无法完成检测。

3. 非接触式数据采集

此方法利用光、声、磁等原理进行数据采集，其中光学方法细分有三角形法、测距法、干涉法、结构光法、图像分析法等。非接触式数据采集速度快、精度高，排除了由测量摩擦力和接触压力造成的测量误差，避免了接触式测头与被测表面由于曲率干涉产生的伪劣点问题，获得的密集点云信息量大、精度高，测头产生的光斑也可以做得很小，以便探测到一般机械测头难以测量的部位，最大限度地反映被测表面的真实形状。正是因为非接触式测量具有这样一些突出的优点，欧盟已经专门立项对非接触式测头的性能检定方法进行研究，以期在短时间内单能制定出相应的标准和规程。当然光学的非接触式测量方法也存在一些问题，其中主要的问题是轮廓边缘的定义，在不同的光照条件下测得的边缘位置是不同的，工件表面的状况对它也有影响；同时数据太大也会造成一些不便，因此测量规划和数据的处理就显得尤为重要。

非接触式扫描仪又可分为拍照式 3D 扫描仪（白光）与手持式 3D 扫描仪（激光），如图 12-7 所示。非接触拍照式 3D 扫描，利用照相式原理，进行非接触式 3D 拍照式扫描，得到物体表面的三维数据。一般手持式 3D 扫描仪系列使用传统的圆点标记来实现视觉定位，由于视觉定位需要的是一个“理想点”，即没有大小的点，因此实际使用的是圆心，圆心的坐标通过提取圆点边界来拟合。

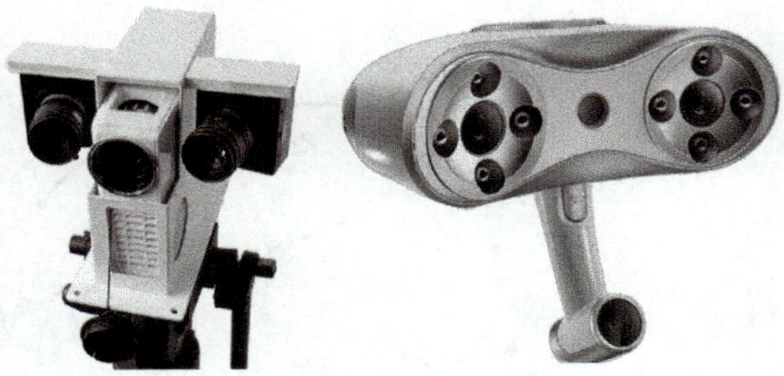

图 12-7　非接触式扫描仪

4. 非接触式测量设备的特点

（1）非接触式测量设备的优点　不需要耗费太多人力，不需要用逐点方式测量，测量速度快；不必做测头的补正，激光光带投影到的位置就是工件表面的位置；可直接测量软质工件、塑料薄件、不可接触等高精密物件等。

（2）非接触式测量设备的缺点　测量精度较差，非接触式测量设备大部分由三角测距的方式计算点云资料坐标，误差较接触式大；易受工件表面的反射性影响，非接触式测量设备是以光学式测头读取激光、光栅，若物件外观会反光，则会造成测量干扰（如颜色、材质等），通常会在反光体表面喷涂反差剂，减少光线散射；不能对几何形状做完美测量，非接触式测量设备较难针对几何形状做完美测量，如边缘、凹孔、薄壳肉厚等；对不连续、起伏变化大的形状较难处理。

12.7　扫描数据处理流程

产品外形数据是通过测量机来获取的。一方面，无论是接触式的数控测量机还是非接触式的激光扫描仪，不可避免地会引入数据误差，尤其是尖锐边和产品边界附近的测量数据，测量数据中的坏点，可能使该点及其周围的曲面片偏离原曲面。另一方面，由于激光扫描的应用，曲面测量会产生海量的数据点，这样在造型之前应对数据进行精简。扫描数据处理流程主要包括以下内容：坏点去除，点云精简，数据插补，数据平滑，数据分割，如图 12-8 所示。

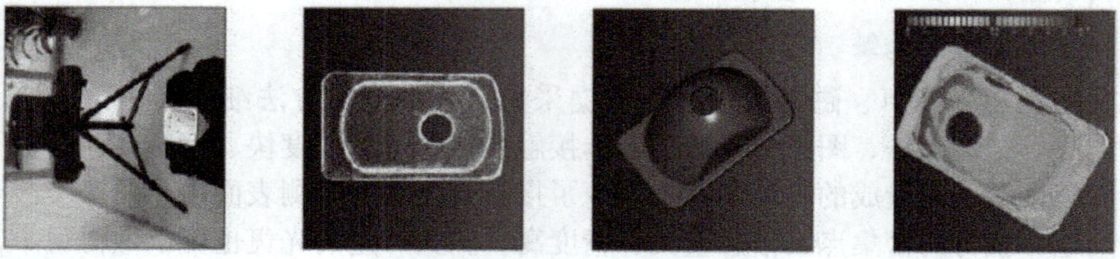

图 12-8　扫描数据处理流程

12.7.1　坏点去除

坏点又称噪点，通常是由于测量设备的标定参数发生改变和测量环境突然变化造成的，对于手动人工测量，还会由于误操作使测量数据失真。坏点对曲线、曲面的光顺性影响较大，因此测量数据预处理首先就是要去除数据点集中的坏点，常用的处理方法有直观检查法、曲线检查法及弦高差法，如图 12-9 所示。

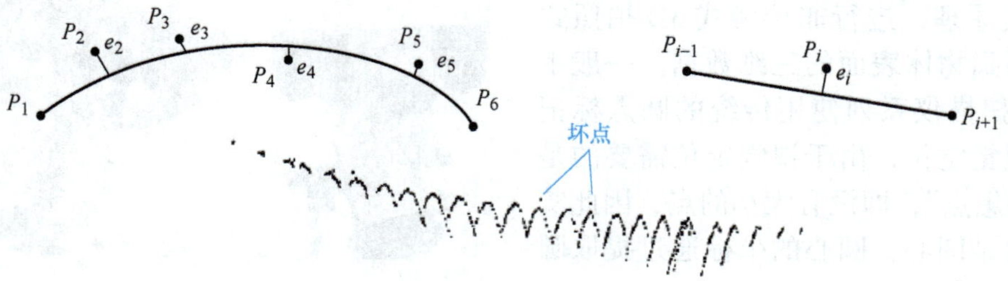

图 12-9　坏点检查

12.7.2　数据精简

为提高高密度数据点云在曲面重构时的效率和质量，需要按一定要求精简测量点的数量。不同类型的点云可以采用不同的精简方式，散乱数据点云可以通过随机采样的方法来精简；对于扫描线点云和多边形点云，可采用等间距精简、倍率精简、等量精简和弦偏差等方法；网格化点云可采用等分布密度法和最小包围区域法等进行数据精简。在均匀精简方法中，通过以某一点定义采样立方体，求立方体内其余点到该点的距离，再根据平均距离和用户指定保留点的百分比进行精简，如图 12-10 所示。

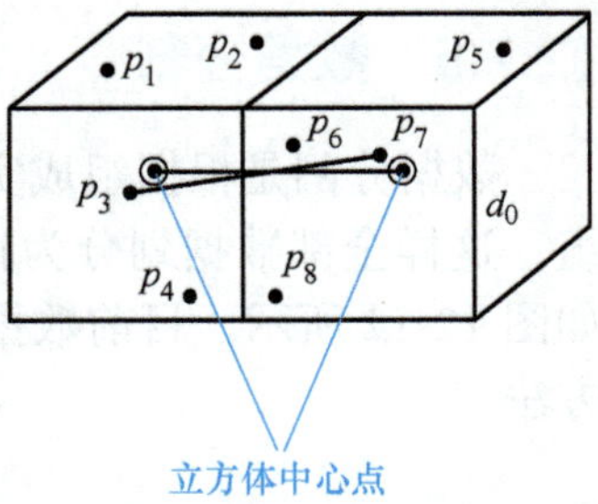

图 12-10　均匀精简方法

例如一叶轮片模具，在数据采集时，采集到的点云数据有 24500 个，为了方便模型重建与点数据运行，可通过距离精简方法，精简后的点云在空间分布均匀，适合数据的后续处理，如图 12-11 所示。

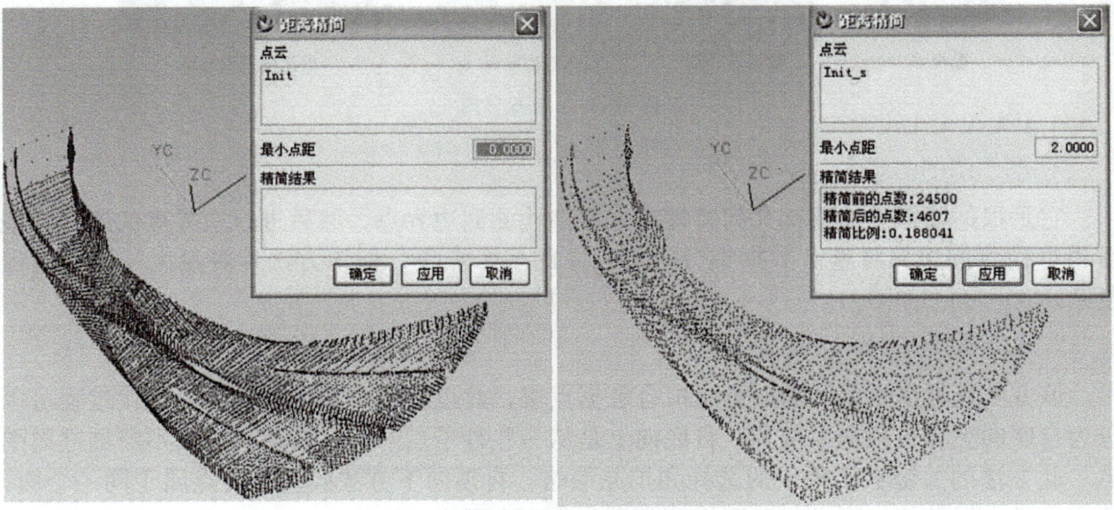

图 12-11　点云数据精简示例

12.7.3　数据插补

由于实物拓扑结构以及测量机的限制，一方面在实物数字化时会存在一些探头无法测到的区域，另一种情况则是实物零件中存在表面凹边、孔及槽等，使曲面出现缺口，这样在造型时就会出现数据空白现象，影响曲面的逆向建模。目前应用于逆向工程的数据插补方法或技术主要有实物填充法、造型设计法和曲线、曲面插值补充法。

12.7.4　数据平滑

由于在数据测量过程中受到各种人为和随机因素的影响，使得测量结果包含噪声，为了降低或消除噪声对后续建模质量的影响，需要对数据进行平滑滤波。数据平滑主要针对扫描线数据，如果数据点是无序的，将影响平滑的效果。

数据平滑通常采用高斯（Gaussian）、平均（Averaging）或中值（Median）滤波算法。

高斯滤波器在指定域内的权重为高斯分布，其平均效果较小，故在滤波的同时能较好地保持原数据的形貌。平均滤波器采样点的值取滤波窗口内各数据点的统计值，这种滤波器消除数据毛刺的效果很好。实际使用时，可根据点云质量和后续建模要求灵活选择滤波算法。

12.7.5 数据分割

数据分割是根据组成实物外形曲面的自曲面的类型，将属于同一子曲面类型的数据成组，这样全部数据划分为特征单一、互不重叠的区域，为后续的曲面模型重建提供方便，如图 12-12 所示。目前数据分割方法主要有：基于边的方法、基于面的方法、基于群簇的方法。

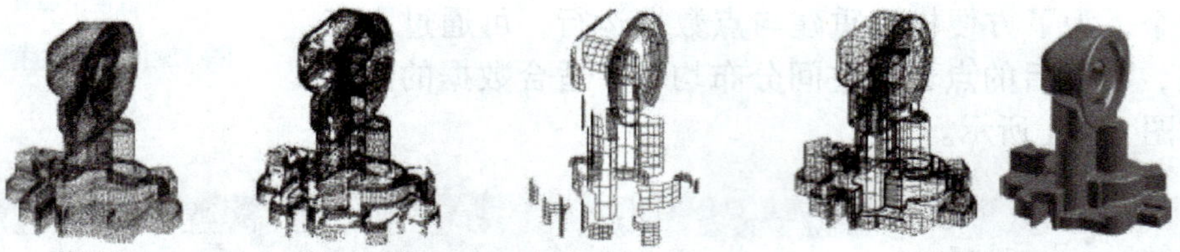

图 12-12 数据分割

1. 基于边的方法

它是根据数据点的局部几何特性在点集中检测到边界点，然后进行边界点的连接，最后根据检测的边界将整个数据集分割为独立的多个点集，但该方法计算量大、计算过程复杂。

2. 基于面的方法

该方法是根据指定的曲面方程拟合数据点集，此过程是个迭代的过程，迭代过程可以分为自底向上和自顶向下两种。自底向上是从一些种子点开始，按某种规则不断加进周围点。此方法的关键在于种子的选择和扩充策略。自顶向下方法假设所有点属于同一个面，拟合过程中误差超出要求时，则把原集合分为两个子集。

3. 基于群簇的方法

它是通过群簇技术把局部几何特征参数相似的数据点聚集为一类，但聚类方法需要预先指定分类的个数，容易出现碎片，往往要对碎片进一步处理。

12.7.6 多视点云的对齐

在逆向工程实际的过程中，由于坐标测量都有自己的测量范围，因此无论采用什么测量方法，都很难在同一坐标系下将产品的几何数据一次完全测出。产品的数字化不能在同一坐标系下完成，而在模型重建的时候又必须将这些不同坐标下的数据统一到一个坐标系下，这个数据处理过程就是多视数据定位对齐，或数据拼合。

在国外，Faugeras 和 Hebert 在 1986 年应用四元组算法（Quaternion）来求解，以处理物体移动时物体对齐问题。Arun 等人在 1988 年通过奇异值分解（Singular Value Decomposition，SVD）来求两个对应点集的变换问题；Besl 和 Mckay 在 1992 年提出了著名的迭代最近点算法（Iterative Closest Point Algorithm，ICP），首先从一个点集、一条曲线或一个曲面中找到与一点对应的最近点，再用这个结果去找两个对应的点集，最后采用单位四元素法来找出两个点集的变换矩阵；Rutishauser 等在 1994 年提出一种用三角面片分割阵列图像（Range Images），然后用统计的方法来合并两个阵列图像的方法。在国内，在多视拼合的研究中，出现了多种算法，如南京航空航天大学的吴敏、周来水等对扫描数据的多视拼合提出了一种边定位边合并的方法，减少了多视顺序拼合时所产生的积累误差。对拼合后的视图，在重叠区域的缩小包围盒内采用加权平均的方法进行了数据融合。华中科技大学的孙世为等提出了基于 ICP 算法局部相对于整体的拼合算法，实现了任意点云的拼合，相对于传统的点对点拼合，它的效率和精度更高。

12.8　扫描设备校准

12.8.1　扫描软件功能介绍

1. 软件界面介绍

ScanView 软件操作界面如图 12-13 所示，分为菜单栏、工具栏、扫描控制面板、扫描数据集合面板、状态栏和三维查看器几部分。菜单栏分为扫描、编辑、工程、网格和其他五大块；扫描控制面板包含扫描控制（开始 / 停止）和扫描参数设置；扫描数据集合面板显示现有的数据类型；状态栏显示现在软件处于的状态以及数据统计；三维查看器显示扫描数据情况。

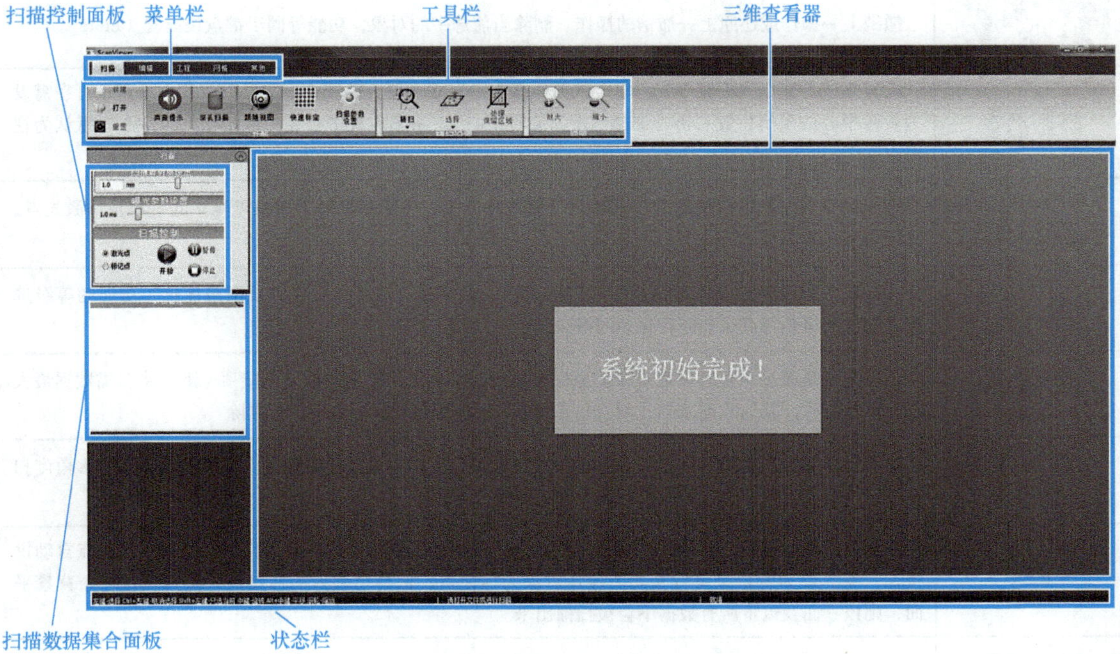

图 12-13　ScanView 软件操作界面

2. 软件图标功能

软件图标功能包括各菜单栏下的工具栏，各个功能图标的简单介绍见表 12-1。

表 12-1　软件图标功能介绍

图标与名称	功能介绍
新建　打开　重置	新建一个空的视图对象。打开扫描数据（工程文件、标记点文件），将一个文件加载到视图对象中。重置项目功能与新建的区别是可保留所有的参数设置，并可以选择是否保留标记点
声音提示　深孔扫描	扫描过程中，距离不合适时扫描仪会发出提示音，启动软件默认声音打开，单击一下可关闭提示音。深孔扫描模式是指正常扫描孔径时，孔直径与可扫描孔深比例为 1：1，打开深孔扫描后比例至少可达 1：2
视野跟随　快速标定	视野跟随是指扫描视野是否跟随设备移动——打开时视图显示是根据扫描仪的视野移动的，关闭后视图移动是通过鼠标控制的。快速标定是指使用标定板校准扫描仪
扫描参数设置	根据实际情况更改扫描参数，包括扫描环境选择、扫描物体类型、标记点类型选择以及是否需要特征优化等
精扫　选择	选择精扫等级或开关精扫模式。选择是指打开该功能，选择精扫区域，或精扫保留区域
处理保留区域　选择工具	选择精扫保留区域后，使用该功能，选中区域只保留精扫数据，其他区域只保留非精扫数据。选择工具用于切换选取，如矩形选择、套索选择和折线选择
放大　缩小　保存为	三维查看器视图窗口放大、缩小模型。保存为是指根据需要保存出所需类型数据（标记点、点云、网格数据或工程文件）
智能选择	软件自动根据数据曲率分辨平面或同一曲面，一次性选中
撤销　重做　删除	撤销上一操作或还原上一撤销的操作。删除当前选中的对象，功能等同于键盘快捷键〈elete〉
设置旋转中心　重置旋转中心	设置模型上某点为旋转中心。单击该图标后再单击需设置为旋转中心的模型位置。或者也可在需设为旋转中心的模型位置右击，选择“设为旋转中心”。重置放置中心是指初始化旋转中心，默认为视图中心
最佳视图　操作对象	最佳视图是指将已扫描到的数据移至视图最佳位置。操作对象是指切换可操作的对象，如激光点、标记点和三角面片
网格面参数设置　生成网格	网格面参数设置是设置网格面生成时的参数，包括是否填补标记点以及网格优化等功能的等级选择。生成网格是将点云数据转化为网格数据
校准原点　模型优化	校准原点是通过调整具体数值移动坐标系原点。模型优化用于选择非连接项（默认将扫描数据最大部分设为主体，其他非连接部分均为非连接项）或体外孤点（噪点）进行删除
曲率采样　标记点优化	曲率采样是对扫描所得的点云数据进行按照百分比采样，以减小数据量。标记点优化用于多角度扫描标记点后，对标记点进行一个重新计算，使精度更高
标记点拼接　设为背景	标记点拼接是将一个与现有工程文件存在四个以上公共标记点的工程文件，通过公共标记点自动拼接在一块。设为背景是将背景功能操作对象为标记点，选择已读入的标记点，使其拟合一个背景平面，则该平面及以下所有数据不会被扫描出来
清空背景　一键删除	清空背景是将设置为背景标记点的标记点还原为普通标记点。一键删除是指删除背景及其背景下所有数据，可选择是否保留背景点
填补孔　简化	填补孔可手动选择网格数据的孔进行填补。简化可将网格面片文件按指定数量或比例简化

（续）

图标与名称	功能介绍
开流形 细化	开流形可选择非连接的网格面，功能类似于点云的非连接项。细化将网格数据细分四倍
去除特征 去除钉状物	去除特征是将选中数据删除重补，得到较平整的数据。去除钉状物是将多边形网格面片上的钉状尖角特征平滑处理
关于 环境检测	关于是显示该软件版本的信息以及许可证状态。环境检测是对计算机的一些参数设置进行检测和简单的修复
程序设置 设备管理	程序设置可将软件在中英文之间切换（切换之后要重启软件方可）。设备管理用于更新授权文件或授权文件夹以及对扫描仪进行固件升级
自定义模型 进入检测模式	自定义模型可以根据不同情况要求更改显示数据颜色以及光源渲染效果。进入检测模式是指扫描结束后，单击进入检测模式图标系统进入检测模块，开始对数据进行一系列简单的检测。进入检测模式后，界面显示如图 12-14 所示

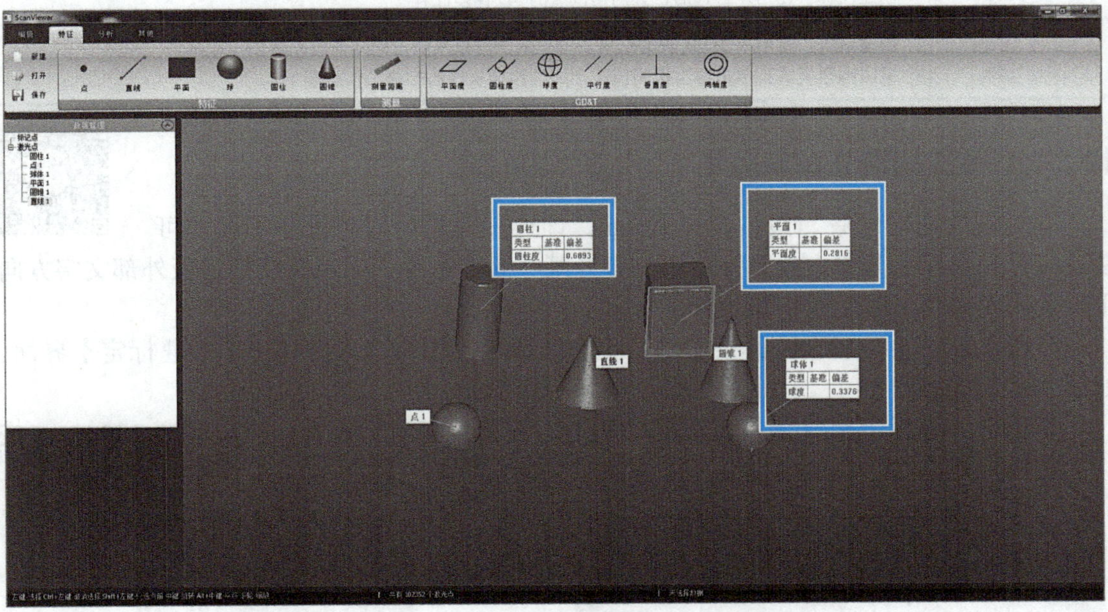

图 12-14　检测模式界面显示

菜单栏中，编辑菜单和其他菜单下的内容都和扫描模式下一样，特征菜单栏是新增加的菜单。检测模式特有功能的简单介绍见表 12-2。

表 12-2　检测模式特有功能的简单介绍

图标与名称	功能介绍
点 直线	点：在数据上创建点特征，以便对其进行相关的测量 直线：在数据上创建直线特征，以便对其进行相关的测量
平面 球	平面：在数据上创建平面特征，以便对其进行相关的测量 球：在数据上创建球特征，以便对其进行相关的测量

（续）

图标与名称	功能介绍
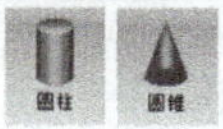 圆柱 圆锥	圆柱：在数据上创建圆柱特征，以便对其进行相关的测量 圆锥：在数据上创建圆锥特征，以便对其进行相关的测量
 测量距离 平面度	测量距离：计算数据上两个对象之间的距离 平面度：测量实际平面特征相对其理想平面的偏差大小
 圆柱度 球度	圆柱度：测量实际圆柱特征相对其理想圆柱面的偏差大小 球度：测量实际球体特征相对其理想球面的偏差大小
 平行度 垂直度	平行度：测量一平面（直线）特征与另一基准平面（直线）特征的相对偏差大小 垂直度：测量一直线（平面）特征与另一基准直线特征或平面特征的相对偏差大小
 同轴度 最佳拟合对齐	同轴度：测量一轴线特征与另一基准轴线特征的相对偏差大小 最佳拟合对齐：通过最佳拟合的方式，将测试对象对齐到参考对象上
 特征对齐 N点对齐	特征对齐：通过配对的特征使测试对象对齐到参考对象上 N 点对齐：分别在测试对象和参考对象上选择至少三个对应点，将测试对象对齐到参考对象上
 3D比较 创建注释	3D 比较：生成一个新的对象，该对象以不同的颜色来显示测试对象和参考对象之间的 3D 偏差分布 创建注释：在用户自选的位置创建该点的 3D 偏差注释
 创建报告 退出测量模式	创建报告：将用户 3D 比较的结果、创建的注释以及测量的几何公差输出生成报告 退出测量模式：单击退出检测模式，回到扫描软件的扫描工作状态下

12.8.2 手持扫描仪设备标定

将扫描仪连接好后，预热 5 ～ 10min，即连接完成后放置设备不动即可。接着打开扫描仪工具箱，找到标定板并打开某一固定位置。标定时使标定板外部文字方向正对使用者操作。标定操作流程如下：

步骤 1：在【功能】工具条中单击【快速标定】图标，系统弹出【快速标定】界面，如图 12-15 所示。

步骤 2：将标定板放置在稳定的平面上，扫描仪正对标定板，大概距离 300mm。按一下扫描仪开关键，发出激光束（以三条平行激光为例），如图 12-16 所示。

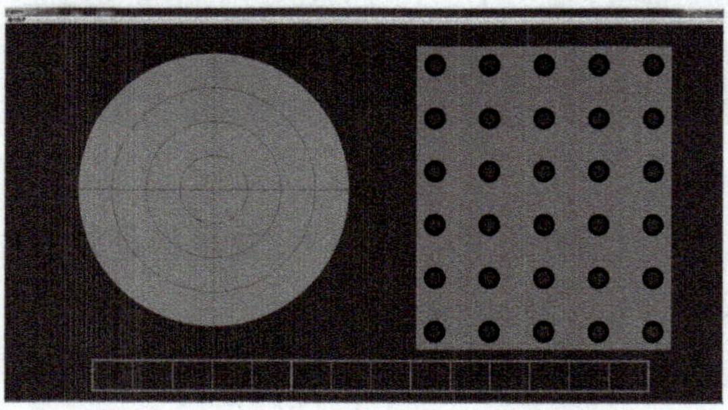

图 12-15 【快速标定】界面

图 12-16 激光束开

步骤 3：控制扫描仪角度，调整扫描仪与标定板的距离，使左侧的阴影圆重合，保证左侧阴影圆基本重合的状态下，在扫描仪所处的水平面上不改变角度，水平移动扫描仪，使右侧的梯形阴影重合，如图 12-17 所示。然后调整距离使其大小符合，系统进入下一步标定。

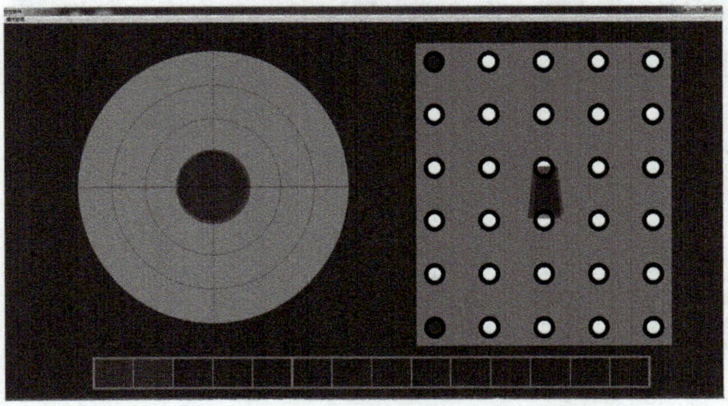

图 12-17　标定中心圆位置

步骤 4： 右侧 45° 标定，将扫描仪向右倾斜 45°，激光束保持处在第三行与第四行标记点之间，使阴影重合，如图 12-18 所示，系统进入下一步标定。

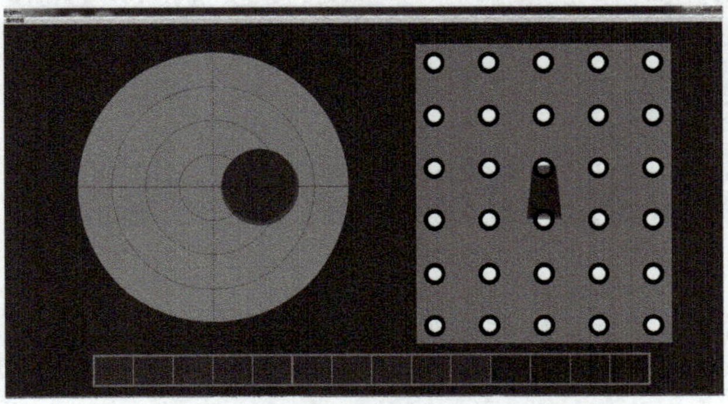

图 12-18　右侧圆标定

步骤 5： 左侧 45° 标定，将扫描仪向左倾斜 45°，激光束保持处在第三行与第四行标记点之间，使阴影重合，如图 12-19 所示，系统进入下一步标定。

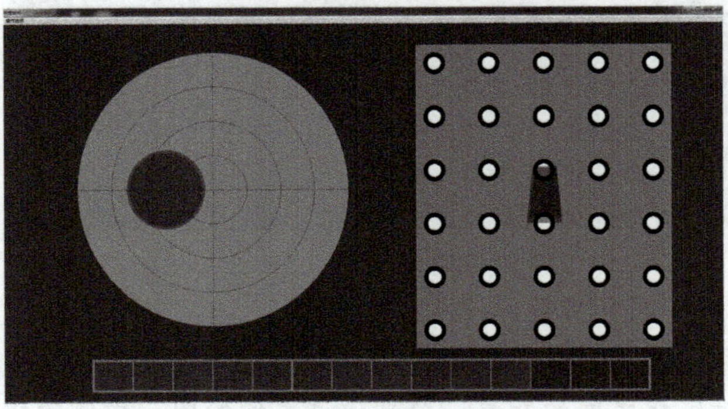

图 12-19　左侧圆标定

步骤 6： 上侧 45° 标定，将扫描仪向上倾斜 45°，激光束保持处在第三行与第四行标记点之间，使阴影重合，如图 12-20 所示，系统进入下一步标定。

步骤 7： 下侧 45° 标定，将扫描仪向下倾斜 45°，激光束保持处在第三行与第四行标记点之间，使阴影重合，如图 12-21 所示。

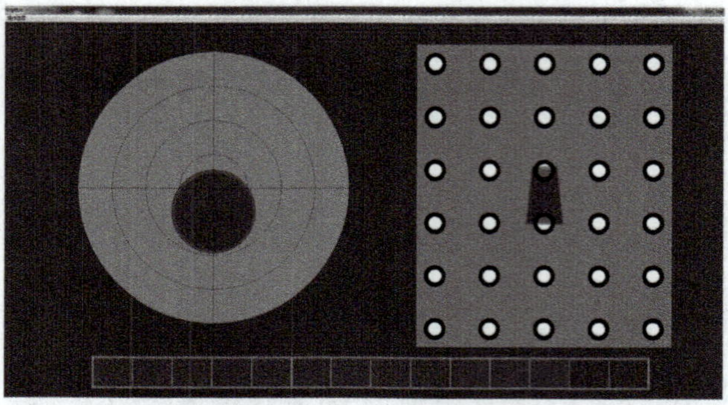

图 12-20　上侧圆标定

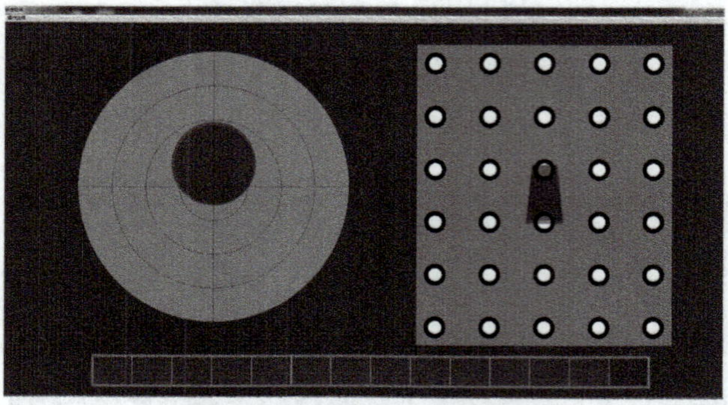

图 12-21　下侧圆标定

步骤 8：完成第 7 步之后，软件界面显示标定完成界面，如图 12-22 所示。在此不做任何更改，单击右上角关闭标定按钮，系统完成手持式扫描仪标定操作。

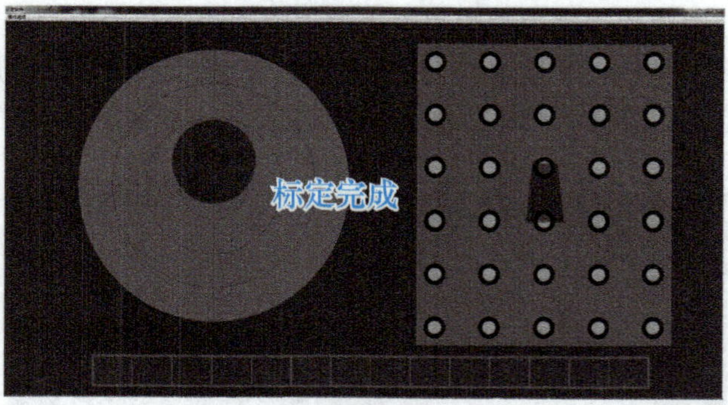

图 12-22　标定完成界面

提示：标定过程中，共有三个限制因素——扫描仪角度、相机视野中心位置以及扫描仪和标定板之间的距离，分别通过左侧的圆、右侧的梯形和图形的大小控制。灰色的图形是标准要求，淡紫色的图形是扫描仪所处状态（标定操作时只要将淡紫色的图形尽量对齐灰色标准图像即可）。

12.8.3　扫描设置

在扫描之前，可以根据扫描的对象设置不同的扫描参数，【扫描参数设置】界面如

图 12-23 所示。

1. 黑色物体扫描

如果工件表面较黑或黝黑高亮比较容易吸收光源的，可以选中扫描参数内的【黑色物体】单选按钮，以方便接下来的扫描工作。

2. 特征及边缘优化

如果扫描的对象特征及边缘不够好，可以通过选中【选特征优化】及【边缘优化】复选按钮的方式，提高整体的边缘数据或特征部位的细节程度。

3. 强光环境

如果在室外扫描物体时，可以通过选中【强光环境】单选按钮，则可以在有阳光直射或室外光较强的情况下正常扫描（如果回到室内扫描则选中【弱光环境】单选按钮）。

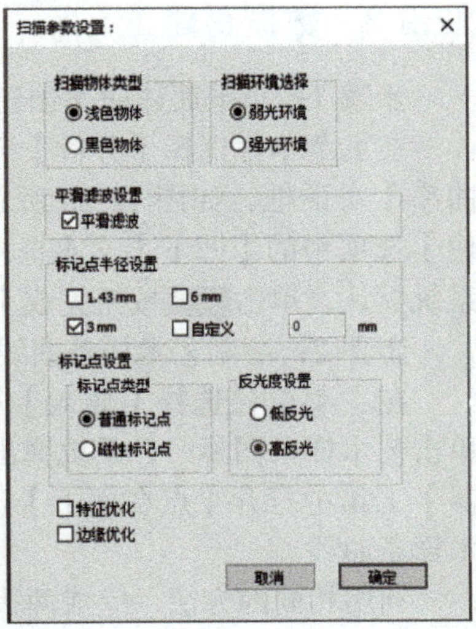

图 12-23 【扫描参数设置】界面

4. 标记点半径设置

根据自己贴的标记点大小，可自定义标记点半径，以便扫描时取得更佳结果。

5. 反光度设置

厂家标配为高反光标记点，若自行购买的标记点需判断反光度，可尝试低反光标记点。

12.9 逆向工程案例简析

12.9.1 图档转换

步骤 1： 打开 NX1980 软件，在主菜单栏选择【新建】命令，系统将弹出【新建】对话框，在【名称】文本框中输入“拉手”，单击确定按钮，进入 NX 建模环境。

步骤 2： 在主菜单栏选择【文件】→【导入】→【STL】命令，系统弹出【STL 导入】对话框，如图 12-24 所示。接着找到放置练习文件夹 ch12 并选择“拉手 .stl”文件，其余参数按系统默认，单击确定按钮完成图档导入操作，结果如图 12-25 所示。

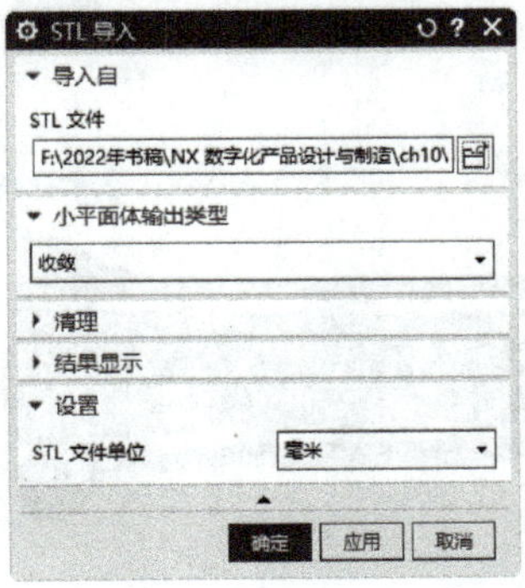

图 12-24 【STL 导入】对话框

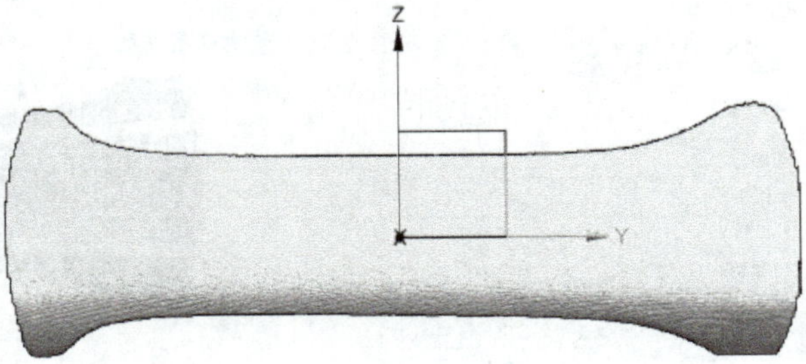

图 12-25 导入图档结果

12.9.2 数据重建

步骤 1：小平面体曲率创建

在主菜单栏选择【分析】→【形状】→【小平面体曲率】命令，系统弹出【小平面体曲率】对话框，如图 12-26 所示。接着在绘图区选择导入的 STL 文档，然后在【半径阈值】选项中的【凹下】文本框中输入“1”，在【凸起】文本框中输入“15”，其余参数按系统默认，单击确定按钮完成小平面体曲率创建，结果如图 12-27 所示。

步骤 2：绘制艺术样条曲线

在主菜单栏选择【插入】→【曲线】→【艺术样条】命令，或在【曲线】工具条中单击艺术样条图标，系统弹出【艺术样条】对话框，如图 12-28 所示。接着在【类过滤器】工具中打开【点在面上】选项，然后沿着小平面体上的点创建如图 12-29a 所示的艺术样条曲线。

利用相同的方法，完成两边的艺术样条曲线创建，最终结果如图 12-29b 所示。

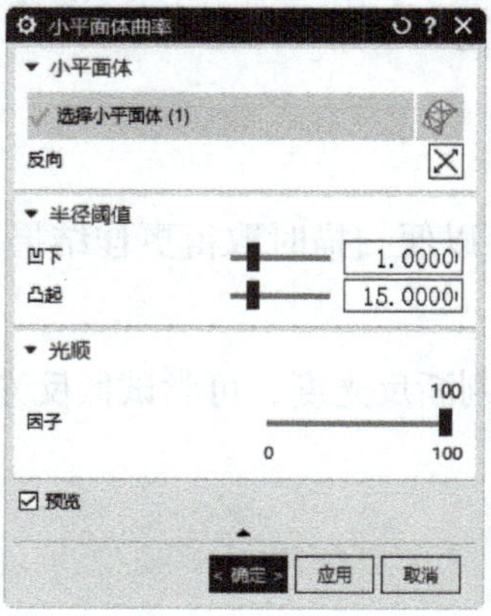

图 12-26 【小平面体曲率】对话框

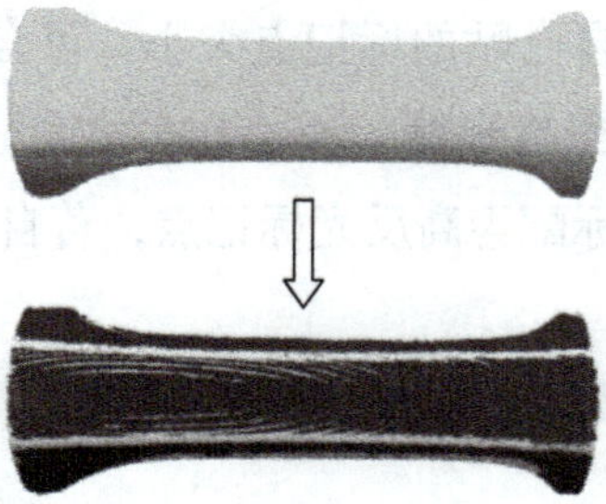

图 12-27 小平面体曲率创建结果

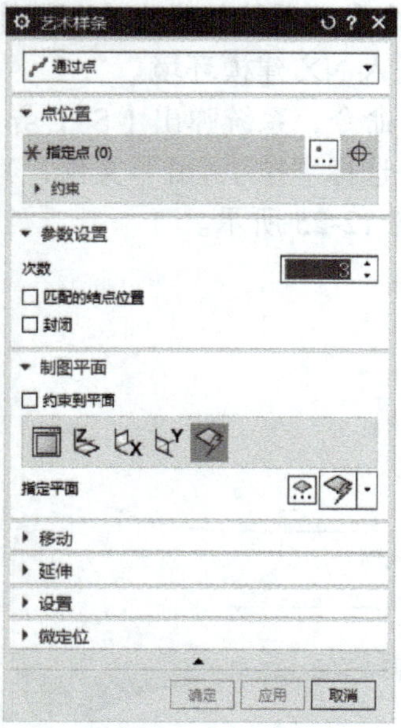

图 12-28 【艺术样条】对话框

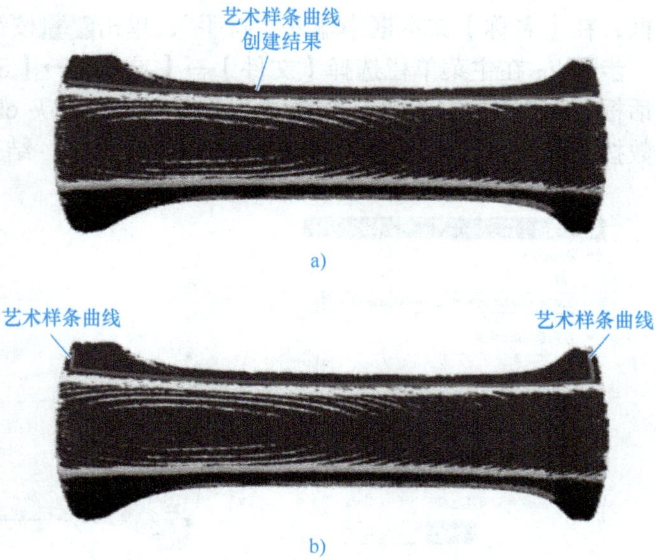

图 12-29 艺术样条曲线创建结果

提示：创建小平面体曲率的目的是为了区分凹凸区域，方便创建区域面范围。

步骤 3：创建艺术曲面

在主菜单栏选择【插入】→【网格曲面】→【艺术曲面】命令，或在【曲面】工具条中单击艺术曲面图标，系统弹出【艺术曲面】对话框，如图 12-30 所示。接着在绘图区选择图 12-29a 所示的艺术样条为截面（主要）曲线，选择图 12-29b 所示的艺术样条为引导（交叉）曲线，其余参数按系统默认，单击【确定】按钮完成艺术曲面创建，结果如图 12-31a 所示。

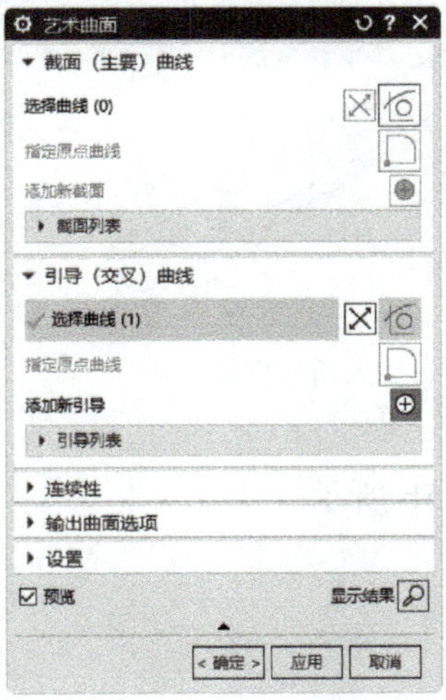

图 12-30 【艺术曲面】对话框

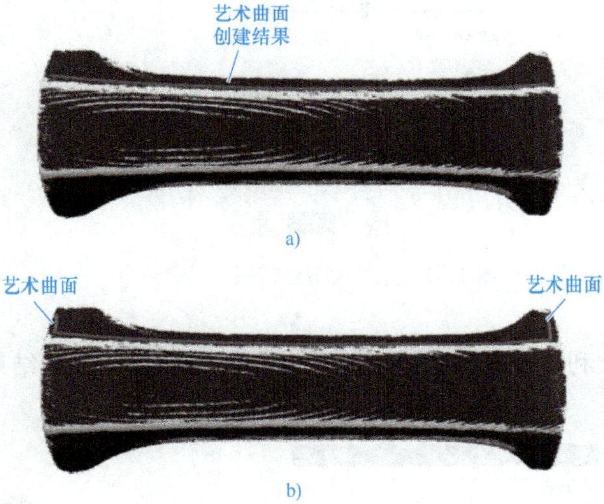

图 12-31　艺术曲面创建结果

步骤 4：创建其他两个艺术曲面

利用步骤 2 和步骤 3 的方法，完成其他两个艺术曲面的创建，结果如图 12-32b 所示。

提示：本节介绍的逆向建模是粗放的操作，要保证各个面的精度，需要很长的微调和编辑，本节就不再详细介绍。如果需要进行微调，则可以通过【编辑】→【曲面】→【X 成形】命令进行曲面微调，具体操作读者可自行操作。

由于各个面都未相交，因此可以通过扩大面的方法使用各个面进行相交。

步骤 5：扩大曲面创建

在主菜单栏选择【编辑】→【曲面】→【扩大】命令，或在【扩大曲面】工具条中单击扩大曲面图标，系统弹出【扩大】对话框，如图 12-32 所示。接着在绘图区选择其中一个面为要扩大的对象，然后按自己需要的方向进行拖拉扩大。

利用相同方法，完成其余面的扩大，最终结果如图 12-33 所示。

步骤 6：面倒圆创建

在主菜单栏选择【插入】→【细节特征】→【面倒圆】命令，或在【基本】工具条中单击面倒圆图标，系统弹出【面倒圆】对话框，如图 12-34 所示。接着在绘图区选择其中一个面为要倒圆的对象 1，然后选择另一面为要倒圆的对象 2，接着在【半径】文本框中输入“15”，其余参数按系统默认，单击【确定】按钮完成面倒圆创建，结果如图 12-35a 所示。

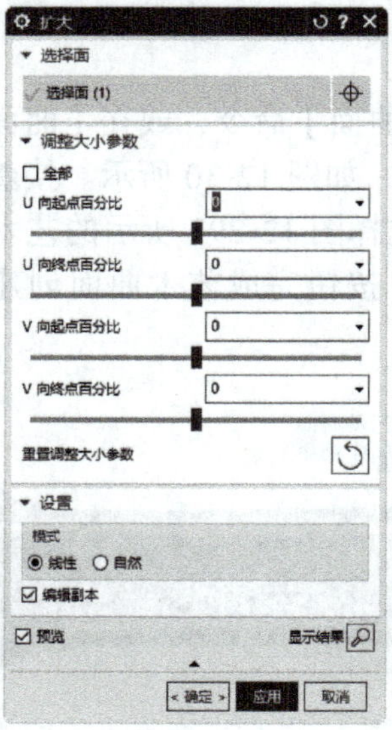

图 12-32 【扩大】对话框

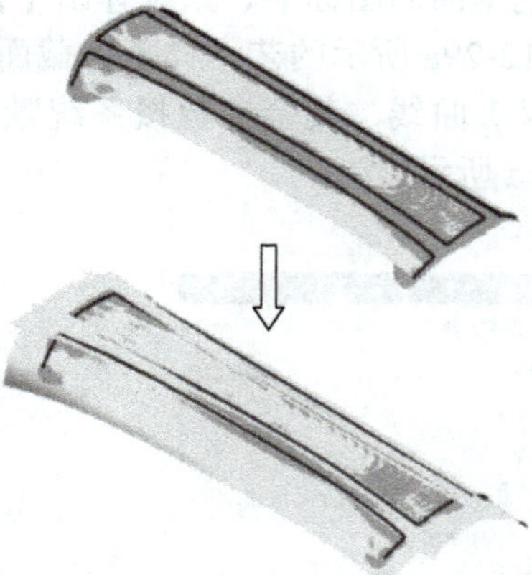

图 12-33 扩大曲面创建结果

利用相同方法，完成另一侧倒圆创建，最终结果如图 12-35b 所示。

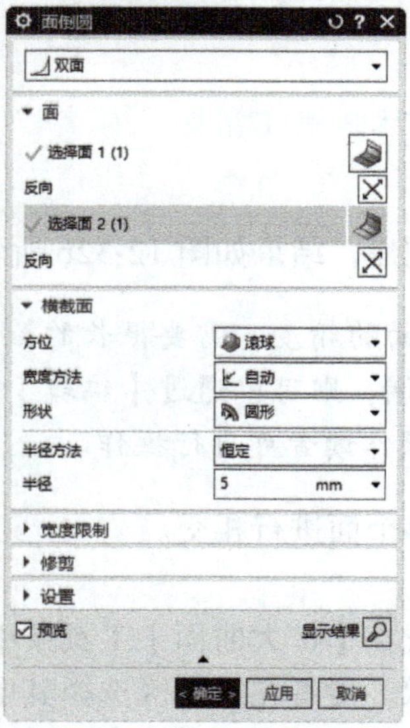

图 12-34 【面倒圆】对话框

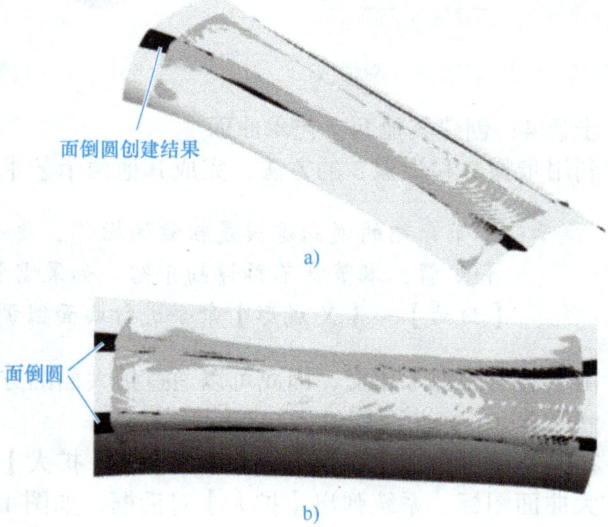

图 12-35 面倒圆创建结果

步骤 7：创建外形轮廓线段

在主菜单栏选择【插入】→【曲线】→【艺术样条】命令，或在【曲线】工具条中单击艺术样条图标，系统弹出【艺术样条】对话框，如图 12-28 所示。接着在绘图区沿着小平面体外形轮廓进行线段描线，最终结果如图 12-36 所示。

步骤 8： 创建拉伸体

在主菜单栏选择【插入】→【设计特征】→【拉伸】命令，或在【基本】工具条中单击拉伸图标，系统弹出【拉伸】对话框。接着在绘图区选择图 12-36 所示的线段为拉伸截面，并往 Z 轴方向两边拉伸，其余参数按系统默认，单击按钮完成拉伸体创建，结果如图 12-37 所示。

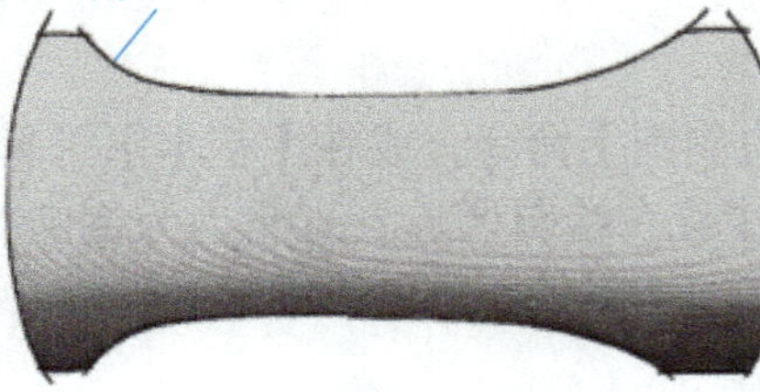

图 12-36　外形轮廓线段创建结果

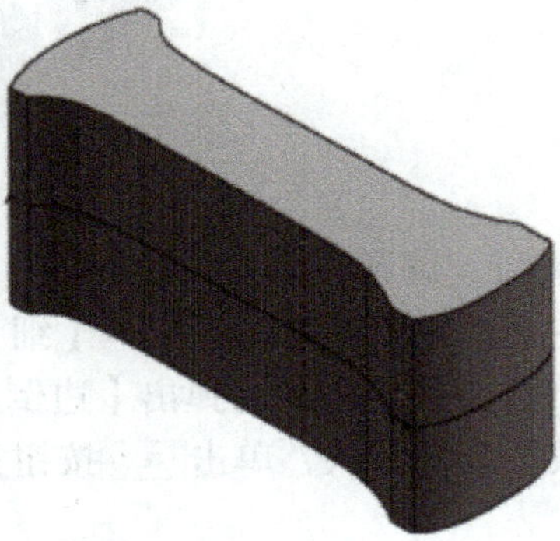

图 12-37　拉伸体创建结果

步骤 9： 修剪实体创建

在主菜单栏选择【插入】→【修剪】→【修剪体】命令，或在【基本】工具条中单击修剪体图标，系统弹出【修剪体】对话框，如图 12-38 所示。接着在绘图区选择实体为要修剪的目标体，选择片体为修剪的工具体，其余参数按系统默认，单击按钮完成修剪体创建，结果如图 12-39 所示。

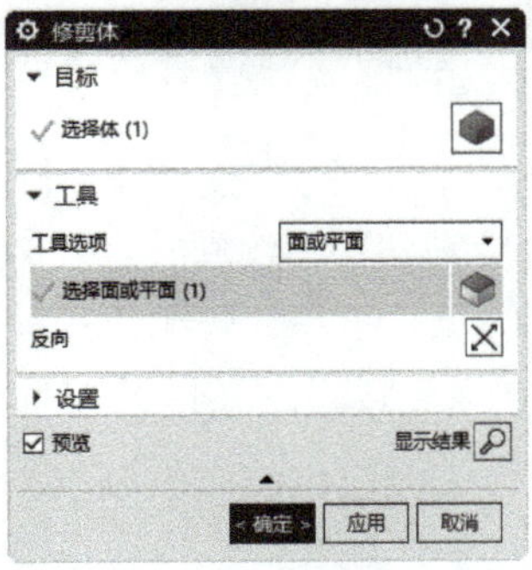

图 12-38　【修剪体】对话框

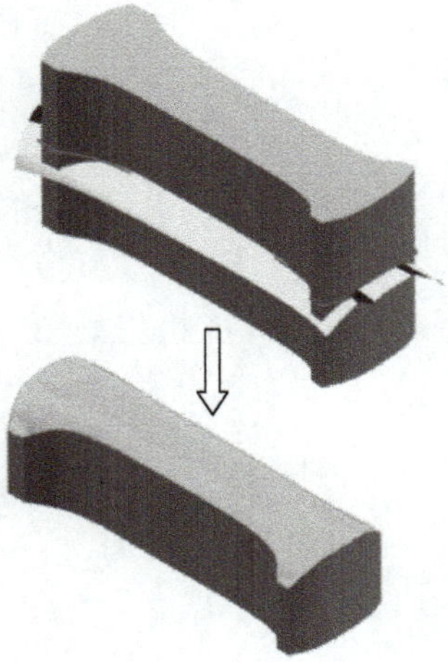

图 12-39　修剪体创建结果

步骤 10： 抽壳创建

在主菜单栏选择【插入】→【偏置 / 缩放】→【抽壳】命令，或在【基本】工具条中单击抽壳图标，系统弹出【抽壳】对话框。接着在绘图区选择四周的面与底面为要穿透的面，在【厚度】文本框中输入“2”，其余参数按系统默认，单击按钮完成抽壳创建，结果如图 12-40 所示。

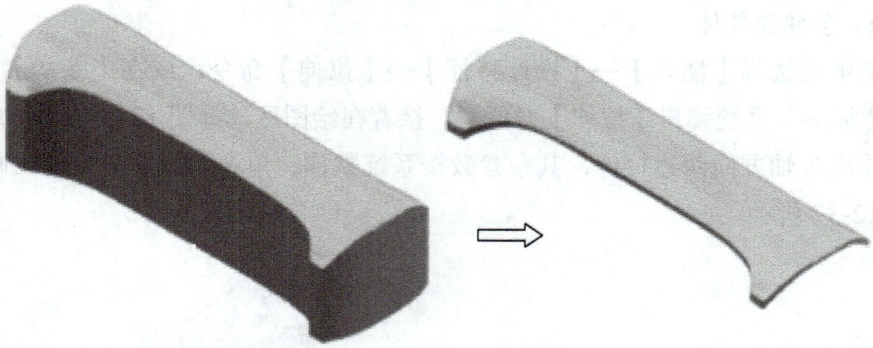

图 12-40 抽壳创建结果

步骤 11：倒圆角创建

在主菜单栏选择【插入】→【细节特征】→【边倒圆】命令，或在【基本】工具条中单击边倒圆图标，系统弹出【边倒圆】对话框。接着在绘图区选择直角边为倒圆对象，其余参数按系统默认，单击<确定>按钮完成边倒圆创建，结果如图 12-41 所示。

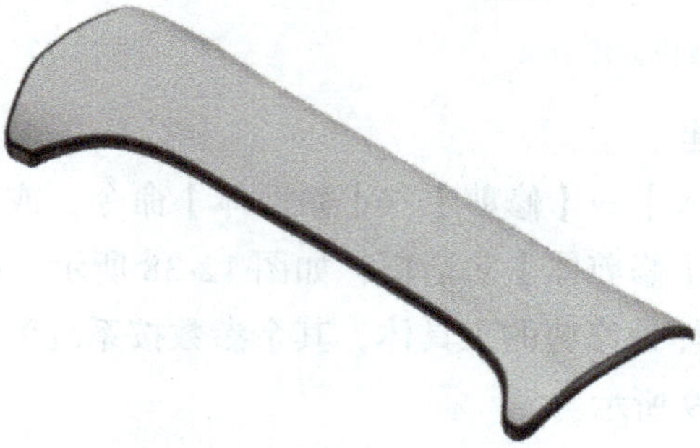

图 12-41 边倒圆创建结果

第 13 章 数控编程与应用

13.1 数控加工概述

13.1.1 数控技术

在加工机床中得到广泛应用的数控技术是 20 世纪 40 年代后期发展起来的一种自动化加工技术，它综合了计算机、自动控制、电动机、电气传动、测量、监控和机械制造等学科的内容。该技术主要采用计算机对机械加工过程中各种控制信息进行数字化运算、处理，并通过高性能的驱动单元对机械执行的构件进行自动化控制。因此读者有必要了解以下几个相关概念的定义。

1. 数字控制

数字控制（Numerical Control，NC）是一种用数字化信号对被控对象（如机床各种运动及其加工过程）进行可编程自动控制的方法。

2. 数控技术

数控技术是指用数字、字母和符号（如下划线）对某一工作过程进行可编程自动控制的现代化技术。

3. 数控系统

数控系统是指集成了实现数控技术相关功能的软硬件模块的有机系统，可见它是数控技术的载体。

4. 计算机数控系统

计算机数控系统是指以计算机主体为核心的数控系统。

5. 数控机床

国际信息处理联盟第五技术委员会对数控机床作了如下定义：数控机床是一种装有程序控制系统，该系统能逻辑地处理具有特定代码或其他符号编码指令规定的程序的机床。

6. 数控轴数和联动轴数

1）数控轴数指数控系统按加工要求可控制机床运动的坐标轴数量（例如，某数控机床本身具有 X、Y、Z 三个方向运动坐标轴，则该机床的控制轴数为三轴）。

2）联动轴数指数控系统按加工要求可同时控制机床运动的坐标轴数量（例如，某数控机床本身具有 X、Y、Z 三个方向运动坐标轴，但数控系统仅可同时控制两个坐标轴 XY、YZ 或 XZ 的运动，则该机床的联动轴数为两轴）。

7. 加工中心

加工中心是一种具有自动换刀装置（俗称机械手）及刀库且联动轴数在 4 轴或以上的数控机床，它能实现一次装夹并进行多工序加工。其刀库中装有钻头、丝锥、铰刀、铣刀等工具，通过程序指令自动选择并更换刀具，这样可以大大缩短零件装卸时间和换刀时间，是数控机床发展史中的重要品种。

13.1.2 数控机床介绍

第一台数控机床是为了适应航空工业制造复杂工件的需要产生的。1952 年美国麻省理工学院和柏森公司合作研制成功了世界上第一台具有信息存储及信息处理功能的新型机床，这台机床就是数控机床。随着电子技术和计算机技术的发展，数控机床也在不断更新换代。

对于刚开始接触数控加工技术的读者来说，首先有必要了解一下数控机床的种类。下面就为广大的读者简单地介绍数控机床的分类。目前，数控机床品种繁杂、结构功能各异，但通常可按以下几种方法分类。

1. 按机床运动轨迹

按此方法可分为点位控制数控机床、直线控制数控机床和轮廓控制数控机床。

2. 按伺服系统类型

按此方法可分为开环伺服系统数控机床、闭环伺服系统数控机床和半闭环伺服系统数控机床。

3. 按加工工艺类型

按此方法可分为普通数控机床（如数控车床、数控铣床、数控磨床）、加工中心（如镗铣加工中心、车削中心、钻削中心等）、金属成形类数控机床（如数控压力机、数控折弯机、数控弯管机、数控回转头压力机等）、数控特种加工机床（如数控线切割加工机床、数控电火花加工机床、数控激光加工机床等）、其他非加工类型的数控机床（如数控装配机、数控三坐标测量机等）。

13.1.3 数控机床的工作原理

数控机床的工作原理如图 13-1 所示。首先要将被加工零件图上的几何信息和工艺信息数字化，也就是将刀具与工件的相对运动轨迹、加工过程中主轴速度和进给速度的变换、切削液的开关、工件和刀具的交换等控制和操作，按规定的代码和格式编写成加工程序，然后送入数控系统，数控系统则按照程序的要求，先进行相应的运算、处理，然后发出控制命令，使各坐标轴、主轴及相关的辅助动作相互协调，实现刀具与工件的相对运动，自动完成零件的加工。

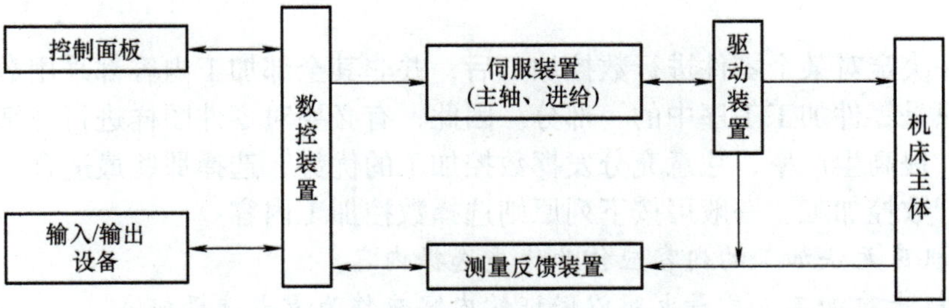

图 13-1　数控机床的工作原理

13.1.4　数控加工的内容

一般来说，数控加工主要包括以下几个方面的内容：

1）通过数控加工的适应性分析选择并确定进行数控加工的零件的内容。

2）结合加工表面的特点和数控设备的功能对零件进行数控加工的工艺分析。

3）进行数控加工的工艺设计。

4）根据编程的需要，对零件图形进行数学处理和计算。

5）编写加工程序单。

6）校验与修改加工程序。

7）试加工第一个零件以修改加工程序，并对发现的问题进行处理。

8）编制数控加工工艺技术文件，如数控加工工序卡、走刀路线图、程序说明卡等。

13.2　数控加工工艺基础

13.2.1　数控加工工艺的主要内容

所谓数控加工工艺，就是用数控机床对零件进行加工的一种工艺方法。其主要内容如下：

1）选择合适的数控机床来加工零件，确定数控机床加工内容。

2）对零件图样进行工艺分析，确定加工内容及技术要求。

3）安排好数控加工工序，包括：工步的划分、工件的定位、夹具与刀具选择、切削用量的确定等。

4）做好特殊工艺的处理，如对刀点、换刀点的选择，加工路线的确定，刀具补偿的确定等。

5）编写工艺文件，如对零件图样的数字处理，编写加工程序单，校验与修改加工程序等。

13.2.2　数控加工内容的选择

数控加工前对工件进行工艺设计是必不可少的准备工作。无论是手工编程还是自动编程，在编程前都要对所加工的工件进行工艺分析、拟定工艺路线、设计加工工序。因此，合理的工艺设计方案是编制加工程序的依据，工艺设计做不好是数控加工出差错的主要原因之一，往往造成工作反复、工作量成倍增加。编程人员必须首先做好工艺设计，再考虑编程。

当选择并决定对某个零件进行数控加工后，并非其全部加工内容都采用数控加工，数控加工可能只是零件加工工序中的一部分。因此，有必要对零件图样进行仔细分析，立足于解决难题、提高生产率，注意充分发挥数控加工的优势，选择那些最适合、最需要的内容和工序进行数控加工。一般可按下列原则选择数控加工内容：

1）普通机床无法加工的内容应作为优先选择内容。

2）普通机床难加工、质量也难以保证的内容应作为重点选择内容。

3）普通机床加工效率低、工人手工操作劳动强度大的内容，可在数控机床尚有加工能力的基础上进行选择。

相比之下，下列一些加工内容则不宜选择数控加工：

1）需要用较长时间占机调整的加工内容。

2）加工余量极不稳定，且数控机床上又无法自动调整零件坐标位置的加工内容。

3）不能在一次安装中加工完成的零星分散部位，采用数控加工很不方便，效果不明显，可以安排普通机床补充加工。

此外，在选择数控加工内容时，还要考虑生产批量、生产周期、工序间周转情况等因素，要尽量合理使用数控机床，达到产品质量、生产率及综合经济效益等指标都明显提高的目的，要防止将数控机床降格为普通机床使用。

13.2.3 数控加工零件的工艺分析

工艺分析是对零件进行数控加工的前期工艺准备工作，数控机床加工中所有工步的刀具选择、走刀轨迹、切削用量、加工余量等都要预先确定好并编入加工程序。一个合格的程序员首先是一个好的工艺员，应该对数控机床的性能、特点和应用、切削规范和标准工具系统等要非常熟悉，否则就无法做到全面、周到地考虑加工的全过程，并正确、合理地编制零件的加工程序。

1. 零件图和装配图的分析

首先认真地分析与研究产品的零件图和装配图，熟悉整个产品的用途、性能和工作条件，了解零件在产品中的作用、位置和装配关系，搞清各项技术要求对装配质量和使用性能的影响，找出主要的和关键的技术要求，然后对零件图样进行分析。

2. 零件图的完整性与正确性分析

零件的视图应足够、正确及表达清楚，并符合国家标准，尺寸及有关技术要求应标注齐全，几何元素（点、线、面）之间的关系（如相切、相交、垂直、平行等）应明确。

3. 零件技术要求分析

零件的技术要求主要指尺寸精度、几何精度、表面粗糙度及热处理等。这些要求在保证零件使用性能的前提下应经济合理。

4. 尺寸标注方法分析

零件图上的尺寸标注方法有局部分散标注法、集中标注法和坐标标注法等。对在数控机床上加工的零件，零件图上的尺寸在加工精度能够保证使用性能的前提下，可不必用局部分散标注，应采用集中标注或以同一基准标注，即标注坐标尺寸。这样，既便于编程，又利于设计基准、工艺基准与编程原点的统一。

5. 零件材料分析

在满足零件功能的前提下应选用廉价的材料。材料选择应立足国内，不要轻易选用贵重及紧缺的材料。

6. 零件的结构工艺性分析

各种类型表面的不同组合构成了零件不同的特点，对零件的加工工艺将产生重要影响。例如，以圆柱面为主的表面，既可组成轴、盘类零件，也可构成套、环类零件；对于轴而言，既可以是粗而短的轴，也可以是细而长的轴。由于这些零件的结构特点不同，使其加工工艺出现很大的差异。同样，对于使用性能相同而结构不同的两个零件，它们的制造工艺和制造成本也可能有很大差别。

人们把零件在满足使用要求的前提下所具有的制造可行性和加工经济性叫作零件的结构工艺性。好的结构工艺性会使零件加工容易，节省工时，节省材料。差的结构工艺性会使加工困难，浪费工时，浪费材料，甚至无法加工。

因此在对零件进行结构工艺性分析时应注意充分领会产品使用要求和设计人员的设计意图，不应孤立地看问题，遇到工艺问题和设计要求有矛盾时，必须共同磋商解决问题。为了多快好省地把所设计的零件加工出来，就必须对零件的结构工艺性进行详细的分析。主要考虑如下几方面。

1）有利于达到所要求的加工质量。

2）有利于减少加工劳动量。

3）有利于提高劳动生产率。

13.3 数控机床程序的编制

13.3.1 编制程序的基本知识

13.1 节中介绍了数控机床的工作原理。现代数控机床是按照事先编制好的加工程序自动地对工件进行加工的高效设备，因此理想的加工程序不仅应保证加工出符合图样要求的合格工件，同时应能使数控机床的功能得到合理的应用与充分的发挥，以使数控机床能安全、可靠及高效地工作。

在数控机床上加工工件时，首先要将被加工工件的全部工艺过程及其他辅助动作（如变速、换刀、冷却、夹紧等）按运动顺序，用规定的指令代码程序格式记录在控制介质上，通过人机交互设备送入数控装置，以此为依据自动控制机械加工部件完成工件的全部加工过程。从工件图样开始，到获得数控机床所需控制介质的过程称为程序编制。

13.3.2 数控编程的内容

一般来讲，数控编程过程的主要内容包括：分析零件图样、工艺处理、数值计算、编写加工程序单、制作控制介质、程序校验和首件试加工。数控编程的具体步骤与要求如下：

1. 工艺分析

要分析零件的材料、形状、尺寸、精度、批量、毛坯形状和热处理要求等，以便确定该零件是否适合在数控机床上加工，或适合在哪种数控机床上加工。同时要明确加工的内容和要求。

2. 工艺处理

在分析零件图的基础上，进行工艺分析，确定零件的加工方法（如采用的工夹具、装夹定位方法等）、加工路线（如对刀点、换刀点、进给路线）及切削用量（如主轴转速、进给速度和背吃刀量等）等工艺参数。数控加工工艺分析与处理是数控编程的前提和依据，而数控编程就是将数控加工工艺内容程序化。制订数控加工工艺时，要合理地选择加工方案，确定加工顺序、加工路线、装夹方式、刀具及切削参数等；同时还要考虑所用数控机床的指令功能，充分发挥机床的效能；尽量缩短加工路线，正确地选择对刀点、换刀点，减少换刀次数，并使数值计算方便；合理选取起刀点、切入点和切入方式，保证切入过程平稳；避免刀具与非加工面的干涉，保证加工过程安全可靠等。

3. 数值计算

根据零件图的几何尺寸、确定的工艺路线及设定的坐标系，计算零件粗、精加工运动的轨迹，得到刀位数据。对于形状比较简单的零件（如由直线和圆弧组成的零件）的轮廓加工，要计算出几何元素的起点、终点、圆弧的圆心、两几何元素的交点或切点的坐标值，如果数控装置无刀具补偿功能，还要计算刀具中心的运动轨迹坐标值。对于形状比较复杂的零件（如由非圆曲线、曲面组成的零件），需要用直线段或圆弧段逼近，根据加工精度的要求计算出节点坐标值，这种数值计算一般要用计算机来完成。

4. 编写加工程序单

根据加工路线、切削用量、刀具号码、刀具补偿量、机床辅助动作及刀具运动轨迹，按照数控系统使用的指令代码和程序段的格式编写零件加工的程序单，并校核上述两个步骤的内容，纠正其中的错误。

5. 制作控制介质

把编制好的程序单上的内容记录在控制介质上，作为数控装置的输入信息。通过程序的手工输入或通信传输送入数控系统。

6. 程序校验与首件试切

编写的程序单和制备好的控制介质，必须经过校验和试切才能正式使用。校验的方法是直接将控制介质上的内容输入数控系统中，让机床空运转，以检查机床的运动轨迹是否正确。在有显示器图形显示的数控机床上，用模拟刀具与工件切削过程的方法进行检验更为方便，但这些方法只能检验运动是否正确，不能检验被加工零件的加工精度。因此，要进行零件的首件试切。当发现有加工误差时，分析误差产生的原因，找出问题所在，加以修正，直至达到零件图样的要求。

13.3.3 数控编程的方法

数控程序编制的方法可以分为手工编程和自动编程两大类。

1. 手工编程

手工编程是指手工进行数值计算、编写程序单。它适合于点位加工或几何形状简单的零件加工，以及程序坐标计算较为简单、程序段不多、程序编制易于实现的场合，是数控编程的基础。

2. 自动编程

自动编程是指应用计算机及 CAD/CAM 软件编制刀具走刀轨迹，自动生成数控程序。它充分发挥了计算机快速运算和存储的功能，由计算机自动地进行数值计算、刀具中心运动轨迹计算、后置处理。对于形状复杂的非圆曲线轮廓、三维曲面等零件编写加工程序，采用自动编程方法效率高，可靠性好。目前常用的 CAD/CAM 软件国外有 Mastercam、NX、PowerMill、Cimatron 等，国内有 CAXA、中望等。

13.3.4 数控程序段的格式和程序中的信息字

数控程序由若干个“程序段”组成，每个程序段由按照一定顺序和规定排列的“字”组成。字是由表示地址的英文字母、特殊文字和数字集合而成。字表示某一功能的组代码符号。如 X500 为一个字，表示 X 向尺寸为 500；F20 为一个字，表示进给速度为 20（具体值由规定的代码方法决定）。字是程序的信息单位。程序段格式是指一个程序段中各字的排列顺序及其表达方式。

程序段格式有许多种，如固定顺序程序段格式、有分隔符的固定顺序程序段格式，以及字地址程序段格式等。现在应用最广泛的是“可变程序段、文字地址程序段”格式。下面是这种格式的例子：

N202	G01	X3200	Y2500	Z-150	F850	S24	T12	M05
↓	↓	↓	↓	↓	↓	↓	↓	↓
顺序号字	准备功能字	尺寸字	尺寸字	尺寸字	进给功能字	主轴功能字	刀具功能字	辅助功能字

从上例中可以看出，程序段由顺序号字、准备功能字、尺寸字、进给功能字、主轴功能字、刀具功能字、刀具补偿功能字和辅助功能字组成。此外，还有插补参数字等。每个字都由字母开头，称为“地址”。

（1）顺序号字　它用来表示程序从起动开始操作的顺序，即程序段执行的顺序号。它用地址码“N”和后面的三位数字表示。

（2）准备功能字　它也称为 G 代码。准备功能是使数控装置做某种操作的功能，它一般紧跟在顺序号字后面，用地址码“G”和两数字来表示。

（3）尺寸字　尺寸字是给定机床各坐标轴位移的方向和数据的，它由各坐标轴的地址代码、数字构成。尺寸字一般安排在准备功能字的后面。尺寸字的地址代码，对于进给运动为 X、Y、Z、U、V、W、P、Q、R，对于回转运动的地址代码为 A、B、C、D、E。此外，还有插补参数字 I、J、K 等。

（4）进给功能字　它给定刀具对于工件的相对速度，由地址码“F”和其后面的若干位数字构成。这个数字取决于每个数控装置所采用的进给速度指定方法。进给功能字应写在相应轴尺寸字之后，对于几个轴合成运动的进给功能字，应写在最后一个尺寸字之后。一般单位为 mm/min，切削螺纹时用 mm/r 表示，在英制单位中用英寸（in）表示。

（5）主轴功能字　主轴转速功能也称为 S 功能，该功能字用来选择主轴转速，它由地址码“S”和在其后面的若干位数字构成。主轴速度单位用 r/min 表示。

（6）刀具功能字　刀具功能也称为 T 功能，它由地址码“T”和后面的若干位数字构成。刀具功能字用于更换刀具时指定刀具或显示待换刀号，有时也能指定刀具位置补偿。

（7）刀具补偿功能字　刀具补偿功能又叫 H 功能，用于指定刀具长度补偿和刀具左右补偿。其代码由地址码“H”和其后的数字组成，如 H03。

（8）辅助功能字　辅助功能也称为 M 功能，该功能指定除 G 功能之外的种种“通断控制”功能。它一般用地址码“M”和后面的两数字表示。

13.3.5　数控编程常用指令及功能

数控加工过程中的各种动作都是事先由编程人员在程序中用指令的方式予以规定的，主要包括准备功能 G 代码、辅助功能 M 代码、进给功能 F 代码、主轴转速功能 S 代码、刀具功能 T 代码等。

准备功能 G 代码和辅助功能 M 代码统称为工艺指令，是程序段的主要组成部分。国际标准化组织（ISO）制定了 G 代码和 M 代码标准。我国也制定了与 ISO 标准等效的标准。应当指出，由于数控系统和数控机床功能的不断增强，有些先进数控系统的 G 代码和 M 代码已超出 ISO 制定的通用国际标准，G、M 代码的功能含义与 ISO 标准不完全相同。

1. 常用准备功能 G 代码

G 代码（或 G 指令）是在数控系统插补运算之前需要预先规定、为插补运算做好准备的工艺指令，如坐标平面选择、插补方式的指定、孔加工等固定循环功能的指定等。

（1）坐标平面选择指令 G17、G18、G19　G17 表示选择 XY 平面，G18 表示选择 ZX 平面，G19 表示选择 YZ 平面。数控车床上一般默认为在 ZX 平面内加工；数控铣床上一般默认为在 XY 平面内加工。若要在其他平面上加工，则应使用坐标平面选择指令。坐标平面的选择如图 13-2 所示。

（2）绝对坐标与增量坐标编程指令 G90、G91　用 G90 编程时，程序段中的坐标尺寸为绝对值，即在工件坐标系中的坐标值。用 G91 编程时，程序段中的尺寸为增量坐标值，即刀具运动的终点相对于前一位置的坐标增量。

例如，刀具由 A 点直线插补到 B 点，如图 13-3 所示，用 G90、G91 编程时，程序段分别为：

G90 编程：N100　G90　G01　X15.0　Y30.0　F100

G91 编程：N100　G91　G01　X-20.0　Y10.0　F100

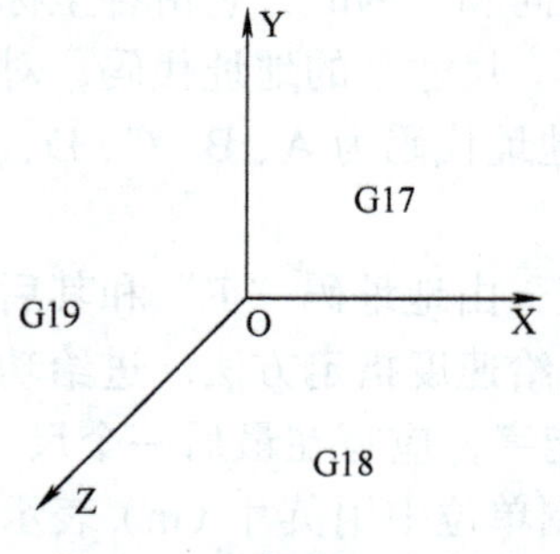

图 13-2　坐标平面的选择

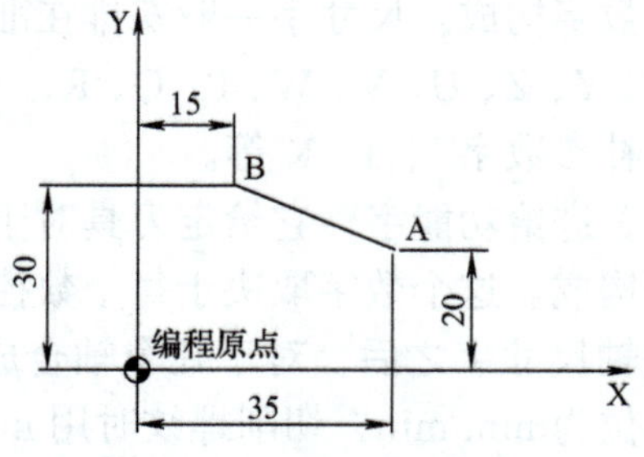

图 13-3　G90、G91 指令编程示例

提示：数控系统通电后，机床一般处于 G90 状态，此时所有输入的坐标值全部是以工件原点为基准的绝对坐标值，并且一直有效，直到在后面的程序段中出现 G91 指令为止。绝对坐标与增量坐标编程指令 G90、G91 的特点是同一条程序段中只能用一种，不能混用；同一坐标轴方向的尺寸字的地址符是相同的。

（3）快速点定位指令 G00　G00 指令是模态代码，直到指定了 G01、G02 和 G03 中的任一指令，G00 才无效。

该指令控制刀具以点位控制的方式快速移动到目标位置，其移动速度由参数来设定。指令执行开始后，刀具沿着各个坐标方向同时按参数设定的速度移动，最后减速到达终点。它只是快速定位，而无运动轨迹要求。进给速度指令对 G00 无效。

G00 指令程序段格式：G00 X__Y__Z__；（X、Y、Z 后的数字为目标位置的坐标值）

（4）直线插补指令 G01　G01 使机床各坐标轴以插补联动方式在各坐标平面内，按指定的进给速度 F 切削任意斜率的直线轮廓和用直线段逼近的曲线轮廓。

G01 和 F 指令都是模态代码，F 指令可以用 G00 指令取消。如果在 G01 程序段之前的程序段没有 F 指令，而现在的 G01 程序段也没有 F 指令，则机床不运动。因此，G01 程序段中必须有 F 指令。

G01 指令程序段格式：G01　X__Y__Z__F__；

图 13-4 所示为车床的直线插补示例，可采用 G90、G91 编程，具体操作如下：

采用绝对坐标编程时，程序段为

……

N20　G00　X50.0　Z2.0　S500.0　M03；　刀具快速移动，主轴转速为 500r/min
N30　G01　Z-40.0　F100.0；　以 100mm/min 的进给速率从 P_1 点移动到 P_2 点
N40　X80.0　Z-60.0；　从 P_2 点移动到 P_3 点
N50　G00　X160.0　Z100.0；　从 P_3 点移动到 P_0，快速移动

……

采用增量坐标编程时，程序段为

……

N30　G00　U-110.0W-98.0　S500.0　M03；　从 P_0 点移动到 P_1 点
N40　G01　W-42.0　F100.0；　从 P_1 点移动到 P_2 点
N50　U30.0　W-20.0；　从 P_2 点移动到 P_3 点
N60　G00　U80.0　W160.0；　从 P_3 点移动到 P_0 点

……

（5）圆弧插补指令 G02/G03　G02 为顺时针（CW）圆弧插补，G03 为逆时针（CCW）圆弧插补。判断顺、逆方向的方法为：沿垂直于圆弧所在平面的坐标轴的正向往负方向看，刀具相对于工件的转动方向是顺时针方向为 G02，逆时针方向为 G03，如图 13-5 所示。

加工圆弧时，不仅要用 G02、G03 指出圆弧的顺时针或逆时针方向，用 X、Y、Z 指定圆弧的终点坐标，而且还要指定圆弧的圆心位置。圆心位置的指定方式有两种，因而 G02、G03 程序段的格式有两种。

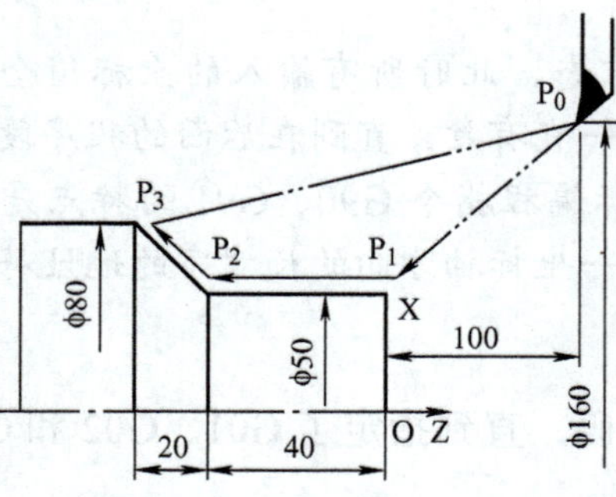

图 13-4　车床的直线插补示例

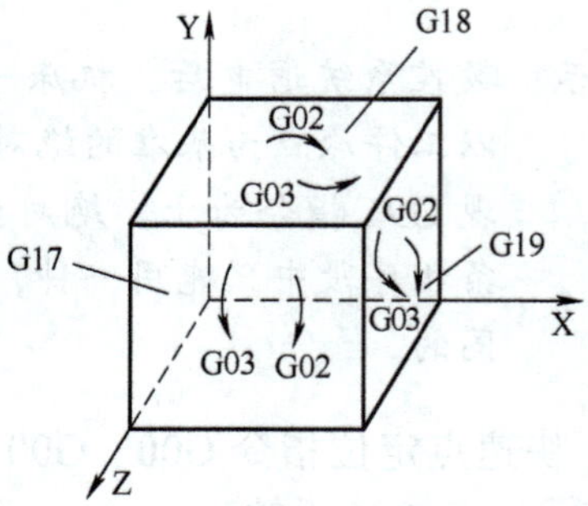

图 13-5　圆弧插补的顺逆判断

用 I、J、K 指定圆心位置：

$$\left.\begin{matrix}G17\\G18\\G19\end{matrix}\right\}\left\{\begin{matrix}G02\\ \\G03\end{matrix}\right\}X\_Y\_Z\_I\_J\_K\_F\_;$$

用圆弧半径 R 指定圆心位置：

$$\left.\begin{matrix}G17\\G18\\G19\end{matrix}\right\}\left\{\begin{matrix}G02\\ \\G03\end{matrix}\right\}X\_Y\_Z\_R\_F\_;$$

说明：

1）采用绝对值编程时，X、Y、Z 为圆弧终点在工件坐标系中的坐标值；采用增量值编程时，X、Y、Z 为圆弧终点相对于圆弧起点的坐标增量值。

2）无论是绝对坐标编程还是增量坐标编程，I、J、K 都为圆心坐标相对圆弧起点坐标的坐标增量值，如图 13-6 所示。

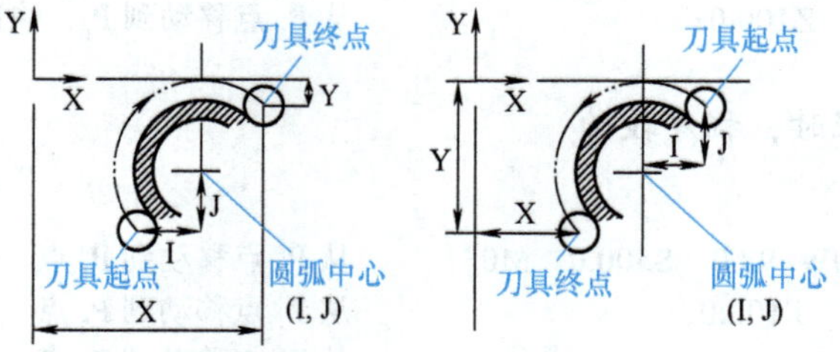

a) 顺圆(G17、G90、G02)　　b) 逆圆(G17、G90、G03)

图 13-6　圆弧圆心坐标的表示方法

3）圆弧所对的圆心角 α<180° 时，用“+R”表示；当 α>180° 时，用“−R”表示，如图 13-7 中的圆弧 1 和圆弧 2。

例如，在图 13-8 中：

1）当圆弧 A 的起点为 P_1，终点为 P_2，圆弧插补程序段为：

G02　X321.65　Y280　I40　J140　F50;

或 G02　X321.65　Y280　R−145.6　F50;

2）当圆弧 A 的起点为 P_2，终点为 P_1 时，圆弧插补程序段为：

G03　X160　Y60　I-121.65　J-80　F50；
或 G03　X160　Y60　R-145.6　F50；

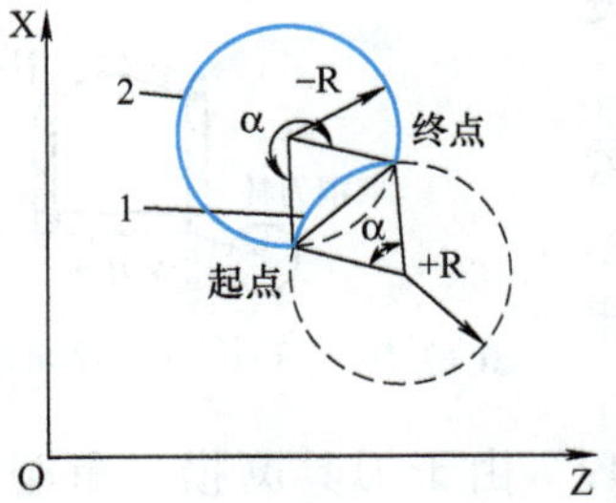

图 13-7　圆弧插补时 +R 与 -R 的区别

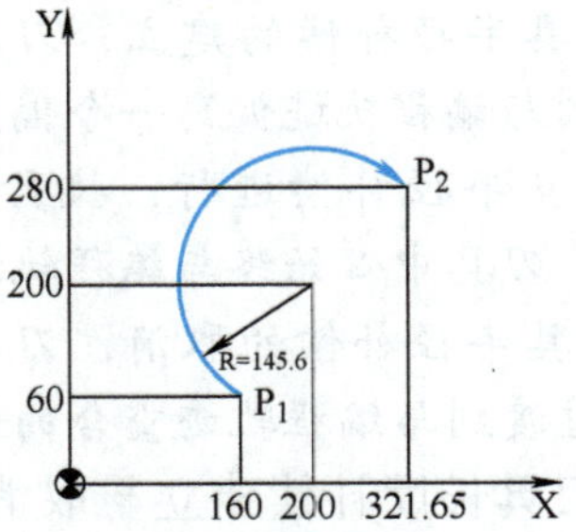

图 13-8　圆弧插补举例

（6）暂停指令 G04　G04 指令是指刀具暂停时间，即进给停止，主轴不停止。在进行锪平面、钻孔等加工时，常要求刀具在短时间内实现无进给修正加工。此时，可以用 G04 指令实现暂停，暂停结束后，继续执行下一段程序。

程序格式：G04　X__ 或 P__；

地址 X 或 P 后的数值是暂停时间，X 后面的数值要带小数点，否则以此数值的千分之一计算，单位为秒（s）；P 后面数值不能带小数点（即用整数表示），单位为毫秒（ms）。

（7）米制单位设定和英制单位设定指令 G21、G20　G21 和 G20 表示程序段中采用米制单位或是英制单位加工。米制单位换算关系是：1mm ≈ 0.0394in，1in ≈ 25.4mm。

（8）刀具半径补偿建立与取消指令 G41/G42、G40　在零件轮廓铣削加工时，由于刀具半径尺寸影响，刀具中心轨迹与零件轮廓往往不一致。现代数控系统都具有刀具半径补偿功能，在编程时直接按轮廓编程。加工前通过操作键盘输入补偿值后，数控系统自动计算刀具中心轨迹，并控制刀具中心按轨迹运动，如图 13-9 所示。

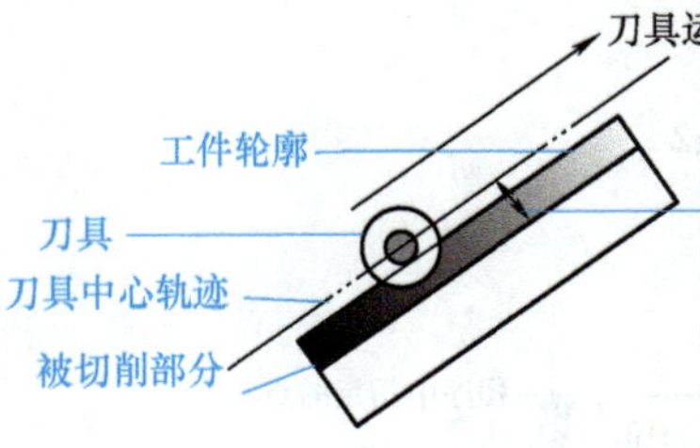

a) G41刀具半径左补偿

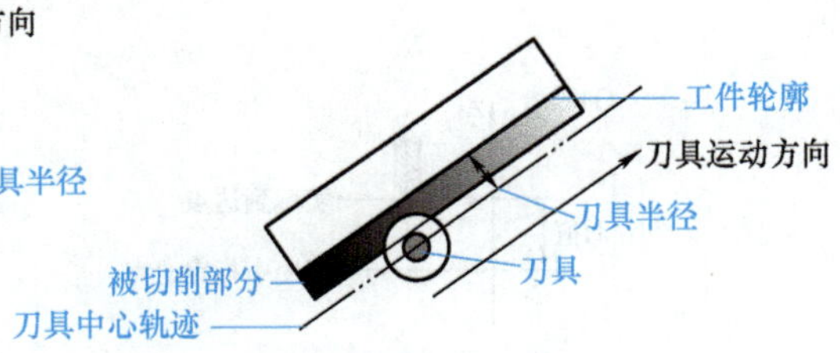

b) G42刀具半径右补偿

图 13-9　刀具半径补偿指令

刀具半径补偿指令有左偏置指令 G41、右偏置指令 G42 和刀补取消指令 G40。沿刀具运动方向看，刀具偏在工件轮廓左侧，为左偏置指令 G41，如图 13-9a 所示；沿刀具运动方向看，刀具偏在工件轮廓右侧，为右偏置指令 G42，如图 13-9b 所示。刀补取消指令 G40 就是使由 G41 或 G42 指定的刀具半径补偿无效，而刀具中心仍处于被补偿的轨迹上。若要使补偿量为零，则需以绝对值方式退刀至某一点（离开工件的任何地方）。

刀具半径补偿与取消的程序段格式：

G00/G01　G41/G42　X__Y__D（H）__F__；
G00/G01　G40　X__Y__；

其中，X、Y 为刀具半径补偿或取消时的终点坐标值；D（H）为刀具偏置代码地址字，后面一般用两位数字表示。D（H）代码中存放刀具半径值或补偿值作为偏置量，用于数控系统计算刀具中心运动轨迹。刀具半径补偿的过程分为三步，如图 13-10 所示。

1）刀具半径补偿的建立，刀具中心从与编程轨迹重合过渡到与编程轨迹偏离一个偏置量的过程。

2）刀具半径补偿进行，执行有 G41、G42 指令的程序段后，刀具中心始终与编程轨迹相距一个偏置量。

3）刀具半径补偿的取消，刀具离开工件，刀具中心轨迹要过渡到与编程轨迹重合的过程。

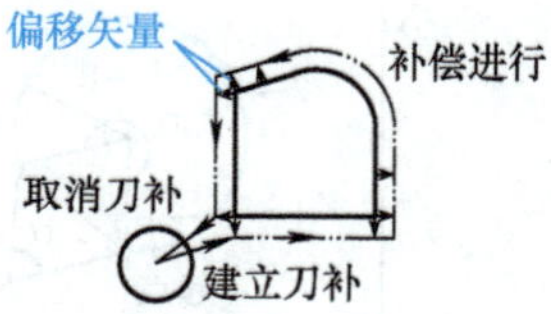

图 13-10　刀具半径补偿的建立与取消

（9）刀具长度补偿建立与取消指令 G43/G44、G49　由于刀具磨损、重磨或中途换刀致使刀具轴向没有达到要求的加工深度，刀具需做 Z 轴方向的刀具补偿。补偿量是要求深度与实际深度的差值。刀具长度补偿指令有轴向正补偿指令 G43、轴向负补偿指令 G44、长度补偿取消指令 G49 或 G40，均为模态指令。正补偿指令 G43 表示刀具实际移动值为程序给定值与补偿值的和，负补偿指令 G44 表示刀具实际移动值为程序给定值与补偿值的差。

长度补偿建立与取消的程序段格式分别为：

G00/G01　G43/G44　Z__H__F__；

G00/G01　G49　Z__；

其中，H 代码中存放刀具的长度补偿值作为偏置量。

刀具长度补偿量可用 CRT/MDI 方式输入。

例如，图 13-11a 所示对应的程序段为 G01　G43　Zs　H__，图 13-11b 所示对应的程序段为 G01　G44　Zs　H__。

其中，s 为 Z 向程序指令点；H__的值为长度补偿量，即 H__=Δ。

H 为刀具长度补偿代号地址字，后面一般用两位数字表示代号，代号与长度补偿量一一对应。

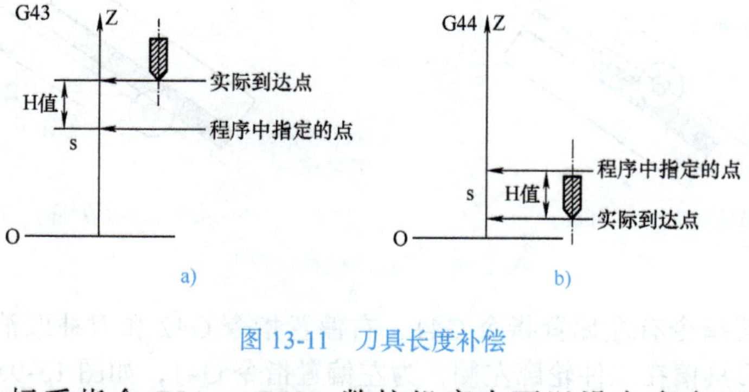

图 13-11　刀具长度补偿

（10）工件坐标系指令 G54 ～ G59　数控机床中可以设定多个工件坐标系，其用 G54 ～ G59 指令来表达，也就是说可以同时加工多个工件，但必须在加工前设定好要加工的工件坐标系。图 13-12 所示为工件坐标系的应用。

2. 常用辅助功能 M 代码

（1）程序停止指令 M00　M00 为程序无条件暂停指令，程序执行到此指令进给率停止和主轴停转。如果要继续执行下面的程序，必须按机床面板上的“循环启动”按钮。

（2）选择性程序暂停指令 M01　M01 为程序性选择暂停指令，程序执行前必须打开控制面板上“OPSTOP”键才能执行，执行后的效果与 M00 相同。

（3）程序结束指令 M02、M30　M02 为程序结束指令，执行到此指令进给率停止、主轴停转、切削液关闭，并将控制部分复位到初始状态。M02 放在最后一条程序段中，用以表示程序结束。M30 为程序结束，并返回开始状态。

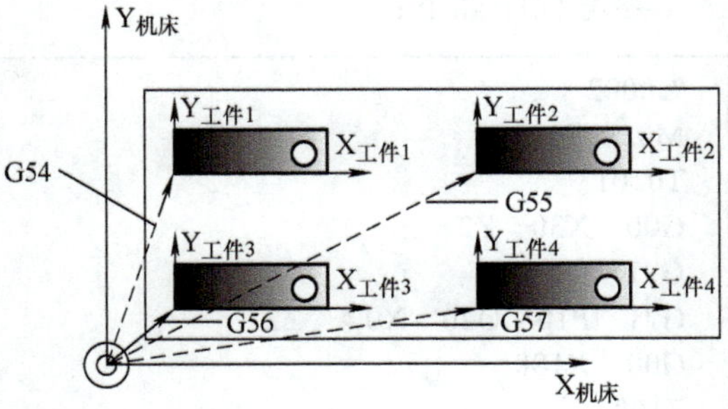

图 13-12　工件坐标系的应用

（4）主轴正、反转及停止指令 M03、M04、M05　M03 为主轴正转指令（顺时针方向旋转），M04 为主轴反转指令（逆时针方向旋转）。所谓主轴正转，是从主轴往 Z 方向看去，主轴处于顺时针方向旋转，而逆时针方向则为反转。M05 为主轴停转，它是在该程序段其他指令执行完以后才执行的。

（5）切削液开关指令 M08、M09　M08 为切削液开启指令，M09 为切削液关闭指令。切削液开关是通过切削液泵的起动与停止来控制的。

13.4　数控编程应用实例

13.4.1　数控车手工编程

利用数控车手工编程加工图 13-13 所示槽类零件。

1. 加工工艺分析

（1）图样分析　该零件外形简单，尺寸要求不是很严格，主要为槽部分。

（2）刀具选用

1）T0101——35° 外圆车刀。

2）T0303——3mm 宽切断刀。

（3）走刀路线分析

1）用 T0101 外圆车刀车削外轮廓，路线如图 13-14 所示。

2）用 T0303 切断刀加工外槽，路线如图 13-15 所示。

3）用 T0303 切断刀切断工件。

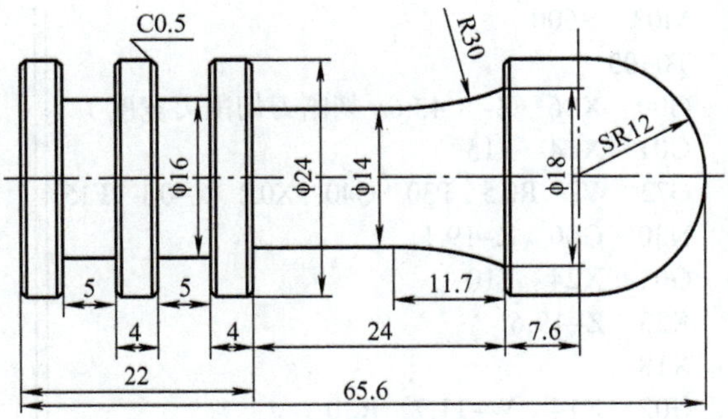

图 13-13　槽类零件

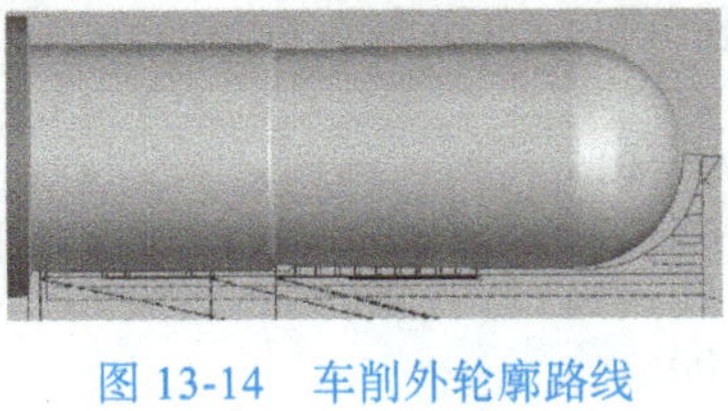

图 13-14　车削外轮廓路线

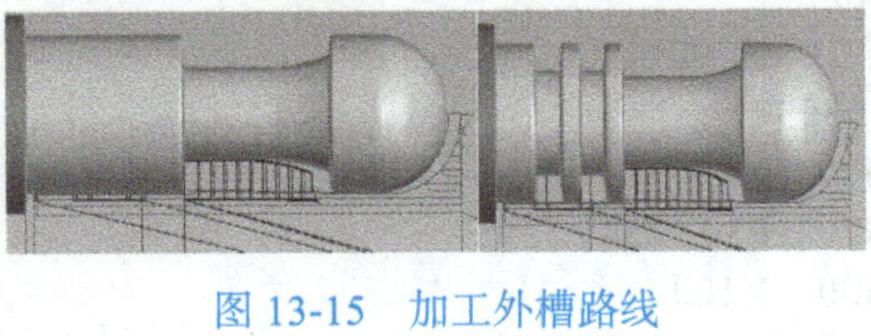

图 13-15　加工外槽路线

2. 相关计算

相关的节点坐标可通过 CAD 软件绘制图形后进行查询，本节不介绍计算。

3. 参考程序（提示：精加工需要换刀，本程序未换刀）

参考程序如下：

```
%0002
M03  S600
T0101
G00  X30  Z2
G71  U2  R1
G71  P10  Q20  X0.4  Z2
G00  X100
Z100
G00  X30  Z2
N10  G00  X0
G01  Z0  F60
G03  X24  Z-12  R12
G01  X23  Z-43.6
X24  Z-44.1
Z-70
N20  X30
M05
M00
M03  S750
G70  P10  Q20
G00  X100
Z100
M05
M00
M03  S600
T0303
G00  X26  Z-（43.6-切断刀切削刃宽度）
G01  X14  F15
G72  W2  R0.5  P30  Q40  X0.2  Z-0.1  F15
N30  G00  Z-19.1
G01  X24  F10
X23  Z-19.6
X18
G02  X14  W-11.7  R30
N40  G01  Z-（43.6-切断刀切削刃宽度）
G00  X100
Z100
M05
M00
M03  S700
T0303
G00  X26  Z-（43.6-切断刀切削刃宽度）
G70  P30  Q40
G00  X100
Z100
M05
M00
M03  S600
T0303
G00  X26  Z-47.6
G01  X16  F15
G00  X26
W-2
G01  X16  F15
G00  X26
Z-56.6
G01  X16  F15
G00  X26
W-2
G01  X16  F15
G00  X26
W-0.5
G01  X24
X23  W0.5
G00  X26
W8.5
G01  X24
X23  W0.5
G00  X26
Z-56.1
G01  X24
X23  Z-56.6
G00  X26
W9.5
G01  X24
X23  W-0.5
G00  X100
Z100
M05
M00
M03  S600
T0303
G00  X26  Z-65.6
G01  X23  F15
G00  X26
W0.5
G01  X24  F15
X23  Z-65.6
X0  F10
G00  X100
Z100
M05
M30
```

13.4.2　数控车编程与仿真加工

利用仿真系统加工图 13-16 所示工件（毛坯尺寸为 ϕ60mm×82mm，预钻内孔 ϕ20mm，材料为 45 钢）。加工右侧轮廓时，使用的刀具为 1 号，外圆车刀为 2 号，外切槽刀为 3 号，外螺纹刀为 4 号，内孔车刀为 5 号。

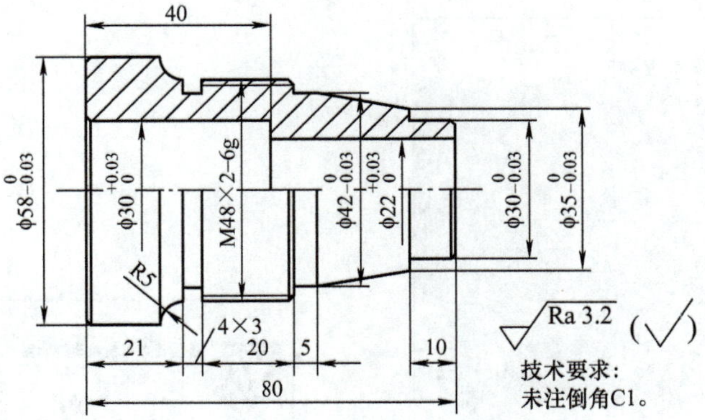

图 13-16　仿真加工零件

1. 参考程序

```
O1105;
G99  G40  G21  G18;
G28  U0  W0;
T0101;
M03  S600;
M08;
G00  X62  Z2;
G71  U1  R0.3;
G71  P10  Q20  U0.5  W0  F0.2;
N10  G00  X28;
Z0  F0.1;
X30  Z-1;
Z-10;
X35;
X42  Z-30;
Z-35;
X46;
X48  Z-36;
Z-59;
G03  X58  Z-64  R5;
G01  Z-80;
N20  G01  X62;
G70  P10  Q20;
G28  U0  W0;
T0202;（刀宽 3mm）
G00  X50  Z-58;
G75  R0.5;
G75  X42  Z-59  P1500  Q1000  F0.1;
G28  U0  Z0;
T0303;
G00  X50  Z-33;
G92  X46.8  Z-57  F2;
X46.1;
X45.7;
X45.4;
G28  U0  W0;
M05  M09;
M30;
```

2. 仿真加工准备

（1）在记事本中输入加工程序

1）选择【开始】→【所有程序】→【附件】→【记事本】命令。

2）输入右端轮廓加工程序，其界面如图 13-17 所示。

3）输入完成程序后选择【文件】→【保存】命令，具体位置可自定。

（2）新建加工项目

1）选择【文件（F）】→【新建项目（N）】命令，系统弹出“是否保存当前修改的项目”对话框，如图 13-18 所示，单击【否】按钮完成项目新建。

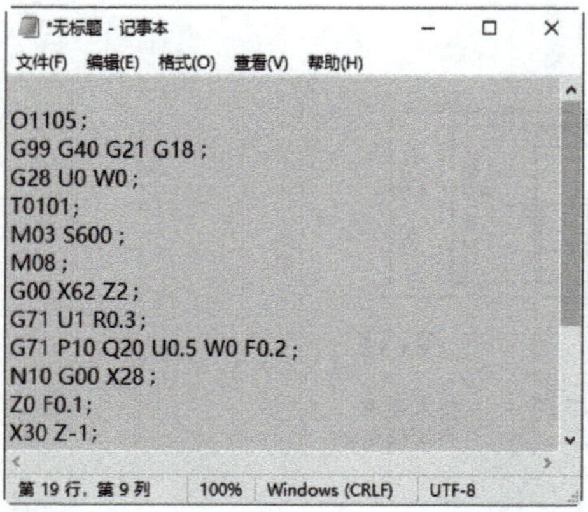

图 13-17　在记事本中输入加工程序

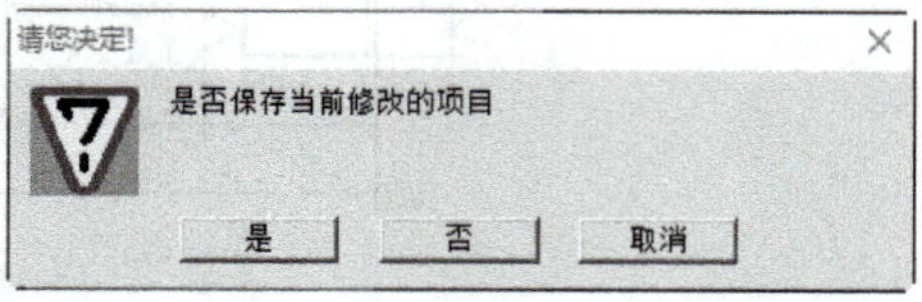

图 13-18　【是否保存当前修改的项目】对话框

2）接通机床电源，执行机床回参考点操作。

（3）机床、毛坯、刀具、夹具准备

1）单击工具栏图标，系统弹出【选择机床】对话框，如图 13-19 所示。接着选择 FANUC 0i 系统的数控车床，单击【确定】按钮进入数控车床加工界面，如图 13-20 所示。

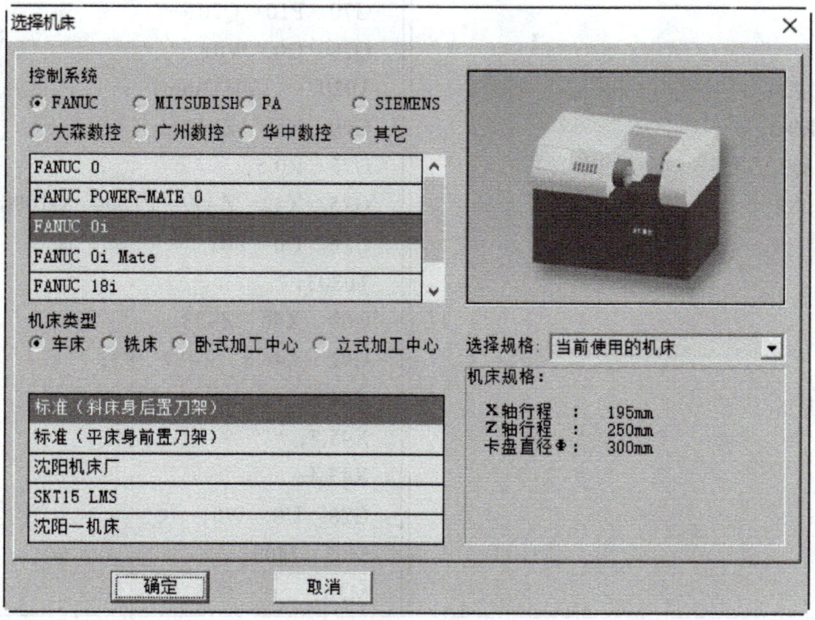

图 13-19　【选择机床】对话框

2）单击工具栏中工件图标，系统弹出【定义毛坯】对话框，如图 13-21 所示。接着设置毛坯为 ϕ60mm×82mm，预钻内孔 ϕ20mm 的圆柱棒料，定义结果如图 13-22 所示。

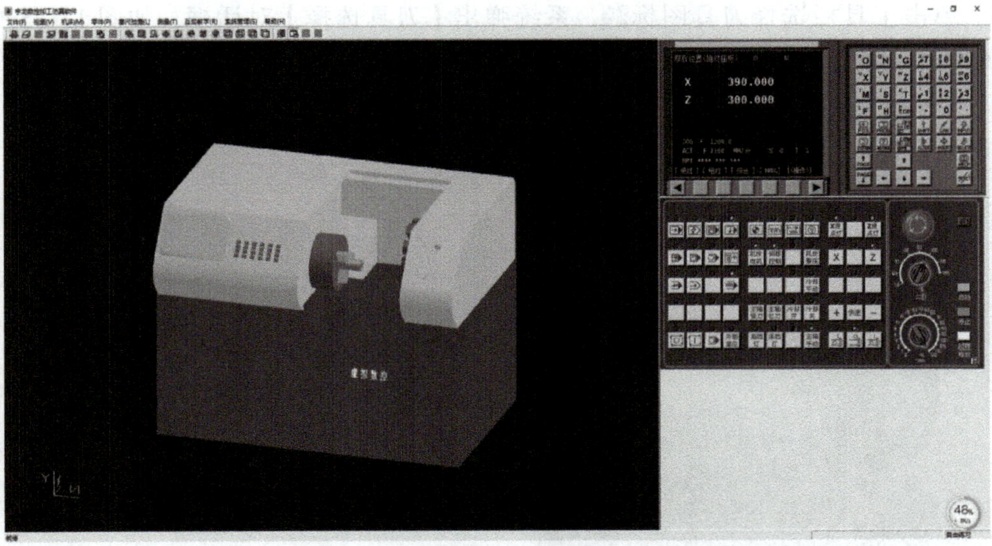

图 13-20　机床仿真界面

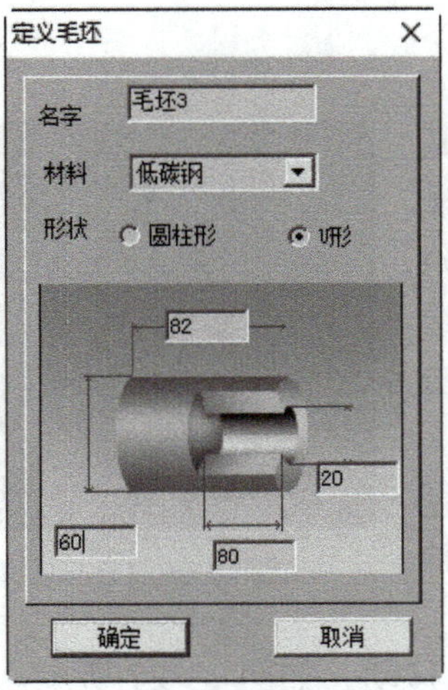

图 13-21 【定义毛坯】对话框

图 13-22　定义棒料结果

3）单击工具栏中放置零件图标，系统弹出【选择零件】对话框，如图 13-23 所示。接着选择想要的零件毛坯对象单击【安装零件】按钮，系统弹出左右移动的界面，此时可自行调整零件的伸出量，最后完成零件的安装操作，结果如图 13-24 所示。

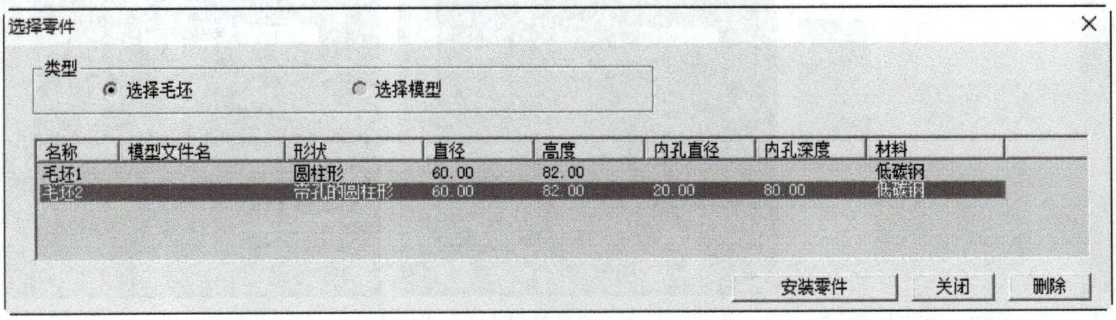

图 13-23 【选择零件】对话框

4）单击工具栏选择刀具图标，系统弹出【刀具选择】对话框，如图 13-25 所示。接着选择对应的刀号和想要的刀具对象，如 1 号刀位上安装外圆车刀，2 号刀位安装外切槽刀，3 号刀位安装外螺纹刀等，刀具安装结果如图 13-26 所示。

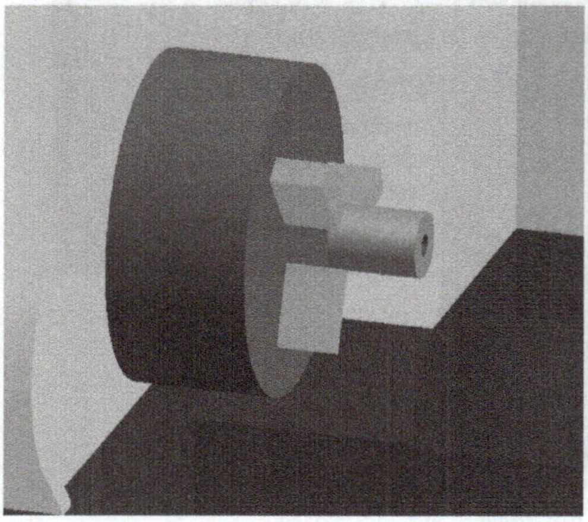

图 13-24　零件放置结果

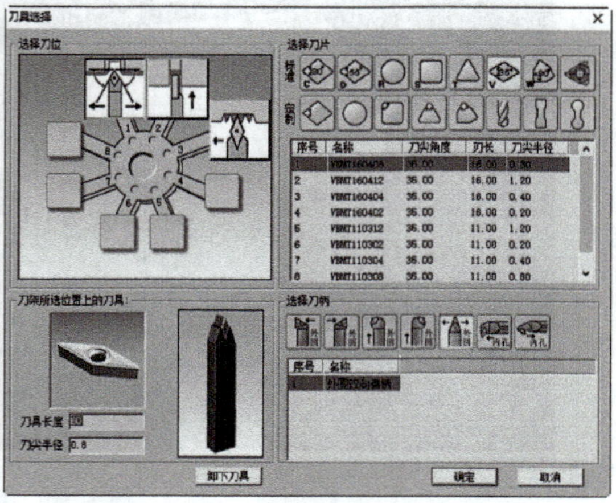

图 13-25 【刀具选择】对话框

3. 对刀与对刀参数设置

（1）移动刀架　在操作面板上选择手动图标，使其指示灯变亮，单击俯视图图标，使视图变为俯视图显示，接着分别选择 X 轴或 Z 轴，使刀具移动至工件附近，在刀具移动过程中，可调节进给倍率旋钮进行进给速度调节，对准该旋钮左击就是左旋，对准该旋钮右击就是右旋。

（2）开启主轴　在操作面板上单击主轴转动图标（正转或反转图标都可)，指示灯变亮同时仿真界面主轴已转动。

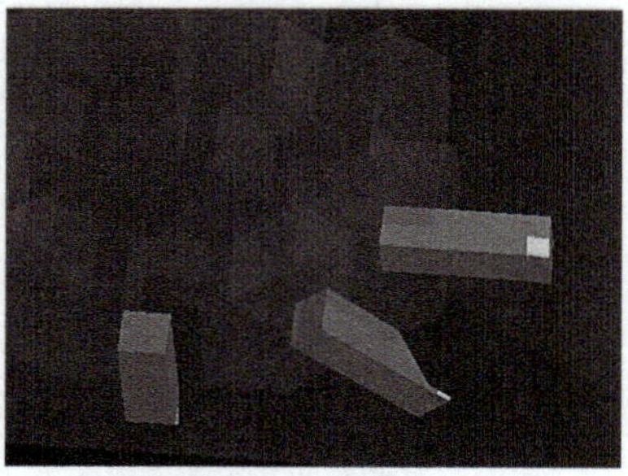

图 13-26　刀具安装结果

（3）试切端面　单击 Z 轴按钮，对着工件端面进行移动，如图 13-27 所示。切削完成后沿 X 轴方向退刀（Z 轴不动)，然后在 MDI 界面中单击刀具偏置图标，使显示器显示刀具偏置界面，如图 13-28 所示，将光标移动至 01 号刀具的 Z 坐标处，输入“Z0.”，最后在显示界面下方按软键【测量】，完成 Z 向刀具补正参数设置，结果如图 13-29 所示。

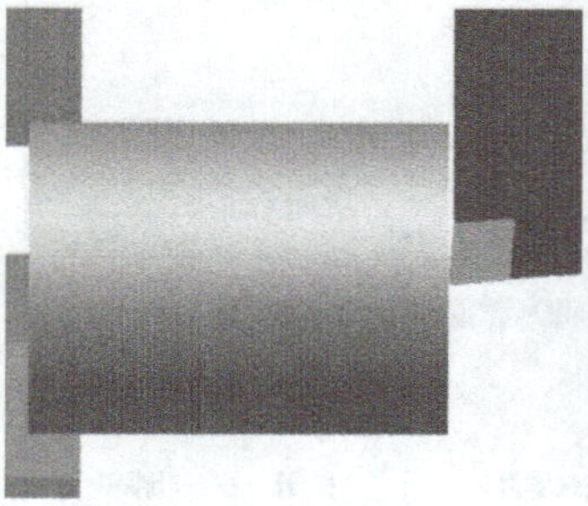

图 13-27　试切端面

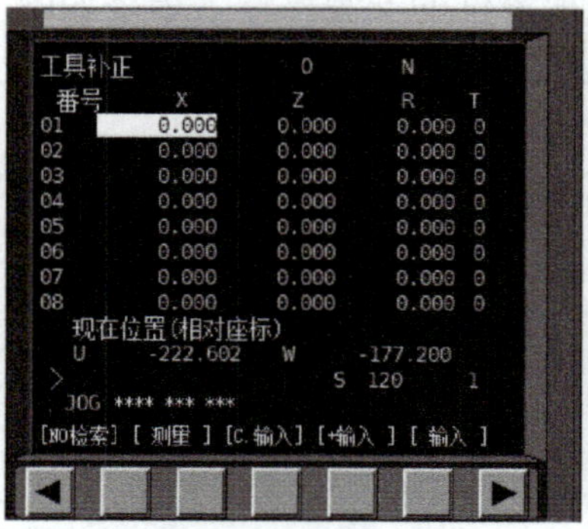

图 13-28　刀具偏置界面

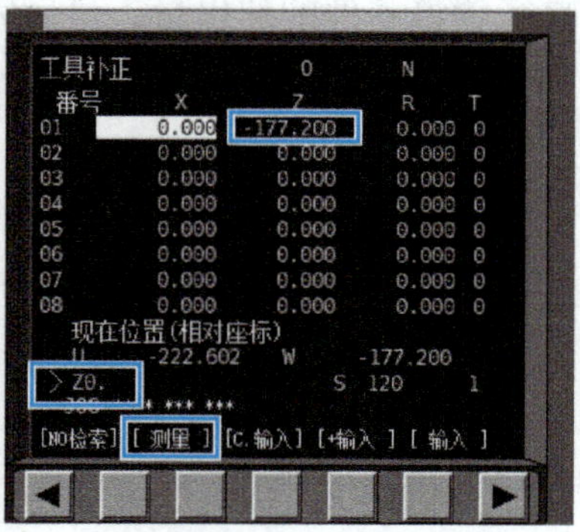

图 13-29　Z 向刀具补正参数设置结果

（4）试切外圆表面　单击 X 轴按钮，对着工件外圆表面进行移动，如图 13-30 所示。切削完成后沿 Z 轴方向退刀（X 轴不动），在操作面板上单击主轴停止图标。

在主菜单栏中选择【测量】→【剖面图测量】命令，系统弹出【车床工件测量】对话框，如图 13-31 所示，接着在【车床工件测量】对话框选择刚加工的外圆表面，记录直径值（如直径为 57.998）。

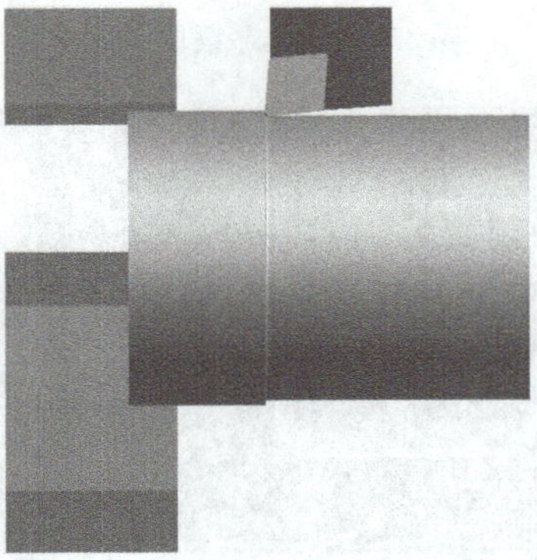

图 13-30　外圆切削

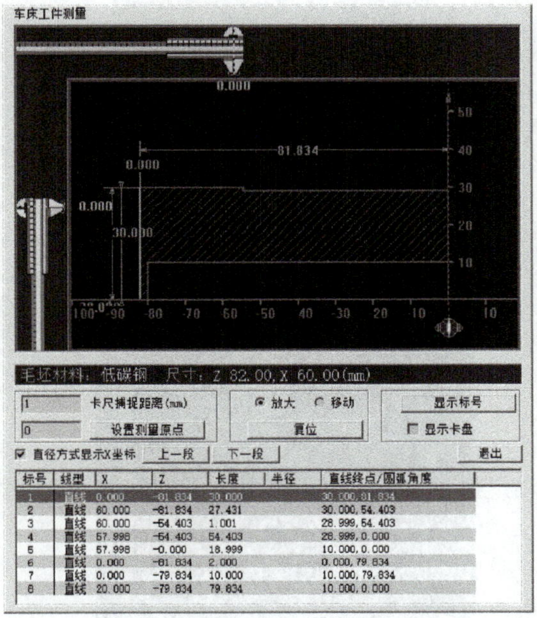

图 13-31　【车床工件测量】对话框

在 MDI 界面中单击刀具偏置图标，使显示器显示刀具偏置界面，如图 13-28 所示，将光标移动至 01 号刀具的 X 坐标处，输入刚测量出来的直径“X59.936”，最后在显示界面下方按软键【测量】，完成 X 向刀具补正参数设置，结果如图 13-32 所示。

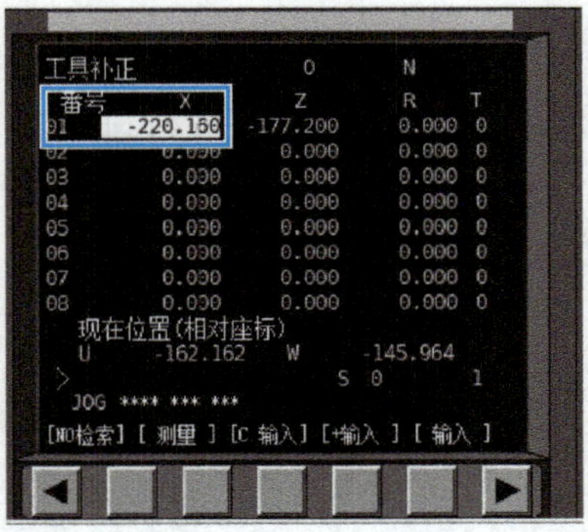

图 13-32　X 向刀具补正参数设置结果

4. 完成左侧轮廓的自动加工并保存项目

完成对刀和对刀参数设置后，就可以进行自动加工操作，其操作步骤如下：

1）参考仿真加工准备过程，在记事本中输入图 13-33 所示的加工程序。

2）在操作面板上单击编辑模式图标，指示灯变亮。接着在 MDI 面板上单击程序图标，并按【操作】软键，然后一直按面板上的键，直到出现如图 13-34 所示的界面。接着按【READ】软键并用输入程序名“O1022”，最后按【EXEC】软键后系统显示“标头 SKP”，如图 13-35 所示。

在工具栏中单击 DNC 传送图标按钮，系统弹出【打开】对话框，在此找到刚才记事本文件 O1022 程序，单击【打开】按钮，程序输入完成，结果如图 13-36 所示。

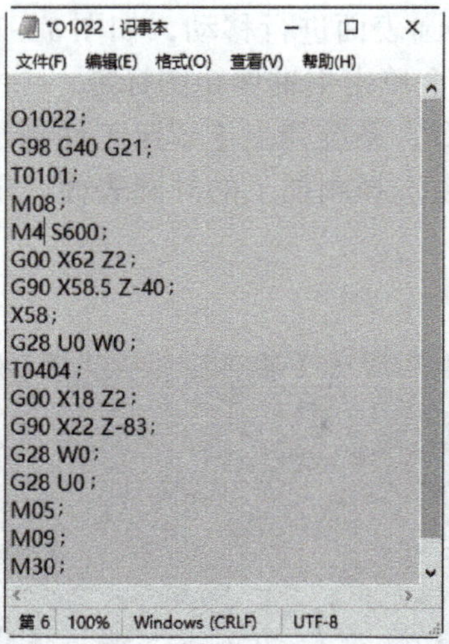

图 13-33 加工程序输入结果

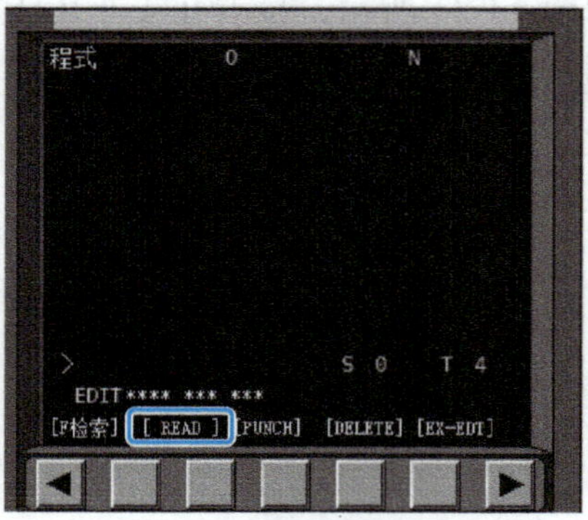

图 13-34 程序读取界面

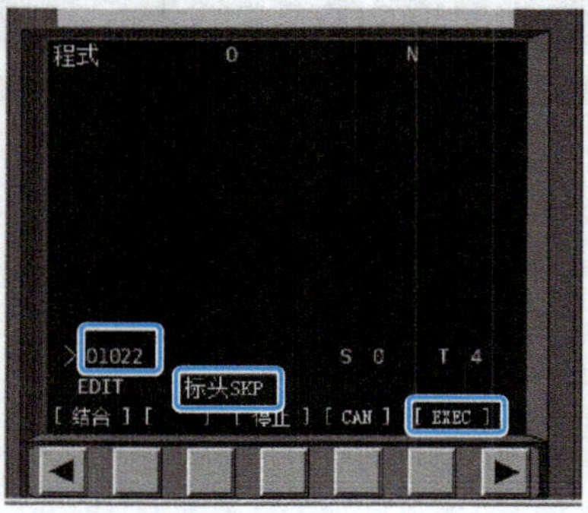

图 13-35 程序输入

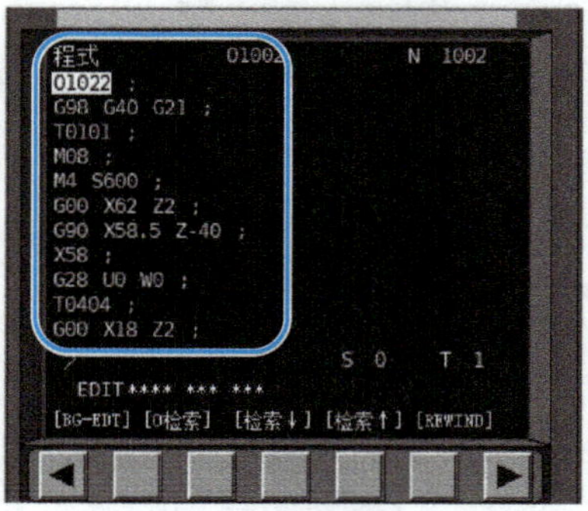

图 13-36 程序输入结果

3）在操作面板上单击自动模式图标，指示灯变亮，然后在操作面板上单击循环启动图标，仿真软件进行自动运行加工，零件左侧端面加工结果如图 13-37 所示。

4）当完成以上步骤的操作后，就可以对这个项目进行保存。其项目可以是对刀、安装工件等操作，也可以是程序、对刀参数等具体内容。保存项目的操作步骤如下：

在菜单栏中选择【文件】→【另存项目】（第一次为【保存项目】）命令，出现保存类型对话框，接着在该对话框中选择保存类型，然后单击【确定】按钮，系统弹出文件保存位置对话框，最后根据要求存至相对应的位置即可。

5. 完成右侧轮廓的仿真加工

右侧轮廓的具体仿真加工与左侧轮廓的操作流程基本一致，具体不再重复表述，零件最终加工结果如图 13-38 所示。

图 13-37 零件左侧端面加工结果

图 13-38 零件最终加工结果

13.4.3　数控铣手工编程

利用数控铣手工编程加工图 13-19 所示零件。

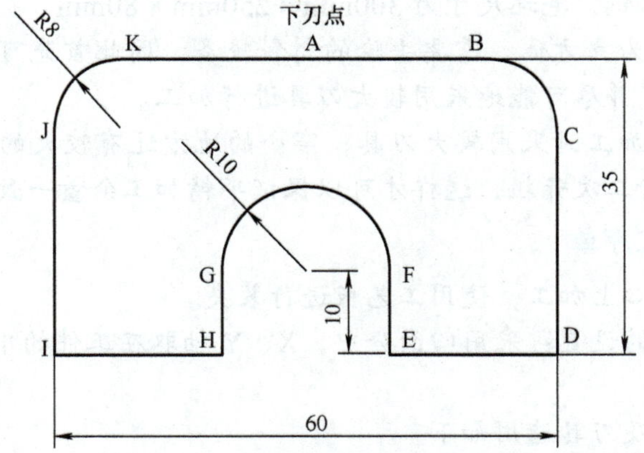

图 13-39　零件图

铣削外形轮廓，使用 D10 平底铣刀进行加工操作，编程的下刀点及零件图如图 13-39 所示，并设置 R4 圆弧作 180° 进退刀。手工编程参考程序如下：

程序	说明
%	程序开始
G40　G17　G49　G80　G90	初始化
G0　G90　X26.Y45.S3000　M03	机床快速定位到 X26　Y45 位置，同时主轴正转起动
Z30.	刀具提高至安全高度值 30
G1　Z-1.0　F250.M08	机床直线插补至零件加工深度，慢速进给，同时切削液开
Y44.	Y 坐标值
G3　X30.Y40.R4.	机床开始加工，逆时针圆弧进刀到 A 点
G1　X52.	直线进刀到 B 点
G2　X65.Y27.R13.	圆弧进刀到 C 点
G1　Y0.0	走直线进刀到 D 点
G2　X60.Y-5.R5.	顺时针圆弧进刀
G1　X40.	走直线进刀到 E 点
G2　X35.Y0.0　R5.	顺时针圆弧进刀
G1　Y10.	走直线进刀到 F 点
G3　X25.R5.	逆时针进刀到 G 点
G1　Y0.0	走直线进刀到 H 点
G2　X20.Y-5.R5.	走顺时针圆弧进刀
G1　X0.0	走直线进刀到 I 点
G2　X-5.Y0.0　R5.	顺时针圆弧进刀
G1　Y27.	走直线进刀到 J 点
G2　X8.Y40.R13.	圆弧进刀到 K 点
G1　X30.	走直线进刀到 A 点
G3　X34.Y44.R4.	走逆时针退刀
G0　Y45.	走直线退刀至退刀点
Z30.	刀具提高至安全高度值
M09	切削液关
M30	程序结束

13.4.4 数控铣自动编程

1. 工艺分析

1）毛坯材料为 45 钢，毛坯尺寸为 300mm × 250mm × 80mm。

2）由于工件尺寸为立方体，需要去除的材料较多，因此首先可以采用型腔铣进行粗加工操作，并尽可能地采用较大刀具进行加工。

3）由于在第一粗加工时采用较大刀具，窄小的地方还有较大的余量，因此还必须选用一把较小的刀具进行二次开粗，这样才可以保证半精加工余量一致。

2. 填写数控加工工序单

1）在立式加工中心上加工，使用工艺板进行装夹。

2）加工坐标原点的设置：采用四面分中，X、Y 轴取在工件的中心；Z 轴取工件的最高顶平面。

3）数控加工工艺及刀具选用如下：

模具名称：F401　模号：型腔 401　操作员：　编程员：

计划时间：		描述：
实际时间： 上机时间：		
下机时间：		
工作尺寸	单位：mm	
XC	300	
YC	250	
ZC	80	
工作数量：1　件		

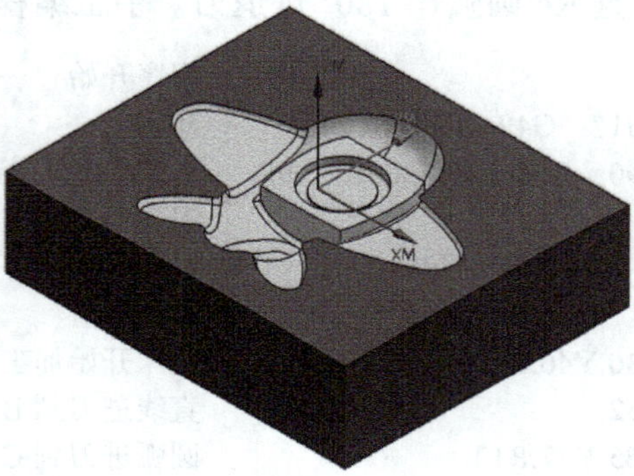

四面分中

程序名称	加工类型	刀具直径 /mm	加工深度 /mm	加工余量 /mm	主轴转速 /(r/min)	切削进给速度 /(mm/min)	备注
型腔	开粗	D16R0.4	-50	0.3	1800	1200	
型腔	开粗	D4	-52	0.3	2500	1000	
等高	半精	D4	-52	0.15	3000	1500	
等高	精修	D4	-38	0	4000	1200	
固定	精修	R2	-52	0	4000	1350	
面铣	精修	D16R0.4	-8	0	3000	1300	
面铣	精修	D16R0.4	-13	0	3000	1300	

3. 数控编程操作步骤

步骤 1： 运行 NX1980 软件

步骤 2： 进入 NX 加工界面

选择主菜单中的【文件】→【打开】命令，或在工具条中单击打开图标，将弹出【打开】对话框，在此找到放置练习文件夹 ch12 并选择“玩具飞机上盖前模 .prt”文件，单击按钮进入 NX 加工界面，如图 13-40 所示。

步骤 3：创建父节点

1. 创建程序组

在【插入】工具栏中单击创建程序图标，系统弹出【创建程序】对话框，如图 13-41 所示。

1）在【类型】下拉列表中选择【mill_contour】选项。

2）在【程序】下拉列表中选择【NC_PROGRAM】选项。

3）在【名称】处输入“cavity”，单击按钮，完成创建程序操作。

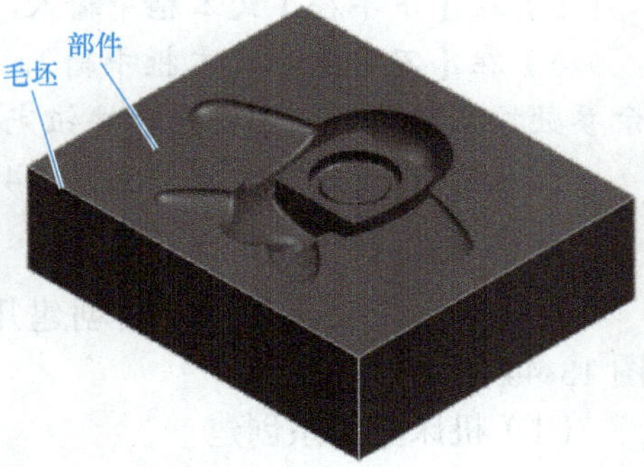

图 13-40 部件与毛坯对象

2. 创建刀具组

在【插入】工具栏中单击创建刀具图标，系统弹出【创建刀具】对话框，如图 13-42 所示。

1）在【类型】下拉列表中选择【mill_contour】选项；在【刀具子类型】选项组中单击图标按钮。

2）在【刀具】下拉列表中选择【GENERIC_MACHINE】选项。

3）在【名称】文本框中输入“D16R0.4”，单击按钮，系统弹出【铣刀 -5 参数】对话框，如图 13-43 所示。

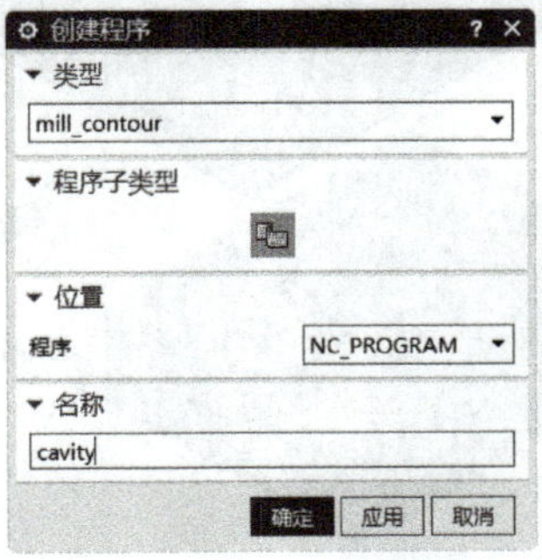

图 13-41 【创建程序】对话框

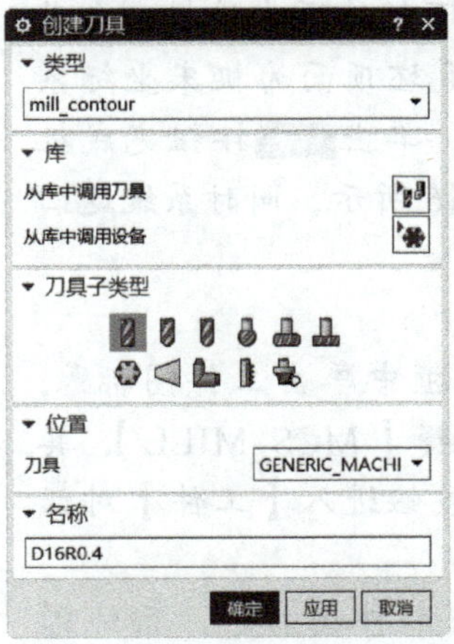

图 13-42 【创建刀具】对话框

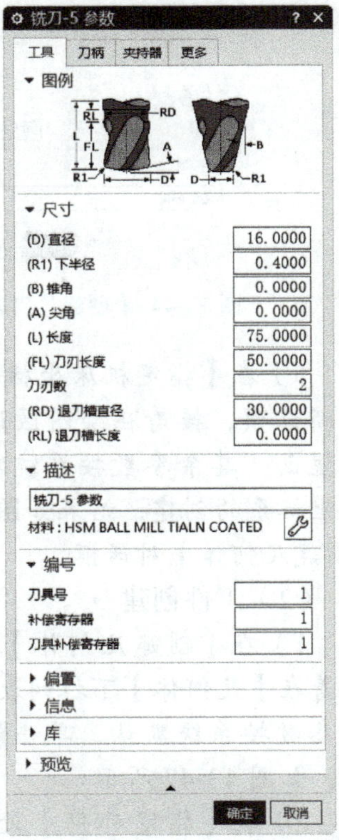

图 13-43 【铣刀 -5 参数】对话框

4）在【直径】文本框中输入“16.0000”；

5）在【下半径】文本框中输入“0.4000”；

6）在【刀具号】文本框中输入“1”；在【刀具补偿寄存器】文本框中输入“1”，其余参数按系统默认，单击确定按钮完成1号刀具创建。

7）依照上述操作过程，完成D4、R2刀具的创建。

3. 创建几何体组

在【插入】工具栏中单击创建几何体图标，系统弹出【创建几何体】对话框，如图13-44所示。

（1）机床坐标系创建

1）在【类型】下拉列表中选择【mill_contour】选项。

2）在【几何体子类型】选项组中单击MCS图标按钮。

3）在【几何体】下拉列表中选择【GEOMETRY】选项。

4）【名称】文本框中输入“MCS_MILL”，接着单击应用按钮，系统弹出【MCS】对话框，如图13-45所示。

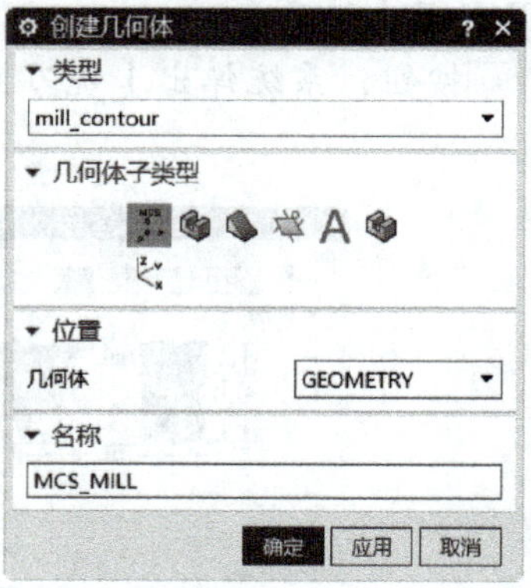

图13-44 【创建几何体】对话框

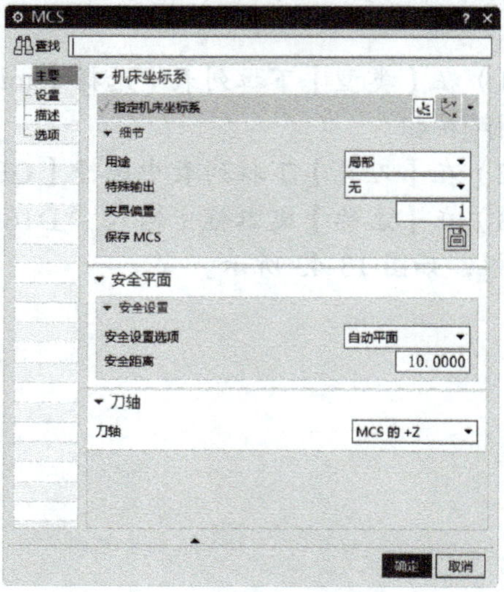

图13-45 【MCS】对话框

5）在【指定机床坐标系】下拉选项中选择自动判断选项，接着在绘图区选择毛坯顶面为机床坐标系放置面，其余参数按系统默认，单击确定按钮完成机床坐标系的创建，结果如图13-46所示，同时系统返回【创建几何体】对话框。

图13-46 机床坐标系设置结果

（2）工件创建

1）在【创建几何体】对话框中单击工件图标，接着在【几何体】下拉列表中选择【MCS_MILL】，其余参数按系统默认，单击确定按钮进入【工件】对话框，如图13-47所示。

2）在【指定部件】处单击部件图标，系统弹出【部件几何体】对话框，如图13-48所示。接着在绘图区选取型腔对象为部件几何体，其余参数按系统默认，单击确定按钮完成部件几何体操作，同时系统返回【工件】对话框。

3）在【指定毛坯】处单击毛坯图标，系统弹出【毛坯几何体】对话框，如图 13-49 所示。接着在绘图区选取线框对象为毛坯几何体，其余参数按系统默认，单击确定按钮完成毛坯几何体操作，同时系统返回【工件】对话框，再单击确定按钮完成工件操作。

图 13-47 【工件】对话框

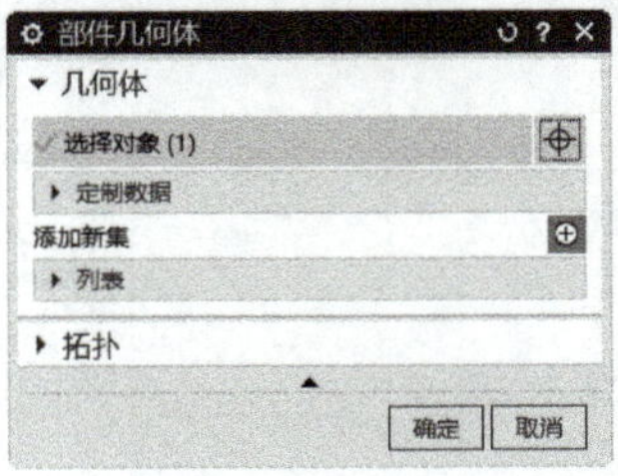

图 13-48 【部件几何体】对话框

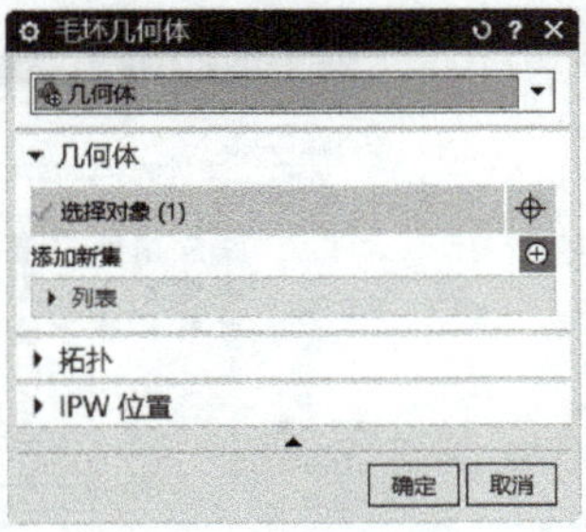

图 13-49 【毛坯几何体】对话框

步骤 4：创建方法

在【插入】工具栏中单击创建方法图标，系统弹出【创建方法】对话框，如图 13-50 所示。

1）在【类型】下拉列表中选择【mill_contour】选项。

2）在【方法子类型】选项组中单击 MILL_ROUGH 图标，在【名称】文本框中输入“MILL_R”，其余参数按系统默认，单击应用按钮，系统弹出【铣削粗加工】对话框，如图 13-51 所示。

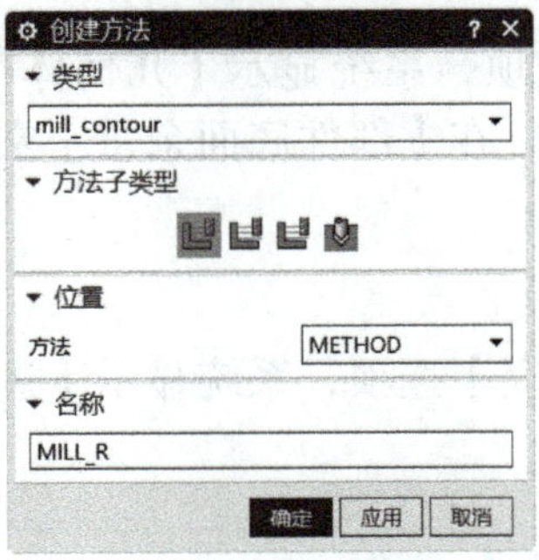

图 13-50 【创建方法】对话框

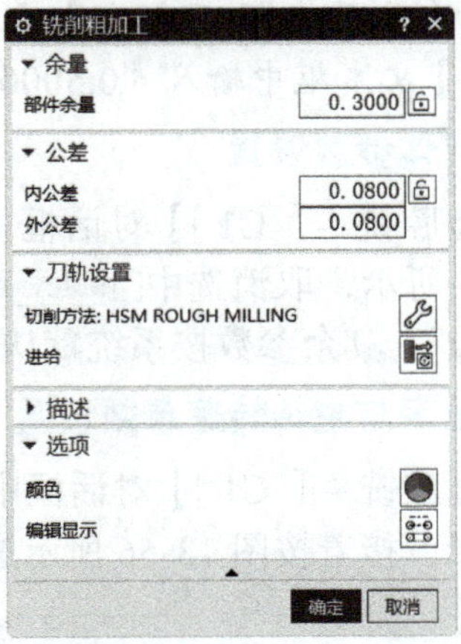

图 13-51 【铣削粗加工】对话框

3）在【部件余量】文本框中输入“0.3000”，其余参数按系统默认，单击确定按钮完成铣削粗加工设置。

4）利用相同的方法，依次创建 MILL_M（中加工）、MILL_F（精加工），其中中加工的部件余量为 0.15，精加工的部件余量为 0。

步骤 5：创建工序

在【插入】工具栏中单击创建工序图标，系统弹出【创建工序】对话框，如图 13-52 所示。

1）在【类型】下拉列表中选择【mill_contour】选项；在【工序子类型】选项组中单击型腔铣图标。

2）在【程序】下拉列表中选择【CAVITY】选项为程序名；在【刀具】下拉列表中选择【D16R0.4】选项；在【几何体】下拉列表中选择【WORKPIECE】选项；在【方法】下拉列表中选择【MILL_R】选项。在【名称】文本框中输入“C1”，单击确定按钮，系统弹出【型腔铣 -［C1］】对话框，如图 13-53 所示。

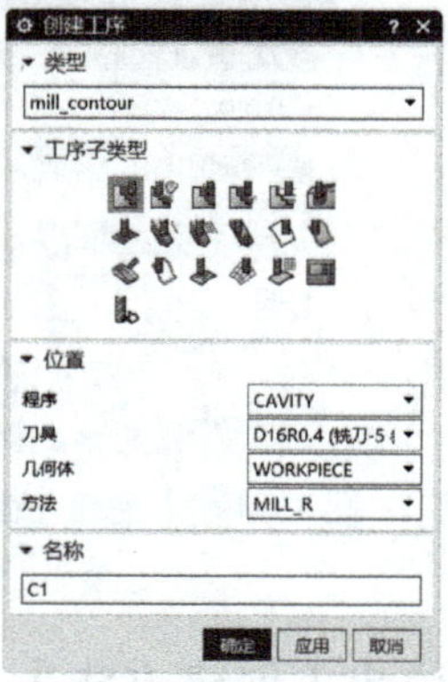

图 13-52 【创建工序】对话框

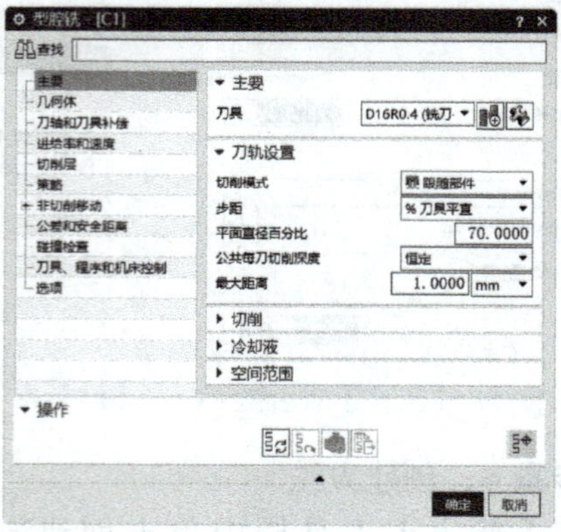

图 13-53 【型腔铣 -［C1］】对话框

步骤 6：【型腔铣 -［C1］】对话框参数设置

1. 主要参数设置

1）在【切削模式】下拉列表中选择【跟随周边】选项；在【步距】下拉列表中选择【% 刀具平直】选项。

2）在【平面直径百分比】文本中输入“65.0000”；在【最大距离】文本框中输入“0.5000”，结果如图 13-54 所示。

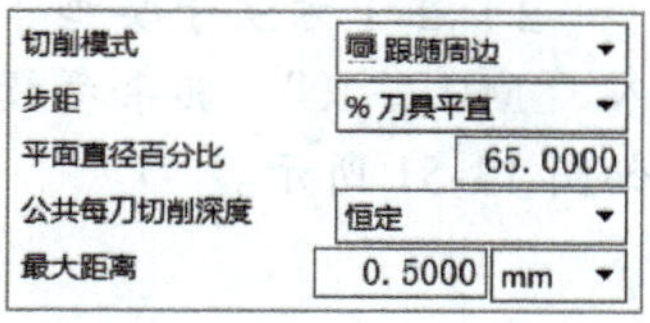

图 13-54 主要参数设置

2. 几何体参数设置

在【型腔铣 -［C1］】对话框中单击【几何体】选项，系统显示【几何体】选项卡，如图 13-55 所示，取消选中☐使底面余量与侧面余量一致复选按钮，在【部件底面余量】文本框中输入“0.1000”，其余参数按系统默认。

3. 进给率与主轴转速参数设置

在【型腔铣 -［C1］】对话框中单击【进给率和速度】选项，系统显示【进给率和速度】选项卡，接着按图 13-56 所示进行设置参数。

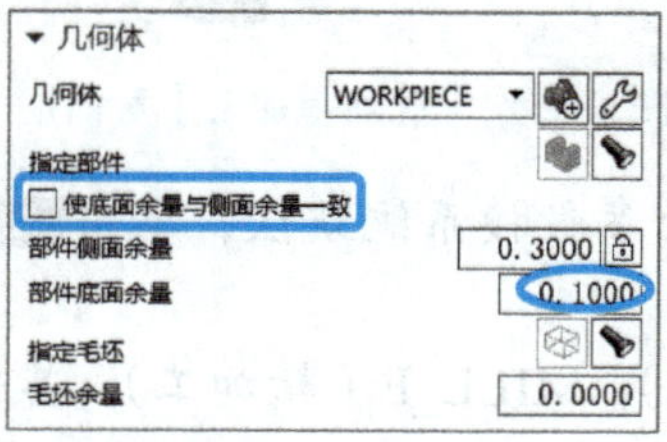

图 13-55 几何体参数设置

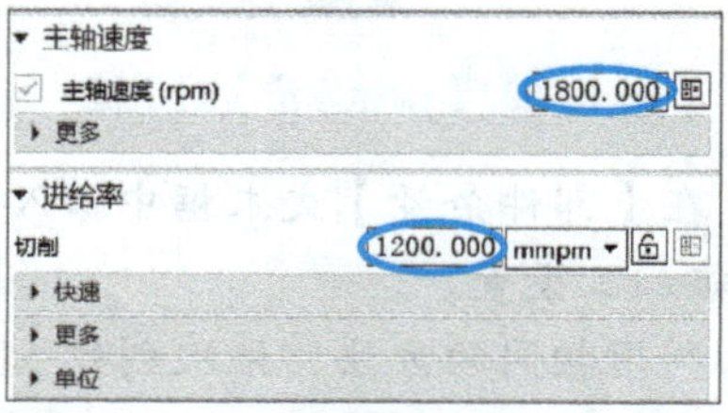

图 13-56 进给率与速度参数设置

4. 非切削移动参数设置

在【型腔铣 –［ C1 ］】对话框中单击【非切削移动】选项，系统显示【非切削移动】选项卡。

（1）进刀封闭区域参数设置　在【进刀类型】下拉列表中选择【螺旋】选项；在【直径】文本框中输入“90.0000”；在【斜坡角】文本框中输入“3.0000”；在【高度】文本框中输入“1.0000”；在【最小安全距离】文本框中输入“0.5000”；在【最小斜坡长度】文本框中输入“10.0000”，结果如图 13-57 所示。

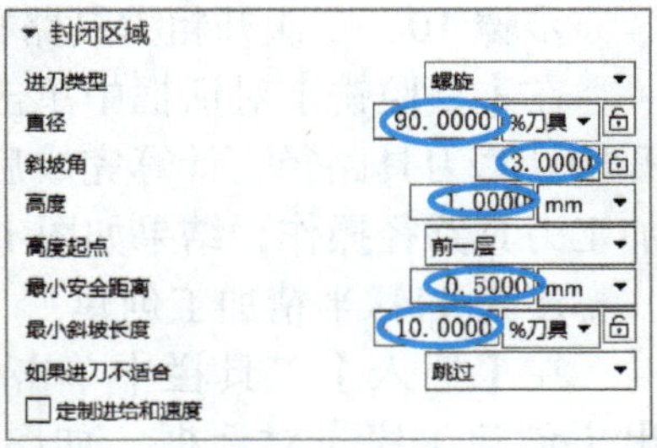

图 13-57　进刀封闭区域参数设置

（2）转移 / 快速参数设置　在【非切削移动】选项中单击**转移/快速**选项，系统显示相关的【转移 / 快速】选项。

在【转移方式】下拉列表中选择【进刀 / 退刀】选项，接着在【转移类型】下拉列表中选择【前一平面】选项，其余参数按系统默认，结果如图 13-58 所示。

步骤 7：粗加工刀具路径生成

在【型腔铣 –［ C1 ］】对话框中单击生成图标按钮，系统会开始计算刀具路径，计算完成后，单击确定按钮完成粗加工刀具路径操作，结果如图 13-59 所示。

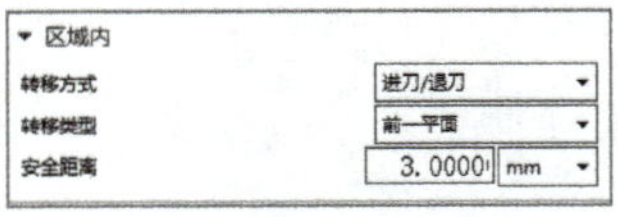

图 13-58　转移 / 快速参数设置

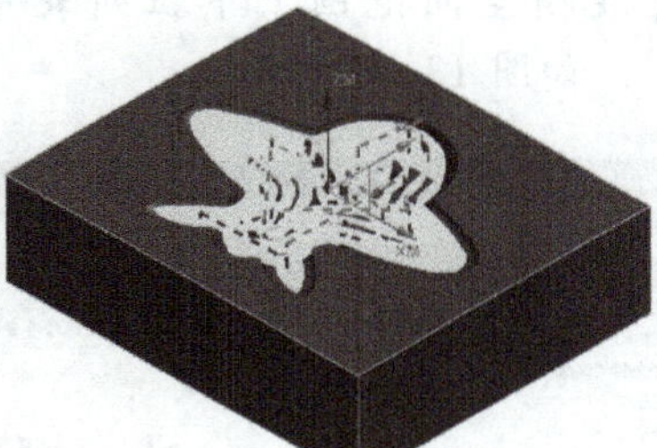

图 13-59　粗加工刀具路径

步骤 8：二次粗加工操作

因为都是开粗操作过程，因此只要将前面的刀具路径进行复制，接着重新选取一把新刀具即可。

1）单击 MILL_R 前面的 +，读者会看到名为 CAV1 的刀具路径。

2）将光标移至 CAV1 刀具路径中，右击系统弹出快捷菜单。

3）在快捷菜单中选择【复制】命令，接着将光标移至 MILL_R 中，右击系统弹出快捷菜单，然后选择【内部粘贴】命令，此时读者可以看到一个复制的刀具路径名 CAV1_COPY；最后将 CA1_COPY 更名为 CA2。

4）在 CA2 对象中双击左键，系统弹出【型腔铣】对话框。

步骤 9：型腔铣对话框参数设置

在【型腔铣】对话框中单击【主要】选项，系统显示【主要】选项卡。

1）在【刀具】下拉列表中选择 D4（铣刀-5 参数）选项，单击【空间范围】卷展栏，系统显示【空间范围】选项，在【过程工件】下拉列表中选择 使用基于层的 选项，在【修剪方式】下拉列表中选择 轮廓线 选项。

2）在【型腔铣】对话框中单击【进给率和速度】选项，在【主转速度】文本框中输入“2200.0000”，在【切削】文本框中输入“1000.0000”。

步骤 10：二次开粗刀具路径生成

在【型腔铣】对话框中单击生成图标按钮，系统会开始计算刀具路径，计算完成后，单击确定按钮，完成粗加工刀具路径操作，结果如图 13-60 所示。

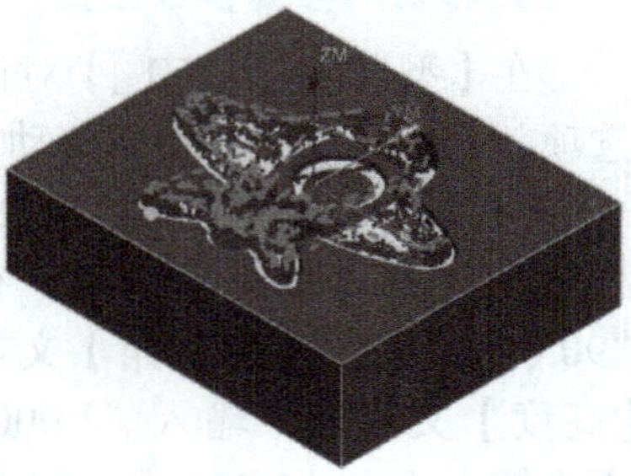

图 13-60　二次开粗刀具路径

步骤 11：半精加工创建

在【插入】工具栏中单击创建工序图标，系统弹出【创建工序】对话框，如图 13-52 所示。

1）在【类型】下拉列表中选择【mill_contour】选项；在【工序子类型】选项组中单击深度轮廓铣图标。

2）在【程序】下拉列表中选择【CAVITY】选项为程序名；在【刀具】下拉列表中选择【D4】；在【几何体】下拉列表中选择【WORKPIECE】选项；在【方法】下拉列表中选择【MILL_M】选项。在【名称】文本框中输入“ZL1”，单击确定按钮，系统弹出【深度轮廓铣 - 陡峭 -［ZL1］】对话框，如图 13-61 所示。

步骤 12：【深度轮廓铣 - 陡峭 -［ZL1］】对话框参数设置

1. 主要参数设置

在【陡峭空间范围】下拉列表中选择【无】选项，在【最大距离】文本框中输入“0.3500”，如图 13-62 所示。

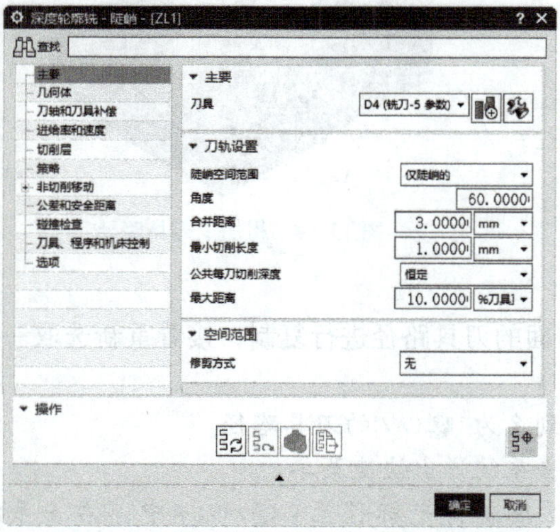

图 13-61　【深度轮廓铣 - 陡峭 -［ZL1］】对话框

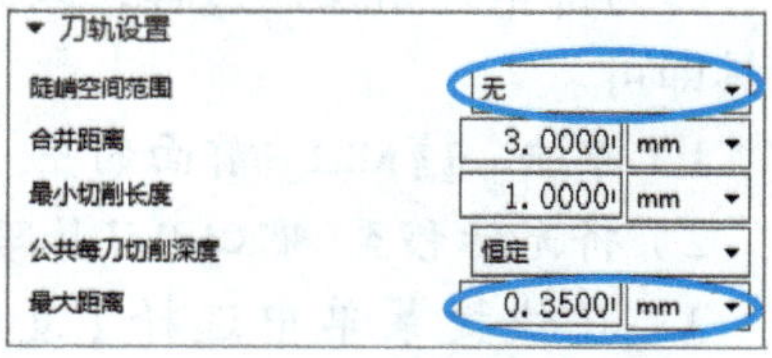

图 13-62　主要参数设置

提示：合并距离可以使用户通过连接不连贯的切削运动从而消除刀轨中小的不连续性或不希望出现的缝隙，因此在加工开放区域时，可以将合并距离设置为较大的值。

2. 几何体设置

在【深度轮廓铣 - 陡峭 -［ZL1］】对话框中单击【几何体】选项，系统显示【几何体】选项卡。

在【几何体】卷展栏单击指定切削区域图标，系统弹出【切削区域】对话框，如图 13-63 所示。接着在绘图区选取图 13-64 所示的面为切削区域，单击确定按钮完成切削区域选取，并返回【深度轮廓铣 – 陡峭 –［ZL1］】对话框。

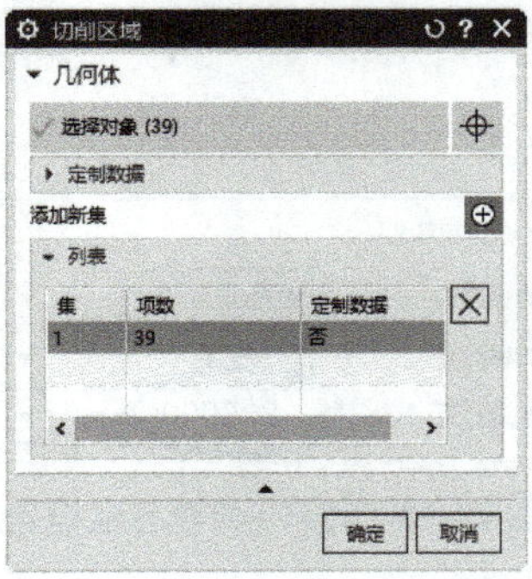

图 13-63 【切削区域】对话框

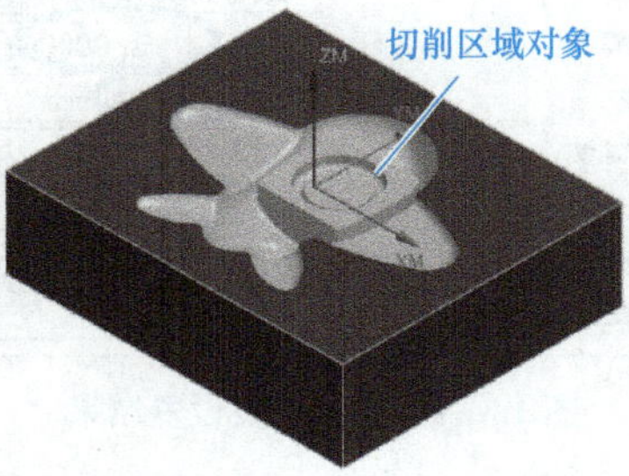

图 13-64　切削区域选择结果

3. 进给率与主轴转速参数设置

在【深度轮廓铣 – 陡峭 –［ZL1］】对话框中单击【进给率和速度】选项，系统显示【进给率和速度】选项卡，接着按图 13-65 所示进行设置参数。

4. 策略参数设置

在【深度轮廓铣 – 陡峭 –［ZL1］】对话框中单击【策略】选项，系统弹出【策略】选项卡。

在【切削方向】下拉列表中选择【混合】选项，在【切削顺序】下拉列表中选择【始终深度优先】选项，结果如图 13-66 所示。

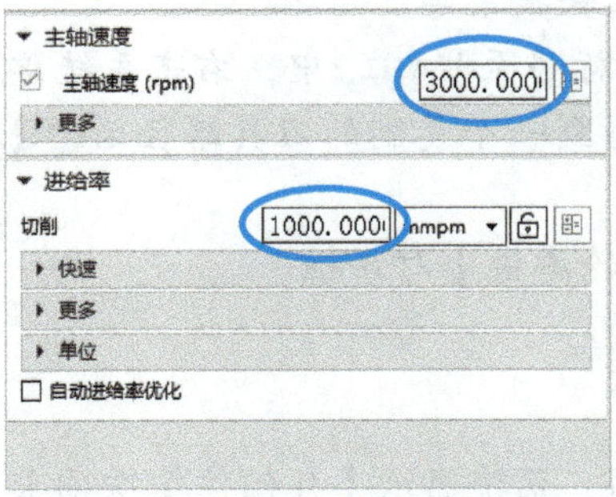

图 13-65　进给率与主轴转速参数设置

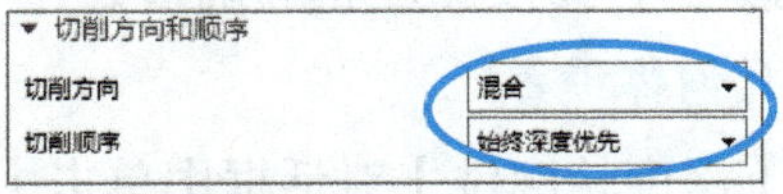

图 13-66　切削方向和切削顺序设置

5. 非切削移动参数设置

在【深度轮廓铣 – 陡峭 –［ZL1］】对话框中单击【非切削移动】选项，系统弹出【非切削移动】选项卡。

（1）进刀参数设置　在【斜坡角】文本框中输入“1.0000”，在【高度】文本框中输入“0.5000”，在【最小安全距离】文本框中输入“0.3000”，其余参数按系统默认，结果如图 13-67 所示。

（2）转移 / 快速选项设置　在【非切削移动】选项中单击**转移/快速**选项，系统显示【转移 / 快速】选项卡。

在【转移方式】下拉列表中选择【进刀 / 退刀】选项，接着在【转移类型】下拉列表中选择【前一平面】选项，其余参数按系统默认，结果如图 13-68 所示。

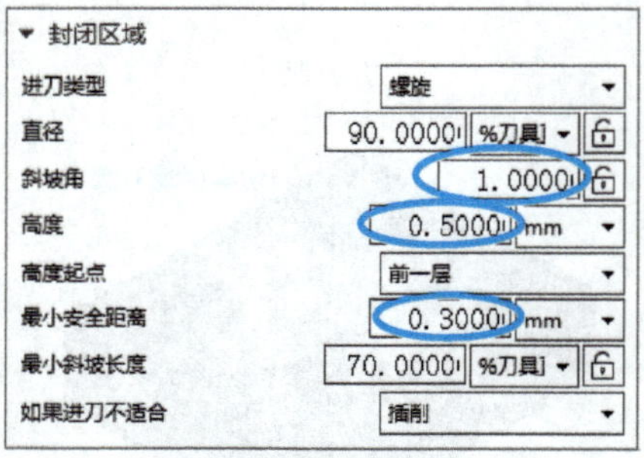

图 13-67　进刀参数设置结果

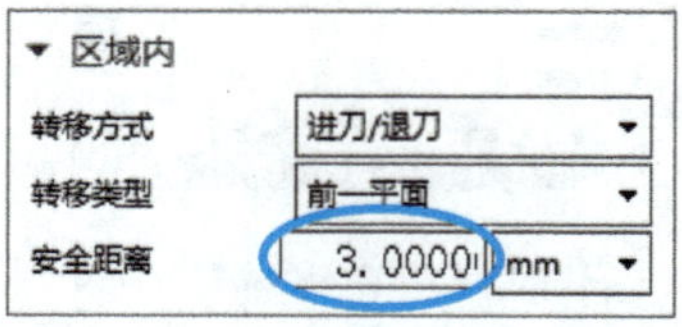

图 13-68　转移 / 快速参数设置

步骤 13：半精加工刀轨生成。

在【深度轮廓铣 – 陡峭 –［ ZL1 ］】对话框中单击生成图标，系统会开始计算刀具路径，计算完成后，单击按钮完成半精加工刀具路径操作，结果如图 13-69 所示。

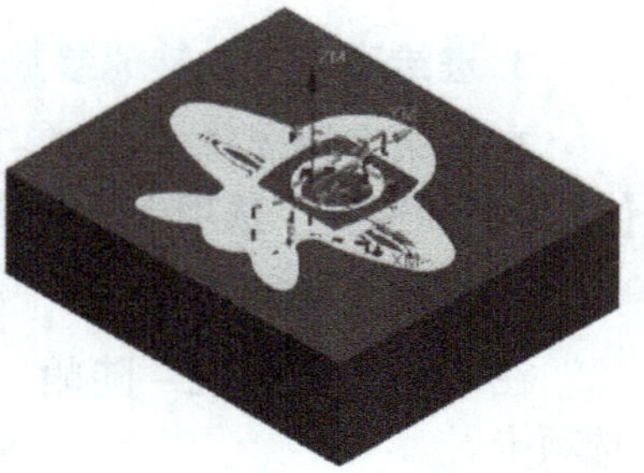

图 13-69　半精加工刀轨结果

步骤 14：精加工刀轨创建 1

因上一步半精加工完成后，需要对局部区域进行精加工操作，同时可以采用上一步的加工方法进行完成精加工操作，因此只要将前面的刀具路径进行复制即可。

1）单击 MILL_M前面的 +，读者会看到名为 ZL1的刀具路径。

2）将光标移至 ZL1刀具路径中，右击系统弹出快捷菜单。

3）在快捷菜单中选择【复制】命令，接着将光标移至 MILL_F中，右击系统弹出快捷菜单，然后选择【内部粘贴】命令，此时读者可以看到一个复制的刀具路径名 ZL1_COPY；最后将 ZL1_COPY更名为 ZL2。

4）在 ZL2对象中双击左键，系统弹出【深度轮廓铣】对话框。

步骤 15：修改深度轮廓铣参数

1. 几何体设置

在【深度轮廓铣】对话框中单击【几何体】选项，系统显示【几何体】选项卡。

在【几何体】卷展栏单击指定切削区域图标，系统弹出【切削区域】对话框，如图 13-63 所示。接着在绘图区选取图 13-70 所示的面为切削区域，单击按钮完成切削区域选取，并返回【深度轮廓铣】对话框。

2. 进给率与主轴转速参数设置

在【深度轮廓铣】对话框中单击【进给率和速度】选项，在【主转速度】文本框中输入“4000.0000”，在【切削】文本框中输入“1000.0000”。

步骤 16：精加工刀轨生成

在【深度轮廓铣】对话框中单击生成图标，系统会开始计算刀具路径，计算完成后，单击按钮完成半精加工刀具路径操作，结果如图 13-71 所示。

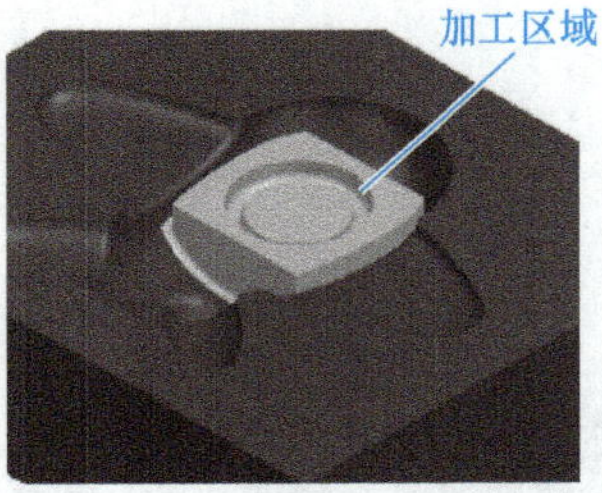

图 13-70　切削区域选择结果

图 13-71　精加工刀路 1

步骤 17：精加工刀轨创建

在【插入】工具栏中单击创建工序图标，系统弹出【创建工序】对话框，如图 13-52 所示。

1）在【类型】下拉列表中选择【mill_contour】选项；在【工序子类型】选项组中单击区域轮廓铣图标按钮。

2）在【程序】下拉列表中选择【CAVITY】选项为程序名；在【刀具】下拉列表中选择【R2】；在【几何体】下拉列表中选择【WORKPIECE】选项；在【方法】下拉列表中选择【MILL_F】选项。在【名称】文本框中输入“AR1”，单击确定按钮，系统弹出【区域轮廓铣】对话框，如图 13-72 所示。

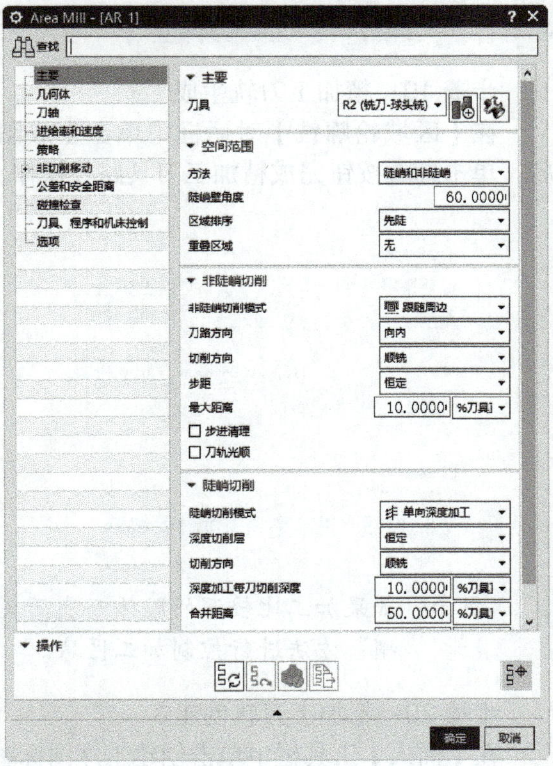

图 13-72 【区域轮廓铣】对话框

步骤 18：【区域轮廓铣】对话框参数设置

1. 主要参数设置

单击【空间范围】卷展栏选项，在【方法】下拉列表中选择非陡峭选项；在【陡峭壁角度】文本框中输入“90.0000”。

单击【非陡峭切削】卷展栏，在【非陡峭切削模式】下拉列表中选择往复选项；在【最大距离】文本框中输入“0.1000”，同时选择mm选项；在【切削角】下拉列表中选择指定选项；在【与 XC 的夹角】文本框中输入“45.0000”，最后选中 ☑ 刀轨光顺 复选按钮，设置结果如图 13-73 所示。

2. 切削区域设置

在【几何体】卷展栏单击指定切削区域图标，系统弹出【切削区域】对话框，如图 13-63 所示。接着在绘图区选取图 13-74 所示的面为切削区域，单击确定按钮完成切削区域选取，并返回【区域轮廓铣】对话框。

3. 进给率 / 速度参数设置

在【区域轮廓铣】对话框中单击【进给率和速度】选项，系统显示【进给率和速度】选项卡，接着按图 13-75 所示进行设置参数。

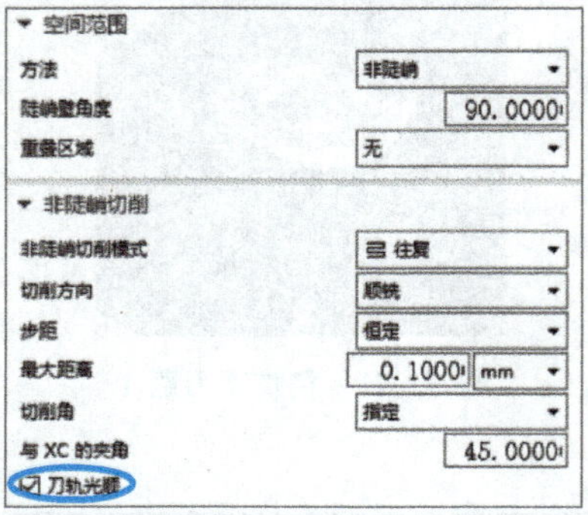

图 13-73　主要参数设置

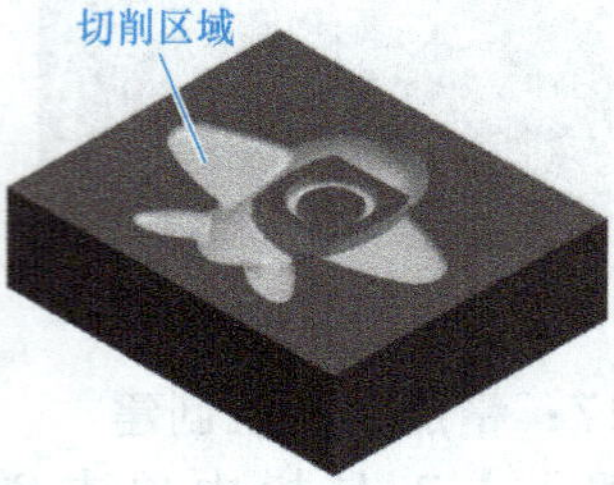

图 13-74　切削区域选择结果

步骤 19：精加工刀轨生成

在【区域轮廓铣】对话框中单击生成图标，系统会开始计算刀具路径，计算完成后，单击确定按钮完成精加工刀具路径操作，结果如图 13-76 所示。

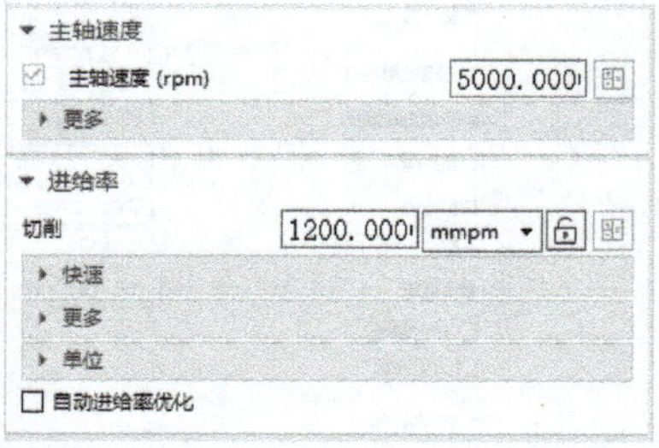

图 13-75　进给率和速度设置结果

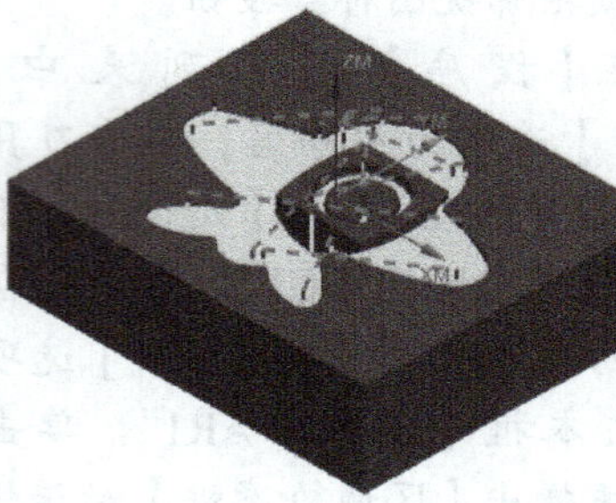

图 13-76　精加工刀路 2

提示：如果加工比较深的腔体而底面又比较平缓时，则可以利用“陡峭”与“非陡峭”方法进行控制加工区域。

步骤 20：精加工刀轨创建 3

在【插入】工具栏中单击创建工序图标，系统弹出【创建工序】对话框，如图 13-52 所示。

1）在【类型】下拉列表中选择【mill_planar】选项；在【工序子类型】选项组中单击不含壁的底面加工图标按钮。

2）在【程序】下拉列表中选择【CAVITY】选项为程序名；在【刀具】下拉列表中选择【D16R0.4】；在【几何体】下拉列表中选择【WORKPIECE】选项；在【方法】下拉列表中选择【MILL_F】选项。在【名称】文本框中输入“FL1”，单击确定按钮，系统弹出【不含壁的底面加工 –［FL1］】对话框，如图 13-77 所示。

1. 主要参数设置

在【主要】卷展栏中，单击指定切削区底面图标，系统弹出【切削区域】对话框，如图 13-63 所示；着在绘图区选取图 13-78 所示的面为切削区域，单击确定按钮完成切削区域选取，并返回【不含壁的底面加工 –［FL1］】对话框。接着在【毛坯】卷展栏的【毛坯】下拉列表中选择毛坯几何体选项。

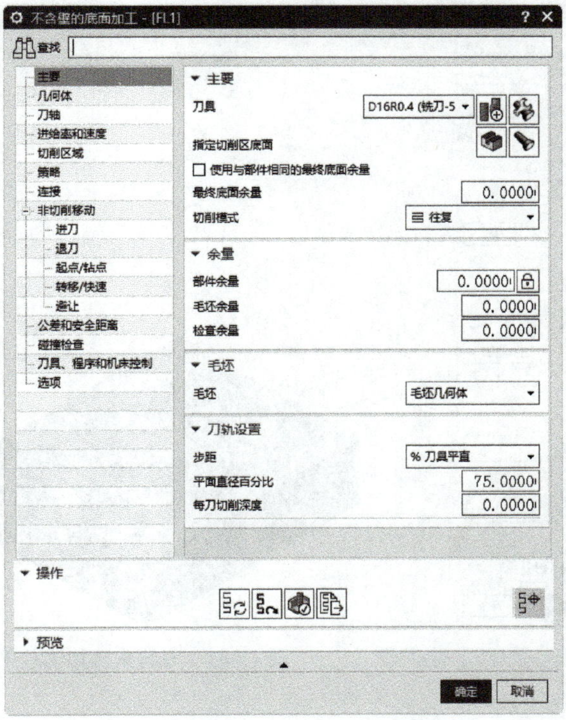

图 13-77 【不含壁的底面加工 - [FL1]】对话框

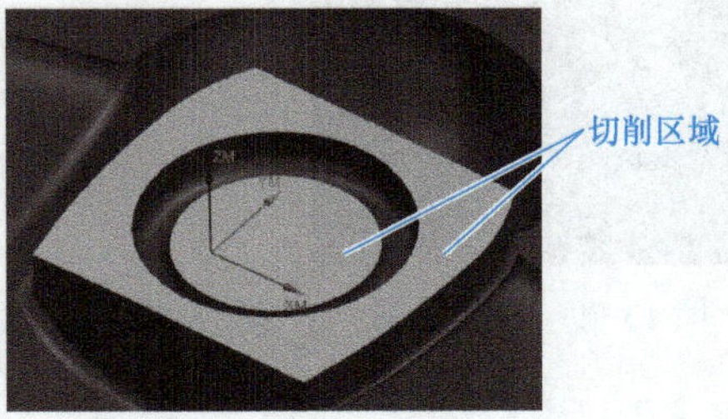

图 13-78　切削区域选择结果

2. 进给率 / 速度参数设置

在【不含壁的底面加工 - [FL1]】对话框中单击【进给率和速度】选项，系统显示【进给率和速度】选项卡，接着在【主轴速度】文本框中输入“4000.0000”，在【切削】文本框中输入“1000.0000”。

3. 非切削移动参数设置

在【不含壁的底面加工 - [FL1]】对话框中单击【非切削移动】选项，系统显示【非切削移动】选项卡。

在【进刀类型】下拉列表中选择与开放区域相同选项，其余参数按系统默认。

步骤 21： 精加工刀轨生成

在【不含壁的底面加工 - [FL1]】对话框中单击生成图标按钮，系统会开始计算刀具路径，计算完成后，单击确定按钮完成精加工刀具路径操作，结果如图 13-79 所示。

步骤 22： 刀轨仿真

在【工序导航器组】中单击几何视图图标，系统在【工序导航器】中显示几何对象，接着在【工序导航器】中单击 MCS_MILL ，然后在【工序】工具条中单击确认刀轨图标，系统弹出【刀轨可视化（原有）】对话框，如图 13-80 所示。

在【刀轨可视化（原有）】对话框单击3D 动态选项，然后单击播放图标按钮，系统开始刀轨仿真加工，刀轨仿真加工结果如图 13-81 所示。

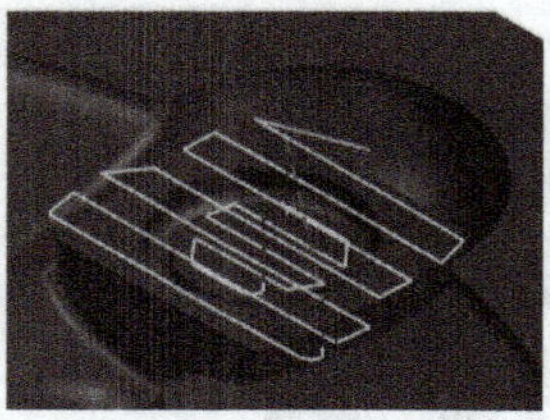

图 13-79　刀轨结果

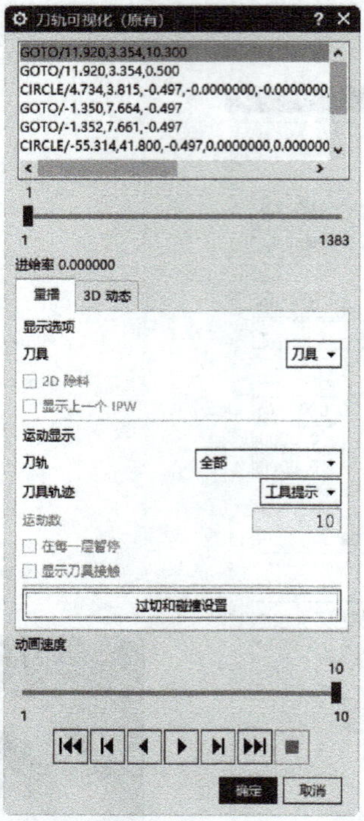

图 13-80　【刀轨可视化（原有）】对话框

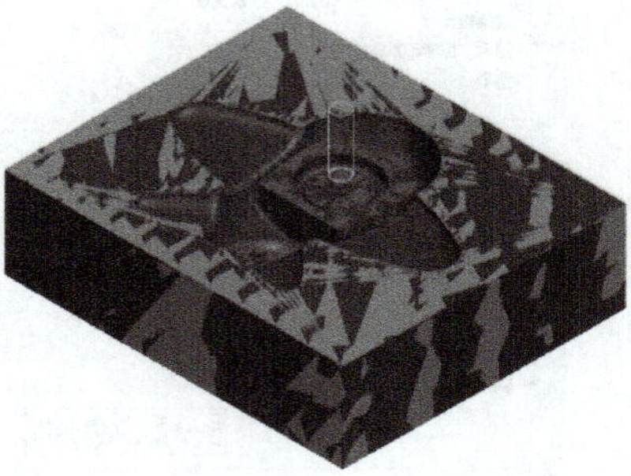

图 13-81　刀轨仿真加工结果

第 14 章　快速成型技术概述

14.1　概述

快速成型（Rapid Prototyping，RP）技术又叫 3D 打印技术。快速成型技术属于机械工程学科特种加工工艺范围，是一项多学科交叉、多技术集成的先进制造技术。

学科交叉是指机械制造工程、材料科学与工程、生物医学工程等学科；技术集成包括计算机、CAD、激光、数控、材料等。快速成型技术是由 CAD 数字模型驱动的通过特定材料采用逐层累积方式制作三维物理模型的先进制造技术。

快速成型技术制作的原型（模型）可用于新产品的外观评估、装配检验及功能检验等，作为样件可直接替代机加工或者其他成形工艺制造的单件或小批量的产品，也可用于硅橡胶模具的母模或熔模铸造的消失型等，从而批量地翻制塑料及金属零件。

与传统的实现上述用途的方法相比，其显著优势是：制造周期大大缩短（由几周、几个月缩短为若干个小时），成本大大降低。尤其是衍生出来的后续的基于快速原型的快速模具制造技术进一步发挥了快速成型制造技术的优越性，可在短期内迅速推出满足用户需求的一定批量的产品，大幅度降低了新产品开发研制的成本和投资风险，缩短了新产品研制和投放市场的周期，在小批量、多品种、改型快的现代制造模式下具有强劲的发展势头。

快速成型技术的制作过程与传统的材料去除加工方法是截然相反的，3D 打印是基于三维 CAD 模型数据、通过逐层增加材料的方式，直接制造与相应 3D 模型数据完全一致的物理实体的制造方法，如图 14-1 所示。

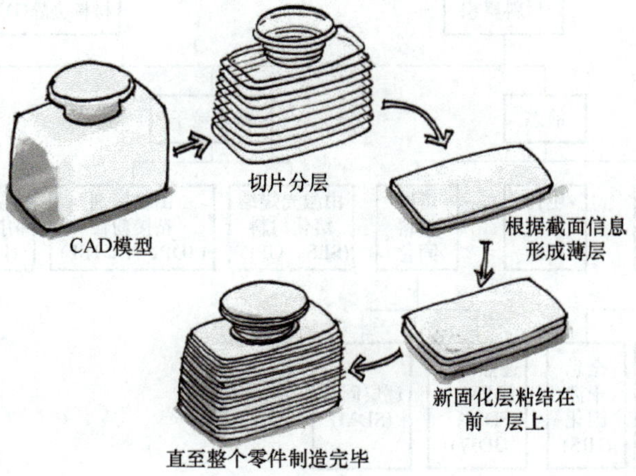

图 14-1　3D 打印过程

14.2 快速成型的主要成型方法及分类

14.2.1 快速成型的主要成型方法

根据所使用的材料和建造技术的不同，目前应用比较广泛的方法有如下四种：

1. 光固化成型（Stereolithography Apparatus，SLA）

该工艺由 Charles Hull 于 1984 年获得美国专利，是最早发展起来的快速成型技术。它是采用光敏树脂材料通过激光照射逐层固化而成型。

2. 叠层实体制造（Laminated Object Manufacturing，LOM）

叠层实体制造技术是几种最成熟的快速成型制造技术之一，这种制造方法和设备自 1986 年问世以来，得到迅速发展。它是采用纸材等薄层材料通过逐层粘结和激光切割而成型。

3. 选择性激光烧结（Selective Laser Sintering，SLS）

SLS 工艺是利用粉末材料（金属粉末或非金属粉末）在激光照射下烧结的原理，在计算机控制下层层堆积成型。SLS 的原理与 SLA 十分相似，主要区别在于所使用的材料及其形状不同。SLA 所用的材料是液态的紫外光敏可凝固树脂，而 SLS 则使用粉状的材料。

4. 熔融沉积成型（Fused Deposition Modeling，FDM）

熔融沉积成型是继光固化成型和叠层实体制造后的另一种应用比较广泛的快速成型工艺方法。它是采用熔融材料加热熔化挤压喷射冷却而成型。

14.2.2 快速成型工艺方法分类

快速成型技术从广义上讲可以分成两类：材料累积和材料去除。但目前人们谈及的快速成型制造方法通常指的是累积式的成型方法，而累积式的快速原型制造方法通常是依据原型使用的材料及其构建技术进行分类的，如图 14-2 所示。

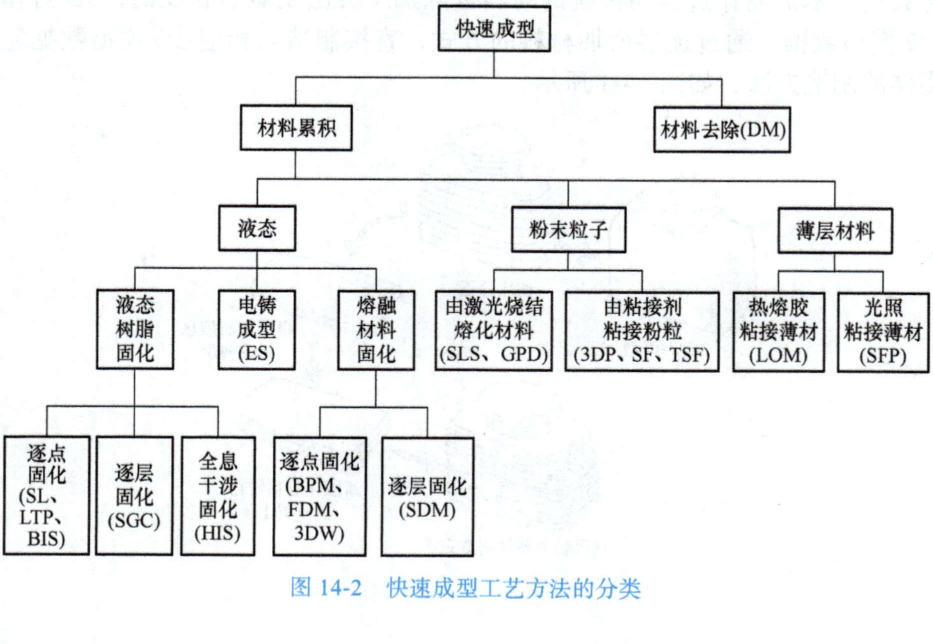

图 14-2 快速成型工艺方法的分类

14.3　光固化成型工艺

光固化成型工艺自从 1988 年 3D Systems 公司最早推出 SLA 商品化快速成型机 SLA-250 以来，SLA 已成为目前世界上研究最深入、技术最成熟、应用最广泛的一种快速成型工艺方法。它以光敏树脂为原料，通过计算机控制紫外激光使其固化成型。这种方法能简捷、全自动地制造出表面质量和尺寸精度较高、几何形状复杂的工件。

14.3.1　光固化成型工艺的基本原理与特点

1. 光固化成型工艺的基本原理

光固化成型工艺的基本原理如图 14-3 所示。液槽中盛满液态光敏树脂，紫外激光器发出的激光束在控制系统的控制下按零件的各分层截面信息在光敏树脂表面进行逐点扫描，使被扫描区域的树脂薄层产生光聚合反应而固化，形成零件的一个薄层。一层固化完毕后，工作台下移一个层厚的距离，以使在原先固化好的树脂表面再敷上一层新的液态树脂，刮板将黏度较大的树脂液面刮平，然后进行下一层的扫描加工，新固化的一层牢固地粘结在前一层上，如此重复直至整个零件制造完毕，得到一个三维实体物件。

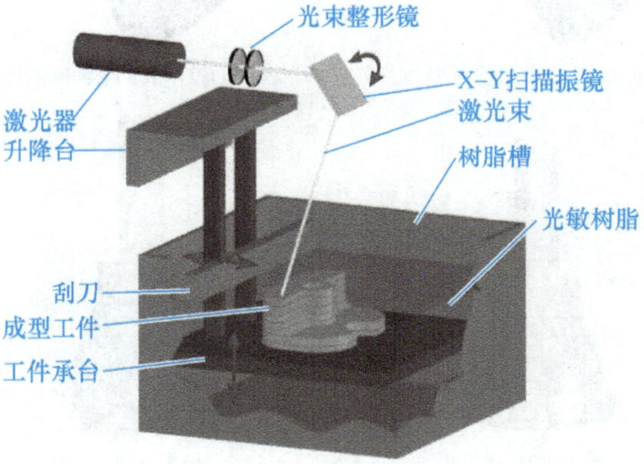

图 14-3　光固化成型工艺的基本原理

2. 光固化成型工艺的特点

光固化成型工艺具有如下特点：

（1）成型过程自动化程度高　SLA 系统非常稳定，加工开始后，成型过程可以完全自动化，直至原型制作完成。

（2）尺寸精度高　SLA 原型的尺寸精度可以达到 ± 0.1mm。

（3）优良的表面质量　虽然在每层固化时侧面及曲面可能出现台阶，但上表面仍可得到光滑的效果。

（4）能直接制作模型　可以制作结构十分复杂、尺寸比较精细的模型及面向熔模精密铸造的具有中空结构的消失型，制作的原型可以一定程度地替代塑料件。

（5）制件易裂和变形　成型过程中材料发生物理和化学变化，塑件较脆，易断裂，性能尚不如常用的工业塑料。

（6）设备运转及维护成本较高　液态树脂材料和激光器的价格较高。

（7）使用的材料较少，有局限性　目前可用的材料主要为感光性的液态树脂材料，液态树脂有气味和毒性，并且需要避光保护，以防止提前发生聚合反应，选择时有局限性。

（8）需要二次固化　经快速成型系统光固化后的原型树脂并未完全被激光固化，需要二次固化。

14.3.2　光固化成型工艺的过程

光固化成型工艺的过程一般可以分为前处理、原型制作和后处理三个阶段。

1. 前处理

前处理阶段主要是对原型的 CAD 模型进行数据转换、摆放方位确定、施加支撑和切片分层，实际上就是为原型的制作准备数据，如图 14-4 所示。

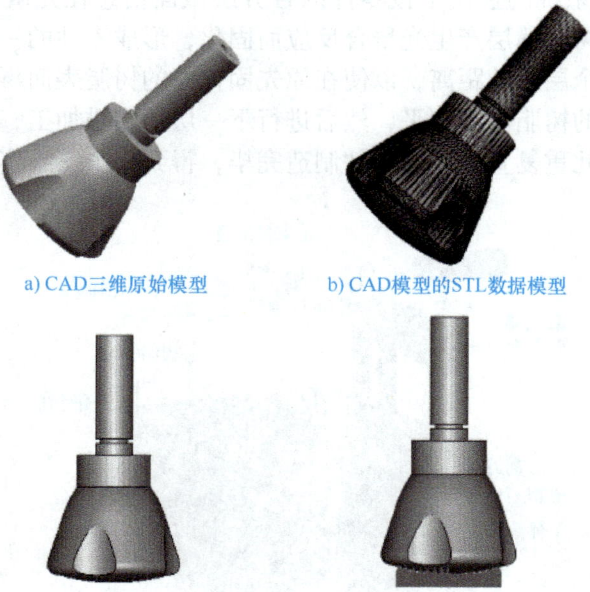

a) CAD三维原始模型　b) CAD模型的STL数据模型

c) 模型的摆放方位　d) 模型施加支撑

图 14-4　光固化成型前处理

2. 原型制作

光固化成型过程是在专用的光固化成型设备系统上进行的。在原型制作前，需要提前启动光固化成型设备系统，使得树脂材料的温度达到预设的合理温度，激光器点燃后也需要一定的稳定时间。设备运转正常后，打开原型制作控制软件，读入前处理生成的层片数据文件。

在模型制作之前，要注意调整工作台网板的零位与树脂液面的位置关系，以确保支撑与工作台网板的稳固连接。当一切准备就绪后，就可以启动叠层制作了。整个叠层的光固化过程都是在软件系统的控制下自动完成的，所有叠层制作完毕后，系统自动停止。

3. 后处理

在快速成型系统中原型叠层制作完毕后，需要进行剥离等后续处理工作，以便去除废料和支撑结构等。对于光固化成型方法成型的原型，还需要进行固化后处理等，下面以图 14-5 所示 SLA 原型为例给出其后处理的步骤和过程。

图 14-5a 所示原型叠层制作结束后，工作台升出液面，停留 5 ～ 10min，以晾干多余的树脂。图 14-5b 所示将原型和工作台一起斜放晾干后浸入丙酮、乙醇等清洗液中，搅动并刷掉残留的气泡。持续 45min 左右后放入水池中清洗工作台约 5min。图 14-5c 所示是指从外向内从工作台上取下原型，并去除支撑结构。图 14-5d 所示是对成型后的产品清洗后置于紫外烘箱中进行整体固化。

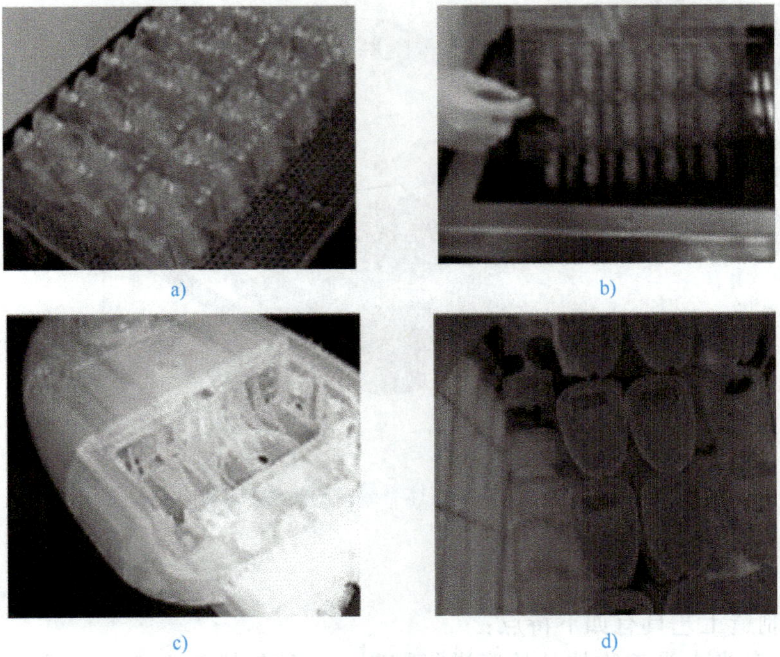

图 14-5　后处理流程

14.4　叠层实体制造工艺

叠层实体制造（Laminated Object Manufacturing，LOM）工艺由美国 Helisys 公司于 1986 年研发成功，LOM 工艺采用薄片材料，如纸、塑料薄膜等。片材表面事先涂覆上一层热熔胶。加工时，热压辊热压片材，使之与下面已成型的工件粘结，用 CO_2 激光束在刚粘结的新层上切割出零件截面轮廓和工件外框。激光切割完成后，工作台带动已成型的工件下降，与带状片材分离。供料机构转动收料轴和供料轴，带动料带移动，使新层移到加工区域。工作台上升到加工平面，热压辊热压，工件的层数增加一层，高度增加一个料厚。如此反复直至零件的所有截面粘结、切割完。最后，去除切碎的多余部分，得到分层制造的实体零件。叠层实体制造技术在产品概念设计可视化、造型设计评估、装配检验、熔模铸造型芯、砂型铸造木模、快速制模母模以及直接制模等方面得到了广泛应用。

14.4.1　叠层实体制造工艺的基本原理和特点

1. 叠层实体制造工艺的基本原理

叠层实体制造工艺由计算机、材料存储及送进机构、热粘压机构、激光切割系统、可升降工作台和数控系统和机架等组成。其基本原理如图 14-6 所示，首先在工作台上制作基底，工作台下降，送纸滚筒送进一个步距的纸材，工作台回升，热压滚筒滚压背面涂有热熔胶的纸材，将当前迭层与原来制作好的迭层或基底粘贴在一起，切片软件根据模型当前层面的轮廓控制激光器进行层面切割，逐层制作，当全部迭层制作完毕后，再将多余废料去除。

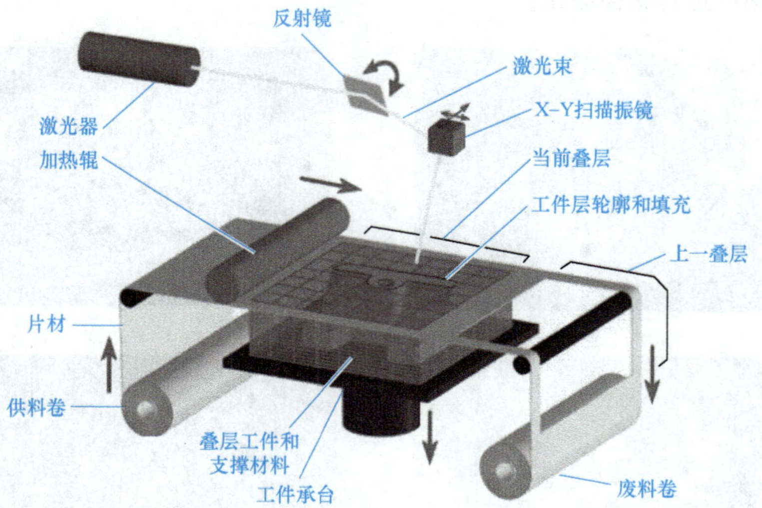

图 14-6　叠层实体制造工艺的基本原理

2. 叠层实体制造工艺的特点

叠层实体制造工艺具有如下特点：

1）只须使激光束沿着物体的轮廓进行切割，无须扫描整个断面，是一个高速的快速原型工艺。常用于加工内部结构简单的大型零件及实体件。

2）无须后固化处理，无须设计和制作支撑结构。

3）设备可靠性好，寿命长，废料易剥离、制件精度高。

4）操作方便，热物性与力学性能好，可实现切削加工。

5）不能直接制作塑料工件，工件易吸湿膨胀。

6）工件的抗拉强度和弹性不够好。

7）工件表面有台阶纹，需打磨。

叠层实体制造方法与其他快速原型制造技术相比，具有制作效率高、速度快、成本低等优点，在我国具有广阔的应用前景。

14.4.2　叠层实体制造工艺的过程

具体来说，叠层实体制造工艺的过程大致如下：

1. 图形处理阶段

制造一个产品，首先可通过三维造型软件（如 NX、SolidWorks、Creo、Catia、中望 3D 等）进行产品的三维模型构造，然后将得到的三维模型进行图形的转档，转换成 STL 格式的文档，接着 STL 格式的模型导入专用的切片软件中（如 Ultimaker 公司的 Cura 软件）进行切片。

2. 基底制作

由于工作台的频繁起降，所以必须将 LOM 原型的叠件与工作台牢固连接，这就需要制作基底，通常设置 3 ～ 5 层的叠层作为基底，为了使基底更牢固，可以在制作基底前给工作台预热。

3. 原型制作

制作完基底后，快速成型机就可以根据事先设定好的加工工艺参数自动完成原型的加工制作，而工艺参数的选择与原型制作的精度、速度以及质量有关，其中重要的参数有激光切割速度、加热辊温度、激光能量、破碎网格尺寸等。

4. 余料去除

余料去除是一个极其烦琐的辅助过程，它需要工作人员仔细、耐心，并且最重要的是要熟悉制件的原型，这样在剥离的过程中才不会损坏原型。

5. 后置处理

余料去除以后，为提高原型表面质量或需要进一步翻制模具，则需对原型进行后置处理（如防水、防潮、加工并使其表面光滑等），只有经过必要的后置处理工作，才能满足快速原型表面质量、尺寸稳定性、精度和强度等要求。

原型经过余料去除后，为了提高原型的性能和便于表面打磨，经常需要对原型进行表面涂覆处理，表面涂覆具有提高强度、耐热性，改进抗湿性，延长原型的寿命，易于表面打磨处理等特点。经涂覆处理后，原型可更好地用于装配和功能检验。

14.5　选择性激光烧结工艺

选择性激光烧结（Selective Laser Sintering，SLS）又称选区激光烧结，该方法最初是由美国得克萨斯大学奥斯汀分校的 C.R.Dechard 于 1989 年提出的，稍后组建了 DTM 公司，于 1992 年开发了基于 SLS 的商业成型机（Sinterstation）。30 多年来，奥斯汀分校和 DTM 公司在 SLS 领域做了大量的研究工作，并取得了丰硕成果。德国的 EOS 公司在这一领域也做了很多研究工作，并开发了相应的系列成型设备。

14.5.1　选择性激光烧结工艺的基本原理和特点

1. 选择性激光烧结工艺的基本原理

选择性激光烧结工艺的基本原理如图 14-7 所示，加工过程是采用铺粉辊将一层粉末材料平铺在已成型零件的上表面，并加热至恰好低于该粉末烧结点的某一温度，控制系统控制激光束按照该层的截面轮廓在粉层上扫描，使粉末的温度升至熔点，进行烧结并与下面已成型的部分实现粘结。当一层截面烧结完后，工作台下降一个层的厚度，铺料辊又在上面铺上一层均匀密实的粉末，进行新一层截面的烧结，如此反复，直至完成整个模型。在成型过程中，未经烧结的粉末对模型的空腔和悬臂部分起着支撑作用，不必像 SLA 和 FDM 工艺需要生成支撑工艺结构。

2. 选择性激光烧结工艺的特点

选择性激光烧结工艺具有如下特点：

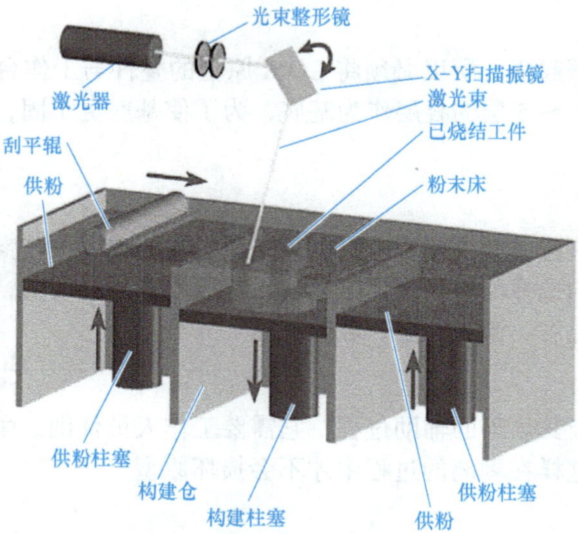

图 14-7　选择性激光烧结工艺的基本原理

1）制造工艺比较简单，可直接制作金属制品。
2）可采用多种材料，材料利用率高。
3）无需支撑材料。
4）烧结过程会挥发异味，原型表面粗糙。
5）有时需要比较复杂的辅助工艺。

14.5.2　选择性激光烧结工艺的过程

选择性激光烧结工艺使用的材料一般有石蜡、高分子、金属、陶瓷粉末和它们的复合粉末材料。材料不同，其具体的烧结工艺也有所不同，其过程如图 14-8 所示。

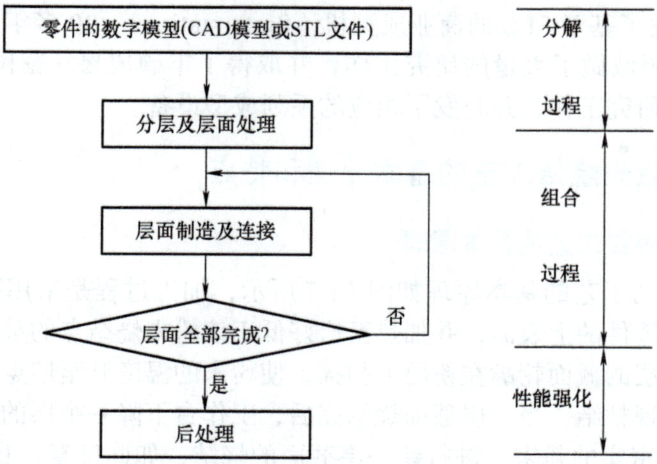

图 14-8　选择性激光烧结工艺的过程

1. 图形处理与分层切片处理

在三维 CAD 设计软件（如 NX、SolidWorks、Greo、Catia、中望 3D 等）中进行产品的三维模型构造，然后将得到的三维模型进行图形的转档，转换成 STL 格式的文档，接着 STL 格式的模型导入专用的切片软件中（如 Ultimaker 公司的 Cura 软件）进行切片。一般的分层是按 Z 方向进行分层处理的，形成一层层的截面和轮廓信息，最后把这些信息转化成激光的扫描轨迹。

2. 烧结成型

在开始扫描前，成型缸先下降一个层厚，供粉缸上升一个高度（略大于成型缸下降距离），铺粉辊子从左边把供粉缸上面的一层粉末推到成型缸上面，并铺平，多余的粉末落入粉末回收槽。激光按照第一层的截面及轮廓信息，进行扫描，当激光扫描到粉末时，粉末在高温的状态下，瞬间熔化，使得相互之间粘结在一起，没有扫描的地方依然是松散的粉末。当完成第一层烧结后，工作台再下降一个层厚，供粉缸上升一个高度，铺粉辊子进行铺粉，激光进行第二层扫描，这样直到整个零件模型烧结完成。

3. 后处理

当零件烧结完成后，升起成型缸取出零件，用气枪清理表面的残余粉末。一般通过激光烧结后的零件强度比较低，而且是疏松多孔的，根据不同的需要可以进行不同后处理，常用的后处理用加热固化、热等静压、渗蜡等。

4. 金属零件间接烧结工艺

在广泛应用的几种快速成型技术方法中，只有 SLS 工艺可以直接或间接地烧结金属粉末来制作金属材质的原型或零件。金属零件间接烧结工艺使用的材料为混合有树脂材料的金属粉末材料，SLS 工艺主要实现包裹在金属粉粒表面树脂材料的粘结。其工艺过程如图 14-9 所示。由图 14-9 可知，整个工艺过程主要分三个阶段：一是 SLS 原型件（“绿件”）制作，二是粉末烧结件（“褐件”）制作，三是金属溶渗后处理。

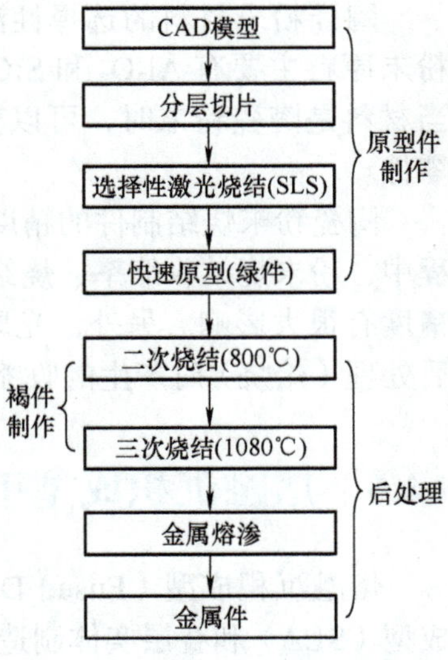

图 14-9　SLS 工艺金属零件间接烧结工艺流程

5. 金属零件间接烧结工艺过程中的关键技术

（1）原型件制作关键技术　选用合理的粉末配比：环氧树脂与金属粉末的比例一般控制在 1∶5 ～ 1∶3 之间。加工工艺参数要从粉末材料的物性、扫描间隔、扫描层厚、激光功率以及扫描速度等进行匹配和设置。

（2）褐件制作关键技术　烧结温度和时间：烧结温度应控制在合理范围内，而且烧结时间应适宜。

（3）金属熔渗阶段关键技术　选用合适的熔渗材料及工艺：渗入金属必须比“褐件”中金属的熔点低。

例如采用金属铁粉末、环氧树脂粉末、固化剂粉末混合，其体积分数分别为 67%、16%、17%；当激光功率为 40W，取扫描速度为 170mm/s，扫描间隔在 0.2mm 左右，扫描层厚为 0.25mm 时烧结。后处理二次烧结时，控制温度在 800℃，保温 1h；三次烧结时温度为 1080℃，保温 40min；熔渗铜时温度为 1120℃，熔渗时间为 40min。间接烧结成型金属齿轮零件如图 14-10 所示。

6. 金属零件直接烧结工艺

金属零件直接烧结工艺采用的材料是纯金属粉末，是采用 SLS 工艺中的激光能源对金属粉末直接烧结，使其熔化，实现叠层的堆积。其工艺流程如图 14-11 所示。

图 14-10　间接烧结成型金属齿轮零件

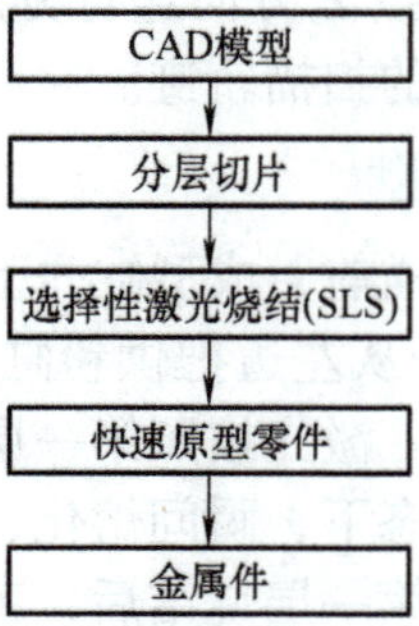

图 14-11　SLS 工艺金属零件直接烧结工艺流程

金属零件直接烧结成型过程较间接金属零件制作过程明显缩短，无需间接烧结时复杂的后处理阶段，但必须有较大功率的激光器，以保证直接烧结过程中金属粉末的直接熔化。因而，直接烧结中激光参数的选择，被烧结金属粉末材料的熔凝过程及控制是烧结成型中的关键。

7. 陶瓷粉末烧结工艺

陶瓷粉末材料的选择性激光烧结工艺需要在粉末中加入粘结剂。目前所用的纯陶瓷粉末原料主要有 Al_2O_3 和 SiC，而粘结剂有无机粘结剂、有机粘结剂和金属粘结剂三种。当材料是陶瓷粉末时，可以直接烧结铸造用的壳形来生产各类铸件，甚至是复杂的金属零件。

陶瓷粉末烧结制件的精度由激光烧结时的精度和后处理时的精度决定。在激光烧结过程中，粉末烧结收缩率、烧结时间、光强、扫描点间距和扫描线行间距对陶瓷制件坯体的精度有很大影响。另外，光斑的大小和粉末粒径直接影响陶瓷制件的精度和表面粗糙度，后处理（焙烧）时产生的收缩和变形也会影响陶瓷制件的精度。

14.6　熔融沉积成型工艺

熔融沉积成型（Fused Deposition Modeling，FDM）又称熔丝堆积成型，是继光固化成型（SLA）和叠层实体制造（LOM）工艺后的另一种应用比较广泛的 3D 打印工艺方法。1988 年，Scott Crump 提出 FDM 方法并成立 Stratasys 公司。1992 年，Stratasys 公司获得 FDM 专利授权，并开发推出第一台商业机型 3D-Modeler。其特点是能利用腊、ABS、PC、尼龙等热塑性材料打印。

14.6.1　熔融沉积成型工艺的基本原理和特点

1. 熔融沉积成型工艺的基本原理

将丝状的热熔性材料送进液化器加热熔化后，通过带有一个微细喷嘴的喷头挤喷出来，如果热熔性材料的温度始终稍高于固化温度，而成型部分的温度稍低于固化温度，就能保证热熔性材料挤喷出喷嘴后，随即与前一层面熔结在一起。一个层面沉积完成后，工作台按预定的增量下降一个层的厚度，再继续熔喷沉积，直至完成整个实体造型，如图 14-12 所示。

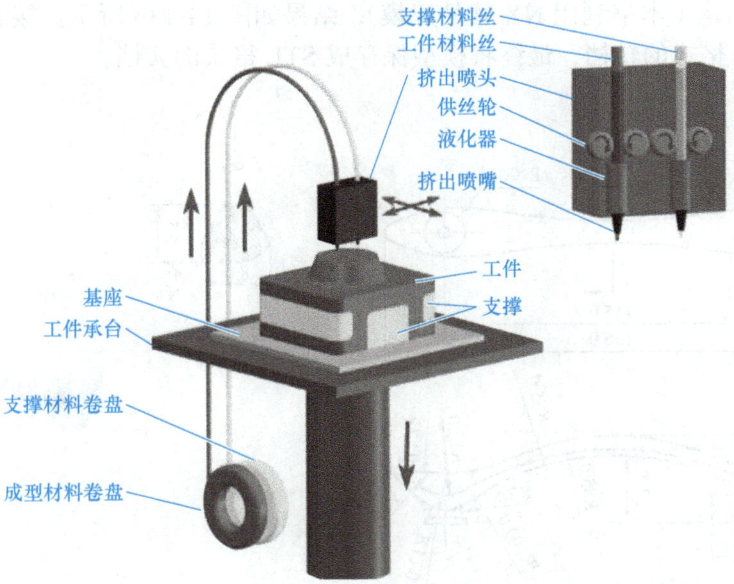

图 14-12 熔融沉积成型工艺的基本原理

将实芯丝材原材料缠绕在供料辊上，由电动机驱动辊子旋转，辊子和丝材之间的摩擦力使丝材向喷头的出口送进。在供料辊与喷头之间有一导向套，导向套采用低摩擦材料制成，以便丝材能顺利、准确地由供料辊送到喷头的内腔。喷头的前端有电阻丝式加热器，在其作用下，丝材被加热熔融，然后通过出口涂覆至工作台上，并在冷却后形成制件当前截面轮廓。

熔融沉积成型工艺在原型制作时需要同时制作支撑，为了节省材料成本和提高沉积效率，新型 FDM 设备采用了双喷头，如图 14-12 所示。一个喷头用于沉积模型材料，一个喷头用于沉积支撑材料。双喷头的优点除了沉积过程中具有较高的沉积效率和降低模型制作成本以外，还可以灵活地选择具有特殊性能的支撑材料，以便于后处理过程中支撑材料的去除，如水溶材料、低于模型材料熔点的热熔材料等。

2. 熔融沉积成型工艺的特点

熔融沉积成型工艺的系统构造和原理简单，运行维护费用低（无激光器），原材料无毒，适宜在办公环境安装使用；用蜡成型的零件原型，可以直接用于失蜡铸造，可以成型任意复杂程度的零件；无化学变化，制件的翘曲变形小，原材料利用率高，且材料寿命长；支撑去除简单，无需化学清洗，分离容易，可直接制作彩色原型。

但熔融沉积成型的原材料价格昂贵，且原型件表面有较明显条纹，沿成型轴垂直方向的强度比较弱，需要设计与制作支撑结构；同时需要对整个截面进行扫描涂覆，成型时间较长。

14.6.2 熔融沉积成型工艺的过程

熔融沉积成型工艺的过程和其他几种快速成型工艺过程类似，熔融沉积成型工艺的过程也可以分为前处理、成型及后处理三个阶段。

1. 前处理

（1）CAD 数据模型创建与转档 CAD 数字模型 2D 图样如图 14-13a 所示，通过三维软件进行模型创建（本书利用 NX 软件建模），结果如图 14-13b 所示。接着利用软件的转档功能进行图形格式的转档，最终将模型保存成 STL 格式的文档。

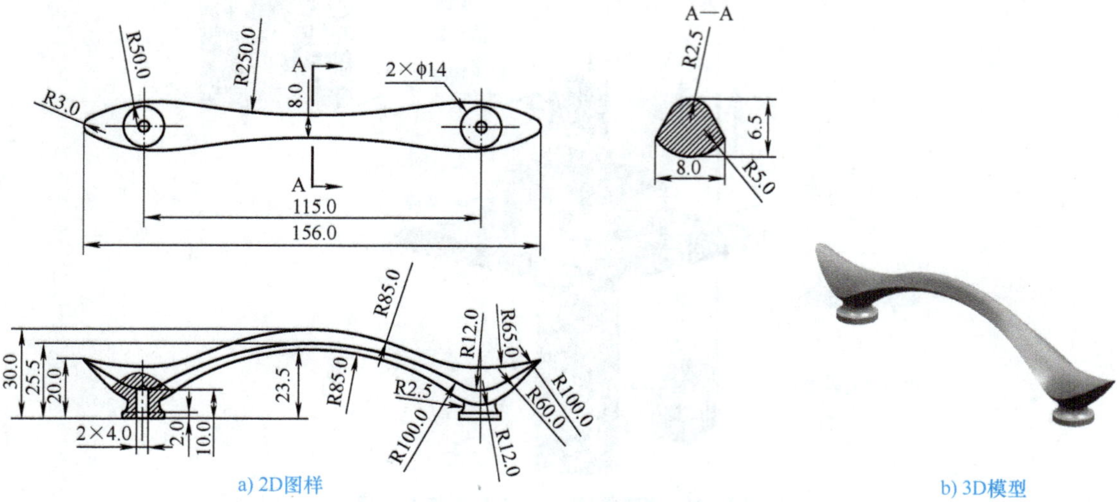

a) 2D图样　　b) 3D模型

图 14-13　CAD 数字模型

（2）确定摆放位置　打开切片处理软件（本节采用 Cura 软件），将 STL 格式的文档导入 Cura 软件，结果如图 14-14 所示。为了保证打印效率与减少支撑，更好地布局以便成型，可对文档进行方位的摆放，如图 14-15 所示。图 14-15a、b 所示的摆放位置不一样，打印需要的时间也不一样。

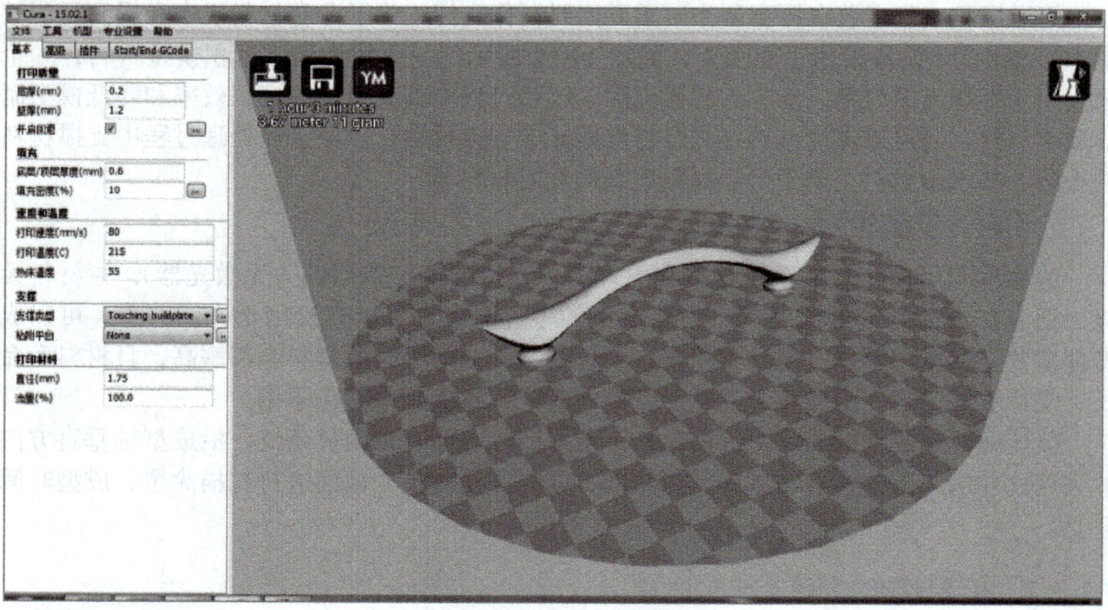

图 14-14　导入模型结果

摆放位置的确定，打印时间是一方面，但也要根据表面的质量、精度、零件的强度等来综合考虑。若按图 14-15a 所示的摆放位置时，则底部的圆形成型时要比图 14-15b 所示位置时圆形成型要好，因为零件是一层一层进行切片成型的，如果切片层厚比较大时，会形成台阶，如图 14-16 所示，因此零件的摆放要综合考虑。

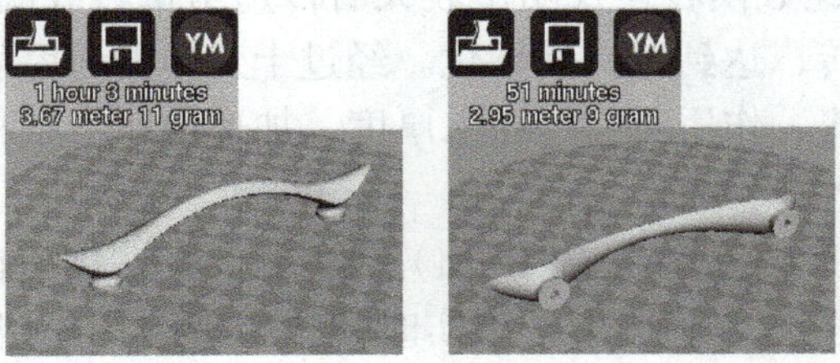

a)　　b)

图 14-15　确定摆放位置

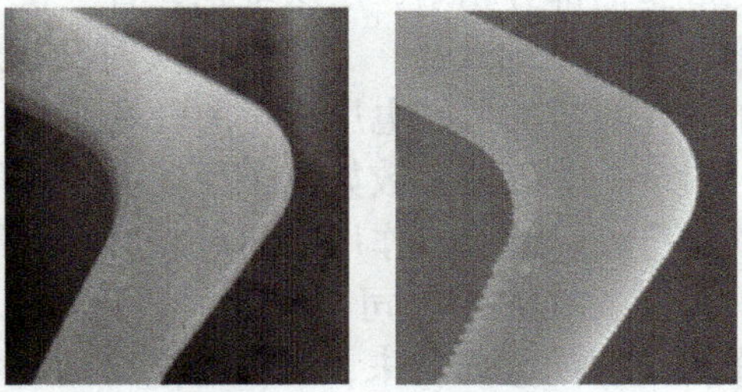

a) 圆弧面在水平方向　　b) 圆弧面在竖直方向

图 14-16　圆弧面的摆放影响

（3）参数设置　根据成型零件的要求，确定打印参数。在 Cura 软件中，只要设置一下基本参数，如“打印质量参数、填充参数、速度和温度参数、支撑参数及打印材料参数”等，如图 14-17 所示。

（4）保存切片文件　利用 Cura 软件保存切片文件，存储格式为 .gcode，然后发送到打印设备。

2. 成型

打开快速成型机，清理打印工作台面的障碍物或拆卸台面上的零件，接着进行机器归零，先进行 Z 轴归零，接着进行 X、Y 轴归零。然后对成型设备进行相关操作，如底板是否需要涂不粘胶、相关参数是否正确、检查各运动机构是否可靠、吐丝是否正常，最后打印成型零件。

3. 后处理

将成型零件从工作台拆卸下来，去除支撑材料，对难于去除的支撑可用钳子或刮刀进行去除，最后对零件进行抛光打磨。若有特殊要求，则按特殊要求的条件进行后处理。

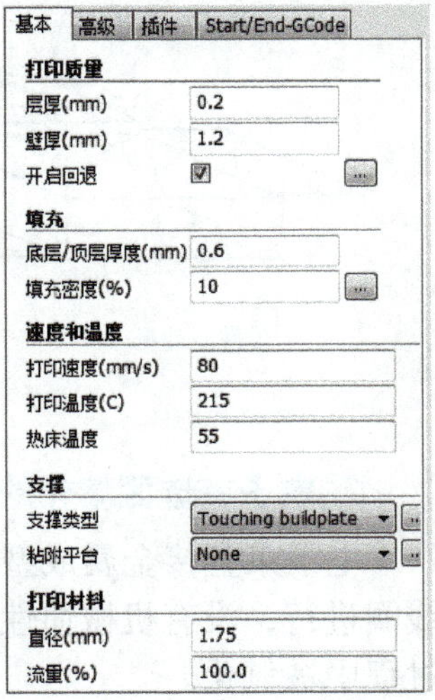

图 14-17　基本参数设置

14.7　其他快速成型工艺

快速成型技术作为基于离散 / 堆积原理的一种加工方式，自出现以来得到了广泛的关注，对其成型工艺方法的研究一直十分活跃，除了前面介绍的 4 种快速成型方法比较成熟之外，其他的许多技术也已经实用化，如电子束熔化（Electron Beam Melting，EBM）、三维喷涂粘结（Three Dimensional Printing and Gluing，3DPG，常被称为 3DP）、喷射固化成型、三维焊接（Three Dimensional Welding，TDW）、直接烧结技术等。

14.7.1　电子束选区熔化

1. 电子束选区熔化（EBSM）的原理

类似激光选区烧结和激光选区熔化工艺，电子束选区熔化（EBSM）是一种采用高能高速的电子束选择性地轰击金属粉末，从而使得粉末材料熔化成型的快速制造技术。EBSM 的工艺过程为：先在铺粉平面上铺展一层粉末；然后，电子束在计算机的控制下按照截面轮廓的信息进行有选择的熔化，金属粉末在电子束的轰击下被熔化在一起，并与下面已成型的部分粘结，层层堆积，直至整个零件全部熔化完成；最后，去除多余的粉末便得到所需的三维产品。上位机的实时扫描信号经数模转换及功率放大后传递给偏转线圈，电子束在对应的偏转电压产生的磁场作用下偏转，达到选择性熔化。经过十几年的研究发现，对于一些工艺参数如电子束电流、聚焦电流、作用时间、粉末厚度、加速电压、扫描方式进行正交试验，作用时间对成形影响最大。

瑞典 ARCAM 公司与清华大学开发的电子束选区熔化（EBSM）利用电子束熔化铺在工作台面上的金属粉末，与激光选区熔化技术类似。利用电子束实时偏转实现熔化成型，该技术不需要二维运动部件，可以实现金属粉末的快速扫描成型，如图 14-18 所示。

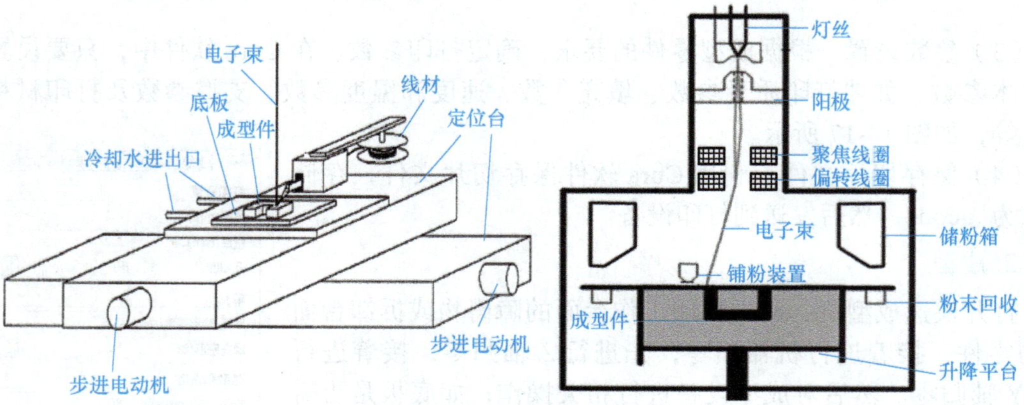

图 14-18　电子束选区熔化装置

2. 电子束选区熔化的优势

电子束直接金属成型技术采用高能电子束作为加工热源，扫描成型可通过操纵磁偏转线圈进行，没有机械惯性，且电子束具有的真空环境还可避免金属粉末在液相烧结或熔化过程中被氧化。

电子束与激光相比，具有能量利用率高、作用深度大、材料吸收率高、稳定及运行维护成本低等优点。EBSM 的优点是成形过程效率高，零件变形小，成形过程不需要金属支撑，微观组织更致密等。

电子束的偏转聚焦控制更加快速、灵敏。激光的偏转需要使用振镜，在激光进行高速扫描时振镜的转速很高。在激光功率较大时，振镜需要更复杂的冷却系统，而振镜的重量也显著增加。因而在使用较大功率扫描时，激光的扫描速度将受到限制。在扫描较大成型范围时，激光的焦距也很难快速改变。电子束的偏转和聚焦利用磁场完成，可以通过改变电信号的强度和方向快速灵敏地控制电子束的偏转量和聚焦长度。

电子束偏转聚焦系统不会被金属蒸镀干扰。用激光和电子束熔化金属的时候，金属蒸气会弥散在整个成型空间，并在接触的任何物体表面镀上金属薄膜。电子束偏转聚焦都是在磁场中完成的，因而不会受到金属蒸镀的影响；激光器振镜等光学器件则容易受到蒸镀污染。

3. 电子束选区熔化的主要问题

真空室抽气过程中粉末容易被气流带走，造成真空系统的污染；但其存在一个比较特殊的问题即粉末溃散现象，其原因是电子束具有较大动能，当高速轰击金属原子使之加热、升温时，电子的部分动能也直接转化为粉末微粒的动能。当粉末流动性较好时，粉末颗粒会被电子束推开形成溃散现象。防止吹粉的基本原则是提高粉床的稳定性，克服电子束的推力，主要有四项措施：降低粉末的流动性，对粉末进行预热，对成形底板进行预热，优化电子束扫描方式。因此，粉末材料一直很难成为真空电子束设备的加工对象，工艺参数方面的研究更是鲜有报道。针对粉末在电子束作用下容易溃散的现象，按不同粉末体系所能承受的电子束域值电流（溃散电流）和电子束扫描域值速度（溃散速度）判据，并在此基础上研究出混合粉末。

EBSM 技术成型室中必须为高真空，才能保证设备正常工作，这使得 EBSM 技术整体复杂度提高，还因在真空度下粉末容易扬起而造成系统污染。此外，EBSM 技术需要将系统预热到 800℃以上，使得粉末在成型室内预先烧结固化在一起，高预热温度对系统的整体结构提出了非常高的要求，加工结束后零件需要在真空成型室中冷却相当长一段时间，降低了零件的生产率。

电子束无法像激光束一样聚焦出细微的光斑，因此成型件难以达到较高的尺寸精度。因此，对于精密或有细微结构的功能件，电子束选区熔化技术是难以直接制造出来的。

电子束存在偏转误差。EBSM 系统采用磁偏转线圈产生磁场，使电子偏转。由于偏转的非线性以及磁场的非均匀性，电子束在大范围扫描时会出现枕形失真。

大偏角时存在散焦。EBSM 系统采用聚焦线圈使电子束聚焦，若聚焦线圈中的电流恒定，电子束的聚焦面为球面，而电子束在平面上扫描。因此，电子束在不偏转时聚焦，而在大角度偏转时易出现散焦。

14.7.2　喷射固化成型

喷射固化成型技术作为光固化成型技术的一种延伸，由 Object Geomatries 公司于 2007 年发布（目前被 Stratasys 公司收购）。Stratasys 最新推出基于喷射固化成型技术的 Object500 Connex3 增材制造设备支持同一部件多种材料、多种颜色打印。

1. 喷射固化成型工艺

喷射固化成型工艺如图 14-19 所示。使用陈列式喷头，在计算机控制下，喷嘴工作腔内的液态光敏树脂瞬间形成液滴，在压力作用下液滴喷射到基底的指定位置，并立即使用紫外线将其固化，薄层聚集在托盘上，形成精确的 3D 模型或零件。

喷射固化成型的层分辨率可达 16μm，精度可达 0.1mm，在悬垂部分或形状复杂部位有支撑需要去除时，可用手或水轻松快速地去除凝胶状支撑。

2. 喷射固化成型特点

喷射固化成型技术具有打印彩色多材料的特点，使用透明和着色的半透明材料、刚性材料、橡胶类韧性以及专业光聚合物材料均可实现打印，在牙科、医疗以及消费产品行业有极广泛的应用。

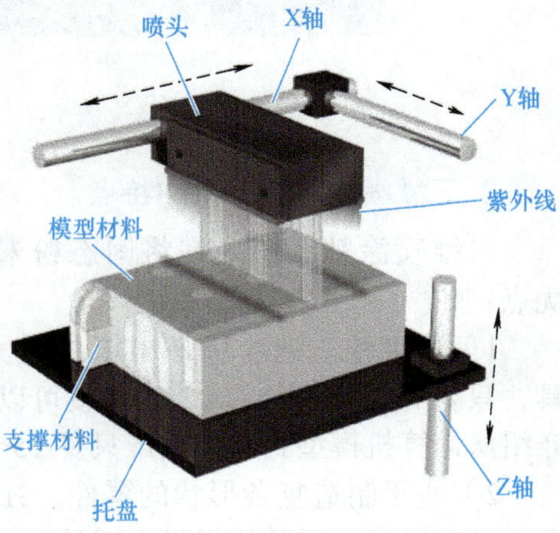

图 14-19　喷射固化成型工艺

14.7.3 三维喷涂粘结

1. 三维喷涂粘结工艺的原理

三维喷涂粘结工艺是由美国麻省理工学院开发成功的，它的工作过程类似于喷墨打印机，其工艺原理如图 14-20 所示。首先铺粉或铺基底薄层（如纸张），利用喷嘴按指定路径将液态粘结剂喷在预先铺好的粉层或薄层上特定区域，逐层粘结后去除多余底料便得到所需形状制件；也可以直接逐层喷涂陶瓷或其他材料粉浆，硬化后得到所需形状的制件。图 14-21 所示的结构陶瓷制品和注射模具均是采用三维喷涂粘结工艺制作的。

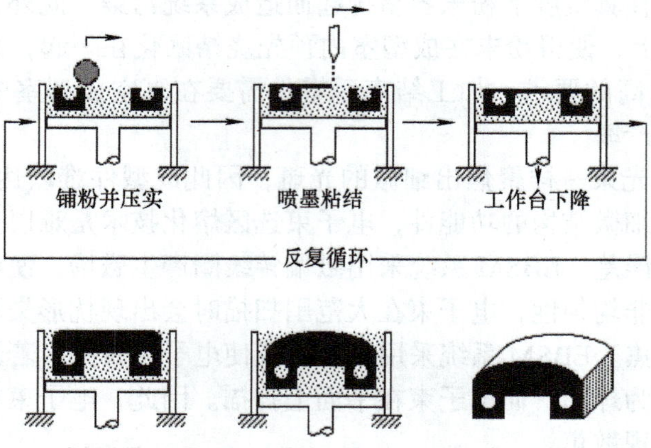

图 14-20　三维喷涂粘结的工艺原理

a) 结构陶瓷制品

b) 注射模具

图 14-21　三维喷涂粘结工艺制品

2. 三维喷涂粘结工艺的特点

三维喷涂粘结工艺在将固态粉末生成三维零件的过程中与传统方法比较具有很多优点：

1）速度快。速度快是 3DP 的最大优点。因为不需要特殊的刀具、夹具、模型和模具，只要有了零件的 CAD 模型就可以直接制造零件，因此可以快速地制造零件。有资料介绍从计算机模型到零件生产只要 15min。

2）适于制造复杂形状的零件。3DP 技术和其他快速原型技术一样，对零件的复杂性几乎没有限制，只要能提供合适的 CAD 模型，就可以制造出相应的零件。

3）可用于制造复合材料或非均质材料的零件。3DP 技术在制造零件过程中可以改变材料，因此可以生产各种不同材料、颜色、力学性能、热性能组合的零件。

4）3DP 技术可适合于制造小批量零件。

3. 三维喷涂粘结制件制作速度和精度

三维喷涂粘结工艺的生产速度受粘结剂喷射量的限制。假设生成的零件含有同等体积量的粘结剂和陶瓷粉末，则零件的生产速度是粘结剂喷射量的两倍。典型的喷嘴以 $1cm^3/min$ 的流量喷射粘结剂，若有 100 个喷嘴，则零件生产速度为 $200cm^3/min$。美国麻省理工学院开发了两种形式的喷射系统：点滴式与连续式。这种多喷嘴的点滴式系统的生产速度已达每层仅用 5s 的时间（每层尺寸为 $0.5m \times 0.5m$），而连续式的则达到每层 0.025s 的时间。

三维喷涂粘结快速原型的精度由两个方面决定：一是喷涂粘结剂时生产的零件坯的精度，二是零件坯经后处理（焙烧）后的精度。在喷涂粘结剂过程中，喷射粘滴的定位精度、喷射粘滴对粉末的冲击作用以及上层粉末重量对下层零件的压缩作用均会影响零件坯的精度。后处理（焙烧）时零件产生的收缩和变形甚至微裂纹均会影响最后零件的精度。

14.8　快速成型技术的应用

目前，快速成型技术在工业造型、机械制造（汽车、摩托车）、航空航天、军事、建筑、影视、家电、轻工、医学、考古、文化艺术、雕刻、首饰制作等领域都得到了广泛应用，并且随着这一技术本身的发展，其应用将不断拓展。

14.8.1　在新产品研发中的应用

在新产品造型设计过程中应用快速成型技术为工业产品的设计开发人员建立了一种新的产品开发模式。运用快速成型技术能够快速、直接、精确地将设计思想模型转化为具有一定功能的实物模型（样件），这不仅缩短了开发周期，而且降低了开发费用，也使企业在激烈的市场竞争中占有先机。

在新产品设计制造过程中，可用快速成型技术快速制出产品样品的实物模型，供设计者进行性能测试、直观评估和验证分析。在进行新产品市场调研时，用快速成型技术制造出样品的替代品，在潜在的用户中进行调研和宣传，了解用户的意见和需求量，从而快速经济地验证设计人员的设计思想、产品结构的合理性、可制造性，找出设计缺陷，并进行反复修改、制造，完善产品设计。

14.8.2　机械制造领域应用

由于快速成型技术自身的特点，使得其在机械制造领域内，多用于制造单件、小批量金属零件。有些特殊复杂制件只需单件或少于 50 件的小批量，这样的产品通过制模再生产，成本高，周期长。一般可用快速成型技术直接进行成型，成本低，周期短。如某单位需试制发动机涡轮二个，采用传统工艺方法，制模具再生产需 4 个月。北京隆源自动成型系统有限公司采用快速成型、失蜡铸造方法仅用了两天时间就完成了用于失蜡铸造的蜡型，如图 14-22 所示。

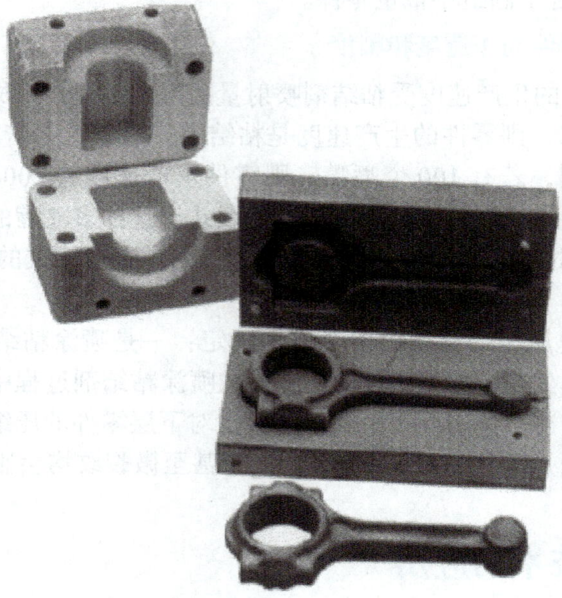

图 14-22　机械制造应用

14.8.3　模具制造领域应用

应用快速成型方法快速制作模具的技术称为快速模具制造技术。快速成型制造技术的出现，为快速模具制造技术的发展创造了条件。快速模具制造是迅速形成高效率、低成本批量生产的必经途径，是快速成型技术进一步发展并取得更大经济实效的一关键领域。

快速成型模具制造分为直接法和间接法两大类，可应用于金属模和非金属模的制造。

1. SLA 工艺直接制模

利用 SLA 工艺制造的树脂件韧性较好，可作为小批量塑料零件的制造模具，这项技术已在实际生产中得到应用。杜邦（Dupont）公司开发出一种高温下工作的光固化树脂，用 SLA 工艺直接成型模具，用于注射成型工艺，其寿命可达 22 件。

2. LOM 工艺直接制模

利用 LOM 工艺方法可直接制造出纸质模具。LOM 模具有与铸造中普通木模同等水平的强度，甚至有更优的耐磨能力，可与普通木模一样进行钻孔等机械加工，也可以进行刮腻子等修饰加工。因此，以此代替木模，不仅仅适用于单件铸造生产，而且也适用于小批量铸造生产。实践中已有使用 300 次仍可继续使用的实例（如用于铸造机枪子弹）。此外，因具有优越的强度和造型精度，还可以用作大型木模。例如，大型货车驱动机构外壳零件的铸模。

3. SLS 工艺直接制模

SLS 工艺可以采用树脂、陶瓷和金属粉等多种材料直接制造模具和铸件，这也是 SLS 技术的一大优势。DTM 公司提供了较宽的材料选择范围，其中尼龙成型材料可以被用来制造树脂模。利用高功率（1000W 以上）激光对金属粉末进行扫描烧结，逐层叠加成型，成型件经过表面处理（打磨、精加工）即完成模具制作，制作的模具可作为压铸型、锻模使用。用这种方法制造的钢铜合金注射模，寿命可达 5 万件以上，但此法在烧结过程中材料发生较大收缩且不易控制，故难以快速得到高精度的模具。

4. 间接制模

目前，基于快速成型技术制造模具的方法多为间接制模。间接制模是先制作出快速成型零件，再由零件复制得到所需要的模具。依据材质不同，间接制模法生产出来的模具一般分为软质模具和硬质模具两大类。

（1）间接制作软质模具　软质模具因其所使用的软质材料（如硅橡胶环氧树脂、低熔点合金、锌合金、铝等）有别于传统的钢质材料而得名，由于其制造成本低和制作周期短，因而在新产品开发过程中作为产品功能检测和投入市场试运行以及国防、航空等领域单件、小批量产品的生产方面受到高度重视，尤其适合于批量小、品种多、改型快的现代制造模式。目前，提出的软质模具制造方法主要有树脂浇注法、金属喷涂法、电铸法、硅橡胶浇注法等。

（2）间接制作硬质模具　软质模具生产制品的数量一般为 50 ～ 5000 件，对于上万件乃至几十万件的产品，仍然需要传统的钢质模具，硬质模具指的就是钢质模具，利用快速原型制作钢质模具的主要方法有熔模铸造法。

熔模精密铸造在批量生产金属模具时可采用此法。先制作快速原型，根据原型翻制的硅橡胶、金属树脂复合材料或聚氨酯制成蜡模或树脂模的压型，然后利用该压型批量制造蜡模和树脂模消失模，再结合熔模精铸工艺制成钢模具，另外在复杂模具单件生产时，也可直接利用快速原型代替蜡模或树脂消失模直接制造金属模具。

14.8.4　医学领域应用

快速成型技术独特的制造方法和个性化定制等特性，使其在医学上有很大的发挥空间，比如各种植入物（假体）的定制。用假体置换病骨或关节组织，是矫形、整形、口腔、颅颌、五官科等领域现代先进外科手术的标志，制作流程如图 14-23 所示。

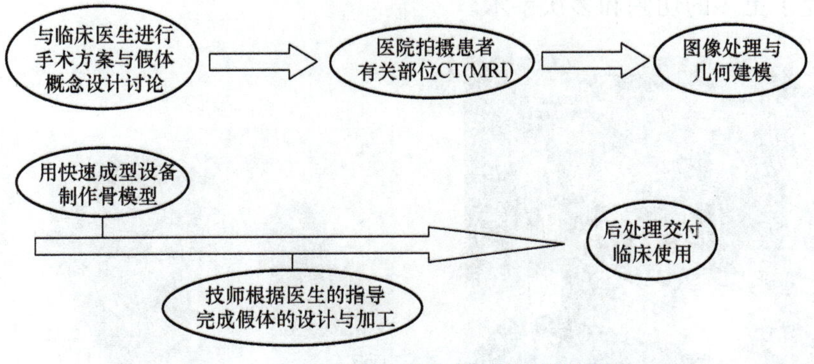

图 14-23　医学领域应用的快速成型制作流程

1. 手术导板与模拟

以南方医科大学为例，采用 3D 技术打印患者仿真骨盆模型，进行钢板、螺钉数据测量，钢板预弯、螺钉进入途径设计等一系列论证。钢板的弯曲幅度，与患者实际高度契合，每枚钢钉植入的深度也刚好符合固定和生物力学的要求，如图 14-24 所示。

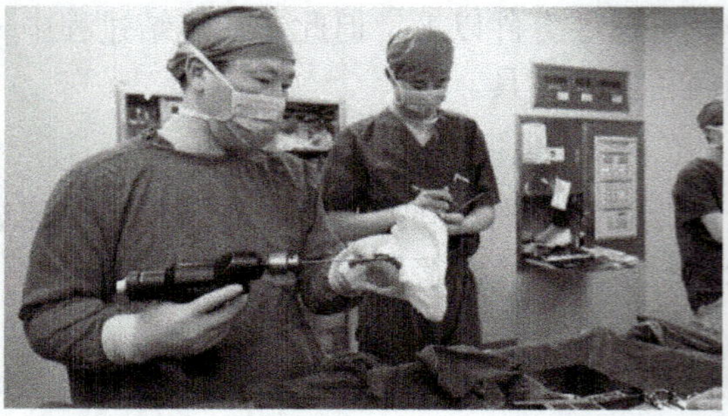

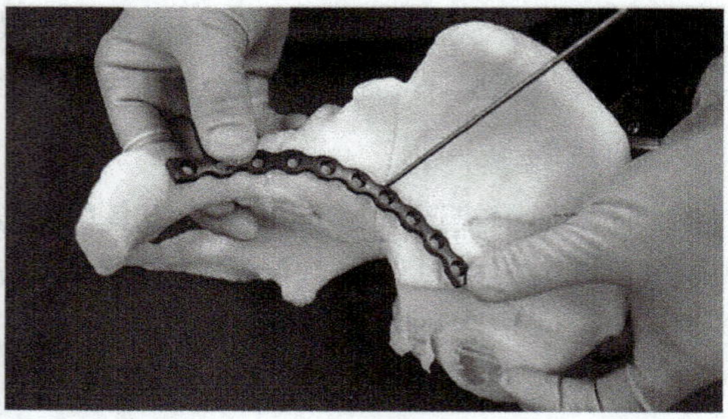

图 14-24　手术导板与模拟

2. 假肢 / 康复治疗辅助器械

3D Systems 公司与 EksoBionics 公司合作，使用 SLS 技术 3D 打印的骨骼康复机器人，具有舒适、灵活和耐用等优点。如 3D 打印为 2 岁残疾女孩打造“魔法手臂”，可以借助松紧带和人工支撑关节的帮助，抬起患者的四肢，如图 14-25 所示。

3. 手术辅助

在日常生活中，医生会面对各种各样的手术，那么如何有效提高手术成功率呢？目前可借助 3D 打印技术，将患者需要手术的部位进行 CT 扫描并进行扫描数据的 3D 模型重建，然后利用 3D 打印机将模型按比例放大的形式打印出来，这样医生就可以清楚地看到手术对象的内部结构，方便制订合理的手术方案。

例如一个 14 个月大的男孩 Lian Cung Bawi，出生时就发现有心脏问题：心脏上有个孔，以及主动脉和肺动脉错位。美国肯塔基州 Louisville 的 Kosair 儿童医院心脏外科医生 Erle Austin 协同 Louisville 大学 3D 打印中心的管理者 Tim Gorne，通过 CT 扫描的 2D 数据转换成 3D 模型，然后将其发送到一台 Makerbot 3D 打印机上。大约 20h 后，利用柔性聚合物制作的患者心脏模型被打印出来，如图 14-26 所示。该模型被做成了实际心脏大小的两倍大，这样医生可以清楚地看到它的结构，以便在主动脉瓣和心室之间制造一条通路，从而避免了更多的切割和多次手术。

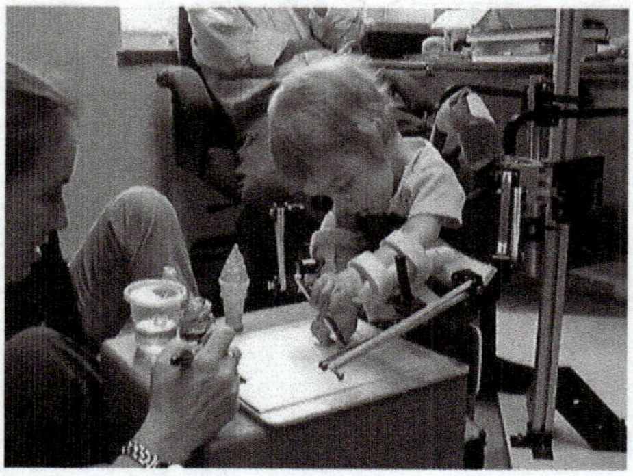

图 14-25　假肢 / 康复治疗辅助器械

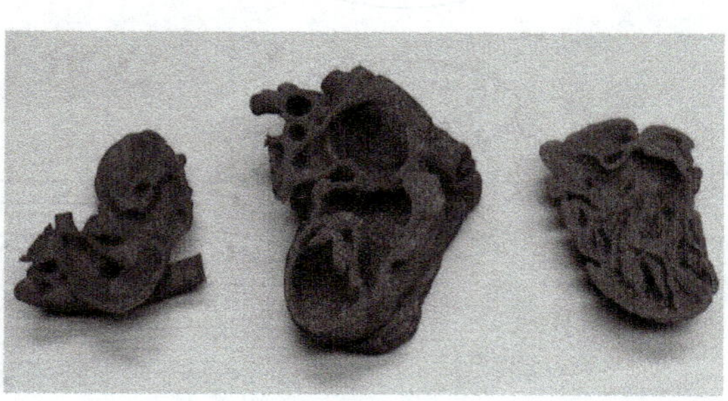

图 14-26　3D 打印用于手术辅助

下面以人工义耳为例简单介绍制作流程。根据统计，国内每 1500 ～ 2000 个新生婴儿中会有一位小耳症患童，如图 14-27 所示。如果以传统人工硅胶制作义耳时，则整个程序繁杂且耗时耗力，无法自动化也影响到制作时间，同时传统软骨义耳手术通常要经过 3 ～ 4 次手术。而通过快速成型技术，则可以大大缩短时间和手术次数。

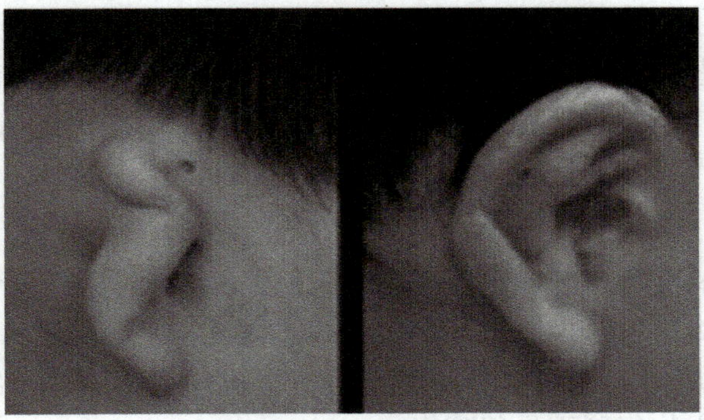

图 14-27　义耳修复

首先可以利用 CT 进行取样制程，通过计算机断层扫描，接着撷取外形轮廓对象，然后利用计算机辅助技术进行数据模型的重建，最后将模型进行快速成型制作，打印出义耳模型。完成模型制作后，可以将打印的模型进行硅胶模的翻制，形成模芯，最后利用真空浇注技术完成义耳成品制作，如图 14-28 所示。

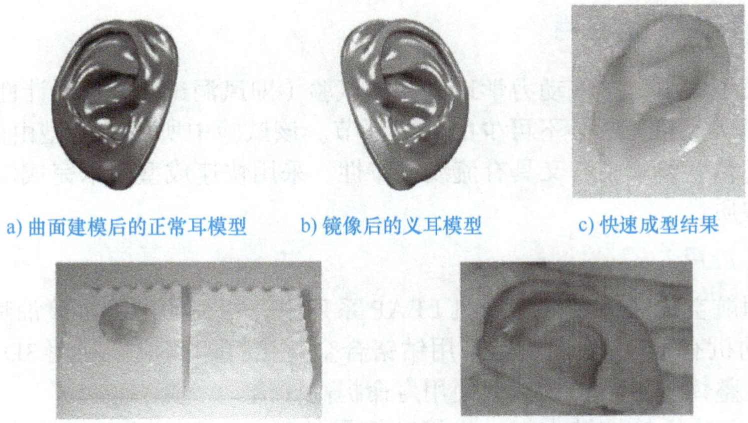

a) 曲面建模后的正常耳模型　b) 镜像后的义耳模型　c) 快速成型结果

d) 翻制硅胶模　e) 真空浇注的硅胶义耳产品

图 14-28　义耳制作流程

14.8.5　文化艺术领域应用

在文化艺术领域，快速成型制造技术多用于艺术创作、文物复制、数字雕塑等。快速成型技术可使艺术创作、制造一体化，可将设计者的思想迅速表达成三维实体，便于设计修改和再创作，为艺术家提供了最佳的设计环境和成型条件；且使艺术创作过程简化，成本降低，多快好省地推出新作品。如首饰的设计和制造，采用快速成型制造技术可极大地简化这一艺术创造过程，降低成本，更快地推出新产品。文物复制可使失传文物得以再现，并使文物的保护工作进入一个新境界。

1. 艺术创作

艺术家进行三维艺术创作时，从创作灵感到产品的成型需要花很长的一段时间，短则几个月，长则几年。其中绝大多数时间是为创作思想的物件转化成型过程，如一新产品成型之前，需要设计制作者反复手工修正，避免各种失误造成作品残缺而返工。而 3D 打印技术的出现，则解决了物件转化成型过程的周期，首先艺术家将创建灵感中的产品通过计算机进行CAD三维造型，直到CAD造型满意后，通过快速成型制造系统快速制作出三维物化作品，以判断构思的合理性和作品表达自己思想的准确性，从而减少了中间手工修正的时间，缩短了艺术创作周期。

2. 文物复制

为了将一些珍贵的文物更好地保存下来，人们往往是对文物进行复制。传统的文物复制方法是利用文物本体进行翻模，利用翻出的模具再进行复制品制作，但这样做会使文物表面容易受到污染，从而对文物自身的美学价值造成损失，另外传统的翻模精度不是很高，对一些较精细的文物复制不是很理想。

随着科学技术的进步，可以借助逆向工程技术与快速成型技术对文物进行复制。首先对原艺术品的材料与造型进行全面分析，接着利用激光扫描设备对文物进行全面扫描，再借助逆向软件对原艺术品的色彩、形体进行重构，最后利用快速成型技术打印文物物件。这样做的方法远远高于传统的复制方法，同时利用快速成型技术制作复制品，缩短了文物制作工期。

14.8.6 航空航天领域应用

在航空航天领域中，空气动力学地面模拟试验（即风洞试验）是设计性能先进的天地往返系统（即航天飞机）所必不可少的重要环节。该试验中所用的模型由国家统一制订，模型形状复杂、精度要求高，又具有流线型特性。采用快速成型技术完成模型制造，能够很好地保证模型质量。

1. 航空领域应用

近些年通用航空投放市场的发动机LEAP系列中，相关的发动机喷油嘴采用3D打印生产，每台发动机有19个喷油嘴，采用钴铬合金直接打印而成。利用3D打印的喷油嘴和传统的相比，整体重量减轻25%，使用寿命提高5倍。

空客A320发动机舱铰链支架，为了减轻零件重量，目前采用钛合金代替钢，利用EOS公司的EOSINT M 280设备进行3D打印生产。既减少了材料的使用（75%），同时也减轻了每架飞机的重量（每台可减重10kg）。空客A380的头等舱实体模型，采用3D打印制作，如图14-29所示。

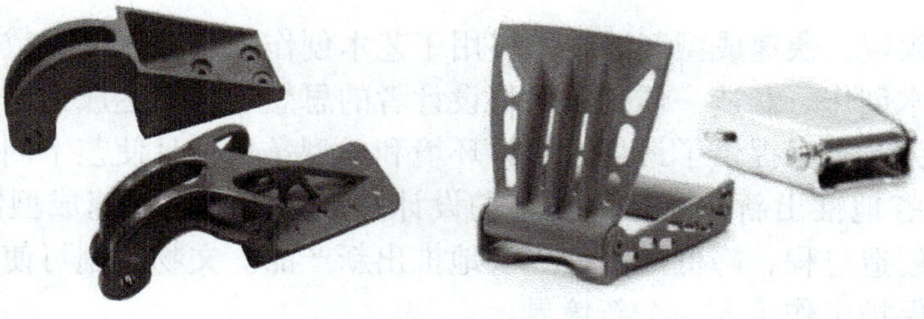

图14-29　发动机舱铰链支架与安全扣的拓普优化3D打印

欧洲台风战斗机氧气供应系统管路部件采用3D打印技术进行打印。氧气供应系统管路部件需承受高压20MPa，常规的制作是两端采用数控加工，然后再进行焊接而成。而采用3D打印技术，则可以直接一体成型，在转角处可以设计成圆弧过渡，也可减少因焊接不当而产生的缝隙，产品整体更完善，效益更高效，如图14-30所示。

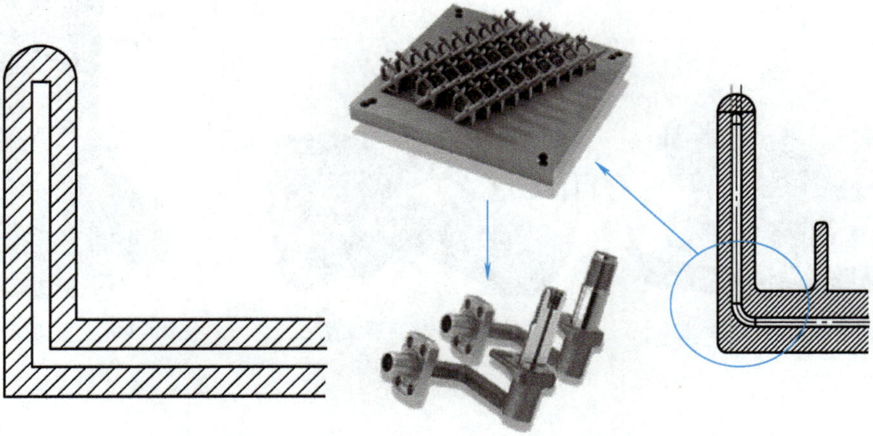

a) 常规加工制作图　　b) 3D打印

图 14-30　氧气供应系统管路部件打印结果

我国商用客机 C919、舰载战斗机歼 -15、多用途战斗轰炸机歼 -16、隐形战斗机歼 -20 及第五代战斗机歼 -31 部分零部件的制造采用了 3D 打印技术。C919 风窗在高速飞行时要承受巨大动压，窗框由钛合金 3D 打印制成（图 14-31），隐形战斗机的机身结构件也由钛金属 3D 打印制造。

图 14-31　窗框由钛合金 3D 打印制成

2. 航天领域应用

欧洲航天太空总署利用 3D Systems DMP 打印机进行空间卫星发动机注入器的打印，如图 14-32 所示。在卫星发动机燃料器支架的制作过程中，常规的制作流程无法制作出网状结构的产品，而要将其拆分成五个部件去制作。图 14-33 所示为燃料器支架，在制作完成后需要对各个组件进行焊接操作，这既易造成零件裂损又耗费人力和时间。结合 3D 打印技术的特性，在设计时可以进行拓普优化，将其设计成网状结构，这样不但使材料的成本降低了，同时缩短了制造时间，增强了零件强度，如图 14-34 所示。

图 14-32　卫星发动机注入器

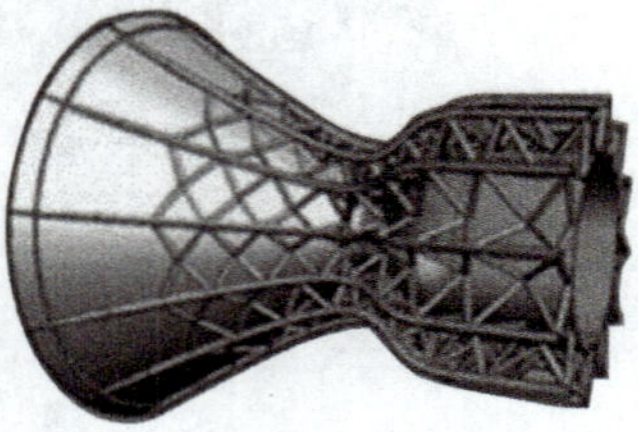
图 14-33　燃料器支架

图 14-34　优化后的燃料器支架

第 15 章　快速成型技术及设备应用

15.1　液态材料与应用设备简介

15.1.1　液态材料简介

液态材料用于光固化快速成型，或称液态光敏树脂固化成型。光敏树脂材料中主要包括低聚物、反应性稀释剂及光引发剂。低聚物是光敏树脂的主体，是一种含有不饱和官能团的基料，它的末端有可以聚合的活性基团，一旦有了活性种，就可以继续聚合长大，一经聚合，分子量上升极快，很快就可成为固体。

液态材料主要应用于光固化成型、微滴喷射成型及投影成型。

光引发剂是激发光敏树脂交联反应的特殊基团，当受到特定波长的光子作用时，会变成具有高度活性的自由基团，作用于基料的高分子聚合物，使其产生交联反应，由原来的线状聚合物变为网状聚合物，从而呈现为固态。光引发剂的性能决定了光敏树脂的固化程度和固化速度。

稀释剂是一种功能性单体，结构中含有不饱和双键，如乙烯基、丙烯基等，可以调节低聚物的黏度，但不容易挥发，且可以参加聚合反应。聚合反应过程如图 15-1 所示。

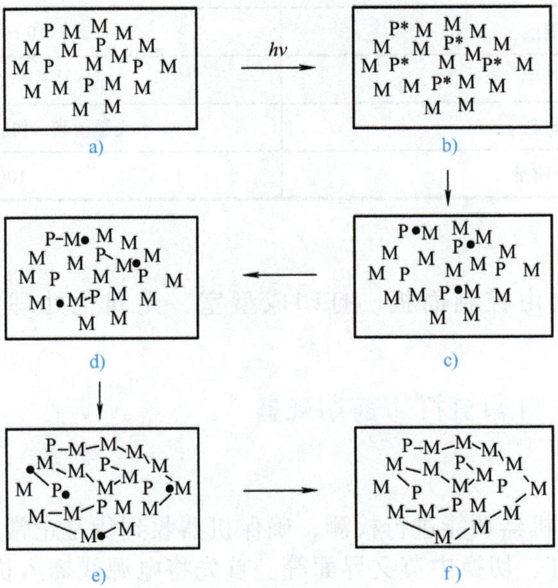

图 15-1　聚合反应过程

与低聚体 M 相混合的光引发剂分子 P（图 15-1a），暴露于光子（hv）构成的紫外光源，吸收一些光子并产生激发的光引发物 P*（图 15-1b）；光引发物 P* 的小部分转变成活性自由基 P˙（图 15-1c）；然后，这些活性自由基和单体 M 相作用，构成聚合反应引发物 PM˙（图 15-1d）（称为链引发阶段）；引发物一旦激发，在链生长阶段另外的单体 M 继续作用，构成 PMMMMM˙，直到链抑制阶段才终止聚合反应。

15.1.2　SLA 设备简介

1. 机器参数

本小节将介绍广州中优智能科技有限公司的 ZY-RP300 打印机，这是一款封闭的工业级打印成型设备，其外形尺寸为 800mm × 600mm × 1500mm，成型尺寸为 300mm × 170mm × 400mm，主要参数见表 15-1。

表 15-1　ZY-RP300 打印机的主要参数

技术原理	LCD 屏光固化成型技术
成型尺寸	300mm × 170mm × 400mm
外形尺寸	800mm × 600mm × 1500mm
屏幕分辨率	3840 × 2160
打印精度	10 ～ 20μm
打印速度	30mm/h（Z 轴）
打印层厚	0.025 ～ 0.2mm
支承功能	自动生成，可手动修改，易于剥离
耗材颜色	肤色、绿、白、灰、透明色等
文件格式	STL，OBJ
打印方式	U 盘
使用温度	10 ～ 30℃
整机功率	500W
打印材料	光敏树脂；树脂槽容积：2.5L
产品净质量	100kg

2. 设备组成

ZY-RP300 打印机由控制面板、打印成型室、光固化处理室等组成，如图 15-2 所示。

15.1.3　ZY-RP300 打印机打印前期准备

1. 打印测试

首次打印前，要对机器功能进行检测，确保机器收到货是正常的。检测内容包括：Z 轴复位、开关、LED 灯、切换中英文界面等。首先将电源线插入机器，然后打开机器的开关，开机完成后，界面显示如图 15-3 所示。

图 15-2　ZY-RP300 打印机

1—打印成型区　2—光固化处理室　3—储物室　4—电源开关　5—操作面板

图 15-3　打印机界面显示

2. Z 轴移动检测

机器通电后，单击触摸屏上的【工具】按钮，系统弹出【工具】界面，如图 15-4 所示；接着单击触摸屏上的【手动】按钮，系统弹出【手动】界面，如图 15-5 所示。在此可单击上移或者下移按钮，若机器能正常运动，则表示机器 Z 轴正常；反之，则应切断电源，并向公司联系获取帮助。

图 15-4　【工具】界面

图 15-5　【手动】界面

提示：首次测试 Z 轴移动时请勿将打印托盘装在机器上，以免移动 Z 轴托盘导致光源屏幕破裂。

3. 光源检测

完成 Z 轴移动检测后，接下来可以检测光源效果，具体操作如下：

单击【工具】界面触摸屏上的【曝光测试】按钮，系统进入【曝光测试】界面，如图 15-6 所示，在此设置时间，单击【下一步】按钮，观察机器 LCD 屏是否显示如图 15-7 所示，若不能正常显示，应切断电源。单击触摸屏上的【 】按钮，观察机器，打印屏 LED 灯是否关闭，如果不能关闭，则应切断电源。

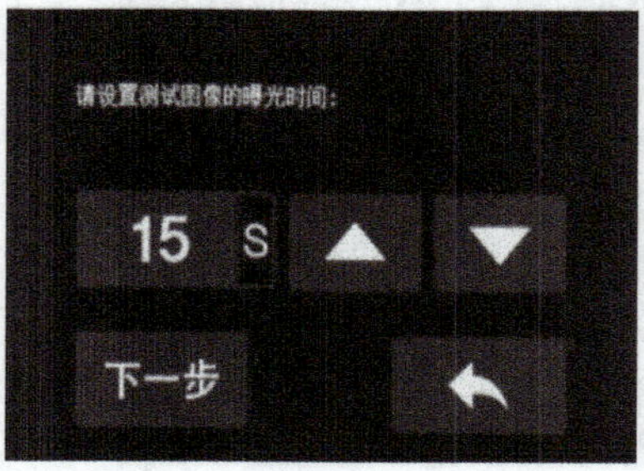

图 15-6 【曝光测试】界面

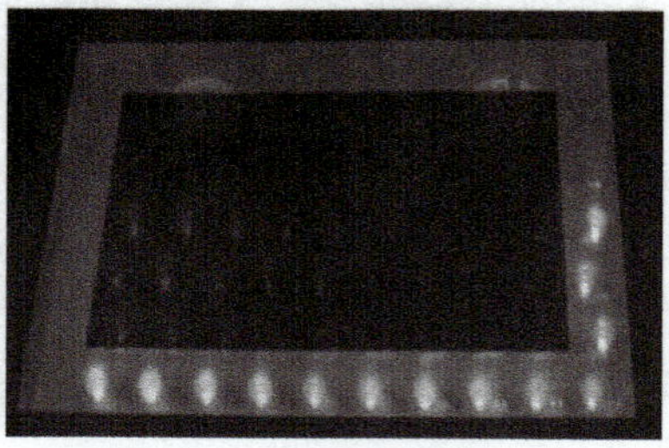
图 15-7 光源检测显示

4. 打印机调平

为了保证打印托盘能与料盘平行，需对打印机进行调平，具体操作如下：

1）拧松打印托盘两侧的 4 个紧固螺钉，并在打印屏上放一张干净的 A4 纸，如图 15-8 所示。

2）单击触摸屏幕上的【工具】→【手动】→【回原点】按钮，系统驱动 Z 轴载着打印托盘平台缓慢下降。

3）待机器回原点后，一只手轻轻按压打印托盘的 4 个角后，再按住打印托盘中间，使打印托盘与打印屏贴紧，保持打印平台当前位置不动；另一只手用内六角扳手拧紧螺钉，先轻轻拧紧 4 个螺钉，最后再全部拧紧。拉动 A4 纸的 4 个角，若 4 个角紧度差不多则表示已调平。

图 15-8 调平操作

5. 安装料槽

成型设备完成调平后，就可以安装料槽了，具体操作如下：

料槽放在屏幕上并轻轻推到底，然后用配件盒内两个手拧螺钉将其拧紧（轻轻拧紧即可），不需要用蛮力拧紧。料槽安装结果如图 15-9 所示。

图 15-9　料槽安装结果

15.1.4　ZY-RP300 打印机打印流程

在库房领取光敏树脂，并在开盖前上下摇晃树脂，再开盖往料槽内添加树脂到指定位置。将 U 盘插到打印机的 USB 端口，接着在打印界面单击【打印】按钮，系统会弹出相关文档，在此选择自己所需打印的文件，然后单击【开始打印】按钮，同时关上打印成型室的门，等待打印，直到打印完成。

提示：在打印不完全或打印失败等情况下，料槽中的树脂可能会有一些固体残渣，建议每次打印完成后，将料槽的树脂用滤网过滤，残渣用无尘布蘸乙醇擦拭干净，防止下次打印时残渣会将屏幕压坏。

15.2　电池盖建模

15.2.1　2D 图样的编辑与转档

由于已有 2D 图样，只需对其进行相关的编辑与转档，即可在 NX 上进行 3D 设计，而不必花费太多精力去绘图。

提示：由于原始 2D 图样只有一份，为了保证原图样的完整性，最好进行图档的备份，即不要在原图样上进行编辑。

步骤 1：单击桌面图标，打开 AutoCAD 软件；选择【文件】→【打开】命令，或单击按钮，系统弹出【打开部件文件】对话框，在此找到放置练习文件夹 ch15 并选择电池盖 .dwg 文件，再单击打开(O)按钮，进入 AutoCAD 主界面。

步骤 2：选择【文件】→【另存为】命令，然后找到相关的位置进行存盘，单击按钮完成图档备份。去除尺寸，同时进行相关图层的管理设置，将产品移动到工作原点；选择【文件】→【保存】选项，完成保存操作。编辑后的产品图样如图 15-10 所示。

步骤 3：进入 NX 软件环境。在主菜单工具栏中选择【文件】→【新建】命令或在【标准】工具条中单击按钮，系统弹出【新建】对话框；在【名称】文本框中输入“电池盖”，其余参数按系统默认，单击确定按钮进入软件建模环境。

步骤 4：选择【文件】→【导入】→【**AutoCAD DXF/DWG...**】命令，系统弹出【导入 AutoCAD DXF/DWG 文件】对话框，如图 15-11 所示。

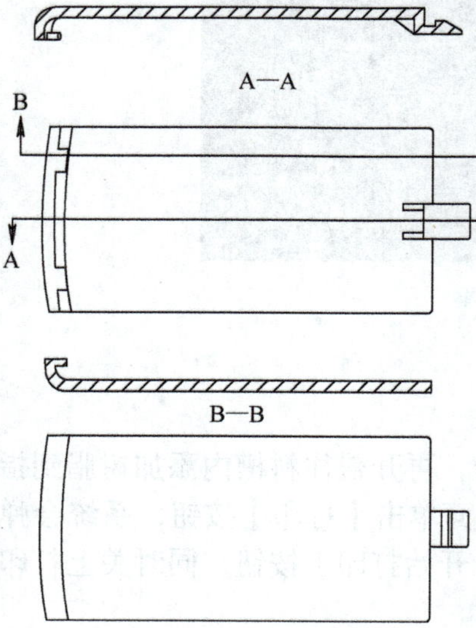

图 15-10　编辑后的产品图样

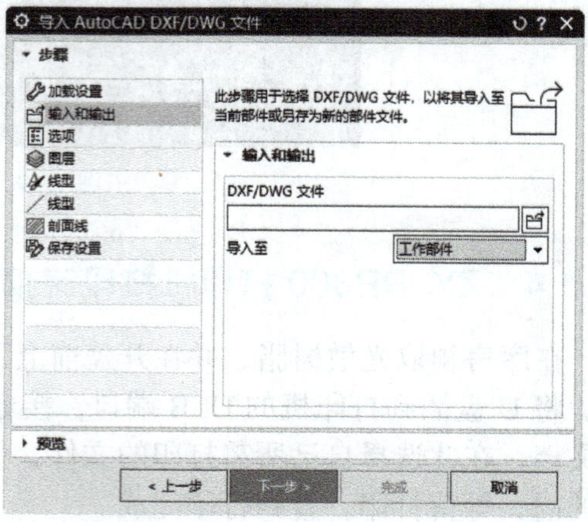

图 15-11　【导入 AutoCAD DXF/DWG 文件】对话框

1）在【DXF/DWG 文件】文本框处单击浏览图标按钮，系统弹出【DXF/DWG 文件】对话框，如图 15-12 所示；在此找到放置练习文件夹 ch15 并选择“电池盖 .dwg”文件，单击 OK 按钮返回【导入 AutoCAD DXF/DWG 文件】对话框。

2）在【导入至】下拉列表中选择 工作部件 选项，其余参数按系统默认，单击 完成 按钮完成图形的转档操作，结果如图 15-13 所示。

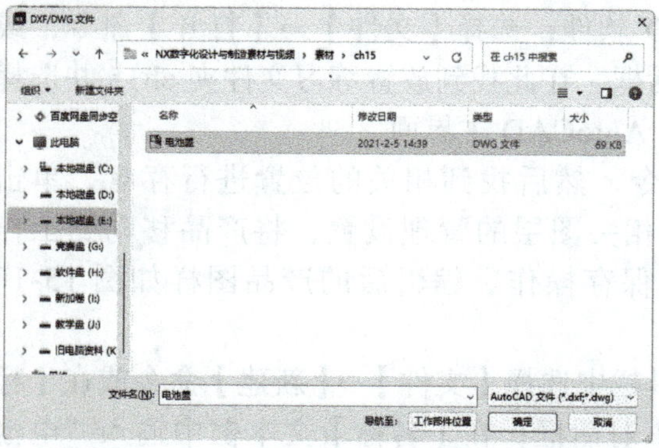

图 15-12　【DXF/DWG 文件】对话框

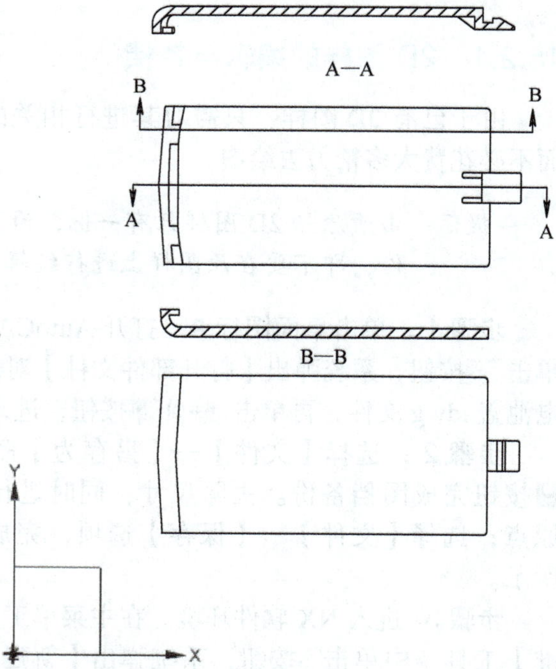

图 15-13　转档后的产品图样

提示：对于一些简单的图形，可以只转档关键的视图即可，不必将所有的图形都进行转档。

15.2.2　图形的组立创建操作

由于转档过来的图形是平面二维图形，但在三维造型时是从三视图创建的，所以必须对现有图形进行组立成为立体形。同时这个产品外观没有曲面形状，在此可以删除一些没有用的视图线框，以便绘图。

步骤 1：在主菜单工具栏中选择【编辑】→【删除】命令或按快捷键〈Ctrl+D〉，系统弹出【类选择】对话框，如图 15-14 所示。在此删除主视图中的剖视图指引线，A–A 视图中的剖面线，B–B 视图线框以及俯视图线框，删除结果如图 15-15 所示。

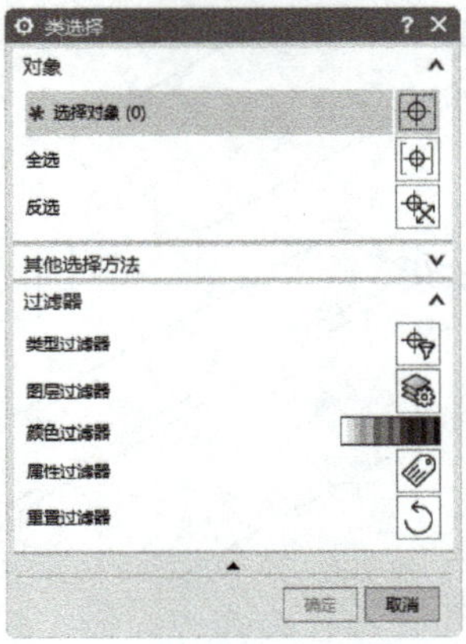

图 15-14　【类选择】对话框

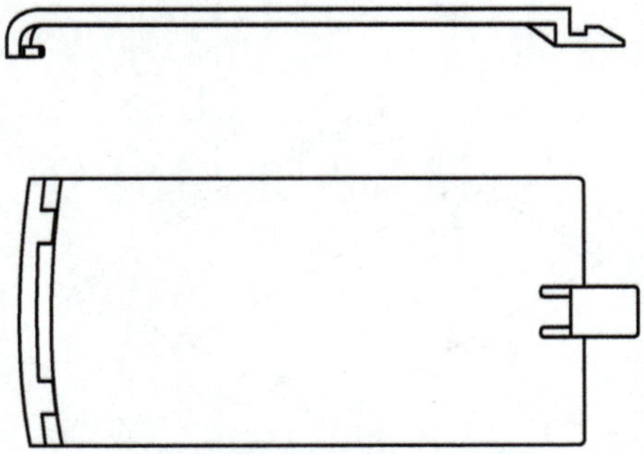

图 15-15　删除多余视图线框结果

步骤 2：在主菜单工具栏中选择【编辑】→【移动对象】命令或按快捷键〈Ctrl+T〉，系统弹出【移动对象】对话框，如图 15-16 所示。

1. 平移对象

在绘图区选择所有的线段为要移动的对象，在【变换】卷展栏的【运动】下拉列表中选择 点到点 选项，然后选择主视图中的中心点为“指定出发点”，坐标原点为“指定目标点”；其余参数按系统默认，单击 应用 按钮完成图形的移动操作，结果如图 15-17 所示。

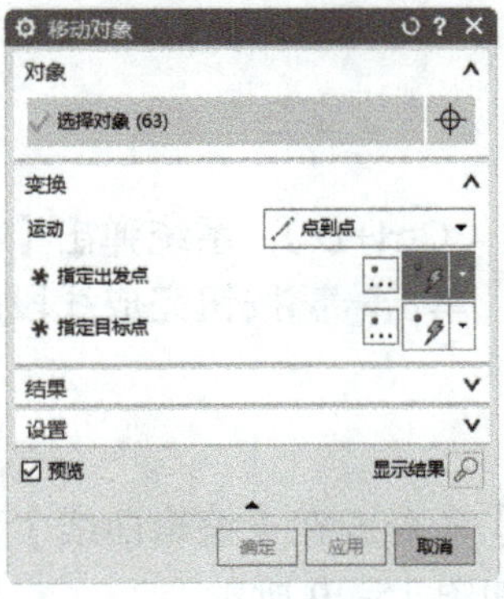

图 15-16　【移动对象】对话框

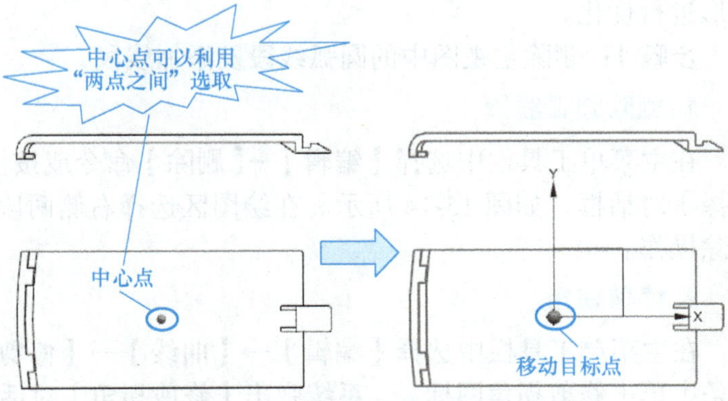

图 15-17　移动视图结果

2. 旋转视图

在绘图区选择 A–A 剖视图为要移动的对象，在【变换】卷展栏的【运动】下拉列表中选择[角度]选项，然后在绘图区选择 A–A 剖视图底部的直线为“指定矢量”对象；在【角度】文本框中输入“90”，其余参数按系统默认，单击[应用]按钮完成图形的旋转操作，结果如图 15-18 所示。

在绘图区选择 A–A 剖视图为要移动的对象，在【变换】卷展栏的【运动】下拉列表中选择[点到点]选项，然后选择 A–A 剖视图左侧的端点为“指定出发点”，接着选择主视图左侧的中心为“指定目标点”；其余参数按系统默认，单击[确定]按钮完成图形的移动操作，结果如图 15-19 所示。

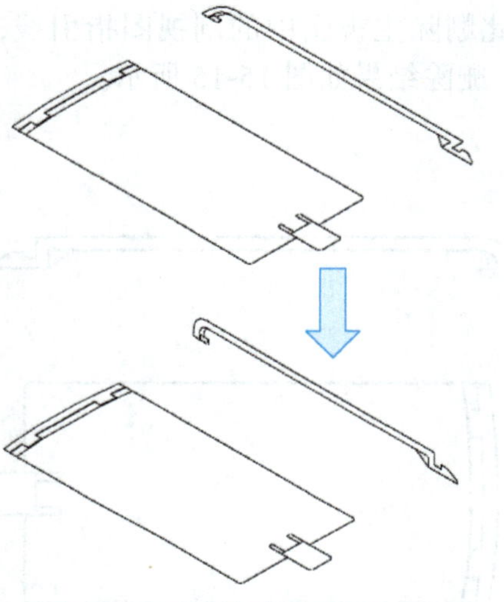

图 15-18 旋转视图结果

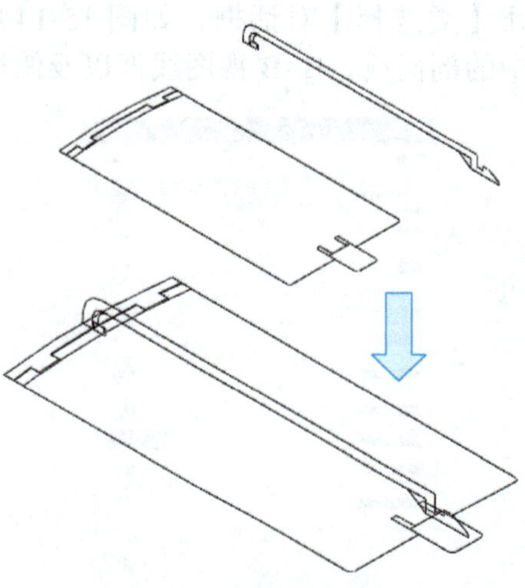

图 15-19 组成立体视图结果

提示：由于二维图样为了表达清楚设计者的意图，因此会作出一些辅助线段，方便看图。但在三维设计时，这些线段是没有实际意义的，所以要进行删除。

15.2.3 实体建模

经过上一小节的操作，基本将要用的视图线框进行了组立，接下来就可以进行后续的主体创建与细节特征操作。但由于一些线段还存在圆弧倒角及线段不连续，所以必须对图形进行优化。

步骤 1：删除主视图中的圆弧线段及添加线段

1. 删除圆弧线段

在主菜单工具栏中选择【编辑】→【删除】命令或按快捷键〈Ctrl+D〉，系统弹出【类选择】对话框，如图 15-14 所示。在绘图区选择右侧两段圆弧，单击[确定]按钮完成线段的删除操作。

2. 修剪拐角

在主菜单工具栏中选择【编辑】→【曲线】→【修剪拐角】命令或在【编辑曲线】工具条中单击修剪拐角图标✕，系统弹出【修剪拐角】对话框，如图 15-20 所示。

在绘图区选择右上角的两条线段为要修剪的拐角，完成修剪操作。利用相同的方法，完成右下角线段的修剪，结果如图 15-21 所示。

图 15-20 【修剪拐角】对话框

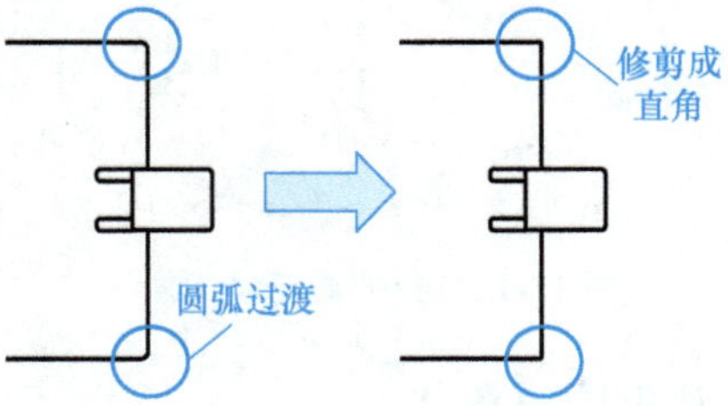

图 15-21　修剪结果

3. 添加直线段

在主菜单工具栏中选择【插入】→【曲线】→【直线】命令或在【基本】工具条中单击直线图标／，系统弹出【直线】对话框，如图 15-22 所示。接着在绘图区选择右侧线段的一个端点为起点，另一端为终点，其余参数按系统默认，单击按钮完成线段的添加，结果如图 15-23 所示。

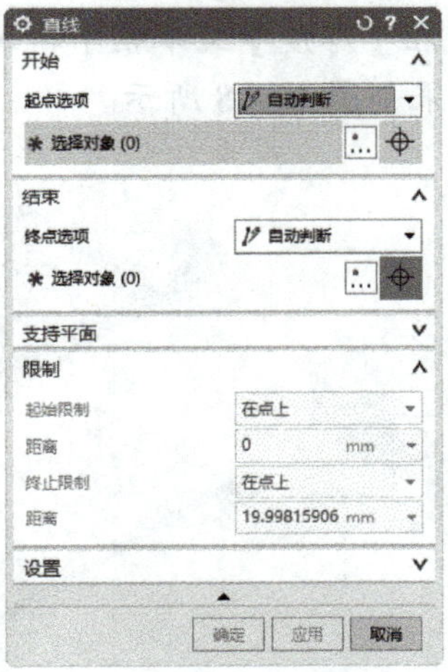

图 15-22 【直线】对话框

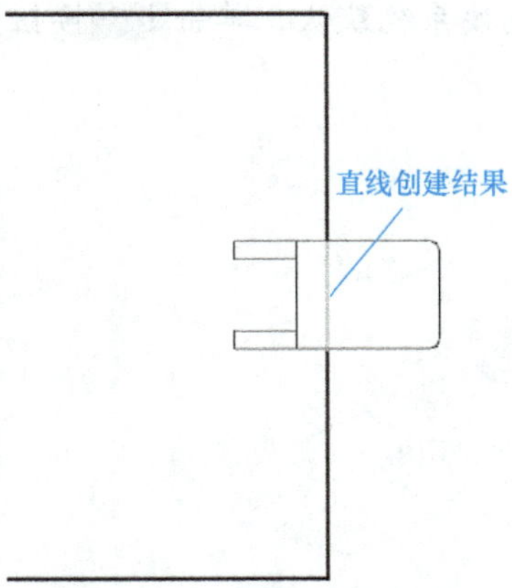

图 15-23　添加直线段结果

提示：一般情况下，二维线框中的倒圆弧线段在三维设计中是要移除的，如果不移除会对后续工作带来很多不便，如抽壳失败、倒圆角过渡不光顺等；但特殊情况除外，如本例中的前扣设计。

步骤 2：创建主体外形

1. 拉伸主体

在主菜单工具栏中选择【插入】→【设计特征】→【拉伸】命令或在【基本】工具条中单击拉伸图标，系统弹出【拉伸】对话框。

在绘图区选择图 15-24 所示的线段为拉伸截面；在【结束】文本框中输入“5.4”，其余参数按系统默认，单击确定按钮完成拉伸操作，结果如图 15-25 所示。

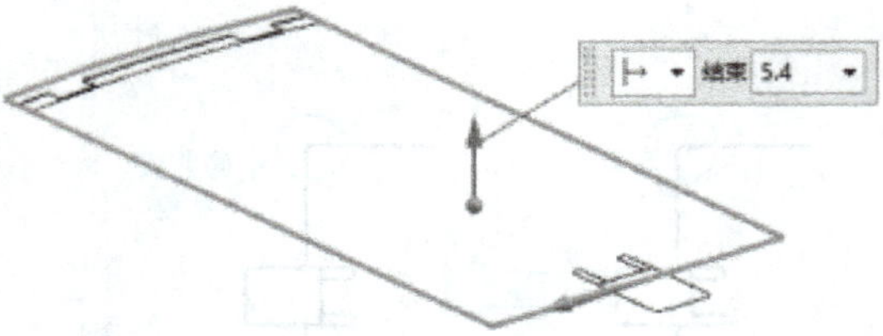

图 15-24　拉伸截面线选择

图 15-25　拉伸实体结果

2. 边倒圆对象

在主菜单工具栏中选择【插入】→【细节特征】→【边倒圆】命令或在【基本】工具条中单击边倒圆图标，系统弹出【边倒圆】对话框。

在绘图区选择图 15-26 所示的边界为倒圆边界，在【半径 1】文本框中输入“3.5”，其余参数按系统默认，单击按钮完成边倒圆操作，结果如图 15-27 所示。

3. 抽壳

在主菜单工具栏中选择【插入】→【偏置 / 缩放】→【抽壳】命令或在【基本】工具条中单击抽壳图标，系统弹出【抽壳】对话框。

在绘图区选择实体底面和三个侧面为要移除的面；在【厚度】文本框中输入“1.75”，其余参数按系统默认，单击按钮完成抽壳操作，结果如图 15-28 所示。

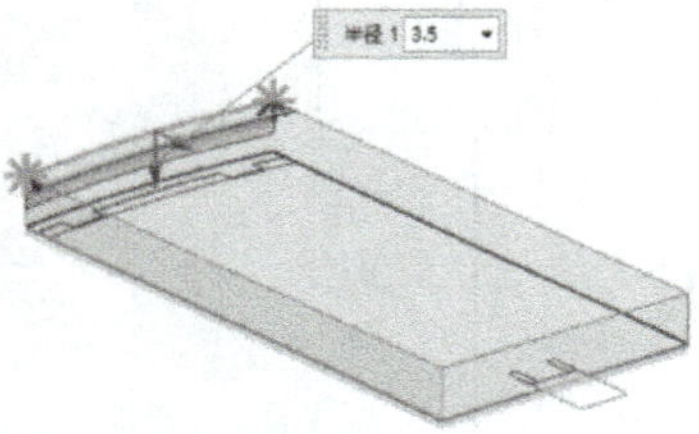

图 15-26　倒圆边界选择

图 15-27　边倒圆结果

图 15-28　主体外形抽壳结果

步骤 3：创建前端扣位

首先将视图转换成前视图（可按快捷键〈Ctrl+Alt+F〉），在主菜单工具栏中选择【插入】→【曲线】→【直线】命令或在【基本】工具条中单击直线图标╱，系统弹出【直线】对话框（图 15-22）。接着在绘图区选择如图 15-29 所示的端点为直线起点，选择如图 15-30 所示的交点为直线终点，单击按钮完成线段的创建，结果如图 15-31 所示。

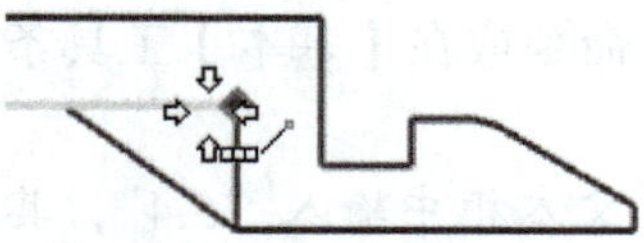

图 15-29　直线起点选择

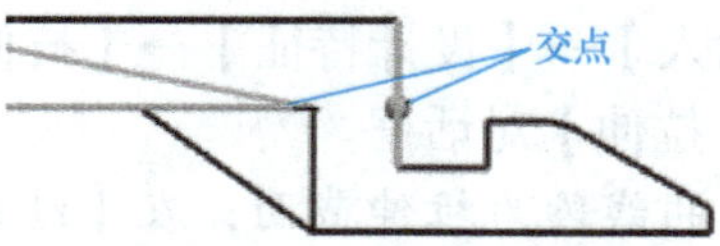

图 15-30　直线终点选择

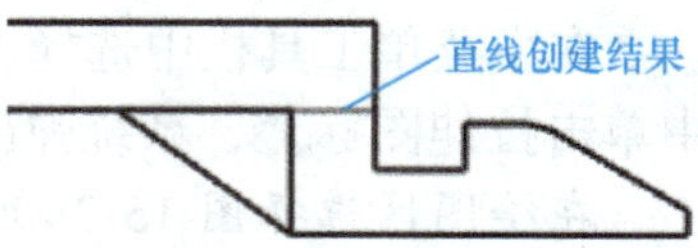

图 15-31　直线创建结果

在主菜单工具栏中选择【插入】→【设计特征】→【拉伸】命令或在【基本】工具条中单击拉伸图标，系统弹出【拉伸】对话框。

1）在绘图区选择图 15-32 所示的线段为拉伸截面；在【开始】下拉列表中选择 对称值 选项，接着在【距离】文本框中输入“3”；在【布尔】下拉列表中选择 合并 选项，其余参数按系统默认，单击 确定 按钮完成拉伸创建，结果如图 15-33 所示。

2）利用相同方法，完成筋位创建，结果如图 15-34 所示。

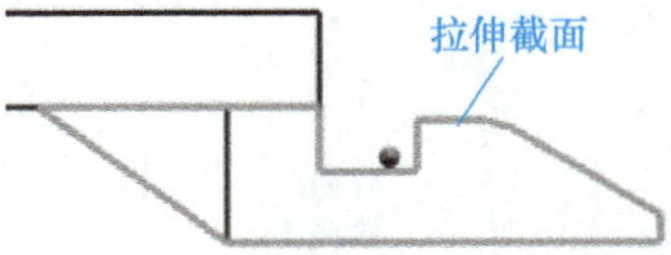

图 15-32　拉伸截面选择结果

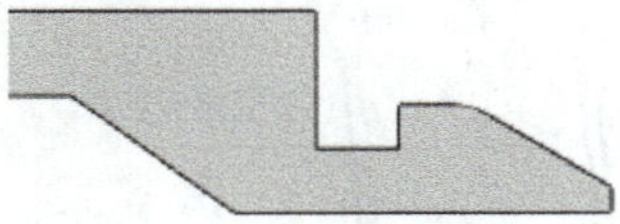
图 15-33　拉伸结果

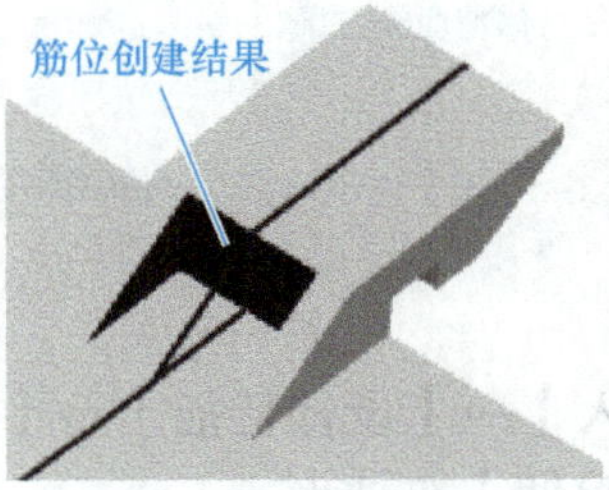

图 15-34　前端扣位创建结果

步骤 4：创建后端扣位

1. 创建一垂直线段

将视图转换成俯视图（可按快捷键〈Ctrl+Alt+T〉），在主菜单工具栏中选择【插入】→【曲线】→【直线】命令或在【基本】工具条中单击直线图标，系统弹出【直线】对话框。利用两点画线命令，作出一垂直线段，结果如图 15-35 所示。

2. 修剪曲线

在主菜单工具栏中选择【编辑】→【编辑曲线】→【修剪曲线】命令或在曲线【编辑】工具条中单击修剪曲线图标，系统弹出【修剪曲线】对话框，如图 15-36 所示。

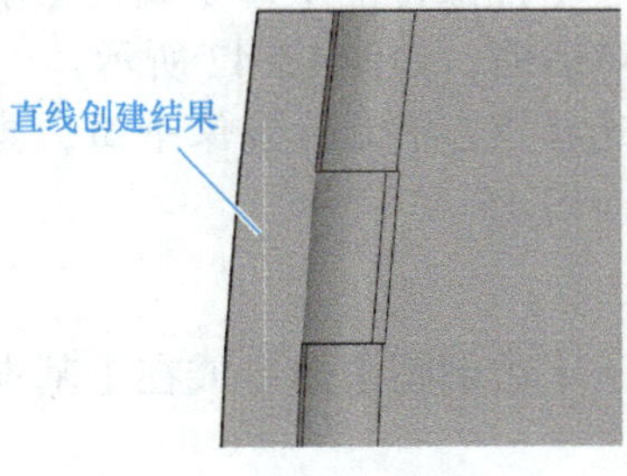

图 15-35　垂直线创建结果

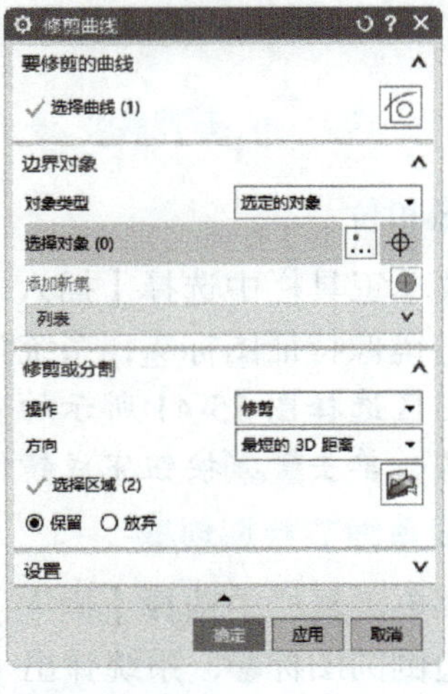

图 15-36【修剪曲线】对话框

1）在绘图区选择图 15-37 所示的线段为要修剪的曲线，接着选择图 15-35 中的直线为第一个修剪边界。

2）单击【设置】卷展栏，取消选中□关联复选按钮，其余参数按系统默认，单击应用按钮完成修剪曲线操作，结果如图 15-38 所示。

3）利用相同的方法，完成另一边的修剪操作，结果如图 15-39 所示。

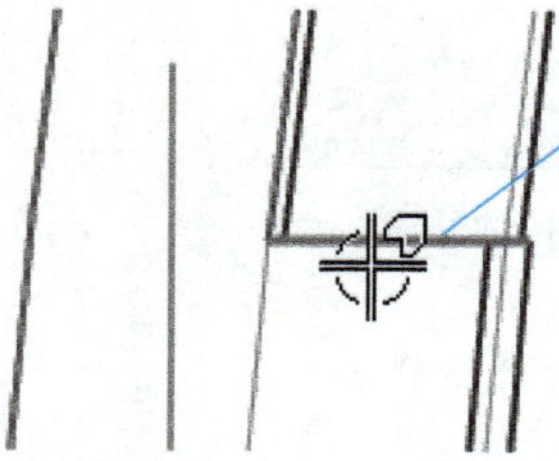

图 15-37　修剪曲线段选择

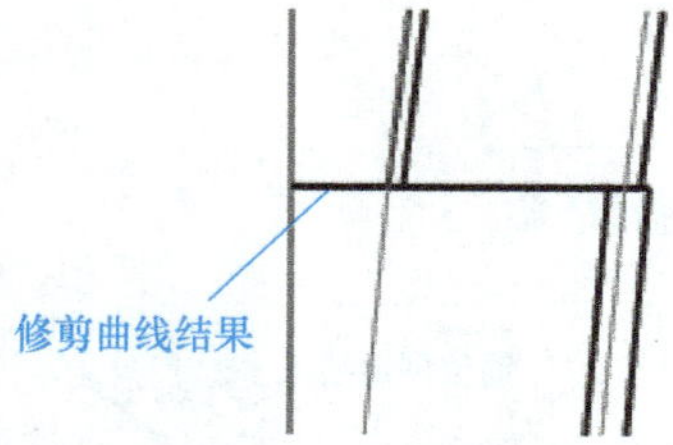

图 15-38　修剪曲线结果

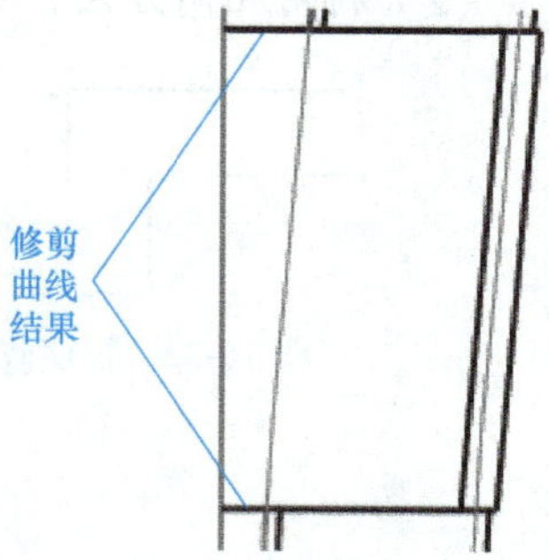

图 15-39　修剪曲线最终结果

3. 拉伸扣位

在主菜单工具栏中选择【插入】→【设计特征】→【拉伸】命令或在【基本】工具条中单击拉伸图标，系统弹出【拉伸】对话框。

在绘图区选择图 15-40 所示的线段为拉伸截面。在【结束】下拉列表中选取值选项，接着在【结束】文本框中输入“1.2”。在【布尔】下拉列表中选取合并选项，其余参数按系统默认，单击< 确定 >按钮完成拉伸创建，结果如图 15-41 所示。

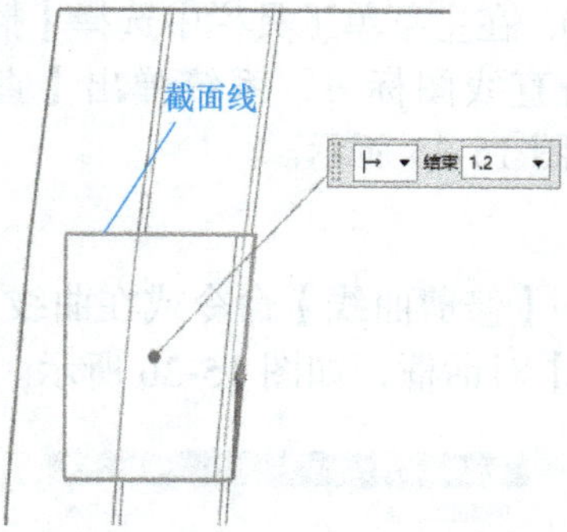

图 15-40　拉伸截面

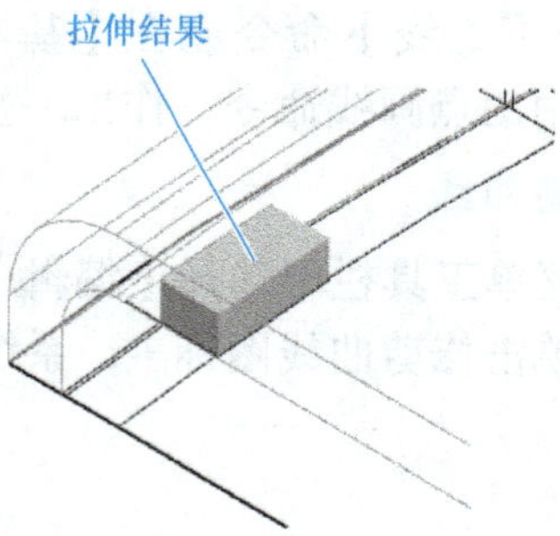

图 15-41　拉伸结果

4. 镜像扣位

在主菜单工具栏中选择【插入】→【关联复制】→【镜像特征】命令或在【基本】工具条中单击镜像特征图标，系统弹出【镜像特征】对话框，如图 15-42 所示。

在绘图区选择图 15-41 所示的实体为镜像特征，选择 XZ 平面为镜像平面，其余参数按系统默认，单击确定按钮完成镜像特征操作，结果如图 15-43 所示。

5. 倒圆角细节特征创建

在主菜单工具栏中选择【插入】→【细节特征】→【边倒圆】命令或在【基本】工具条中单击边倒圆图标，系统弹出【边倒圆】对话框。

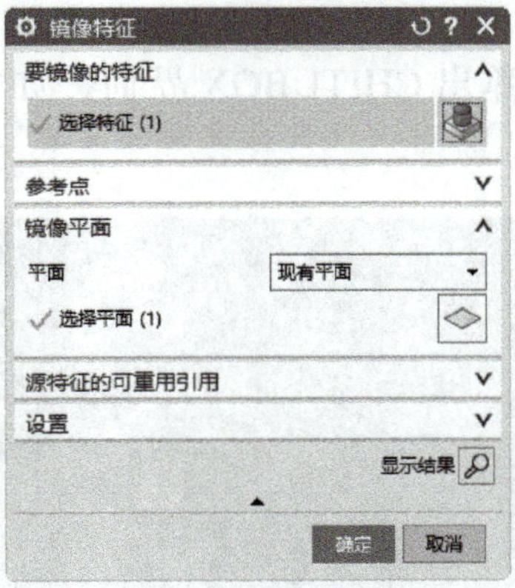

图 15-42 【镜像特征】对话框

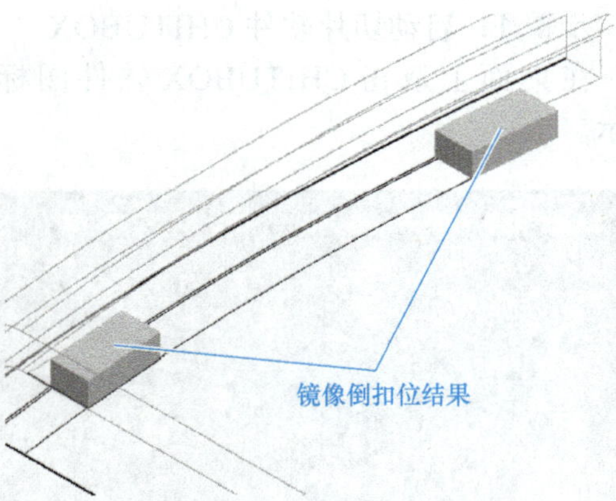

图 15-43 后端扣位设计结果

1）在绘图区选择图 15-44 所示的边界为倒圆边界，在【半径 1】文本框中输入“0.5”，其余参数按系统默认，单击<确定>按钮完成倒圆操作，结果如图 15-45 所示。

2）利用相同的方法，完成倒扣位的边倒圆操作，产品最终结果如图 15-46 所示。

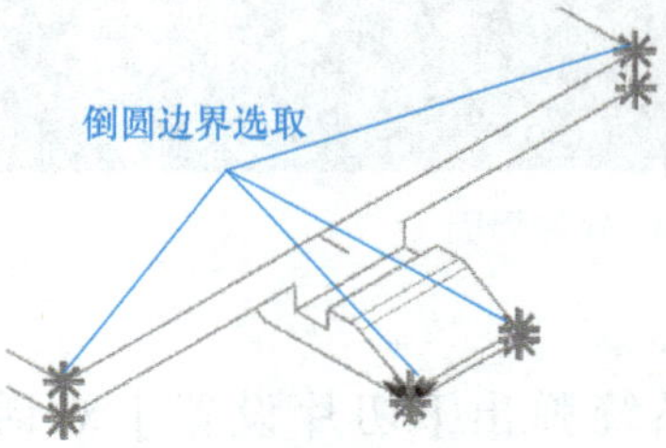

图 15-44 倒圆边界选择结果

图 15-45 倒圆结果

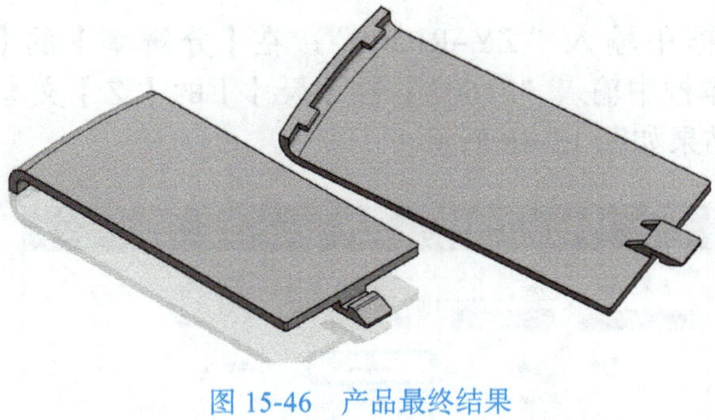

图 15-46 产品最终结果

15.3 电池盖 3D 打印与后处理

完成建模后，接下来就可以对产品进行档案转换及切片处理，最终将切片文件上传至成型设备完成打印操作。本节介绍的切片软件为 CHITUBOX，其各菜单和功能说明本书不做详细介绍，本节只介绍怎样设置打印参数、切片参数及后处理。

15.3.1 模型切片

步骤 1：启动切片软件 CHITUBOX

在桌面上双击 CHITUBOX 软件图标，系统弹出 CHITUBOX 界面，如图 15-47 所示。

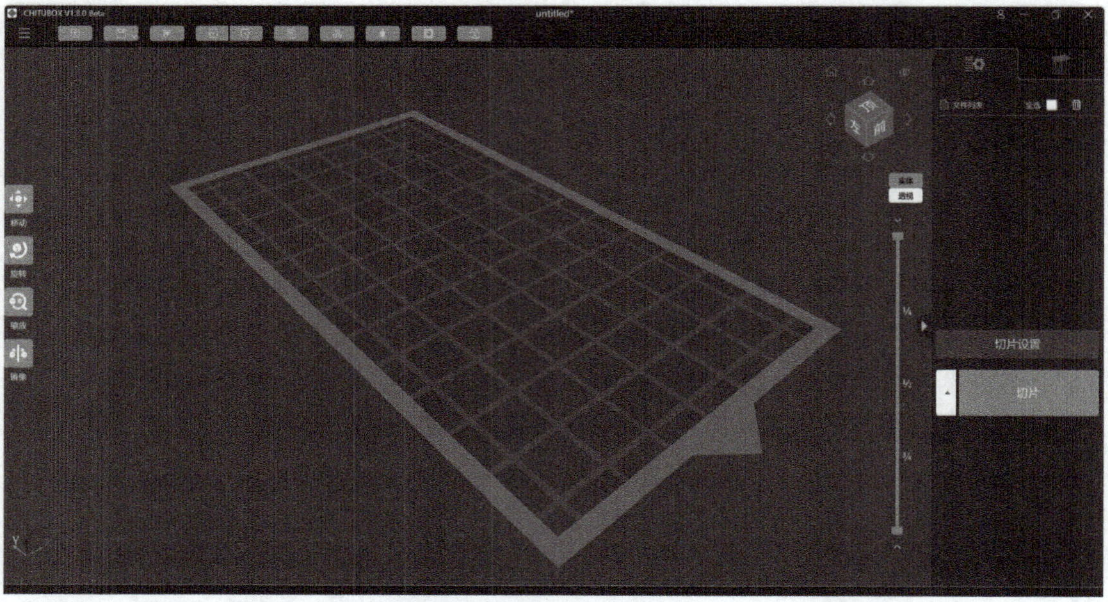

图 15-47　CHITUBOX V1.8.0 Beta 软件界面

步骤 2：切片设置选项设置

在界面右侧处单击切片设置图标切片设置，系统弹出【切片设置】对话框，如图 15-48 所示。接着根据机器参数（15.1.2 节）进行设置，具体设置如下：

1.【机器】选项卡设置

在【名称】文本框中输入“ZY–RP300”；在【分辨率】的【X】文本框中输入“3840”，在【Y】文本框中输入“2160”；在【尺寸】的【Z】文本框中输入“300”，其余参数按系统默认，结果如图 15-48 所示。

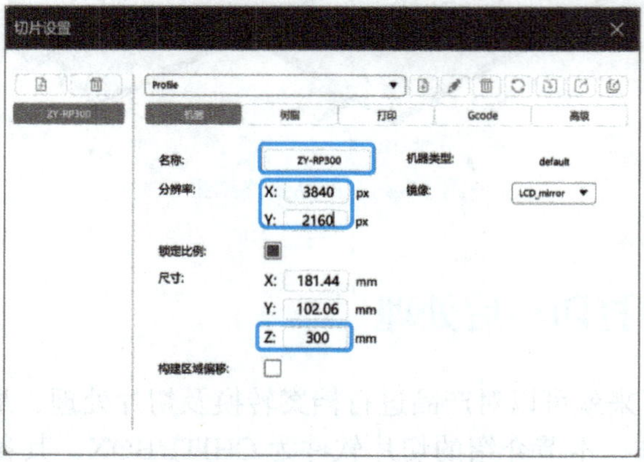

图 15-48　【机器】选项卡参数设置

2.【打印】选项卡设置

完成【机器】选项卡参数设置后，在【切片设置】界面中单击【打印】按钮，系统显示【打印】选项卡，接着设置如下参数：

1）在【底层数】文本框中输入“5”，在【过渡层数】文本框中输入“4”，在【曝光时间】文本框中输入“4”。

2）在【灯灭延迟】文本框中输入“3”，在【底层灯灭延迟】文本框中输入“4”，在【抬升距离】文本框中输入“4”，在【底层抬升速度】文本框中输入“60”，在【抬升速度】文本框中输入“80”，结果如图 15-49 所示。

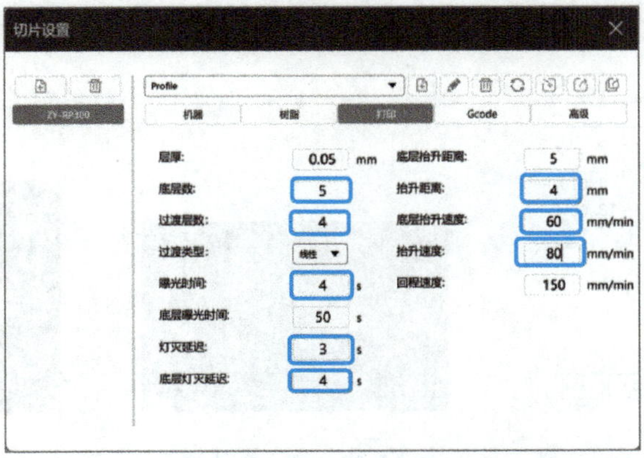

图 15-49 【打印】选项卡参数设置

3.【高级】选项卡设置

完成【打印】选项卡参数设置后，在【切片设置】界面中单击【高级】按钮，系统显示【高级】选项卡，接着设置如下参数：

在【高级】选项中选中【抗锯齿】复选按钮，接着在【灰度级别】下拉列表中选择 3 ▼ 选项，结果如图 15-50 所示，其余参数按系统默认，单击关闭图标☒，完成切片设置创建。

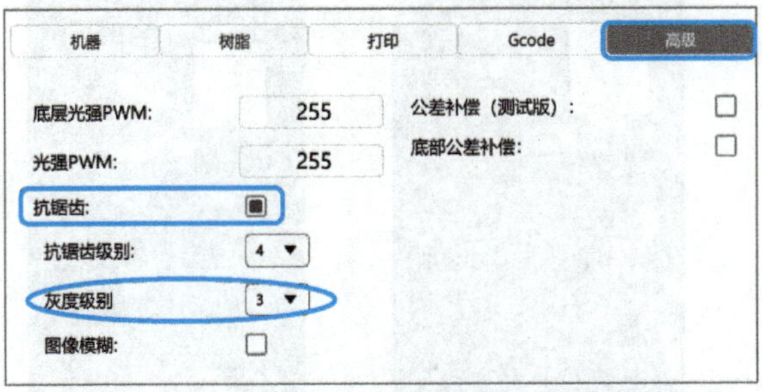

图 15-50 【高级】选项卡参数设置

步骤 3：图档导出

在 NX 软件中选择【文件】→【导出】→【STL】命令，系统弹出【STL 导出】对话框，如图 15-51 所示。

在【弦公差】文本框中输入“0.0100”，接着在绘图区选择电池盖为导出对象，其余参数按系统默认，单击 确定 按钮完成图档的导出操作。

步骤 4：打开文件

在 CHITUBOX 软件中选择【打开文件】命令，接着找到导出的文件对象为要打开的文件，然后单击 打开(O) 按钮，打开文档，结果如图 15-52 所示。

步骤 5：摆放图形

根据打印要求和经验，图档可以通旋转功能进行摆放，最终摆放结果如图 15-53 所示。

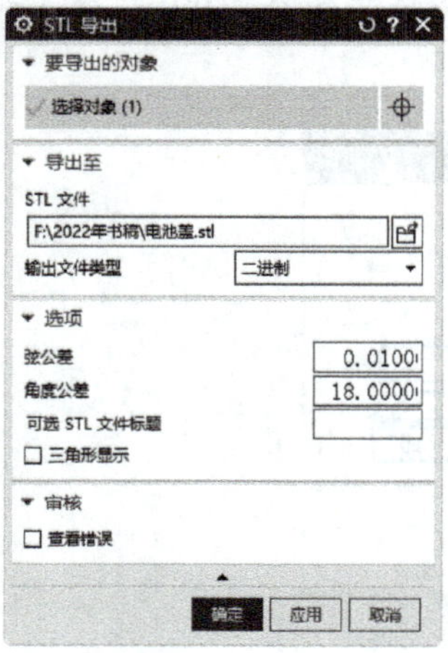

图 15-51 【STL 导出】对话框

图 15-52 打开文件结果

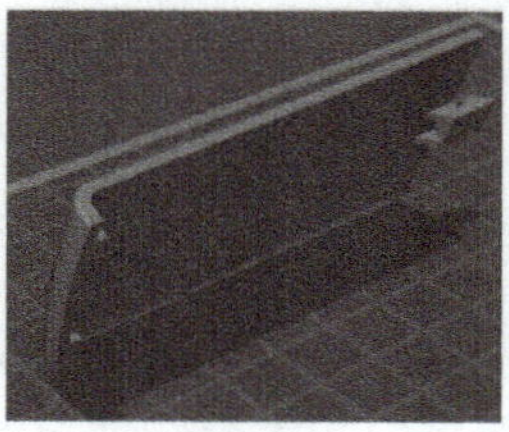

图 15-53 摆放结果

步骤 6：【支撑】选项卡参数设置

在 CHITUBOX 软件界面中单击支撑图标，系统显示【支撑】选项卡，接着按图 15-54 所示的参数进行设置，完成设置后单击 + 所有 按钮，完成支撑创建，结果如图 15-55 所示。

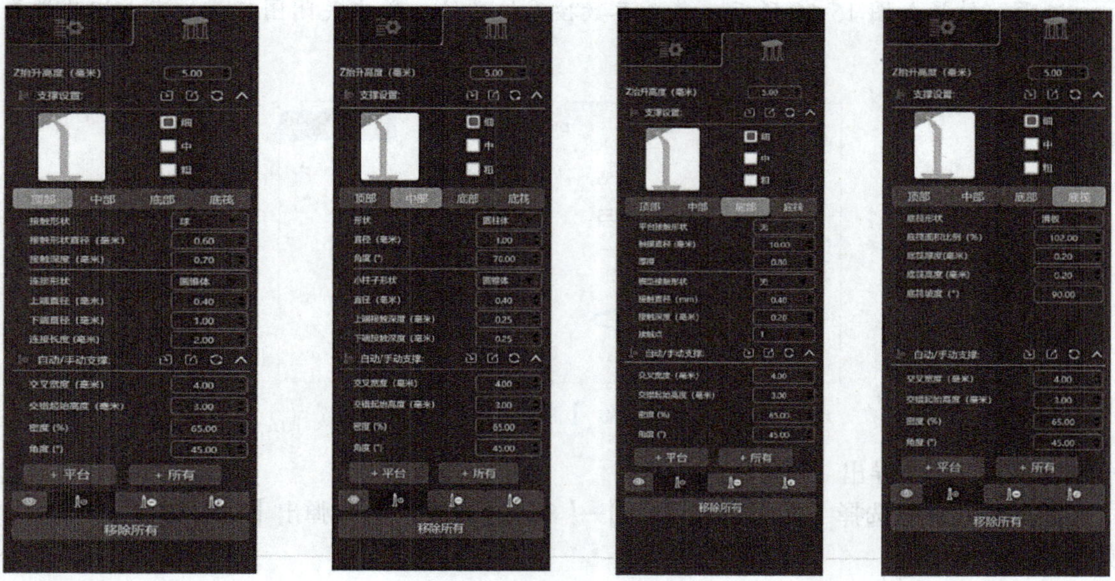

图 15-54 【支撑】选项卡参数设置

步骤 7：切片处理

在 CHITUBOX 软件界面中单击切片设置图标，系统显示【切片设置】选项卡，接着单击切片图标切片，系统开始切片，完成切片后系统显示切片时间，如图 15-56 所示。

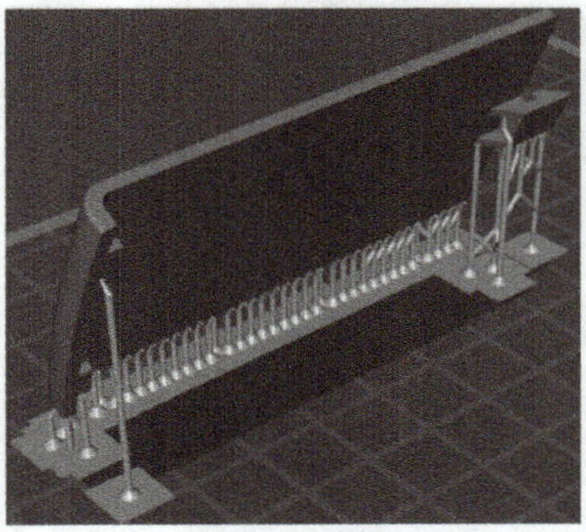

图 15-55　支撑创建结果

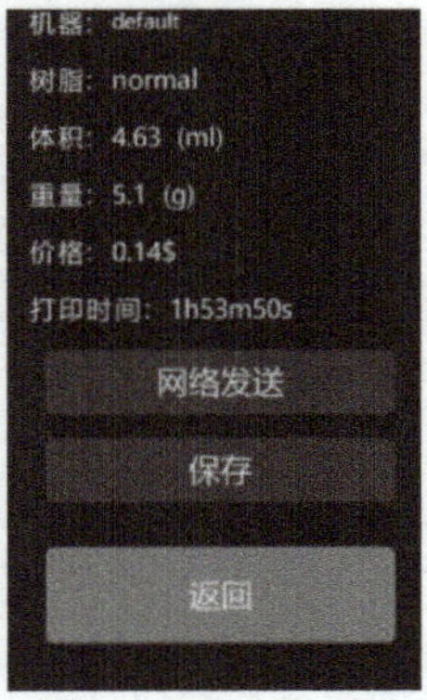

图 15-56　切片打印时间

单击保存按钮，系统弹出【保存切片】对话框，如图 15-57 所示，接着选择存放文件的 U 盘，在【文件名】文本框中输入“电池盖”，然后单击保存(S)按钮系统开始写入文件，最后完成切片保存。

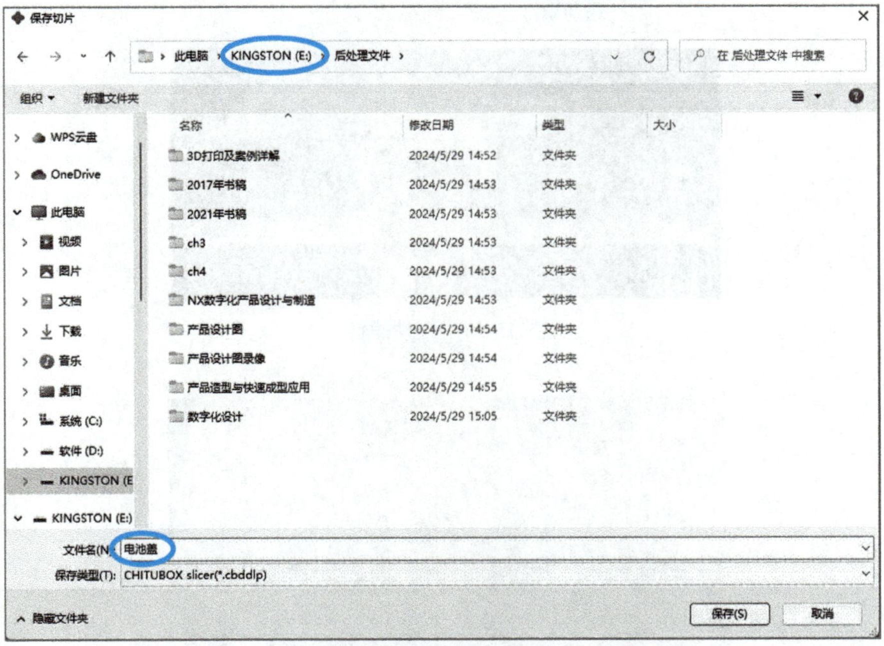

图 15-57　保存切片界面

15.3.2　3D 打印操作

将 U 盘插入成型设备的 USB 端口，接着在控制操作面板中单击【打印】→【电池盖】按钮，系统开始启动打印设备，最后完成打印操作，结果如图 15-58 所示。

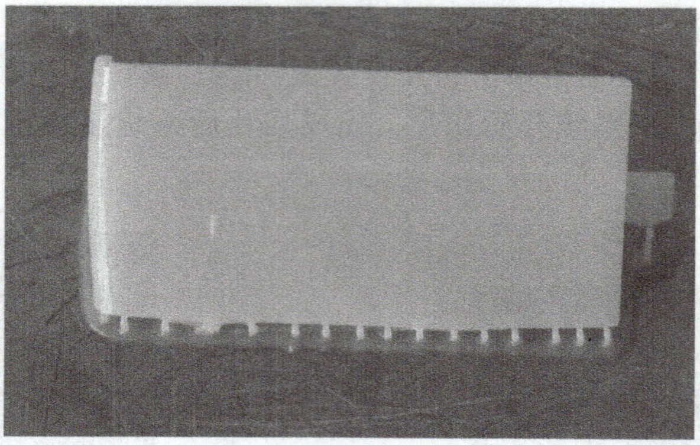

图 15-58　打印结果

15.3.3　模型拆卸与后处理

1. 拆卸托盘

3D 打印机打印完模型之后会进行设备初始化，当设备完成初始化后，就可以将打印好的模型进行拆卸。在模型拆卸前，先打开成型室面盖，接着松动螺钉、拆卸托盘并拿出设备外，如图 15-59 所示。然后将托盘放置在平的桌面上，利用小铲对着实体模型底部进行用力挤压底座，使底座与托盘分离，如图 15-60 所示。

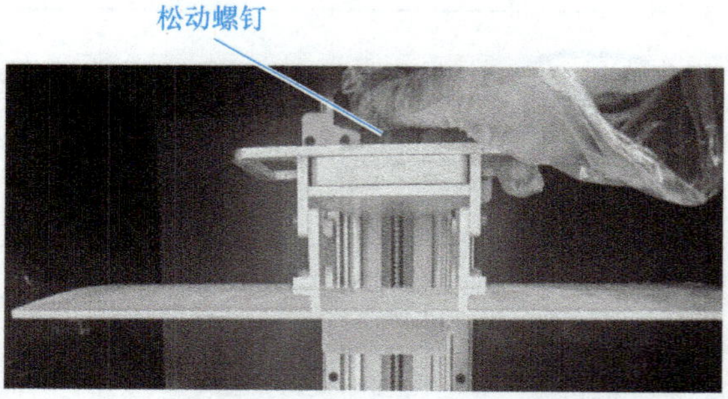

图 15-59　松动螺钉

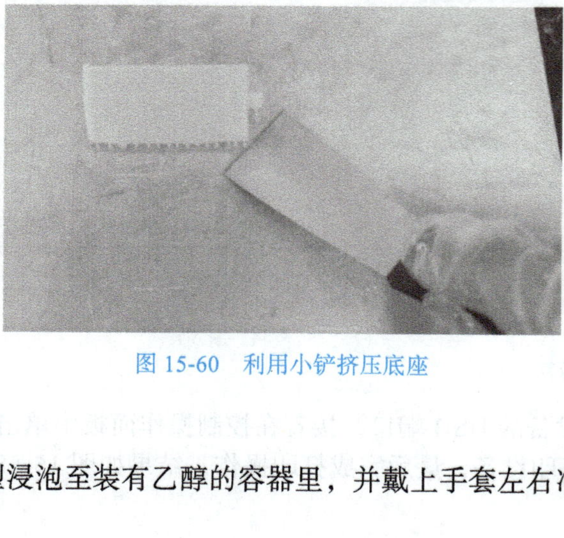

图 15-60　利用小铲挤压底座

2. 清理多余树脂

将分离出来的模型浸泡至装有乙醇的容器里，并戴上手套左右冲刷模型，使多余树脂快速分离，然后拿出模型，并用电吹风吹干模型。

3. 二次光固化

将模型放置至成型设备中的光固化室，然后调整时间至 180s，最后起动设备，进行二次光固化。

4. 支撑材料去除

二次光固化完成后，就要开始对支撑的材料进行去除，支撑去除方便与否，与设置的打印参数有关。对裸露在外面的支撑材料，可以直接用手掰断支撑，难于去除的支撑可以利用钳子、刮刀去除，最终去除结果如图 15-61 所示。

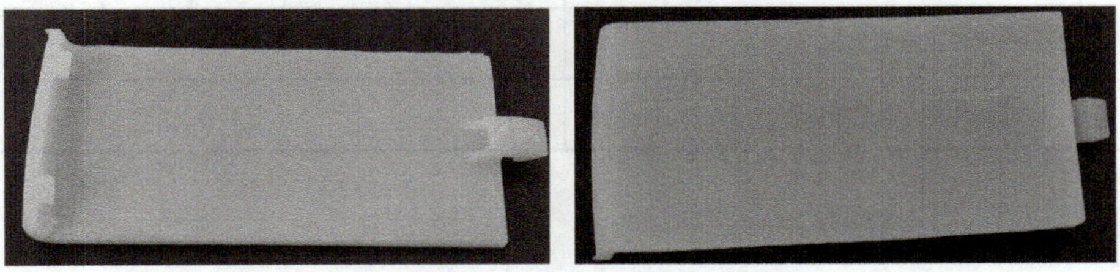

图 15-61 支撑材料去除结果

5. 模型后处理

模型拆卸完成后，需要对模型表面进行处理。一般 3D 打印模型常见的处理方法有：砂纸打磨、喷丸处理、溶剂浸泡和溶剂熏蒸几种。

由于 SLA（光固化成型）技术，它的支撑与工件表面有接触，因此会在模型表面看到许多小凸点，同时打印层厚参数会影响工件表面质量，打印层厚越小，打印质量越高，则纹路越不明显，反之就越明显。

但层厚越小，打印的时间也就会相应地增加，这样降低了打印效率。因此，在打印之前首先要确定是精度质量先行还是效率速度先行，一般对于没有装配要求和单独零部件的建议是效率速度优化，如果需要有装配或精度要求的，则要精度质量先行。

本小节表面光滑处理采用砂纸打磨方法，具体操作如下：

首先选用粗砂纸进行粗磨（一般采用粒度为 P240 的砂纸），使得表面纹路及小凸点快速细化；然后选择粒度为 P300 的砂纸进行半精磨，使得表面的纹路及小凸点基本削除；最后使用粒度为 P400 的砂纸进行精磨，使模型表面光滑，达到喷漆上油的要求（具体操作读者可自行完成）。

15.4 粉末材料与设备

15.4.1 粉末材料简介

粉末材料，从理论上讲，所有受热 / 增加粘合剂后能相互粘结的粉末材料或表面覆有热塑（固）性粘结剂的粉末材料都能用作 3D 打印材料。但要真正适合烧结 / 粘结，要求粉末材料有良好的热塑（固）性，以及一定的导热性或可粘结性，粉末经激光烧结 / 粘结后要有一定的结合强度；粉末材料的粒度不宜过大，否则会降低成型件质量；而且烧结材料还应有较窄的“软化 – 固化”温度范围，该温度范围较大时，制件的精度会受影响。

工程上一般采用粒度的大小来划分颗粒等级，见表 15-2，SLS 工艺采用的粉末粒度一般为 50 ～ 125μm。

表 15-2　工程上粉体的等级相应的粒度范围

粉体等级	粒度范围
粒体	大于 10mm
粉粒	10mm ～ 100μm
粉末	100μm ～ 1μm
细粉末或微粉末	1μm ～ 10nm
超微粉末（纳米粉末）	小于 1nm

1. 粉末材料的基本要求

一般来讲，3D 打印激光烧结成型工艺对粉末材料的基本要求是：

1）具有良好的烧结性能，无须特殊工艺即可快速精确地制作成型原型。

2）对于直接用作功能零件或模具的原型，力学性能和物理性能（强度、刚性、热稳定性、导热性及加工性能）要满足使用要求。

3）当原型间接使用时，要有利于快速方便的后续处理和加工工序，即与后续工艺的接口性要好。

对于金属粉末除需具备良好的可塑性外，还必须满足粉末粒径细小、粒度分布较窄、球形度高、流动性好和松装密度高等要求。其工作过程一般是用高能量的激光（或者高强度粘合剂）将粉末熔融（粘合）在一起，最终成型。

金属粉末可以采用金属与粘结剂的混合粉（间接烧结）或者不含粘结剂的金属粉（直接烧结）。一般粘结剂的熔点比金属要低，不需要太多的能量，但成型后需要经过烧结和渗铜处理才能得到金属工件。而不含粘结剂的金属粉需要较高的能量才能熔融，对激光器要求较高。

2. 金属零件烧结工艺

（1）金属零件间接烧结工艺　金属零件间接烧结工艺使用的材料为混合有树脂材料（粘结剂）的金属粉末材料，SLS 工艺主要实现包裹在金属粉粒表面树脂材料的粘接，如图 15-62 所示。由图 15-62 可知，整个工艺过程主要分三个阶段：一是 SLS 原型件（“绿件”）制作，二是粉末烧结件（“褐件”）制作，三是金属溶渗后处理。

（2）金属零件直接烧结工艺　金属零件直接烧结工艺采用的材料是纯粹的金属粉末，是采用激光对金属粉末直接烧结使其熔化，实现叠层的堆积，如图 15-63 所示。金属零件直接烧结成型过程较间接金属零件制作过程明显缩短，无须间接烧结时复杂的后处理阶段，但必须有较大功率的激光器，以保证直接烧结过程中金属粉末的直接熔化。因此，直接烧结中激光参数的选择，被烧结金属粉末材料的熔凝过程及控制是烧结成型中的关键。

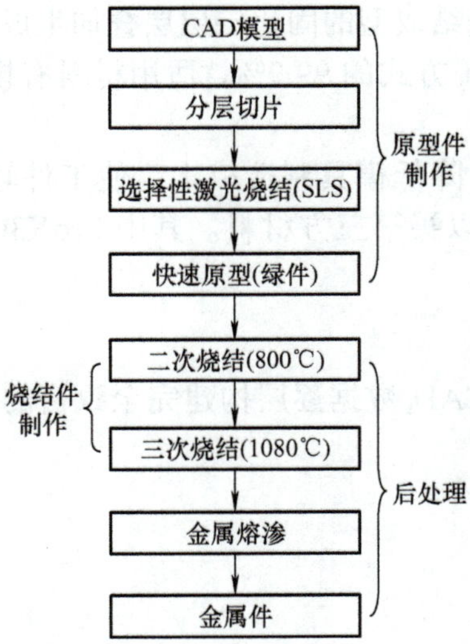

图 15-62　金属零件间接烧结工艺

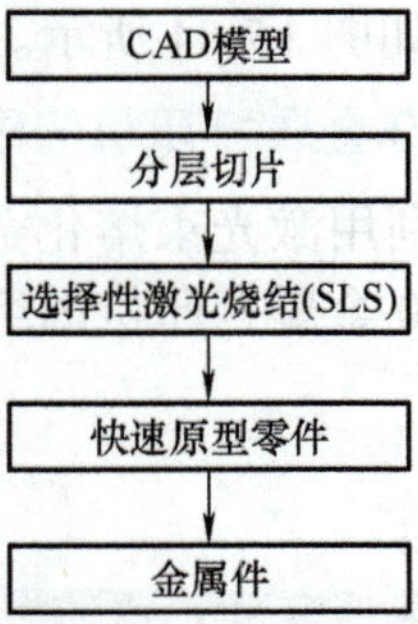

图 15-63　金属零件直接烧结工艺

目前研究选择性激光烧结成型机的公司或单位主要有美国 DTM 公司、德国 EOS 公司，国内有华中科技大学（武汉滨湖机电产业有限责任公司)、北京隆源自动成型有限公司、湖南华曙高科技股份有限公司等。研究选择性激光熔融成型机的公司或单位有德国 EOS 公司、美国 3D Systems 公司，国内有华中科技大学、华南理工大学等。研究能量束沉积成型机的公司或单位有美国 Sciaky 公司，国内有北京航空航天大学、西北工业大学。研究粘合剂喷射成型机的公司有美国 Zcop 公司等。表 15-3 是某公司开发的部分粉末材料及性能。

表 15-3　某公司开发的部分粉末材料及性能

指标	型号					
	DirectSteel 50-V1	DirectSteel 50-V2	DirectSteel 50-V3	PA 2200	PA 3200 gf	EOSINT Squartz
颜色	灰	棕	棕	白	白	棕
粒子尺寸 /μm	50	50	100	50	50	160
密度 / (g/cm^3)	8.2	9	9	1.03	—	—
粉末密度 / (g/cm^3)	4.3	5.1	5.7	0.45 ~ 0.5	0.70 ~ 0.75	1.4
烧结后密度 / (g/cm^3)	7.8	6.3	6.6	0.90 ~ 0.95	1.2 ~ 1.3	<1.4
弯曲强度 /MPa	950	300 ~ 400	300	—	—	8
抗拉强度 /MPa	500	120 ~ 200	180	50	40 ~ 47	—
肖氏硬度　HS	73	73	77	74	75	—
冲击韧度 / (kJ/m^2)	—	—	—	21	15	—
熔点 /℃	>700	>700	>700	180	180	—

15.4.2　设备简介

直接金属打印（DMP）激光烧结金属粉末成型法是 SLS 的一种，需要填充氮气（烧结干净，降低活性粉末静电）用激光有选择性地分层烧结固体金属粉末，使金属粉末熔化，经表面张力作用后粉末间会结合在一起，并使烧结成型的固化层层层叠加生成所需形状的零件，得到近乎致密的金属零件。密度接近传统方式的 99.9%。适用材料有模具钢、不锈钢、铝合金、钴铬合金和钛合金。

DMP 的优势：可实现复杂结构件的简单制造，降低模具制造成本，使工件轻量化，可制造异形水路，提高模具的效率；参数开放，可以买第三方材料。其中 ProX300 金属打印机的外形如图 15-64 所示。

1.ProX300 金属打印机的组成

ProX300 利用激光束熔化金属粉末，根据三维 CAD 数据逐层构建完全致密的纯金属零件，ProX300 金属打印机的组成如图 15-65 所示。

图 15-64 ProX300 金属打印机的外形

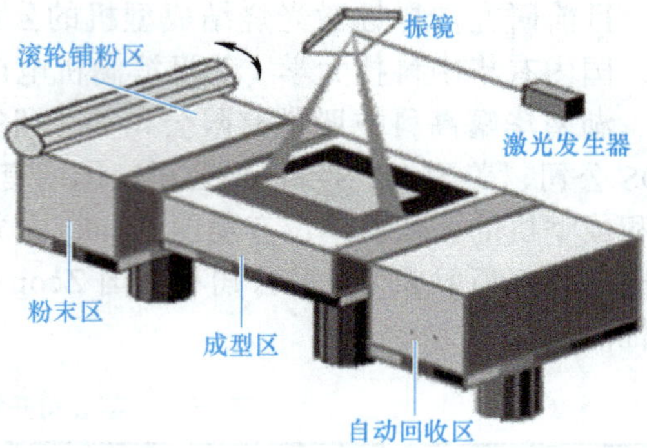

图 15-65 ProX300 金属打印机的组成

2.ProX300 金属打印机的特点

ProX300 金属打印机具有性能高、可替代传统工艺的高质量、浪费少、生产速度快、建模时间短、零件精密、可以生产有多个复杂组件的单独零件等特点。

（1）最高的精度和分辨率 ProX300 金属打印机支持的最小颗粒直径为 5μm，能够打印出高精度、表面粗糙度值小和高分辨率的零件，如图 15-66 所示。

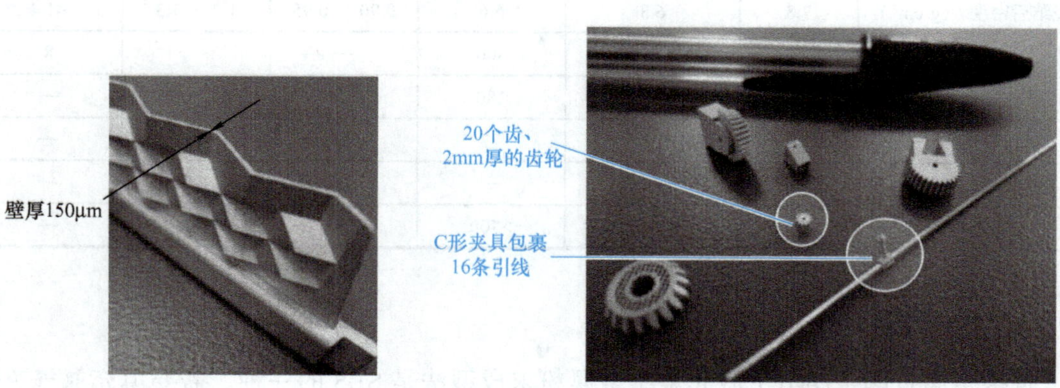

图 15-66 高精度零件

（2）速度快，效率高，性能好　ProX300 金属打印机的高精度激光熔融功能经过专利认证，具有更高生产率、可重复性和灵活性，具有高效的材料和能源管理功能。

（3）材料多样　PorX300 金属打印机支持的材料有多种选择，有 15 种以上材料通过测试，包括钢铁、铬、铬镍铁合金、铝钛合金、Al_2O_3 陶瓷等。

3.ProX300 金属打印机的配置参数

ProX300 金属打印机的配置参数见表 15-4。

表 15-4　ProX300 金属打印机的配置参数

激光功率 / 类型	500W/ 光纤激光器
激光波长	1070nm
层厚度范围	可调，最小 10μm，最大 50μm
建模封装性能	250mm × 250mm × 300mm
可用金属材料	不锈钢、工具钢、有色合金、超级合金等
可用陶瓷材料	金属陶瓷（Al_2O_3、TiO_2）等
可重复性	x 向 20μm，y 向 20μm，z 向 20μm
最小细节分辨率	x 向 100μm，y 向 100μm，z 向 20μm
尺寸（未包装）	240cm × 220cm × 240cm
质量（未包装）	大约 5000kg
电源电压	400V/8VA/3 相
气压范围要求	0.6 ～ 0.8MPa
软件工具	加工制造
控制软件	PX Control
操作系统	Windows XP
数据文件格式	STL、IGES、STEP
网络类型和协议	以太网 10/100，RJ-45 插头
循环系统	自动
装载系统	自动
认证	通过 CE 认证

15.4.3　机器操作界面简介

ProX300 金属打印机的操作面板比 Projet MJP 3600 打印机的操作面板复杂，同时操作面板上的一些功能应用有用户权限的要求，因此在操作面板上，不同的用户级别会有不同的操作功能。在 ProX300 金属打印机起动后，PX 控件 V2 自动打开，在默认情况下，机器的操作面板以操作员级别记录在机器的开头，如图 15-67 所示。

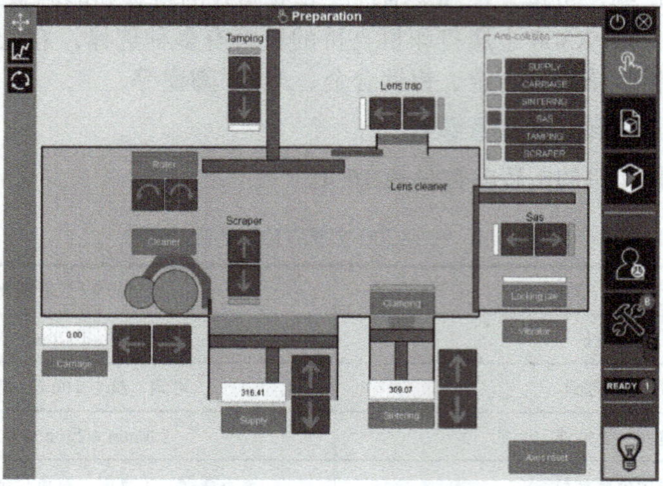

图 15-67　机器操作界面

1. 用户级别的调整

如果想要将机器的操作员级别更改为调整器级别登录，可通过以下步骤完成：

1）单击主工具栏上的用户级别图标，系统弹出【用户选择】对话框，如图 15-68 所示。

2）接着在【用户选择】对话框中单击调试员图标，系统弹出【Password】文本框，单击空白处弹出【键盘】窗口，如图 15-69 所示，在【键盘】窗口输入“4123”，接着单击设置按钮完成调试员级别转换。

> 提示：除了操作员级别，其余所有用户级别都受访问代码限制，即都需要输入密码才能进入。当 PX 控件 V2 应用程序关闭时，在下一个 PX 控件 V2 重启时将请求与当前用户级别对应的访问代码。

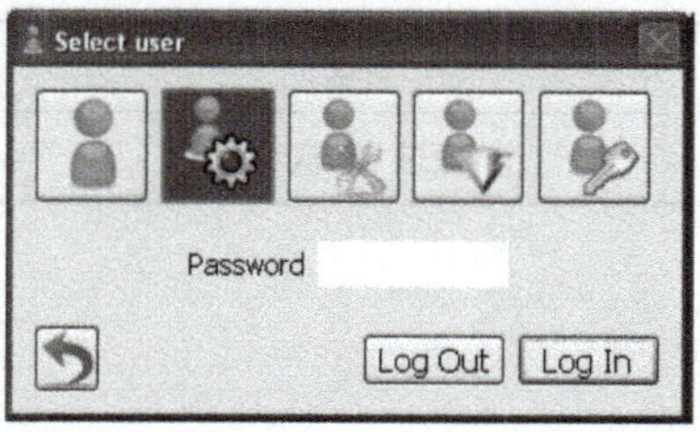

图 15-68 【用户选择】对话框

图 15-69 【键盘】窗口

2. 主菜单栏

不同的用户级别，对应的主菜单栏会有所不同，如图 15-70 所示的主菜单栏对应的级别是调试员级别。

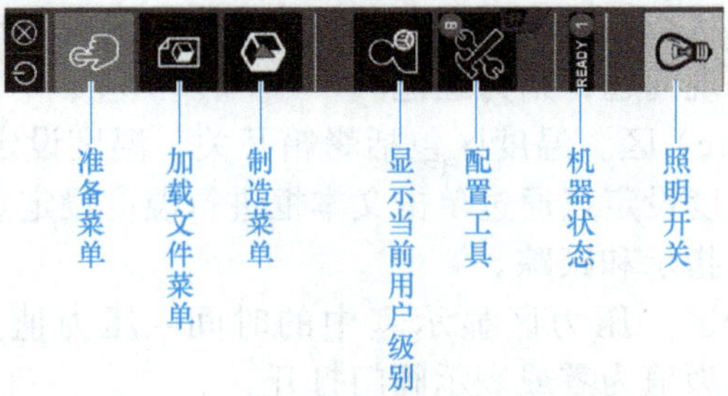

图 15-70　调试员级别的主菜单栏

3. 准备菜单

图 15-71　准备菜单工具栏

准备菜单由运动、气体及循环周期三个子菜单组成，如图 15-71 所示。

（1）运动子菜单　运动子菜单用于控制制造区域的所有模块，单击运动图标后操作界面显示运动参数设置界面，如图 15-72 所示。

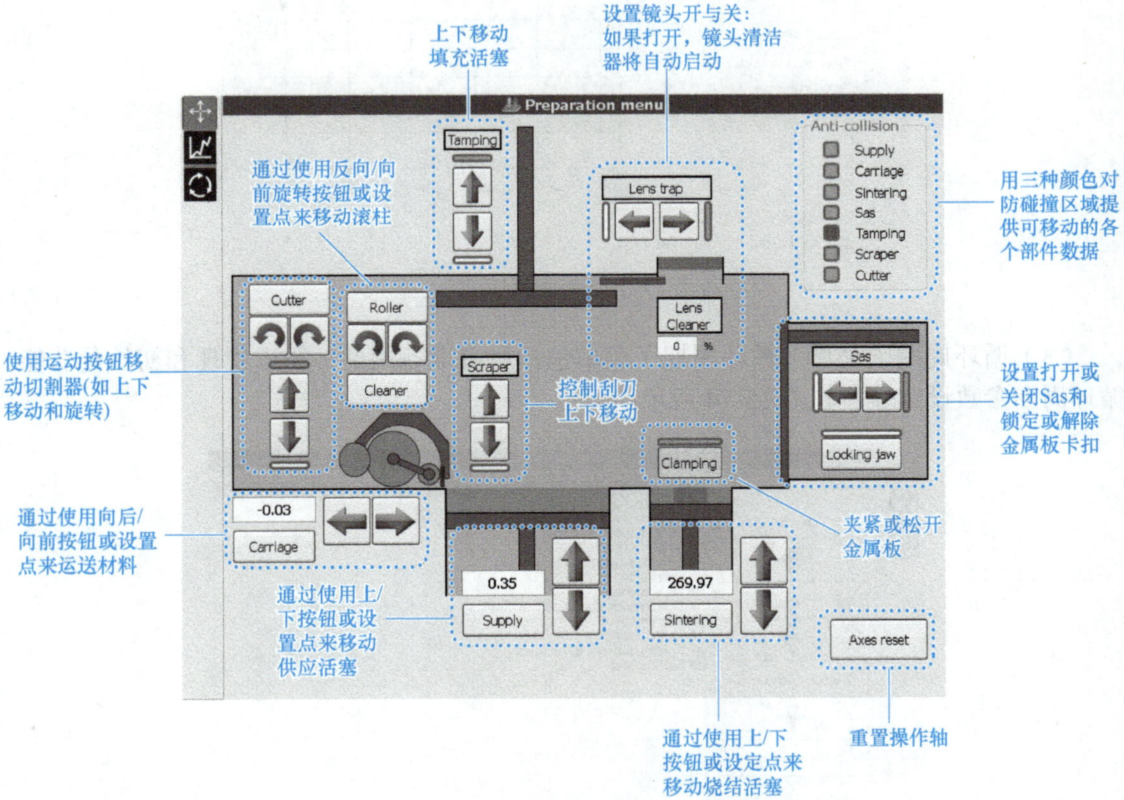

图 15-72　运动参数设置界面

（2）气体子菜单　气体子菜单用来设置氧气、温度和压力，在准备菜单中单击气体图标，系统弹出气体参数设置界面，如图 15-73 所示。

1）氧气（Oxygen）区。氧气区有三种燃气运行方式，即关闭方式、直接方式和调节方式。关闭方式表示没有气体注入机器；直接方式表示在机器中注入恒定的气体流量；调节方式表示在氧气设定点周围进行调节气体喷射。

氧气区可以查看气门状态、氧气设定点及氧气值。如果阀门打开时，则为绿色；如果阀门关闭或气体传感器出现问题，则为红色。

2）温度（Temperature）区。温度区包括烤箱开关、温度设定点及温度值。烤箱开关用于起动和关闭烤箱；温度设定点通过单击文本框进行温度设定点设定；温度值表示室中的时间 - 温度值，在图上指示和跟踪。

3）压力（Pressure）区。压力区显示室中的时间 - 压力值，时间 - 压力值用 mbar 表示，绿色表示时间 - 压力值为零或表示阀门打开。

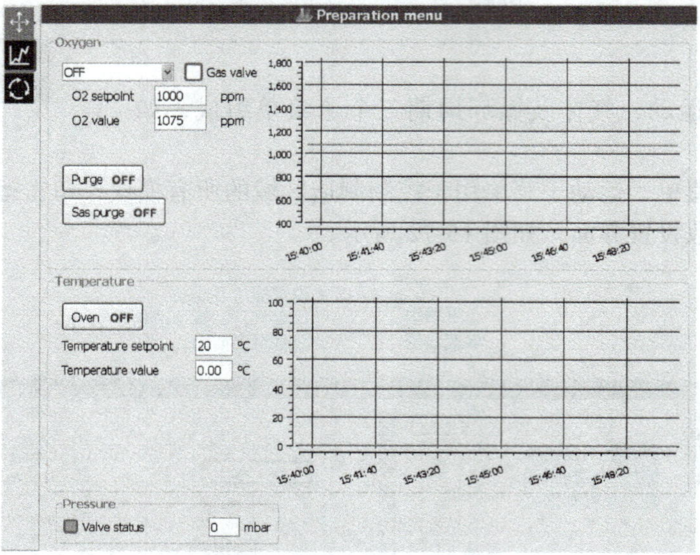

图 15-73　气体参数设置界面

（3）循环周期子菜单　循环周期子菜单包括所有准备周期、粉末管理和初始化功能，循环周期参数设置界面如图 15-74 所示。

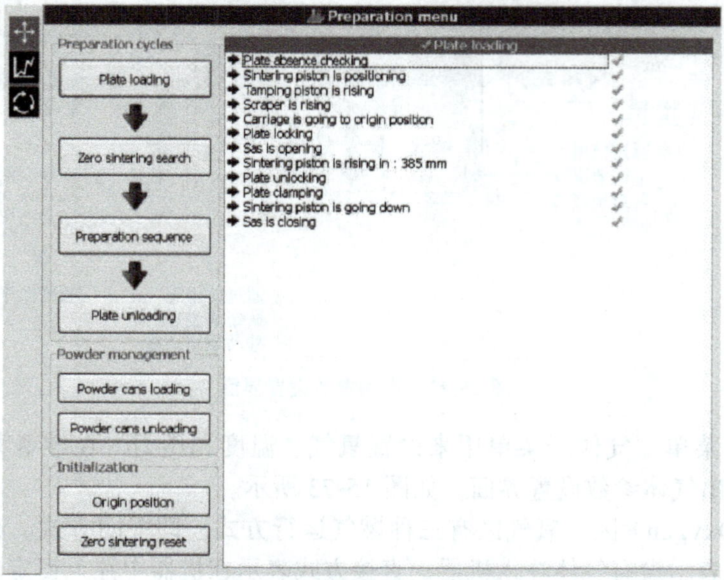

图 15-74　循环周期参数设置界面

4. 加载文件菜单

图 15-75　加载文件菜单

加载文件菜单由文件浏览、设置、创建层及层查看四个子菜单组成，如图 15-75 所示。在加载文件菜单选项中单击文件浏览图标，系统弹出文件浏览窗口，如图 15-76 所示。

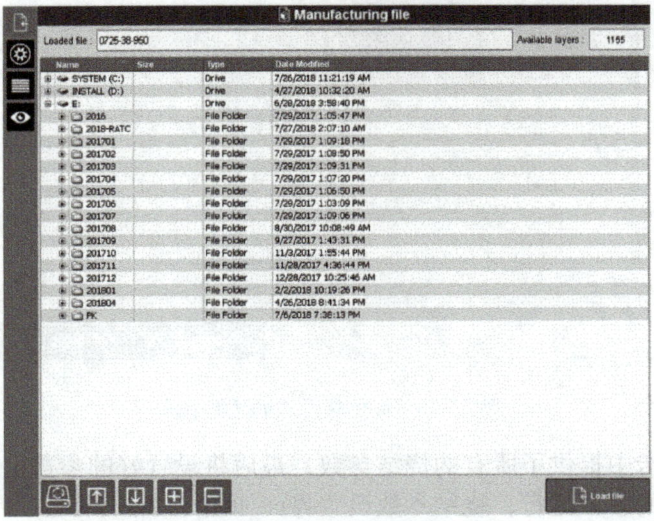

图 15-76　文件浏览窗口

（1）文件浏览子菜单　文件浏览子菜单允许选择并加载机器上的 FAB 文件，同时在文件浏览中利用上移和下移按钮进行调整打印的先后顺序，也可以利用加号图标打开文档或减号图标关闭文档。

（2）设置子菜单　设置子菜单显示了 FAB3 文件的分层和烧结，如图 15-77 所示。分层设置可以通过单击修改图标进行分层设置，同时修改对象将以蓝色突出显示，完成修改后的值可通过单击应用更改图标 Apply changes 完成参数修改，同时也可以通过单击撤销图标，放弃参数修改，当修改完成后，修改对象将以红色高亮显示，如图 15-78 所示。

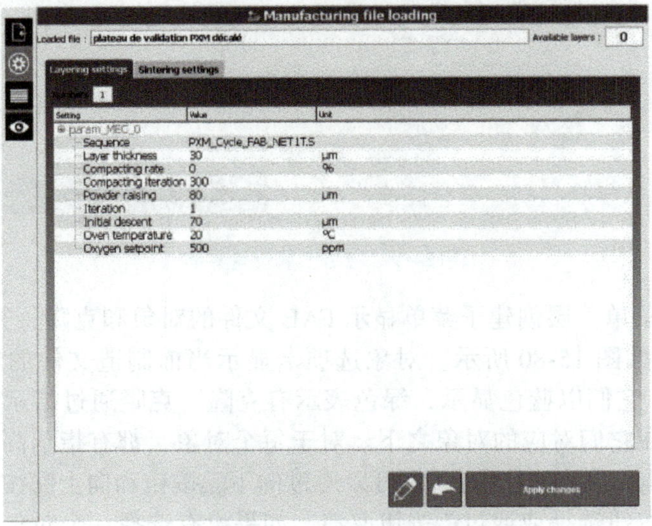

图 15-77　分层参数设置界面

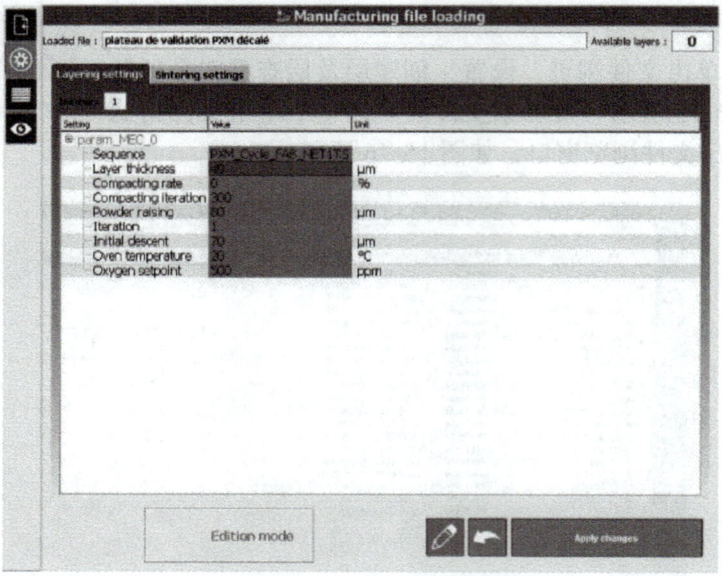

图 15-78　红色高亮显示修改结果

烧结设置选项卡中提供了所有的烧结参数，最后将设置好的参数上传到机器，在制造过程中将以设置好的参数运行，烧结参数设置界面如图 15-79 所示。

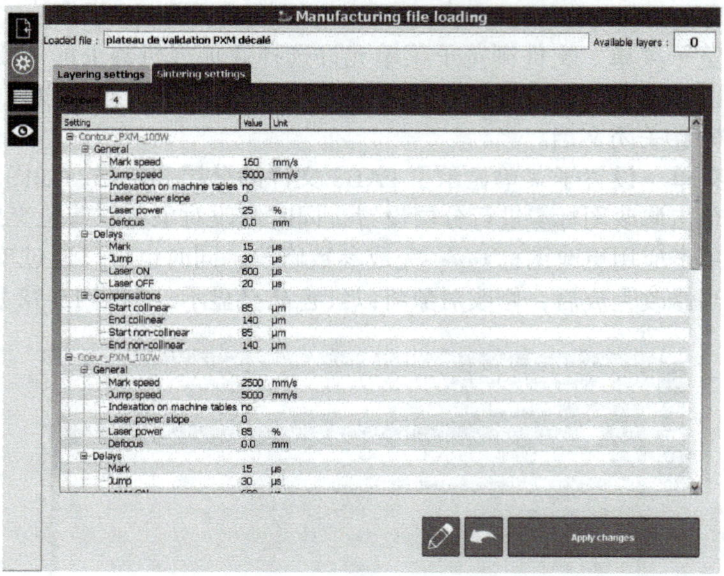

图 15-79　烧结参数设置界面

（3）层创建子菜单　层创建子菜单显示 FAB 文件的对象和克隆，其允许建造烧结层，层创建子菜单界面如图 15-80 所示。对象选项卡显示当前制造文件的所有对象及其克隆对象（如果存在）。它们以蓝色显示，绿色表示有克隆，克隆通过指示它们的坐标（相对于其对象）被分组在它们对应的对象之下。对于每个对象，都有指示高度的最小值与最大值、体积和烧结时间，物体烧结的顺序可以通过向下按钮和向上按钮进行调整。对象和克隆可以通过按钮选择或通过按钮取消，如果没有选择一个对象，即使选择了克隆也不会烧结。

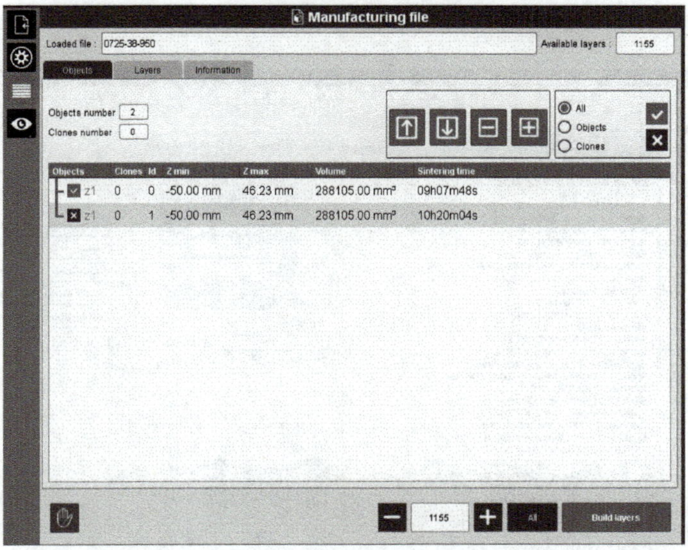

图 15-80　层创建子菜单界面

（4）层查看子菜单　层查看子菜单允许查看不同层的轨迹。首先，在选择列表中选择 FAB 文件中的坐标（由 CAD 软件生成）或生成的坐标（由层创建后由机器生成）；然后单击显示图标[Display]刷新图层查看器，结果如图 15-81 所示。

播放▶按钮是在自动查看层才起作用，如果不想使用自动查看时，则可以再次单击播放▶按钮取消自动查看。

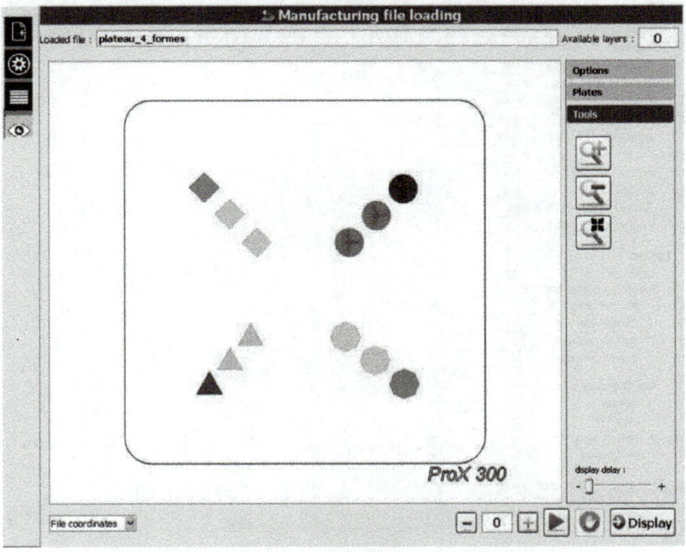

图 15-81　层查看界面

5. 制造菜单

制造菜单与操作员用户级别相比，调试用户级别可在制造菜单中添加两个区域：通过单击▶按钮可访问序列和设置区域。序列区域由启动、镜片清洁器、循环、恢复及结束五个选项卡组成，而设置区域只是显示当前制造过程中的分层设置参数，制造菜单界面如图 15-82 所示。

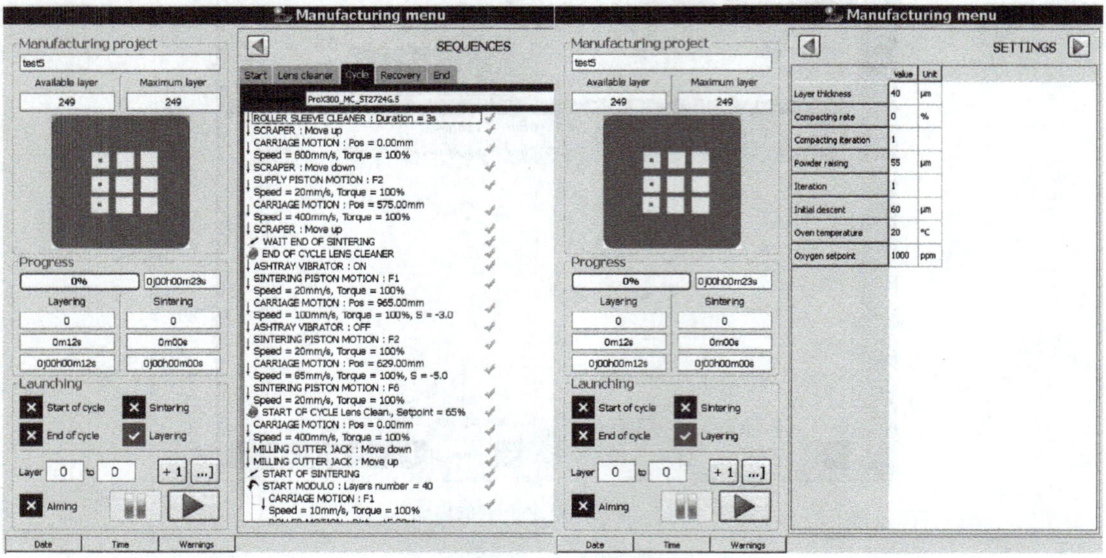

图 15-82　制造菜单界面

6. 配置工具

配置工具对扫描仪和激光设置进行分组，配置工具界面如图 15-83 所示。

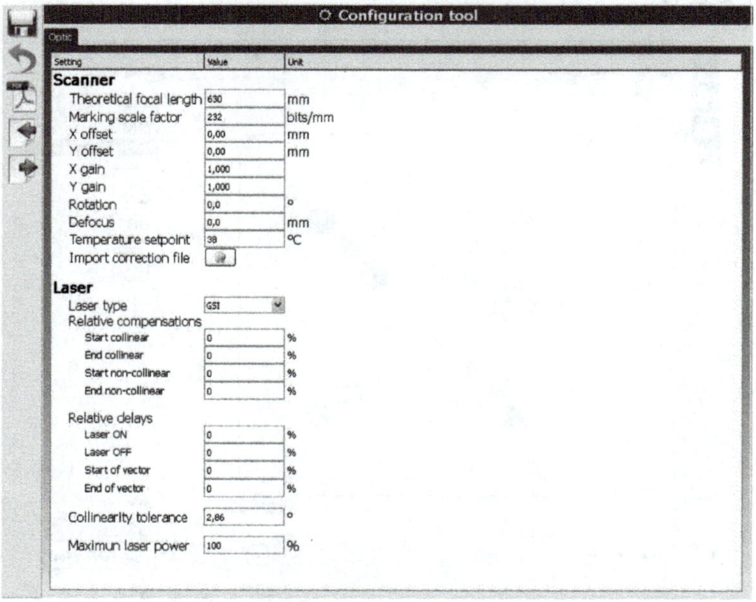

图 15-83　配置工具界面

15.5　齿轮建模与 3D 打印

本节中需要完成的齿轮建模如图 15-84 所示。

15.5.1　齿轮建模

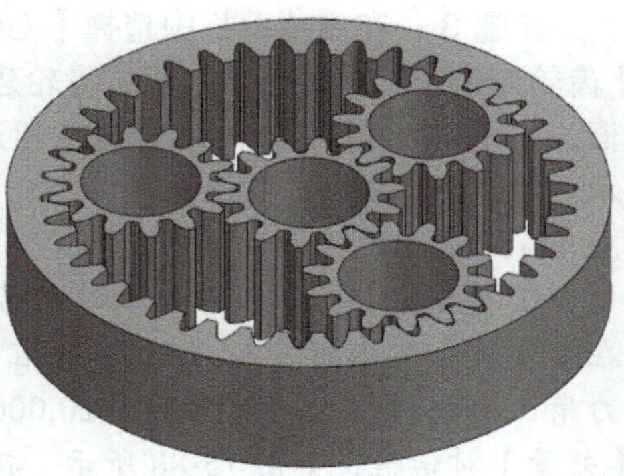

图 15-84　齿轮建模结果

步骤 1：进入 NX 软件环境。在主菜单工具栏中选择【文件】→【新建】命令或在【标准】工具条中单击新建图标，系统弹出【新建】对话框；在【名称】文本框中输入“齿轮”，其余参数按系统默认，单击确定按钮进入软件建模环境。

步骤 2：在主菜单栏中选择【GC 工具箱】→【齿轮建模】→【圆柱齿轮】命令或在【齿轮建模】工具条中单击圆柱齿轮建模图标，系统弹出【渐开线圆柱齿轮建模】对话框，如图 15-85 所示，单击确定按钮进入【渐开线圆柱齿轮类型】对话框，如图 15-86 所示。接着选中◉内啮合齿轮选项，单击确定按钮进入【渐开线圆柱齿轮参数】对话框，如图 15-87 所示。

在【名称】文本框中输入“内齿轮”，在【模数（毫米）】文本框中输入“1.0000”，在【牙数】文本框中输入“42”，在【齿宽（毫米）】文本框中输入“10.0000”，在【压力角（度数）】文本框中输入“20.0000”，在【内啮合齿轮外圆直径（毫米）】文本框中输入“50.0000”，在【插齿刀齿数】文本框中输入“30”，其余参数按系统默认，单击确定按钮系统弹出【矢量】对话框，如图 15-88 所示。接着在绘图区选择 Z 轴作为矢量对象，单击确定按钮系统弹出【点】对话框，如图 15-89 所示，在此不做任何更改，单击确定按钮完成内啮合齿轮的创建，结果如图 15-90 所示。

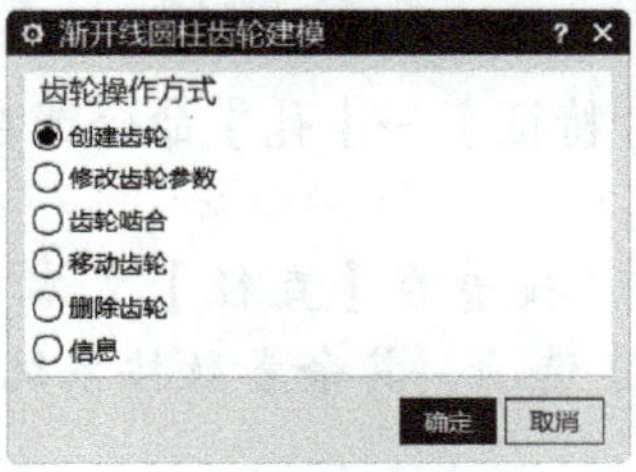

图 15-85　【渐开线圆柱齿轮建模】对话框

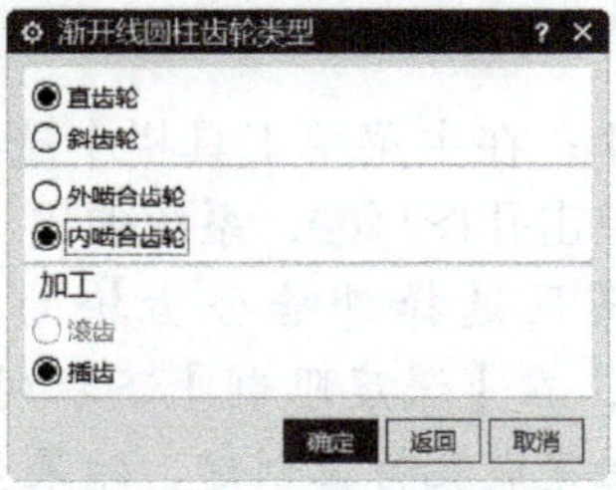

图 15-86　【渐开线圆柱齿轮类型】对话框

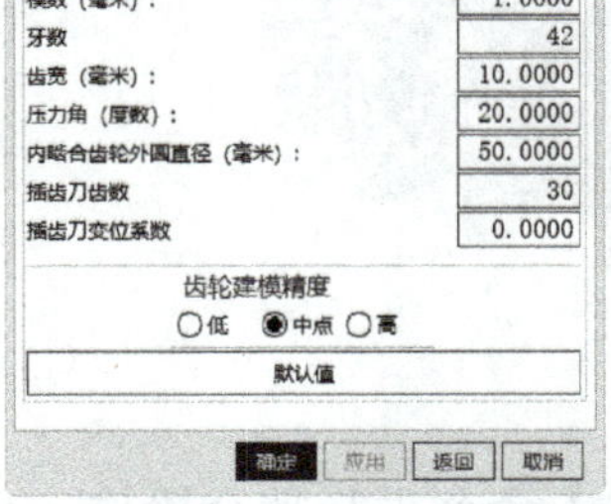

图 15-87　【渐开线圆柱齿轮参数】对话框

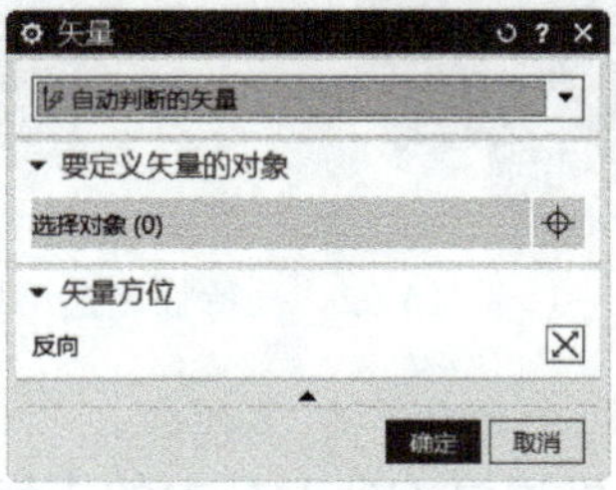

图 15-88　【矢量】对话框

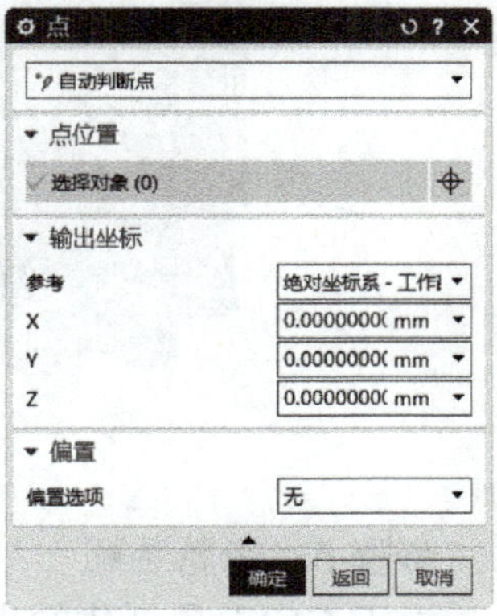

图 15-89　【点】对话框

步骤 3：在主菜单栏中选择【GC 工具箱】→【齿轮建模】→【圆柱齿轮】命令或在【齿轮建模】工具条中单击圆柱齿轮建模图标，系统弹出【渐开线圆柱齿轮建模】对话框，如图 15-85 所示，单击确定按钮进入【渐开线圆柱齿轮类型】对话框，如图 15-86 所示。接着选中◉外啮合齿轮选项，单击确定按钮进入【渐开线圆柱齿轮参数】对话框，如图 15-87 所示。

在【名称】文本框中输入“外齿轮”，在【模数（毫米）】文本框中输入“1.0000”，在【牙数】文本框中输入“14”，在【齿宽（毫米）】文本框中输入“10.0000”，在【压力角（度数）】文本框中输入“20.0000”，其余参数按系统默认，单击确定按钮系统弹出【矢量】对话框，如图 15-88 所示。接着在绘图区选择 Z 轴作为矢量对象，单击确定按钮系统弹出【点】对话框，如图 15-89 所示，在此不做任何更改，单击确定按钮完成外啮合齿轮的创建，结果如图 15-91 所示。

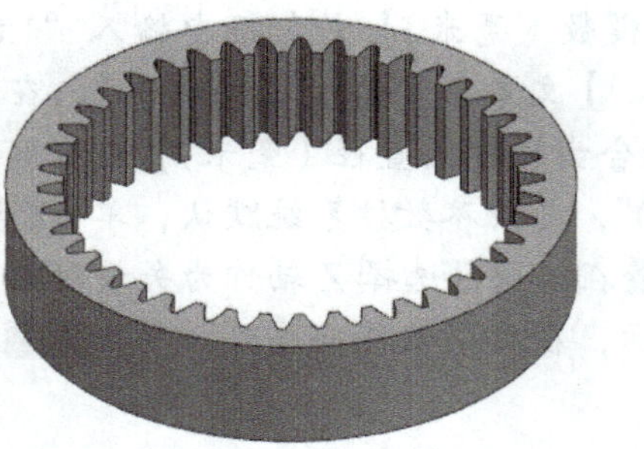

图 15-90　内啮合齿轮创建结果

图 15-91　外啮合齿轮创建结果

步骤 4：在主菜单工具栏中选择【插入】→【设计特征】→【孔】命令或在【基本】工具条中单击孔图标，系统弹出【孔】对话框。

在绘图区选择外啮合齿轮的圆心为孔的放置点，接着在【直径】文本框中输入“11.0000”，在【深度限制】下拉列表中选择【贯穿体】选项，其余参数按系统默认，单击< 确定 >按钮完成孔特征创建，结果如图 15-92 所示。

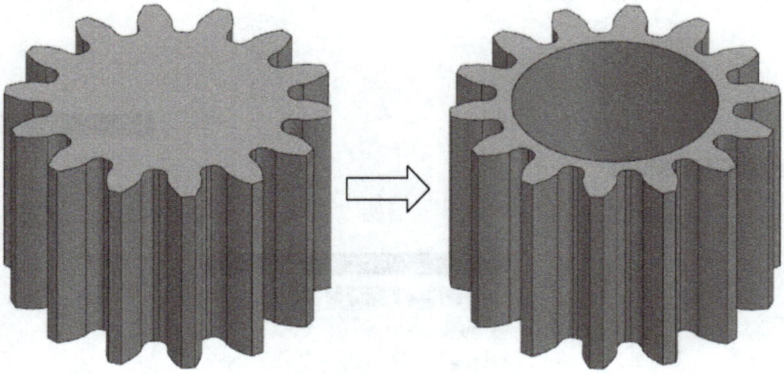

图 15-92　孔特征创建结果

步骤 5：齿轮装配

由于 GC 工具创建的齿轮可通过 GC 工具中的【齿轮啮合】命令进行啮合操作，具体操作如下：

在主菜单栏中选择【GC 工具箱】→【齿轮建模】→【圆柱齿轮】命令或在【齿轮建模】工具条中单击圆柱齿轮建模图标，系统弹出【渐开线圆柱齿轮建模】对话框，如图 15-85 所示，接着选中◉齿轮啮合选项，单击确定按钮进入【选择齿轮啮合】对话框，如图 15-93 所示。

1）在【所有存在齿轮】中单击外啮合齿轮(general gear)对象，接着单击设置主动齿轮选项完成主动齿轮；然后单击内啮合齿轮1(general gear)对象，同时单击设置从动齿轮选项。

2）在【选择齿轮啮合】对话框中单击中心连线向量...按钮，系统弹出【矢量】对话框，如图 15-94 所示。接着在绘图区选择 Y 轴方向为齿轮啮合矢量方向，单击确定按钮返回【选择齿轮啮合】对话框，接着再单击确定按钮完成齿轮啮合，结果如图 15-95 所示。

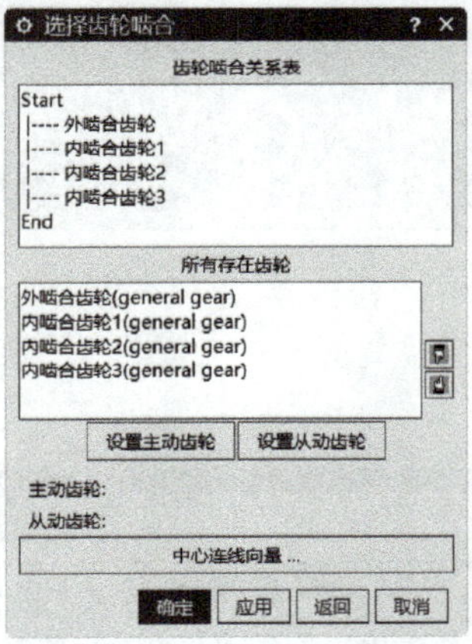

图 15-93　【选择齿轮啮合】对话框

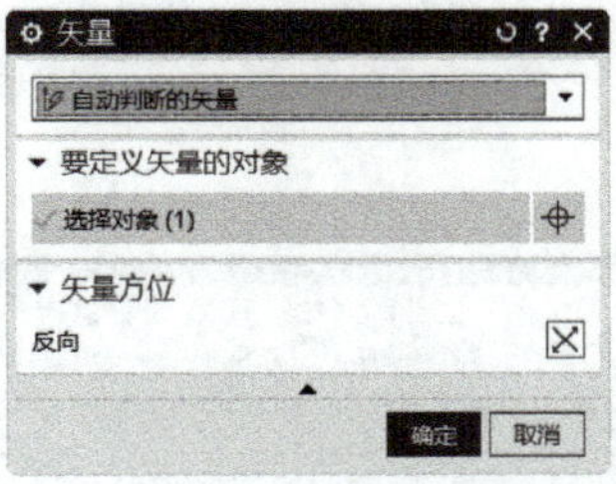

图 15-94　【矢量】对话框

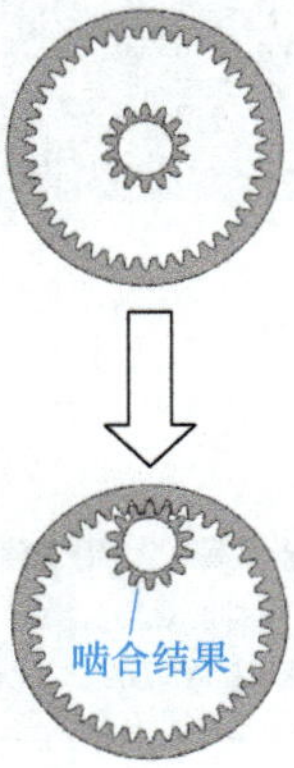

图 15-95　齿轮啮合结果

步骤 6：利用步骤 3、4、5 的方法，完成另外几个齿轮的啮合操作，结果如图 15-96 所示。

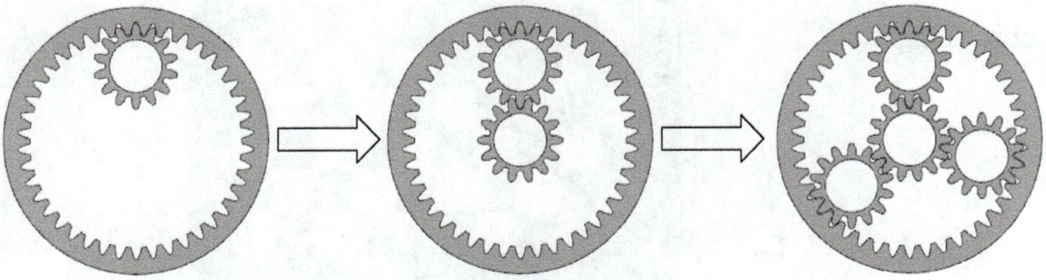

图 15-96　最终齿轮啮合结果

15.5.2　齿轮金属打印

步骤 1：运行切片软件

在桌面双击图标，系统进入 3DXpert 软件界面，如图 15-97 所示。接着在标准工具条中单击 3D 打印项目按钮，系统弹出【3DP- 项目 0】界面，如图 15-98 所示。

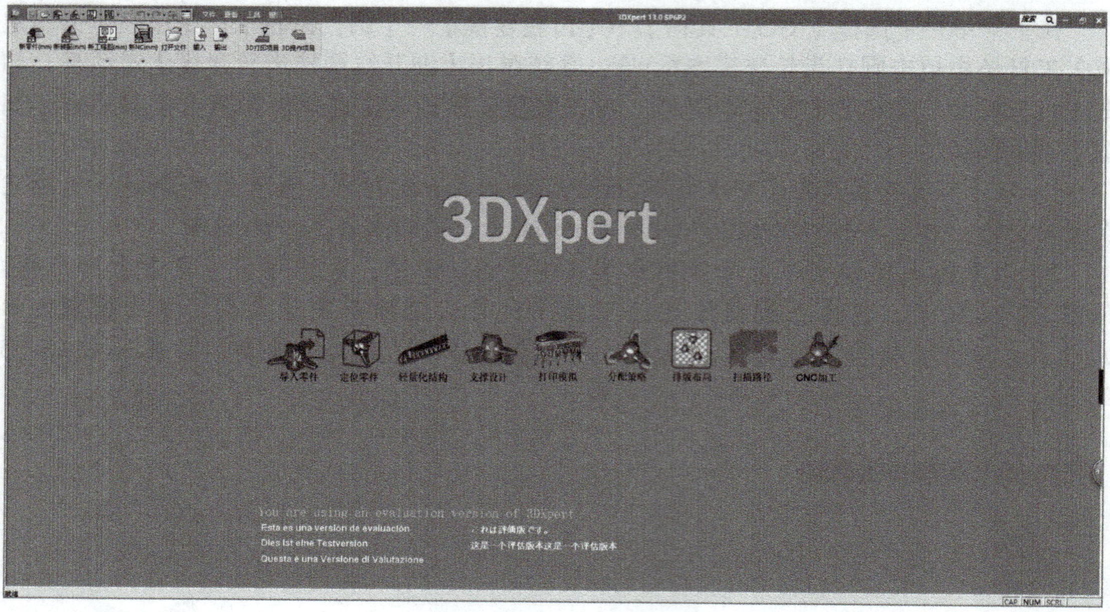

图 15-97　3DXpert 软件界面

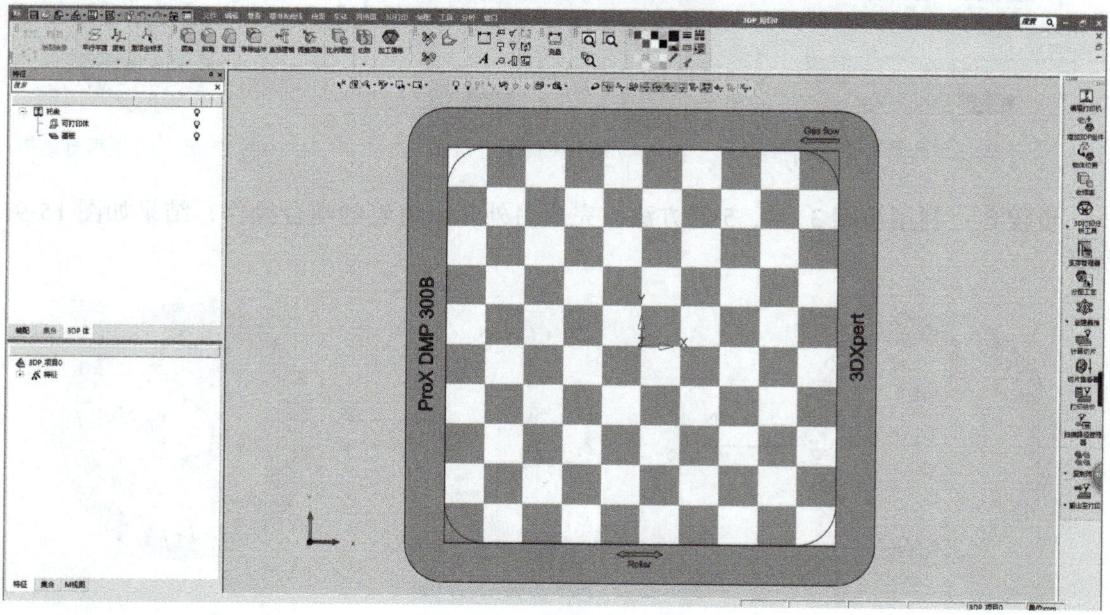

图 15-98 【3DP- 项目 0】界面

步骤 2：添加文档

将图 15-84 所示的文档拖拉进 3DXpert 软件，系统弹出【增加选项】对话框，如图 15-99 所示，在此不做任何更改，单击确定按钮，完成文档加载，结果如图 15-100 所示。

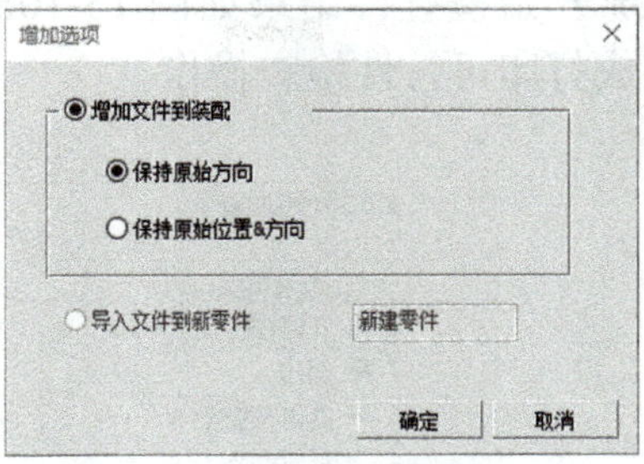

图 15-99 【增加选项】对话框

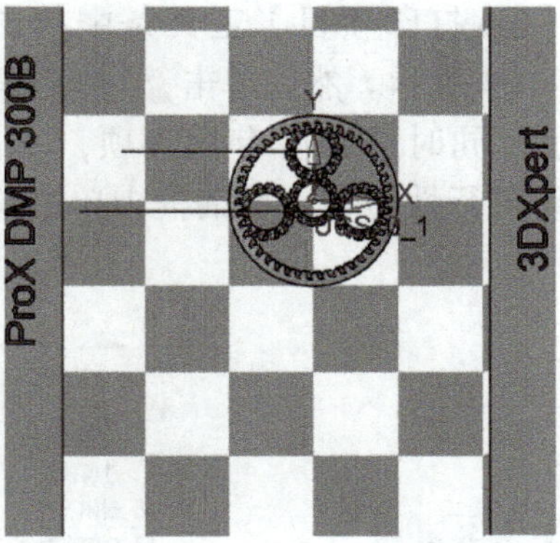

图 15-100　文档添加结果

步骤 3：物体位置设置

在【3D 打印项目】工具条中单击物体位置图标，系统弹出物体位置设置对话框，如图 15-101 所示。接着在【高于基板 =】文本框中输入“1.0000”，其余参数按系统默认，单击确定按钮，完成物体位置设置（此操作的目的是在线切割时保留一定的距离，不伤及工件和打印平台）。

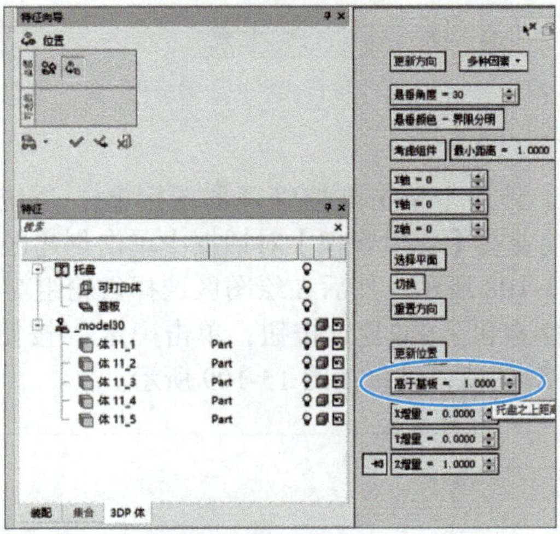

图 15-101　物体位置设置对话框

步骤 4：设置收缩率及打印可行性检查

在【3D 打印项目】工具条中单击收缩率图标，系统弹出缩放设置对话框，如图 15-102 所示。接着按图 15-103 所示的参数进行设置，其余参数按系统默认，然后在绘图区选择齿轮单击确定按钮，完成收缩率设置。

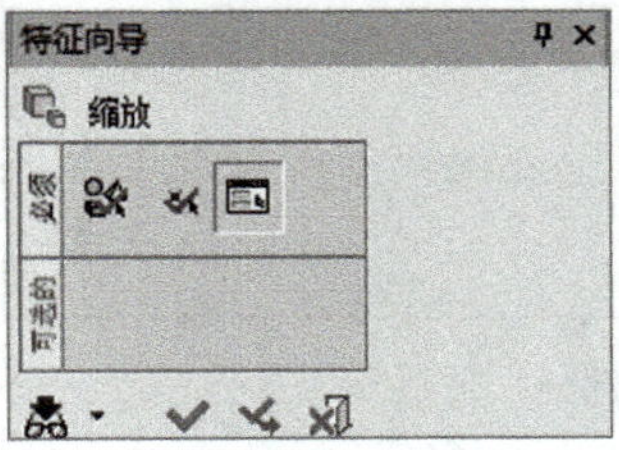

图 15-102　缩放设置对话框

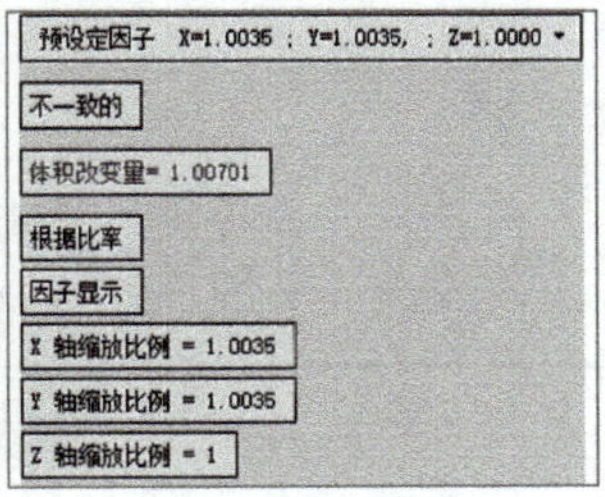

图 15-103　缩放参数设置

在【3D 打印项目】工具条中单击 3D 打印分析工具图标，系统弹出扩展工具栏，如图 15-104 所示。然后单击打印前准备选项，系统弹出【打印可行性检查】对话框，如图 15-105 所示，同时选中所有检查项，单击检查按钮系统开始检查，结果如图 15-106 所示，在【打印可行性检查】对话框中单击关闭按钮，完成打印可行性检查操作。

图 15-104　3D 打印分析工具

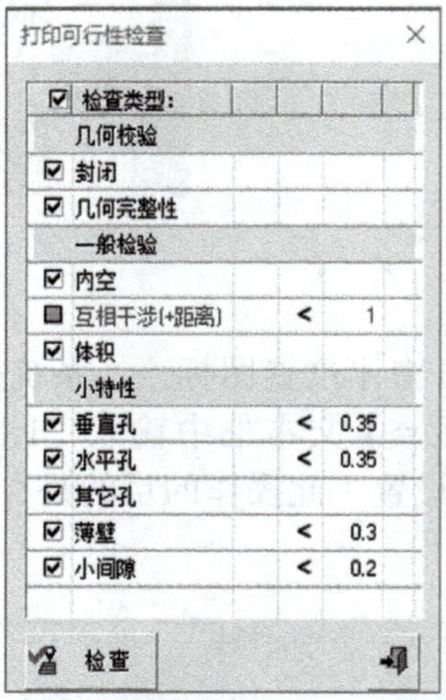

图 15-105　【打印可行性检查】对话框

图 15-106　打印可行性检查结果

步骤 5：支撑管理

在【3D 打印项目】工具条中单击支撑管理器图标，系统弹出【支撑管理】对话框，如图 15-107 所示，接着在【支撑管理】对话框中单击创建区域图标，系统弹出【创建区域】对话框，如图 15-108 所示；然后在绘图区选择齿轮组对象，最后在【创建区域】对话框中取消选中☑曲线&点和☑面积复选按钮，单击确定✔按钮完成创建区域操作，同时系统返回【支撑管理】对话框，结果如图 15-109 所示。

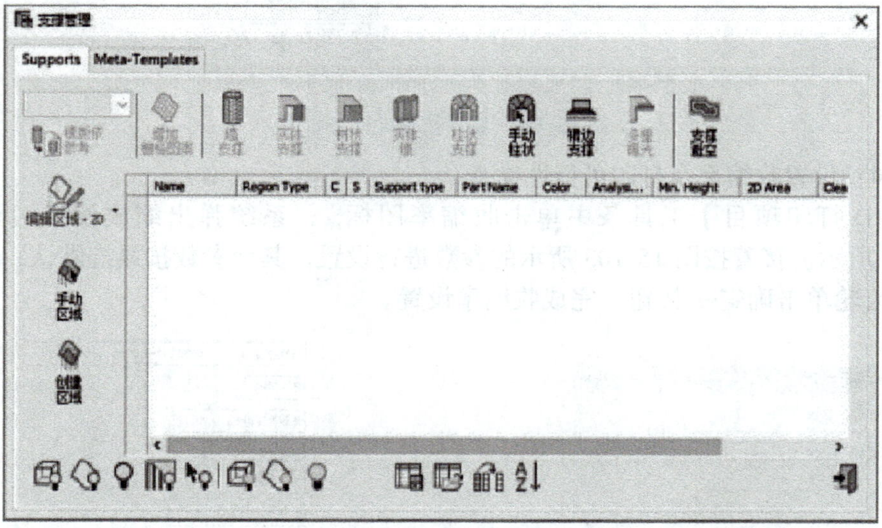

图 15-107　【支撑管理】对话框

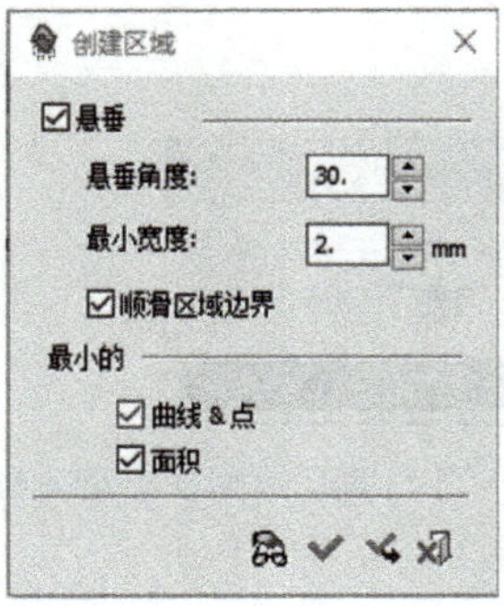

图 15-108　【创建区域】对话框

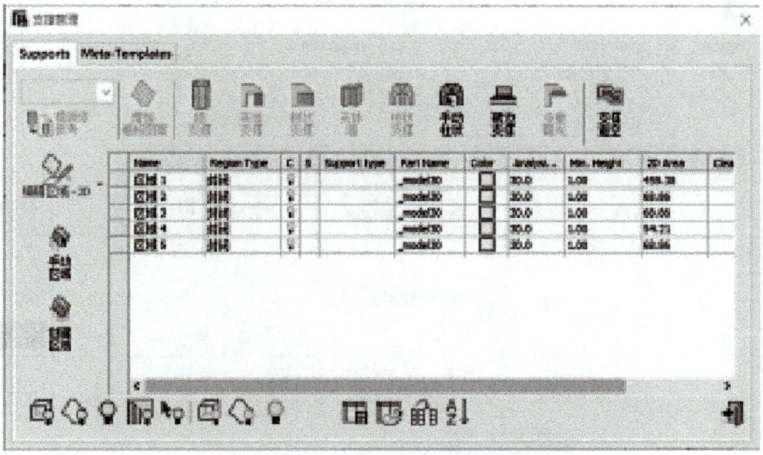

图 15-109　区域创建结果

在【支撑管理】对话框中单击【区域 1】支撑类型框，接着单击实体支撑图标按钮，系统弹出【实体支撑】对话框，如图 15-110 所示。在此不做任何更改，单击确定按钮完成实体支撑加载。在【支撑管理】对话框中单击【区域 2】支撑类型框并在键盘上按住〈Ctrl〉键一直选择到【区域 5】，然后在【支撑管理】对话框左上角单击按钮，完成支撑的创建，结果如图 15-111 所示，然后单击关闭按钮，完成支撑管理操作。

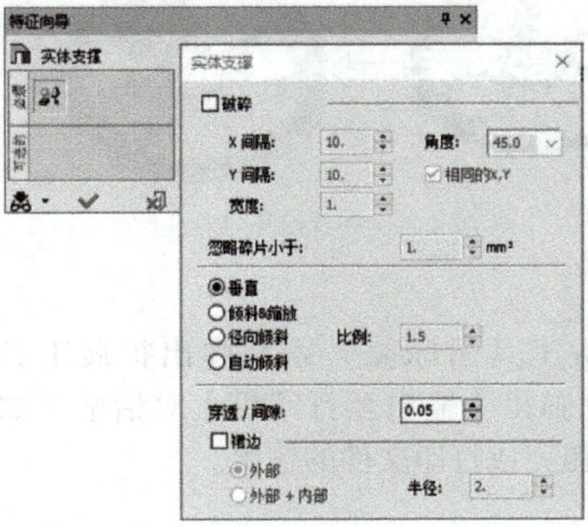

图 15-110　【实体支撑】对话框

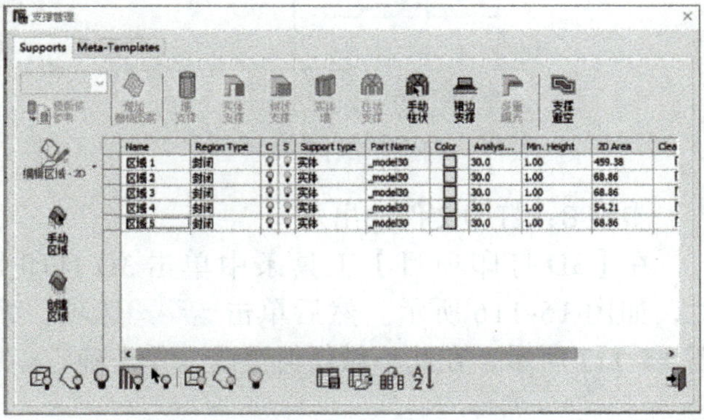

图 15-111　支撑管理结果

步骤 6：零件切片操作

在【3D 打印项目】工具条中单击计算切片图标，系统弹出【对象切片】对话框，如图 15-112 所示，在此不做任何更改，单击计算切片和扫描路径图标，系统弹出【计算扫描路径】对话框，如图 15-113 所示。

步骤 7：切片查看

完成切片计算和扫描路径后，就可以通过切片查看器查看切片效果，具体操作如下：

1）在【3D 打印项目】工具条中单击切片查看器图标，系统弹出【级别控制】对话框，如图 15-114 所示。

2）在【级别控制】对话框中拖拉滑动线，可以看到工作区中的切片对象，如图 15-115 所示。

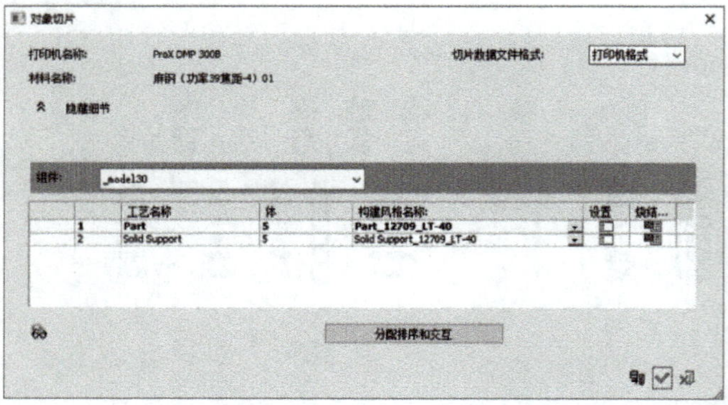

图 15-112 【对象切片】对话框

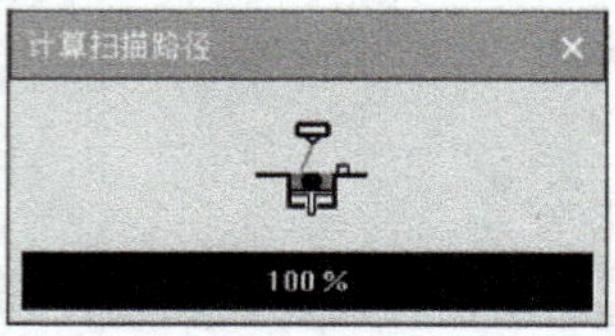

图 15-113 【计算扫描路径】对话框

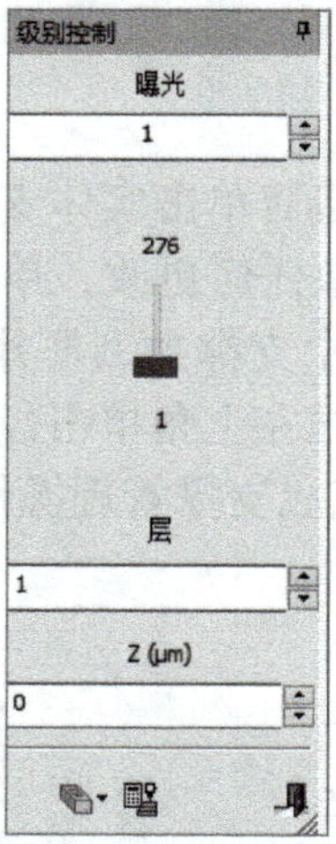

图 15-114 【级别控制】对话框

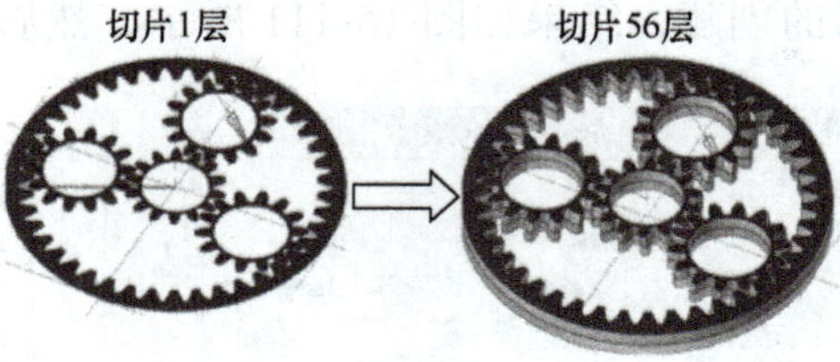

图 15-115 查看切片对象

步骤 8：打印文件输出

在【3D 打印项目】工具条中单击 3D 打印分析工具图标，系统弹出扩展工具栏，如图 15-116 所示。然后单击选项，系统弹出【输出至打印机】对话框，如图 15-117 所示，在此不做任何更改，单击确定按钮完成打印文件的输出。

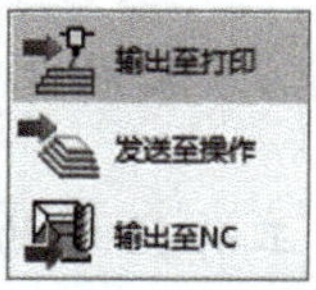

图 15-116 【输出至打印】选项

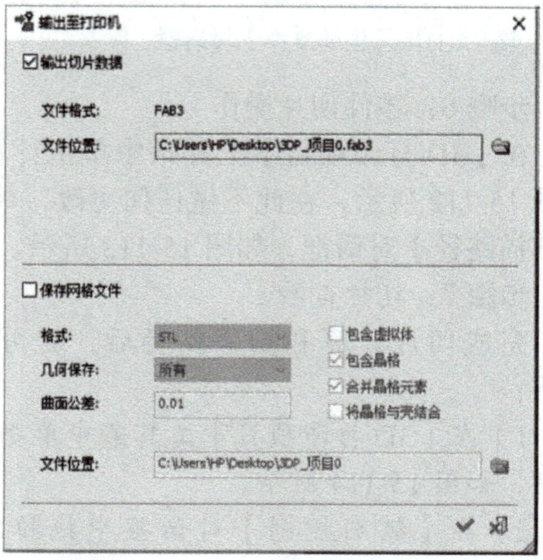

图 15-117 【输出至打印机】对话框

步骤 9：控制界面设置

1. 运动参数设置

在 ProX300 操作面板上单击准备菜单图标，对各运动参数进行设置，如图 15-118 所示（一般情况下是不需要设置太多内容，除非选用了新的打印材料或新的工艺）。

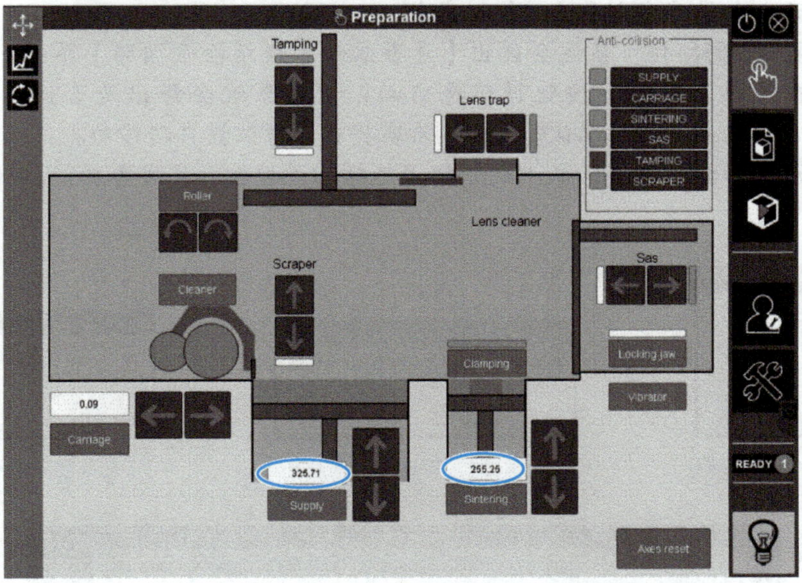

图 15-118　运动参数设置

2. 气体填充

完成运动参数设置后，单击气体图标，显示【气体】设置界面，接着设置图 15-119 所示的参数。

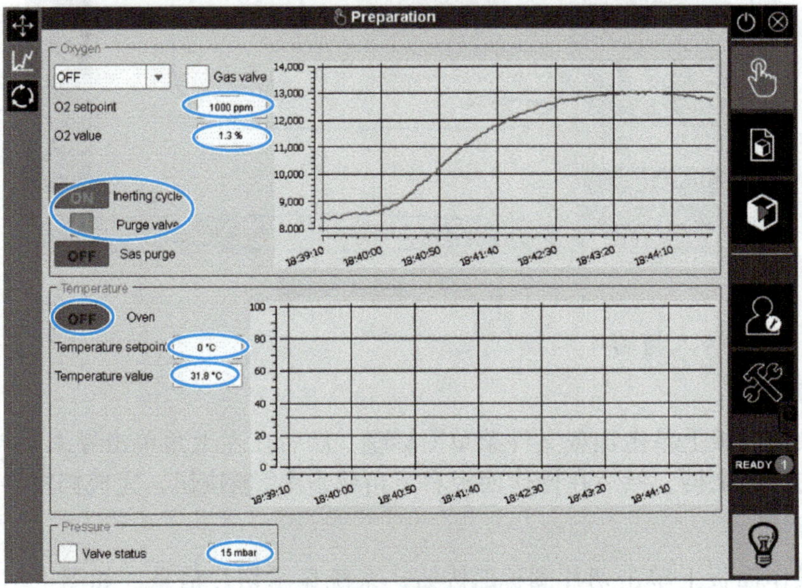

图 15-119　气体填充设置

3. 工作平台加载和卸载，以及零位校正

由于工作平台是可以拆卸的，因此需要对加载后的打印平台进行零位校正。在打印之前先将打印机上的工作平台进行拆卸，放入新的一块打印工作平台，然后单击循环周期图标。

1）单击启动工作平台装载按钮，系统会弹出预填充可用的数字板，如图 15-120 所示，如果确定则单击按钮完成。

2）单击按钮，系统会弹出【是否启动零烧结检索循环】界面，如图 15-121 所示，接着在此单击确认按钮循环将启动；同时系统会弹出是否使用标准板，如图 15-122 所示，在此也单击确认按钮，活塞将在良好位置自动移动。

3）利用相同的操作方式，从上到下依序选择相关按钮，完成各功能参数的设置，结果如图 15-123 所示。

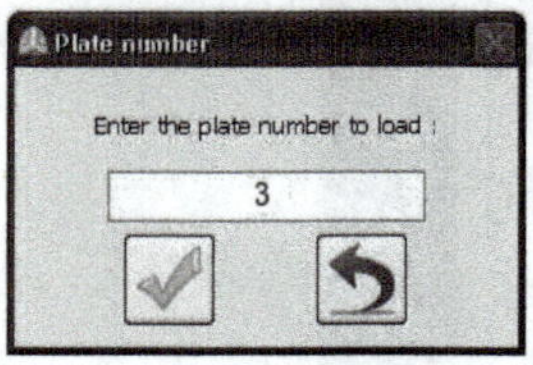

图 15-120　工作平台号码

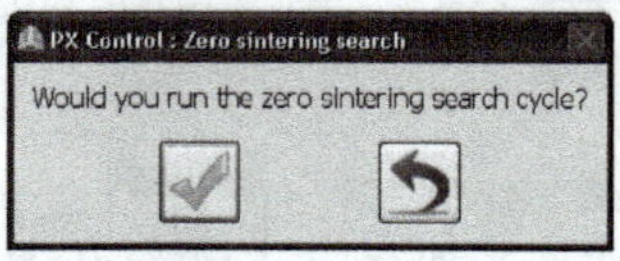

图 15-121　零烧结检索循环

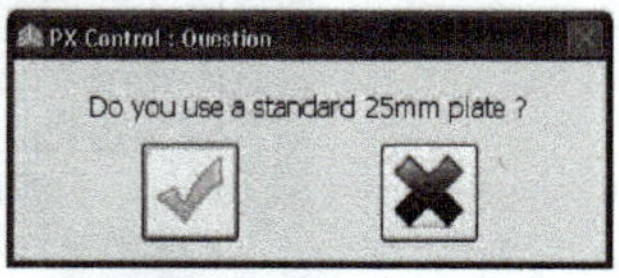

图 15-122　标准板确认界面

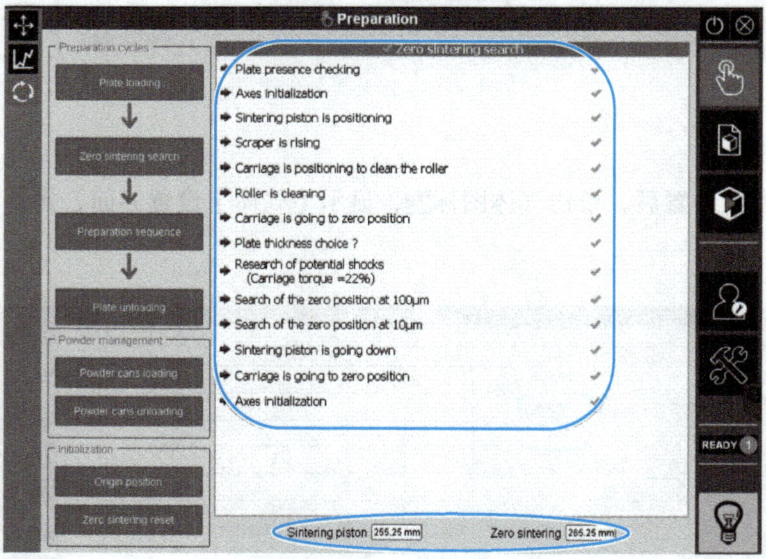

图 15-123　循环周期设置

步骤 10：档案导入与切片

1. 档案导入

在设备操作面板上单击加载文件菜单图标，然后在左上角单击导入文档图标，并找到相对应的打印文档，然后在操作面板右下角单击按钮，完成档案导入。

2. 切片操作

在设备操作面板上单击切片图标按钮，系统显示切片信息，如图 15-124 所示，在此参数按系统默认，单击按钮，系统完成切片操作。

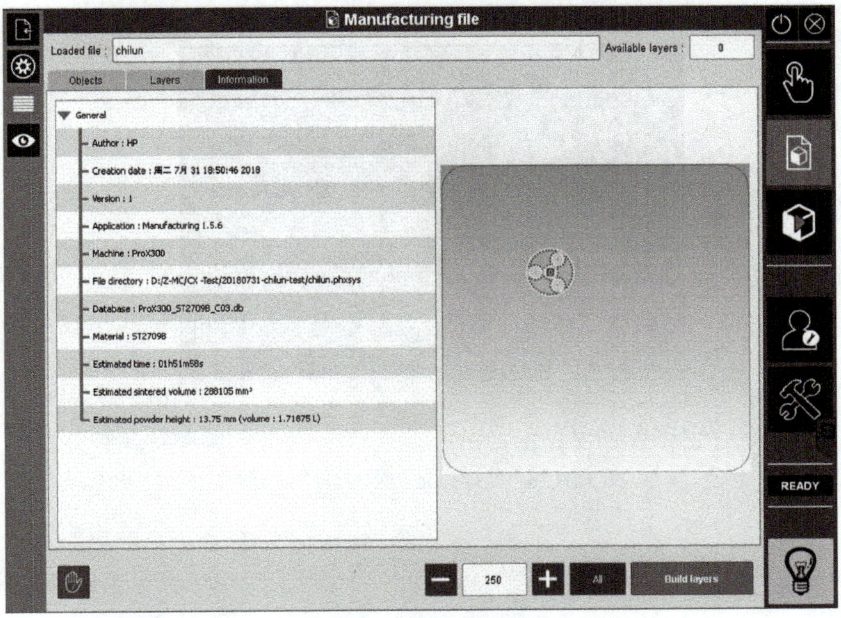

图 15-124　切片信息显示界面

步骤 11：打印产品

完成前面的参数设置后，接下来就是进行产品的制造，首先在操作面板单击打印图标，系统显示相关打印制造选项，如图 15-125 所示，在此不做任何更改，单击开始打印图标，系统开始打印，打印过程如图 15-126 所示。

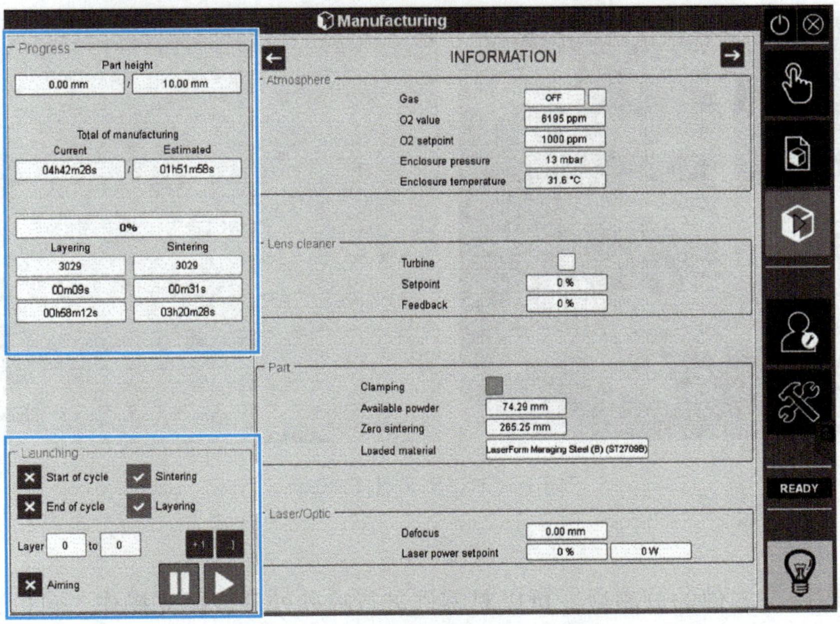

图 15-125　打印相关显示选项

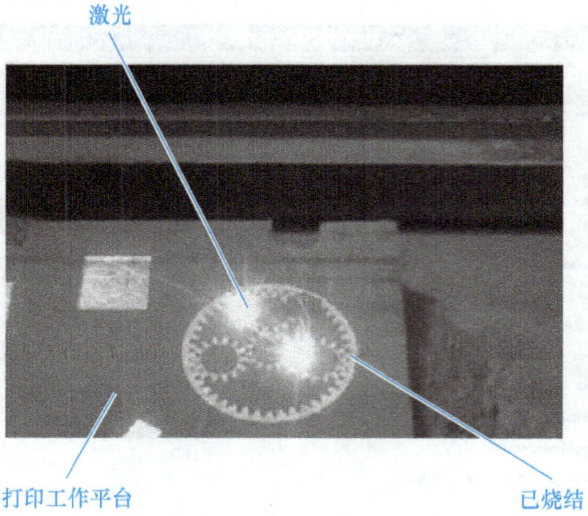

图 15-126　打印设备正在打印产品过程

15.5.3　产品后处理

1. 线切割零件

完成零件打印后，打印板与零件烧结在一起，接下来就是将打印板和零件进行分离，具体操作流程如下：

先从设备上拆卸打印板，接着将打印板与烧结零件放进线切割设备（具体操作流程本节省略），然后进行放电切割，线切割打印零件如图 15-127 所示。

图 15-127　线切割打印零件

2. 喷砂处理

完成打印板与零件的分离后，可以对零件进行喷砂处理或抛光操作，目的是去除一些打印时留下的毛刺，具体操作流程如下：

将零件放入喷砂设备（图 15-128），然后对零件的各个方位进行喷砂处理，喷砂结果如图 15-129 所示。

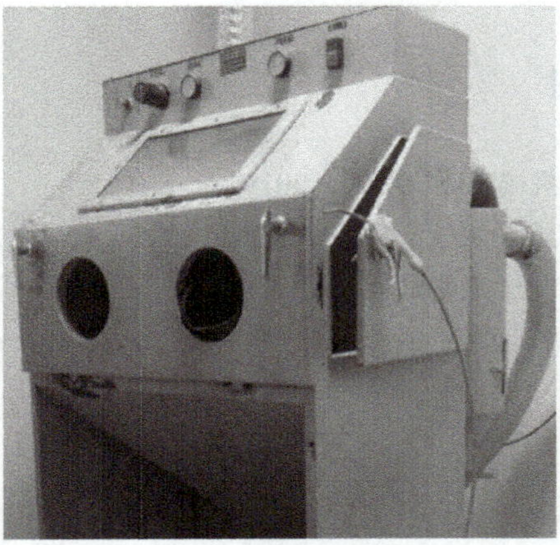
图 15-128 喷砂设备

图 15-129 喷砂结果

参考文献

[1] 钟平福 . 逆向造型与快速成型技术应用 [M] . 北京：机械工业出版社，2019.

[2] 钟平福 .3D 打印入门及案例详解 [M] . 北京：化学工业出版社，2019.

[3] 钟平福 .UG NX 曲面产品设计范例精讲 [M] . 北京：化学工业出版社，2009.

[4] 钟平福 .UG NX8.0 产品设计与数控加工案例精析 [M] . 北京：化学工业出版社，2013.